Hochschullehrbuch für Elektroenergetiker

Theoretische Grundlagen der

Elektroprozesstechnik Teil 1

Dietmar Schulze Ulrich Lüdtke

Vulkan-Verlag GmbH

Bibliografische Information der Deutschen Nationalbibliothek
Die Deutsche Nationalbibliothek verzeichnet diese Publikation in der Deutschen Nationalbibliografie; detaillierte bibliografische Daten sind im Internet über www.dnb.de abrufbar.

Theoretische Grundlagen der Elektroprozesstechnik Teil 1
Ulrich Lüdtke, Dietmar Schulze
1. Auflage 2023

ISBN: 978-3-8027-3139-6 (Print)
ISBN: 978-3-8027-3169-3 (eBook)

Friedrich-Ebert-Straße 55, 45127 Essen, Deutschland
Telefon: +49 201 820 02-0, Internet: www.vulkan-verlag.de

Projektmanagement: Marie-Therese Hanschmann, Vulkan-Verlag GmbH, Essen
Lektorat: Marie-Therese Hanschmann, Vulkan-Verlag GmbH, Essen
Herstellung: Melanie Zöller, Vulkan-Verlag GmbH, Essen
Umschlaggestaltung: Melanie Zöller, Vulkan-Verlag GmbH, Essen
Titelbild: © Adobe Stock, Scanrail
Druck: mediaprint solutions GmbH, Paderborn

Inhaltsverzeichnis

1 Einleitung

Dieses Buch entstand aus den Vorlesungen für Studenten des Studienganges Elektrotechnik an der Technischen Universität Ilmenau. Sein Hauptanliegen ist, die theoretischen Grundlagen der Elektroprozesstechnik zu vermitteln, die ein Elektrotechniker beherrschen sollte, wenn er sich mit einer direkten technologischen Anwendung der elektrischen Energie auseinandersetzen muss.
Die Autoren danken den Kollegen Dr. Ing. B. Hamann, Dr. med. M. Jung, Dipl.-Ing. P. Kuhlow, Dr.Ing. P. Kutschbach, Dr.-Ing. M. Leister, Dr. Ing. H. G. Martin, Prof. Dr. Ing. habil. S. Martius, Prof. Dr. Ing. B. Nacke, Dipl.-Ing. R. Rahn und Prof. Dr. Ing. habil. D. Stade für die sorgfältige Durchsicht und die gegebenen wertvollen Hinweise zu den einzelnen Kapiteln des Manuskriptes.

Elektrische Energie kann unmittelbar für technologische Ziele eingesetzt werden. Unter dieser direkten oder unmittelbaren technologischen Anwendung der elektrischen Energie sollen deshalb hier Techniken verstanden werden, bei denen Joule´sche Wärme, Coulomb- oder Lorentz-Kräfte oder auch Teilchen, wie Elektronen und Ionen, direkt auf einen Stoff, wie beispielsweise ein Metall, einen Kunststoff, ein Gas, eine Schmelze oder einen Elektrolyt, mit dem Ziel einwirken, dessen Eigenschaften in einer gewünschten Weise zu verändern. Meist ist eine Erwärmung des Stoffes das Ziel. Jedoch kann das Ziel auch in einer Umformung, Veränderung der chemischen Eigenschaften oder Stofftrennung bestehen. Die Erwärmung von Kunststoffen in einem Mikrowellenfeld oder die Abtrennung von ferromagnetischen Schredder-Teilchen im magnetischen Feld gehören ebenso hierher wie das Schmelzen von Metall in einem Lichtbogen oder das Auftragen von sehr dünnen Metallschichten in einem Plasma. Dagegen werden der elektrische Antrieb einer Walzenstraße oder die Getreidetrocknung mit einem elektrischen Lufterhitzer als indirekte technologische Anwendungen der elektrischen Energie bezeichnet, welche nicht Gegenstand dieses Buches sind.
Das Fachgebiet, welches sich mit der direkten technologischen Anwendung der elektrischen Energie befasst, wird als **Elektroprozesstechnik** bezeichnet. Es

betrachtet die traditionellen Fächer, wie Elektrowärme, Elektrochemie, Galvanotechnik, Plasmatechnik, Elektonenstrahltechnik, Lichttechnik, Wärme- und Stoffübertragung usw. aus der Sicht der Elektrotechnik und basiert daher auf deren theoretischen Grundlagen. Die Elektroprozesstechnik erhebt jedoch nicht den Anspruch, die genannten Fächer in ihrer wissenschaftlichen und praktischen Tiefe zu ersetzen. Das Fachgebiet schärft vielmehr die Sicht des Elektrotechnikers auf die genannten Fachgebiete.
Einige Beispiele sollen die fachlichen Verbindungen zu den Fachgebieten Thermodynamik, Strömungsmechanik, Werkstofftechnik, Metallurgie, Energietechnik, Leistungselektronik, Mikrowellentechnik und Automatische Steuerungen belegen.
Bei einer intensiven Erwärmung von Stoffen spielen die Mechanismen der Wärmeübertragung als Teilgebiet der Technischen Thermodynamik, wie Wärmeleitung, konvektiver Wärmetransport und Temperaturstrahlung, eine große Rolle. Deshalb ist bei der praktischen Umsetzung von Elektroprozesstechniken stets die Wärmeübertragung einzubeziehen. Elektrisch leitende Flüssigkeiten, wie Eisen- oder Glasschmelzen, können durch elektromagnetische Kräfte angetrieben oder gestützt werden. Nur mithilfe der Methoden der Strömungsmechanik können das resultierende Strömungsfeld und die sich ausbildende freie Oberflächenform bestimmt werden. Das Härten von Oberflächen mithilfe von induzierten Wirbelströmen, Niederdruckplasmen, Elektronenstrahlen oder Laserstrahlung ist letztlich eine Aufgabe, die fundiertes werkstoffkundliches Wissen erfordert. Das Erschmelzen von Stahl im Lichtbogen- oder Plasma-Ofen ist mit der Metallurgie und wegen der enormen Anschlussleistung sowie Kombination mit anderen Energieträgern (Erdgas, Wasserstoff, Sauerstoff) mit der Energietechnik im weiteren Sinne verknüpft. Die von der Elektroprozesstechnik benötigten Stromquellen für Frequenzen weit oberhalb der Netzfrequenz oder für extrem kurze Abschaltzeiten, beispielsweise bei instabil betriebener Gasentladung im Niederdruckplasma, erfordern die Zusammenarbeit mit dem Fachgebiet Leistungselektronik. Die Mikrowellenerwärmung ist aus der Mikrowellentechnik für die Informationsübertragung hervorgegangen. Die Auslegung von angepassten Übertragungsleitungen und Applikatoren erfordert daher ein fundiertes Verständnis dieser Technik. Schließlich sei noch die automatische Steuerung genannt, die insbesondere deshalb herausgefordert wird, weil viele Prozessgrößen, wie zum Beispiel die Temperatur, verteilte Größen sind und nicht oder nur schwer messbar sind. Beispielsweise muss die Temperatur im Inneren einer auf der Walzstraße bewegten und induktiv nachgewärmten Stahlbramme ziemlich genau stimmen, damit das Walzgerüst nicht beschädigt und

eine hohe Qualität des Walzgutes erreicht wird.
Die Weiterentwicklung der Elektroprozesstechnik wird einerseits durch neue Werkstoffe, Bauelemente, Gerätesysteme und Steuerungstechniken befördert und andererseits von neuen Werkstoff-, Mikro-, Umwelt- und Recyclingtechnologien herausgefordert. Die mit der Elektroprozesstechnik verknüpften Technologien sind sehr energieintensiv und erschließen sich wegen hoher Temperaturen und der damit verbundenen chemischen Aggressivität nicht immer einer messtechnischen und experimentellen Untersuchung, weshalb der theoretischen Durchdringung zur Gewinnung zuverlässiger mathematischer Modelle große Aufmerksamkeit geschenkt wird.

Die **Induktionserwärmung** ist eine kontaktlos erzeugte Stromleitung in elektrisch leitenden Stoffen, die wirtschaftlich wohl die bedeutendste Anwendungsgruppe der Elektroprozesstechnik darstellt. Hier wird der Strom durch Spannungsinduktion eines magnetischen Wechselfeldes hervorgerufen. Dabei kann die Spannungsinduktion entweder durch die zeitliche Änderung des magnetischen Feldes oder durch eine Relativbewegung eines magnetischen Gleichfeldes zum elektrisch leitendem Stoff erfolgen. Es wird zwischen direkter und indirekter Induktionserwärmung unterschieden.
Bei der dielektrischen und der diamagnetischen Erwärmung erfolgt die Energiewandlung durch Umpolarisation sowohl von dielektrischen als auch magnetischen Stoffen. Sie ermöglicht einen raschen, berührungslosen Energieeintrag in elektrisch nicht oder schwach leitende Stoffe. Zu diesem Komplex gehören die dielektrische Erwärmung sowohl im Kondensatorfeld, hier als **Kondensatorfelderwärmung** bezeichnet, als auch im elektromagnetischen Wellenfeld, was allgemein als **Mikrowellenerwärmung** bekannt ist. Eine geringe Anwendungsbreite hat dagegen die Erwärmung elektrisch nichtleitender magnetischer Stoffe im magnetischen Wechselfeld, die meist auch nur als indirekte Erwärmung stattfindet. Diese Technik wird deshalb in das Kapitel **Indirekte Techniken** eingeordnet.
Die **Widerstandserwärmung** als die kontaktierte Stromleitung durch einen elektrisch leitenden Stoff ist ein scheinbar einfaches und deshalb bekanntes Anwendungsgebiet der Elektroprozesstechnik. Bei der direkten Widerstandserwärmung fließt der elektrische Strom unmittelbar durch das zu erwärmende Gut. Das ist der Unterschied zur indirekten Widerstandserwärmung, bei der durch den Stromfluss zunächst ein Heizleiter erhitzt wird, der erst dann die thermische Energie durch Wärmeübertragung (Leitung, Konvektion, Strahlung) auf das Gut überträgt.

Die **Erwärmung und der Stofftransport ionischer Stromleitung** ist eine Technologie, bei der neben Erwärmung auch ein Stofftransport stattfindet. Je nach dem, ob Erwärmung oder Stofftransport erwünscht und ausgeprägt sind, erfolgt die Zuordnung zum Fachgebiet Elektrowärme oder eher zu den Fachgebieten Elektrochemie oder Galvanotechnik. Hier werden einführend nur die energieintensiven Prozesse betrachtet.

Ein Plasma entsteht durch eine elektrische Gasentladung. Diese kann sowohl über Elektroden als auch berührungslos über das elektromagnetische Wechselfeld (Induktorfeld, Kondensatorfeld, Mikrowellenfeld) hervorgerufen werden. Sie teilt sich weiter in die Niederdruck- und die Hochdruckgasentladung auf, wobei im Hochdruckbereich von einem thermischen Gleichgewicht und im Niederdruckbereich von einem thermischen Ungleichgewicht ausgegangen werden kann. Der Lichtbogen ist dem Elektrotechniker als Schalt- und Störlichtbogen bekannt. Hier werden die wirtschaftlich bedeutsamen und energetisch interessanten Anwendungen für das Schweißen und Schmelzen im Kapitel **Lichtbogenschmelzen** behandelt. Die Funkenentladung ist ebenfalls eine Hochdruckgasentladung im thermischen Gleichgewicht, die allerdings nur sehr kurzzeitig wirkt und trotzdem ein Aufschmelzen von Material zur Folge hat. Die Plasmatechnik umfasst eine viel größere Breite als sie hier dargestellt wird und verfolgt nicht nur technologische Ziele, sondern wesentlich weiterreichende, wie zum Beispiel die Kernfusion. Einschränkend wird daher im Kapitel **Plasmatechnik** nur auf die Behandlung von Materialien im Niederdruckplasma (Ungleichgewichtsplasma) eingegangen.

Die **Technologische Teilchenstrahlung** kann nach der Art der geladenen Teilchen in Elektronen- und Ionen-Strahlung untergliedert werden. Die mit dem Teilchenbeschuss verbundenen Technologien sind ebenfalls Hochtechnologien mit eigenen wissenschaftlichen Ausrichtungen, deshalb wird auch diese Thematik nur einführend behandelt.

Die **Elektromagnetische Strahlung** wird unterteilt nach Antennenstrahlung, Temperaturstrahlung, kalter Strahlung oder Linien-Strahlung und kohärenter Strahlung. Der Laserstrahl ist eine kohärente elektromagnetische Strahlung. Auch hier hat sich ein eigenständiges Fachgebiet entwickelt, weshalb hier ebenfalls nur einführend einige Anwendungen behandelt werden.

Bei den **Elektrischen und Magnetischen Kraftwirkungen** wird zwischen den Wirkungen, die durch die Coulomb-Kraft und durch die Lorentz-Kraft hervorgerufen werden, unterschieden, obwohl nach Einstein die Lorentz-Kraft nur die relativistische Korrektur der Coulomb-Kraft ist. Diese Kräfte treten, mehr oder weniger ausgeprägt, bei fast allen bisher genannten Techniken auf.

Dieser Thematik wird ein separates Kapitel gewidmet, weil die theoretischen Grundlagen dazu am besten geschlossen dargestellt werden und einige spezielle Anwendungen, wie die Materialsortierung, den oben genannten Techniken nicht zugeordnet werden können.
Im Kapitel **Indirekte Techniken** werden die Techniken vorgestellt, bei denen die elektrische Energie in gewandelter Form als Wärme- und Kraftwirkungen auf das zu behandelnde Material übertragen wird. Dazu gehören die indirekte Widerstandserwärmung, die indirekte Induktionserwärmung, die Impulsbearbeitung und die indirekte Erwärmung durch magnetische Umpolarisation.

In den Büchern [5], [8], [20], [29, Kap.3] und [37] ist die Elektroprozesstechnik unter den Begriffen Elektrotechnologie, Elektrowärme und elektrothermische Verfahren ebenfalls umfassend dargestellt. Hier wird auf das in dieser Grundlagenliteratur niedergelegte Wissen vielfältig zurückgegriffen, ohne wiederholend diese Quellen zu zitieren, weil zumeist unklar ist, wo die Ursprünge liegen.

Der vorliegende Teil 1 des Werkes beinhaltet die Kapitel

- Induktionserwärmung
- Kondensatorfelderwärmung
- Mikrowellenerwärmung
- Widerstandserwärmung
- Lichtbogenschmelzen.

Der Teil 2 besteht aus den Kapiteln

- Erwärmung und Stofftransport ionischer Stromleitung
- Plasmabehandlung
- Technologische Teilchenstrahlung
- Elektromagnetische Strahlung
- Elektrische und magnetische Kraftwirkungen
- Indirekte Techniken.

2 Induktionserwärmung

Die Induktionserwärmung umfasst sowohl das Erwärmen als auch das Schmelzen von elektrisch leitfähigem Material. Es ist das wirtschaftlich wichtigste Gebiet der Elektroprozesstechnik, das wissenschaftlich sehr intensiv bearbeitet wurde. In diesem Kapitel haben sich die Autoren weitgehend auf die Fachbücher [6], [7] und [36] bezogen.

2.1 Eigenschaften

2.1.1 Induzierte Ströme

In einem magnetischen Wechselfeld werden elektrische Spannungen induziert, die in leitfähigen und ausreichend ausgedehnten Gebieten zur Ausbreitung von Wirbelströmen (engl. *eddy current*) führen. Diese Wirbelströme sind wegen der damit verknüpften Joule´schen Wärme in elektrischen Geräten, Maschinen und Leitungen unerwünscht. Deswegen werden hier als Magnetwerkstoffe schwach leitende Ferrite oder voneinander isolierte Bleche (Blechpakete) und als elektrische Leiter Litzen oder Leiterbündel (z. B. Roebel-Stäbe) eingesetzt. Die erwünschte Erwärmung von elektrisch leitenden Materialien, wie Metallen und Plasmen, durch Wirbelströme wird insbesondere genutzt, wenn damit technologische Vorteile, wie eine rasche und vor allem berührungslose (keine Kontakte oder Elektroden) Erwärmung erforderlich ist. Das Gebiet der Elektroprozesstechnik, das sich mit der Weiterentwicklung und Anwendung dieser Technologie befasst, wird Induktionserwärmung oder Induktive Erwärmung (engl. *induction heating*) genannt.

Im **Bild 2.1** ist eine prinzipielle Anordnung dargestellt, die aus einer das magnetische Wechselfeld generierender Induktionsspule (engl. *induction coil*) und einem metallischen Werkstück (engl. *workpiece*) besteht. Da der das magnetische Feld erzeugende Leiter auch Formen annehmen kann, die nicht für eine Spule typisch sind (z. B. Haarnadelform), soll dieser Leiter Induktor (engl. *inductor*) genannt werden. Da anstelle des Werkstückes auch eine Schmelze in einem keramischen Tiegel oder ein Plasma induktiv erwärmt werden kann, wird der zu erwärmende Teil Einsatz (engl. *charge*) genannt.

Die magnetischen Flusslinien durchsetzen die von den Wirbelströmen aufgespannte Flächen senkrecht. Da die Wirbelströme ein magnetisches Feld generieren, das seiner Ursache entgegengesetzt gerichtet ist, bildet sich im Einsatz ein gedämpftes magnetisches Feld aus. Im Koppelspalt zwischen Induktor und Einsatz wird das magnetische Feld sowohl von den im Induktor als auch von den im Einsatz fließenden Strömen geformt. Dabei drängen die Ströme des Einsatzes den magnetischen Fluss in den Koppelspalt, weshalb hier die magnetische Flussdichte relativ hoch ist. Werden Induktor und Einsatz im Vergleich zu ihren Durchmessern als sehr lang angenommen, so wird mit Hilfe des Durchflutungs-Gesetzes klar, dass die magnetische Flussdichte im Koppelspalt nicht höher als im leeren Induktor werden kann.

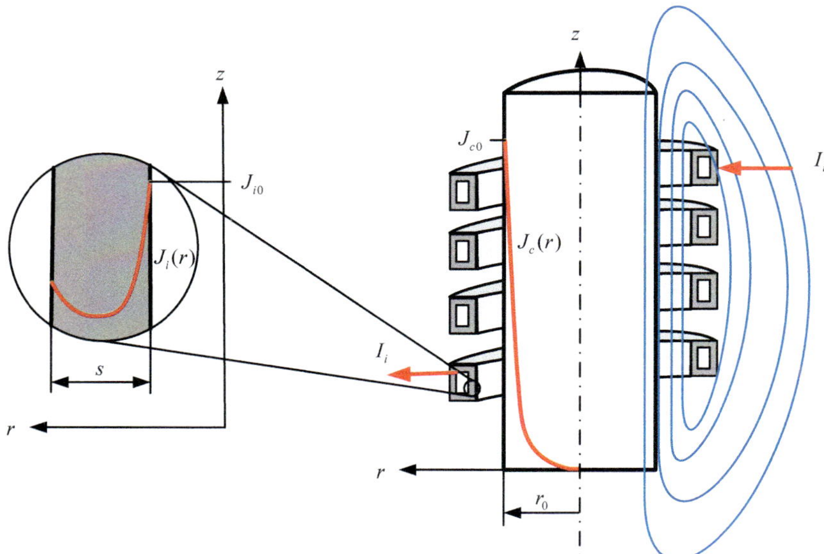

Bild 2.1: Induktionsprinzip

2.1.2 Eindringtiefe

Die Stromdichten im Induktor und Einsatz nach Bild 2.1 sind auf den sich zugewandten Grenzflächen am höchsten und fallen mit wachsender Entfernung ab.

Im Einsatz ähnelt die abklingende Kurve einer e-Funktion, die sich umso mehr diesem Funktionstyp annähert, je größer der Durchmesser $2r_0$ des Einsatzes wird. Wie später im Abschnitt 2.3 gezeigt wird, ergibt sich erst bei Vernachlässigung der Oberflächenkrümmung des Einsatzes eine perfekte e-Funktion. Unter diesen Bedingungen gilt für den Effektivwert der Stromdichte im Einsatz

$$J(r) = J_0 \, \mathrm{e}^{-x/\delta}, \tag{2.1}$$

worin $x = (r_0 - r)$ der Abstand von der Oberfläche und J_0 die Stromdichte auf der Oberfläche des Einsatzes sind. Im Exponenten der e-Funktion bedeutet $1/\delta$ die Dämpfung. Der Kehrwert δ ist eine wichtige Größe in der Induktionserwärmung und wird als äquivalente Strom-Eindringtiefe oder elektromagnetisches Eindringmaß (engl. *penetration depth*) bezeichnet. Weiterhin wird die bildhafte Bezeichnung Eindringtiefe verwendet.

$$\delta = \sqrt{\frac{1}{\pi f \kappa \mu}} \tag{2.2}$$

Hierin bedeuten f die Frequenz sowie κ und μ die elektrische Leitfähigkeit und die magnetische Permeabilität des entsprechenden Materials. Die Eindringtiefe hat die Maßeinheit einer Länge und sagt aus, dass in einer Tiefe $x = \delta$ die Stromdichte auf den Wert J_0/e abgeklungen ist.
Das Frequenzspektrum der Induktionserwärmung beginnt unterhalb der Netzfrequenz von 50 bzw. 60 Hz und endet bei ca. 10 MHz. Bei einem Einsatz aus Kupfer würde die äquivalente Eindringtiefe etwa 10 mm bei 50 Hz und 0,1 mm bei 500 kHz betragen. Die Abhängigkeit der äquivalente Eindringtiefe von der Frequenz ist im **Bild 2.2** dargestellt. In **Tabelle 2.1** sind von typischen Werkstoffen des induktiven Erwärmens und Schmelzens die Eindringtiefen für 100 Hz und eine relative Permeabilität von $\mu_r = 1$ oder 10 zusammengestellt. Die oft angenommene relative Permeabilität von ferromagnetischen Materialien mit dem Wert $\mu_r = 10$ ist ein grober Richtwert, der sich nur bei hohen magnetischen Feldstärken einstellt. Ein genauerer Wert wird bei Beachtung der Abhängigkeit von der magnetischen Feldstärke und der Temperatur nach (2.3) und (2.4) erhalten.

Die Eindringtiefe ist eine sehr wichtige Größe bei der Beurteilung der induktiven Erwärmung. Mit ihrer Hilfe kann man beispielsweise feststellen, ob die obige Formel zur Berechnung der Stromdichte-Verteilung im Vollzylinder angewendet werden darf. Es müsste in diesem Falle die Bedingung $r_0/\delta >> 1$

Tabelle 2.1: Äquivalente Stromeindringtiefe für austenitische und ferritische Materialien bei $f = 100\,\mathrm{Hz}$

Material	ϑ °C	ρ $\frac{\Omega\,\mathrm{mm}^2}{\mathrm{m}}$	μ_r	δ mm
Aluminium, rein	0	0,0278	1	8
Aluminium, rein	500	0,089	1	15
Eisen, rein	0	0,11	10	5
Eisen, rein	500	0,53	10	12
Eisen, rein	1000	1,16	1	54
Eisen, rein, Schmelze	1500	1,4	1	60
Gusseisen	0	0,96	10	16
Gusseisen, Schmelze	1400	1,6	1	64
Kupfer	0	0,0175	1	7
Kupfer	500	0,0545	1	12
Messing, Ms 58	0	0,0625	1	13
Messing, Ms 58	300	0,138	1	19
Nickel	0	0,091	10	5
Nickel	300	0,2	10	7
Stahl,Massenstahl, ST 0	0	0,12	10	6
Stahl, Massenstahl, ST 0	600	0,74	10	14
Stahl, Massenstahl, ST 0	700	0,92	1	48
Stahl, Massenstahl, ST 0	750	1,0	1	50
Stahl, Massenstahl, ST 0	1200	1,25	1	56
Stahl, rostfrei, X 12 CrNi 188	0	0,7	1	42
Stahl, rostfrei, X 12 CrNi 188	200	0,85	1	46
Stahl, verschleißfest, X 120 Mn 12	0	0,68	10	13
Stahl, verschleißfest, X 120 Mn 12	400	1,0	10	16
Stahl, verschleißfest, X 120 Mn 12	800	1,2	1	55
Stahl, verschleißfest, X 120 Mn 12	1200	1,3	1	57

erfüllt sein. Dann entspräche die Oberfläche des Vollzylinders der Grenzfläche eines Halbraums, für den nachfolgend aus den Maxwell´schen Gleichungen die Feldverteilung und auch die Formel zur Eindringtiefe nach (2.2) abgeleitet werden. Mithilfe der Eindringtiefe kann man ebenfalls abschätzen, ob sich in einem gegebenen Querschnitt bei einer bestimmten Frequenz Wirbelströme frei ausbilden können oder sich gegenseitig behindern. Eine grobe Regel besagt, dass die kleinste Querabmessung (Durchmesser oder Schmalseite eines Quaders) mindesten die dreifache Eindringtiefe haben muss, um eine effiziente induktive Erwärmung zu erreichen. Umgekehrt sollte die Dicke eines Bleches im Blechpaket eines magnetischen Joches (engl. *magnetic core*) nicht stärker als die halbe Eindringtiefe sein ($s < \delta/2$), um unerwünschte Wirbelströme zu unterdrücken.

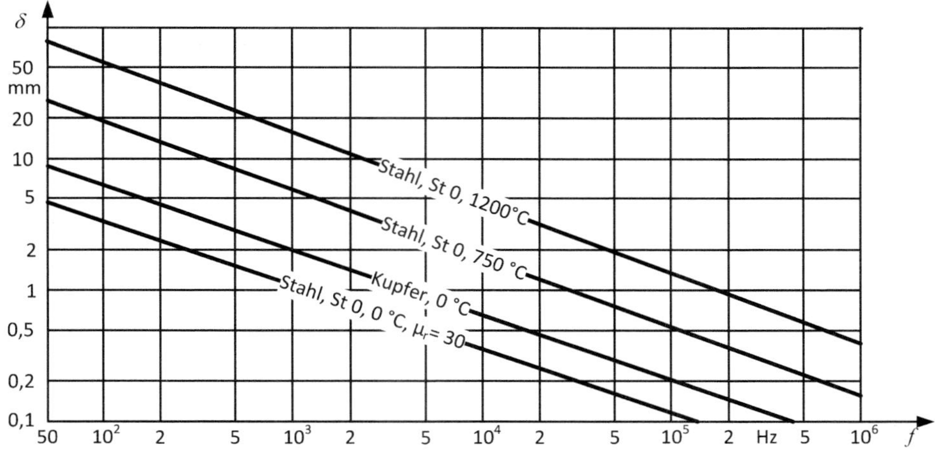

Bild 2.2: Äquivalente Eindringtiefe in Abhängigkeit von der Frequenz

2.1.3 Stromverteilung

Die Stromdichte-Verteilung im Induktor weicht von einer e-Funktion ab. Das liegt weniger am Krümmungsradius des Induktors als vielmehr an der geringen Dicke s der stromtragenden Schicht des Hohlleiters. Diese Schicht entspricht im idealisierten Sinne einer einseitig erregten Platte, für die später im Abschnitt 2.3 die Stromdichte-Verteilung exakt berechnet wird. Weil der Induktorstrom in der stromtragenden Schicht nur in einer Richtung fließt, wird deutlich, dass diese Schicht mit der Stärke s nicht unbedingt sehr groß sein muss, sondern in der Größenordnung der Eindringtiefe liegen kann, damit der Induktor einen möglichst kleinen Wechselstromwiderstand aufweist.

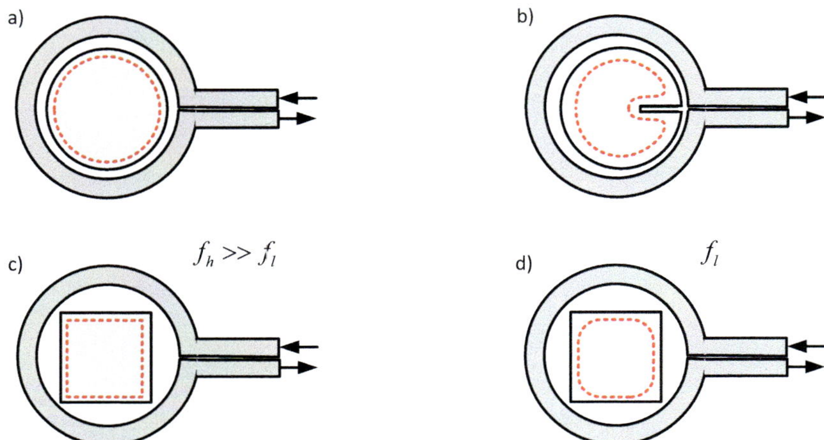

Bild 2.3: Strombahnen verschiedener Einsätze: a) Vollzylinder, b) Vollzylinder mit Schlitz, c) quadratische Stange bei hoher Frequenz f_h, d) quadratische Stange bei niedrigerer Frequenz f_l

Die charakteristischen Strombahnen verschiedener Einsätze zeigt **Bild 2.3**. Wenn sich, wie in Bild 2.3 b dargestellt, ein Hindernis in der Strombahn befindet, so bildet sich eine das Hindernis umgehende Strombahn aus, die mit ihrer Form unter den gegebenen Bedingungen das sie erregende Feld maximal schwächt. Am Wendepunkt in der Tiefe des Hindernisses bildet sich eine Stelle maximaler Stromdichte aus. Für eine rasche Durchwärmung ist dies hinderlich, weil es zu einer lokalen Überhitzung führt. Jedoch im Falle einer Schweißaufgabe kann diese hohe Stromdichte sehr vorteilhaft sein, falls genau diese Stelle der Schweißpunkt ist. Die gleichen Anordnungen nach Bild 2.3 c und d unterscheiden sich lediglich in der Frequenz des Induktorstromes. Es ist zu erkennen, dass bei einer hohen Frequenz f_h die äußere Kontur des Einsatzes von der Strombahn wesentlich besser abgebildet wird, als bei einer niedrigeren Frequenz f_l. Das kann jedoch im Falle einer hohen Prozessintensität zu einer Überhitzung der Kanten führen, weil das Verhältnis von Wärmeeintrag und Wärmeableitung in das Innere des Einsatzes größer als auf den glatten Abschnitten ist.

2.1.4 Ferromagnetische Materialien

Bei ferromagnetischen Materialien, wie Eisen, Stahl und Nickel, ist die magnetische Permeabilität μ in komplizierter Weise von der magnetischen Feldstärke und der Temperatur abhängig. Die Permeabilität hängt nicht nur vom aktuellen Wert der magnetischen Feldstärke, sondern auch von der Vorgeschichte, d. h. dem vorausgegangenem zeitlichen Verlauf der magnetischen Feldstärke ab. Dies wird mit der Hysteresekurve nach **Bild 2.4** deutlich.

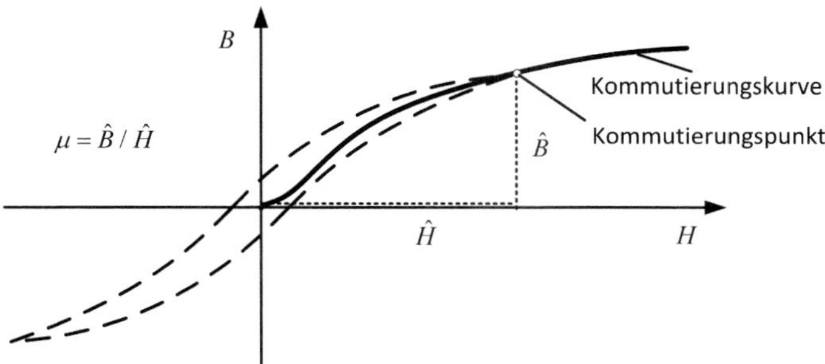

Bild 2.4: Hysterese ferromagnetischer Materialien und ihre Linearisierung

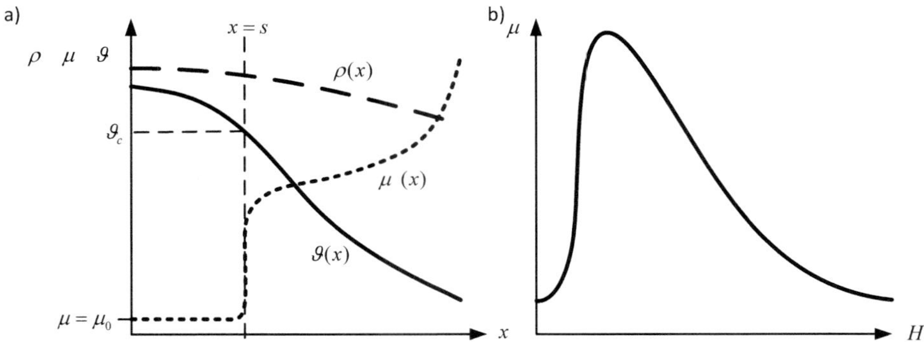

Bild 2.5: Einfluss von Temperatur und magnetischer Feldstärke auf die Permeabilität: a) Temperatur einer Oberflächenschicht größer als Curie-Temperatur ϑ_c, b) aus der Kommutierungskurve bestimmte Permeabilität

Da die Hystereseverluste bei der induktiven Erwärmung im Vergleich zu den Wirbelstromverlusten klein sind, werden diese in der Regel vernachlässigt. Die Permeabilität wird in ihrer Abhängigkeit von der magnetischen Feldstärke aus der Kommutierungskurve nach Bild 2.4 gewonnen. Diese liefert einen eindeutigen Zusammenhang zwischen den Maximalwerten von magnetischer Flussdichte und Feldstärke. Für jede Aussteuerung $\hat{H}$ gibt es somit eine Permeabilität $\mu(\hat{H})$, die im Verlauf der zeitlichen Änderungen einer Periode als konstant angenommen wird. Aus praktischen Gründen wird diese Abhängigkeit als Funktion des Effektivwertes $\mu(H)$ notiert, was nach [25, S.53] die Genauigkeit wenig beeinflusst. Mit der für die Dauer von mindestens einer Periode als konstant angenommenen Permeabilität bleiben für die Rechnung alle Wechselgrößen sinusförmig. Diese Vorgehensweise ist nicht sehr genau. Jedoch lohnt ein größerer Aufwand selten, weil die realen Verhältnisse noch viel komplizierter sind. Die magnetische Feldstärke nimmt mit der Tiefe ab, weshalb die Permeabilität auch noch in Abhängigkeit vom Ort x und der dort vorhandenen Temperatur bestimmt werden müsste. Im **Bild 2.5 a** sind die Verläufe für einen Zeitpunkt eines induktiven Erwärmungsprozesses dargestellt, bei dem eine Oberflächenschicht der Dicke s über der Curie-Temperatur ϑ_c liegt.

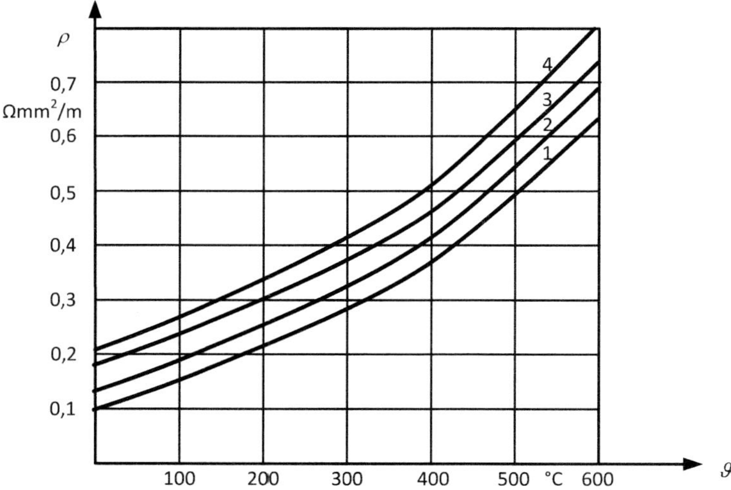

Bild 2.6: Abhängigkeit des spezifischen elektrischen Widerstandes von der Temperatur: 1) reines Eisen, 2) Baustahl mit 0,11 % C, 3) Baustahl mit 0,52 % C, 4) Baustahl mit 1,0 % C

Mit der Curie-Temperatur wird ein Zustand markiert, bei dem die Wärmebewegungen im Material die magnetischen Orientierungen aufheben. Diese Erscheinung, bei der die Permeabiltät auf den Wert μ_0 zurückgeht, tritt nach [30, S. 303] bei reinem Eisen oberhalb von $\vartheta_c = 760\,°\mathrm{C}$ und bei Nickel oberhalb von $\vartheta_c = 360\,°\mathrm{C}$ auf. Die als konstant angenommene Permeabilität ist für eine Näherungsrechnung sehr praktisch, man kann jedoch nicht mehr erwarten, dass die Stromdichteverteilung in ferromagnetischen Materialien so ist, wie sie die oben angeführte e-Funktion vorgibt. Insbesondere werden die sinusförmigen Zeitverläufe verzerrt. Weil Stahl und Eisen sehr häufig induktiv erwärmt werden, sind Angaben zu den Stoffwerteabhängigkeiten sehr wertvoll. In [19, S. 41-43] ist eine Zusammenfassung der Materialeigenschaften zu finden. Das **Bild 2.6** zeigt die Abhängigkeit des spezifischen elektrischen Widerstandes von der Temperatur bei verschiedenen Kohlenstoffgehalten.

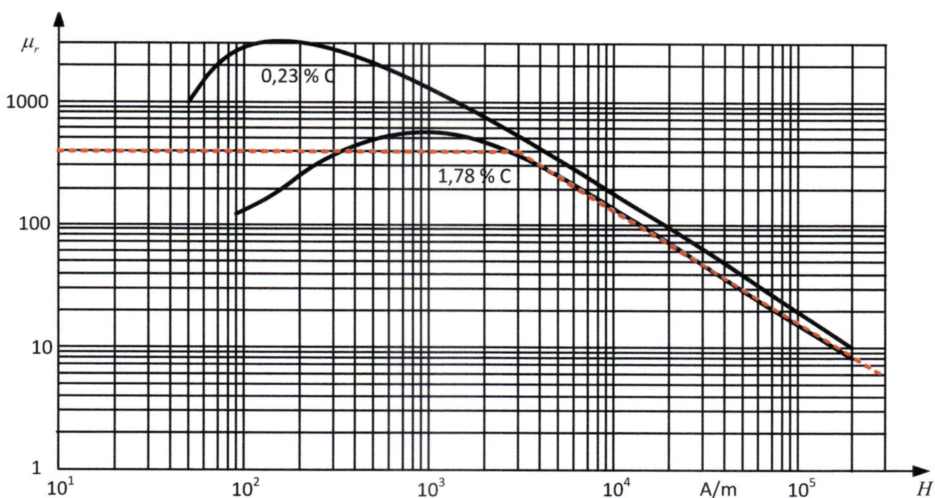

Bild 2.7: Abhängigkeit der relativen Permeabilität von der magnetischen Feldstärke für zwei Stahlsorten; Strichlinie gibt Abhängigkeit nach (2.3) und (2.4) an

Mit **Bild 2.7** kann die Abhängigkeit der Permeabilität von der magnetischen Feldstärke abgelesen werden. Bei einer numerischen Feldberechnung sind Diagramme ungeeignet. Deshalb werden Approximationen verwendet, die aus den dargestellten Kurven oder anderen Quellen gewonnen werden. Die folgende Approximation ist beispielgebend und gilt für Baustahl mit einem Kohlenstoffgehalt von 1,78 % .

$$\mu_r(H, \vartheta) = 1 + [5 \cdot 10^5 \cdot (H/\mathrm{A\,m^{-1}})^{-0{,}894} - 1] \cdot [1 - (\vartheta/\vartheta_c)^2]$$
$$\text{für } H \geq 3000\,\mathrm{A\,m^{-1}} \text{ und } \vartheta \leq \vartheta_c \quad (2.3)$$

$$\mu_r(H,\vartheta) = 400 \cdot [1 - (\vartheta/\vartheta_c - 1)^2] \qquad \text{für } H < 3000\,\mathrm{A\,m^{-1}} \text{ und } \vartheta \leq \vartheta_c \quad (2.4)$$

Im Bild 2.7 ist diese Approximation als gepunktete Linie eingezeichnet. Für $H < 3000\,\mathrm{A/m}$ ist sie sehr ungenau, wobei dieser Bereich bei der Induktionserwärmung in der Regel nur in den weniger wichtigen Feldgebieten auftritt. Bei Bedarf kann die Approximation beliebig verfeinert werden, indem beispielsweise die stückweise Unterteilung weiter verfeinert und mit geeigneten Funktionsansätzen ausgefüllt wird. In (2.3) und (2.4) bedeutet ϑ_c die Curie-Temperatur, die nach [19, S. 41] ebenfalls vom Kohlenstoffgehalt abhängt:

$$\vartheta_c = 768\,^\circ\mathrm{C} \quad \text{für Armko-Eisen} \quad (2.5)$$

$$= 750\,^\circ\mathrm{C} \quad \text{für Stahl mit niedrigen Kohlenstoffgehalt} \quad (2.6)$$

$$= 721\,^\circ\mathrm{C} \quad \text{für Stahl mit 0,9 \% Kohlenstoff} \quad (2.7)$$

$$= 256\,^\circ\mathrm{C} \quad \text{für Zementit} \quad (2.8)$$

Mit dieser oder einer ähnlichen Approximation (auch Interpolation von Tabellenwerten) kann in numerischen Rechnungen die Permeabilität als Funktion des Ortes erfasst werden, wobei durch eine gekoppelte iterative Feldberechnung am jeweiligen Ort $\vec{r}$ die magnetische Feldstärke $H(\vec{r},t)$ und die Temperatur $\vartheta(\vec{r},t)$ zu bestimmen sind. Wer sehr genau die Feldverteilung in ferromagnetischen Gebieten berechnen muss, kommt nicht umhin, sich die Hysteresekurven in Abhängigkeit der Aussteuerung und der Temperatur zu beschaffen und numerisch im Zeitbereich zu rechnen.
Kann dagegen weiter mit Effektivwerten gerechnet werden, so ist es mit relativ einfachen Experimenten möglich, die Abhängigkeiten $\mu_r(H,\vartheta,f)$ zu messen. Voraussetzung ist, dass zur Unterdrückung von Wirbelströmen das zu beurteilende Material als ein Blechpaket oder besser Wickel (s. **Bild 2.8**) mit einer solchen Blechstärke vorliegt, die kleiner als die Eindringtiefe bei den höchsten auszumessenden Frequenzen ist. Wenn das Blechpaket nebst Wicklung lang genug ist, sodass der magnetische Widerstand R_m im Wesentlichen durch seine Länge l_m und Querschnittsfläche A_m bestimmt wird, so berechnet sich die Induktivität einfach aus

$$L = N^2 \frac{A_m \mu_0 \mu_r(H,\vartheta,f)}{l_m}, \qquad (2.9)$$

die über die Spannungsgleichung ausgemessen werden kann.

$$U = I\sqrt{R^2 + (\omega L)^2} \qquad (2.10)$$

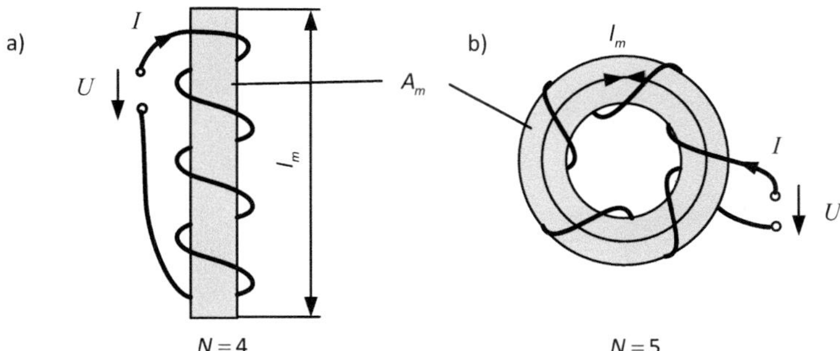

Bild 2.8: Anordnung zur experimentellen Bestimmung der relativen Permeabilität: a) Blechpaket, b) Blechwickel

Der Wechselstromwiderstand der Wicklung R kann bei Verwendung von HF-Litze dem gut messbaren Gleichstromwiderstand gleich gesetzt werden. Die magnetische Feldstärke wird aus der Durchflutung bestimmt.

$$H = IN/l_m \tag{2.11}$$

Die Anordnung nach Bild 2.8 a ist für höhere Temperaturen geeignet, weil das in einem Ofen erhitzte Blechpaket rasch in die Spule gesetzt werden kann. Die Anordnung nach Bild 2.8 b ist dagegen für eine genauere Bestimmung der magnetischen Feldstärke geeignet, weil nahezu keine Streufelder auftreten.

2.2 Induktor-Einsatz-Anordnungen

2.2.1 Anordnungen

In **Bild 2.9** sind einige prinzipielle Formen von Induktoren und Einsätzen sowie ihre Anordnung zueinander dargestellt. Die Vielfalt ist in der Praxis sehr groß. Das Ziel ist dagegen immer gleich. Die Gestaltung des Induktors soll so sein, damit sich bei einem minimalen Energieaufwand im Einsatz die gewünschte Verteilung der Wirbelströme bei gegebener Frequenz ausbildet.
Es werden den Einsatz umschließende Induktoren nach den Bildern 2.9 a und b und den Einsatz nicht umschließende Induktoren nach den Bildern 2.9 c bis g unterschieden. Im Prinzip kann bei jeder der dargestellten Anordnungen ein magnetischer Rückschluss eingebaut werden, um die Ankopplung zu verbessern oder die Blindleistung zu verringern. Aus Platz- und Kostengründen

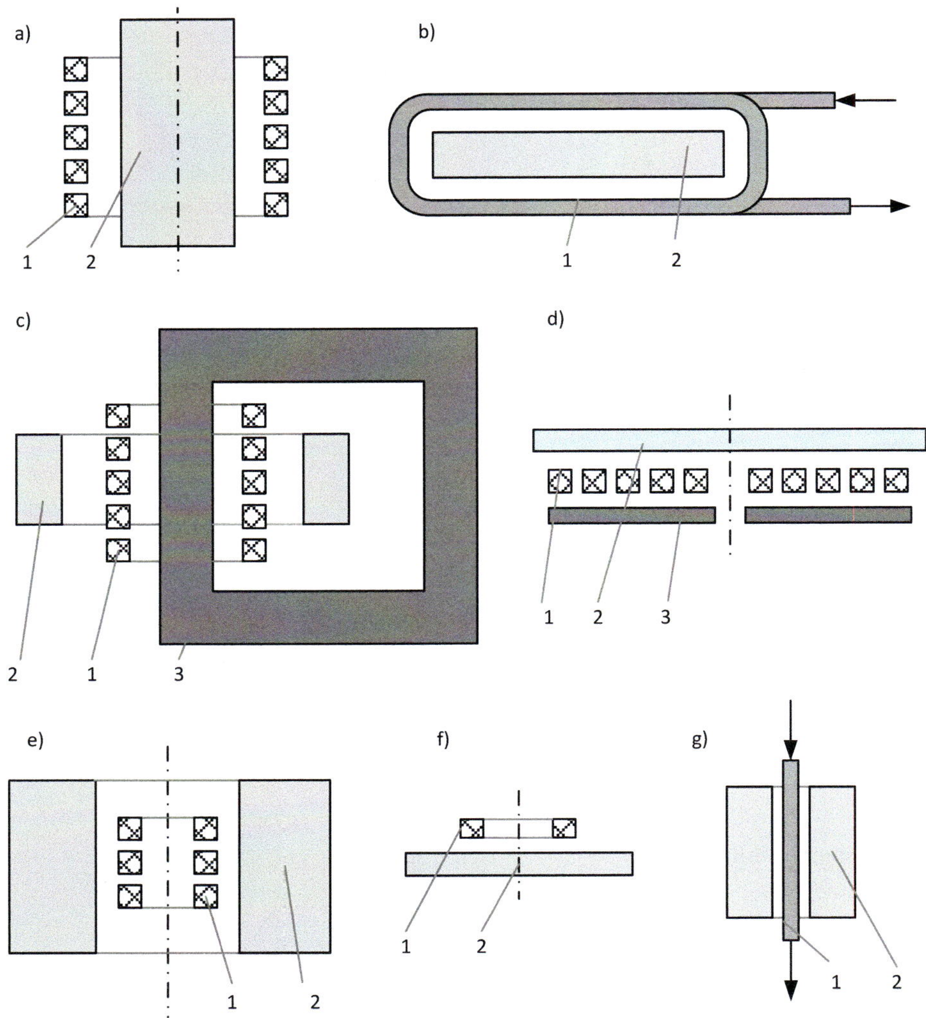

Bild 2.9: Induktor-Einsatz-Anordnungen: 1) Induktor, 2) Einsatz, 3) magnetischer Rückschluss

wird jedoch oft darauf verzichtet. Charakteristisch ist der geschlossene magnetische Rückschluss, wie er vom Transformator her bekannt ist. Damit wird eine besonders gute Ankopplung erzielt und das magnetische Streufeld und somit die Blindleistung wesentlich reduziert. Leider ist der geschlossene magnetische Rückschluss nur in wenigen Anwendungsfällen (Ringform des Einsatzes) realisierbar.

2.2.2 Induktoren

In **Bild 2.10** sind verschiedene Induktorprofile dargestellt. In der Regel handelt es sich um Hohlprofile, die zur intensiven Kühlung mit Wasser durchströmt werden. Die Profile nach den Bildern 2.10 a und b werden für die eher hohen Frequenzen und die Profile nach Bild 2.10 c für niedrigere Frequenzen und Netzfrequenz mit hoher Eindringtiefe verwendet. Bei relativ geringen Leistungsdichten kann eine Luftkühlung des Induktors ausreichen. In diesem Fall werden Litze (Drahtbündel)verwendet, um über einen von der Eindringtiefe unabhängigen Leitungsquerschnitt verfügen zu können (s. Bild 2.10 d). Um die Windungs- bzw. Isolations-Abstände zu berücksichtigen, werden den entsprechenden Flächen etwas kleinere Leitfähigkeiten zugewiesen.

Für die späteren Berechnungen wurden in Bild 2.10 die idealisierten Querschnitte der Induktoren dargestellt, die sich als ein einfaches geometrisches Gebiet (Rechteck) mit modifizierter Leitfähigkeit darstellen.

Induktoren werden handgefertigt sowie computergestützt mittels Drucktechnik hergestellt. Die Handfertigung ist großen mehrwindigen Induktoren vorbehalten, die aus Hohlprofilen gewickelt werden. Für enge Biegungen mit kleinen Radien werden die Hohlprofile auf Gehrung geschnitten und hart verlötet. Induktoren mit komplizierter Geometrie, beispielsweise zum Härten oder Löten, werden mit dem sogenannten Wachsausschmelz-Verfahren sehr präzise gegossen. Das ist ein computergestützter Prozess, bei dem eine Wachsform des Induktors einschließlich der Kühlkanäle dreidimensional gedruckt wird. Aus dieser sehr präzisen Wachsform (entspricht geometrisch der Originalform) wird eine keramische Gießform hergestellt, die in einer Zentrifuge platziert mit einer Kupferlegierung ausgegossen wird. Alternativ kann die im Computer abgelegte Induktorgeometrie (einschließlich der Kühlkanäle) zur Steuerung eines Elektronen- oder Laser-Strahls verwendet werden, mit dem eine Kupferlegierung schichtweise aufgeschmolzen wird. Die erzielte Materialdichte erreicht die von massivem Kupfer und die Lebensdauer derartig gefertigter Induktoren soll über denen der handgefertigten liegen. Außerdem ist eine rasche und präzise Wiederholbarkeit möglich.

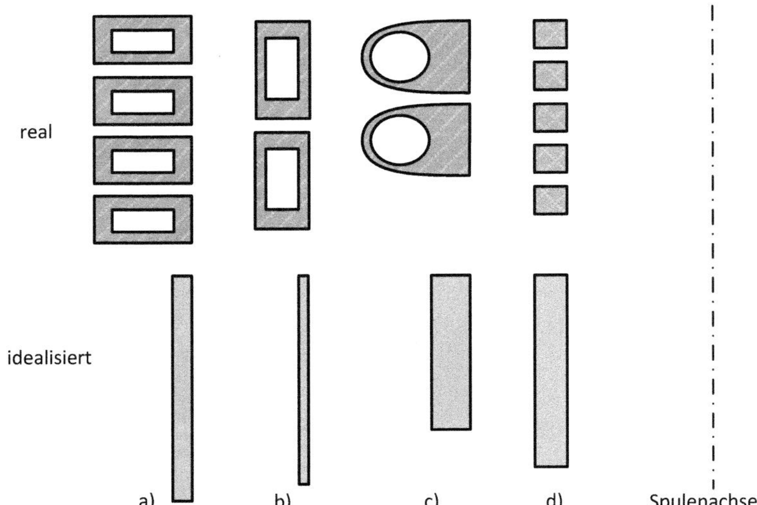

Bild 2.10: Induktorprofile: a) und b) Rechteckprofil, c) Halbrundprofil, d) Litze

Im Vergleich zu den aus Hohlprofilen hergestellten Induktoren können gegossene oder gedruckte Induktoren einen etwas höheren Wirkungsgrad erreichen, weil an kritischen Stellen der stromtragende Querschnitt leicht vergrößert werden kann und weil eventuell vorhandene Fehlstellen beim Hartlöten (engl. *white etching cracks*) vermieden werden können.

Die magnetischen Rückschlussjoche oder die geschlossenen Magnetleiter kommen für Frequenzen bis etwa 10 kHz Blechpakete zum Einsatz. Die einzelnen Bleche müssen deutlich dünner als die Eindringtiefe unter Beachtung der hohen magnetischen Permeabilität sein und haben je nach Frequenz eine Stärke von 0,1 bis 0,5 mm (s. Abschnitt 2.3). Zur Kühlung der Blechpakete werden oft Kupferbleche eingelegt, die an einer Seite aus dem Blechpaket herausragen und hier mit Kühlwasserrohren thermisch gut verbunden sind. Für höhere Frequenzen bis in den MHz-Bereich und folglich kleinere Induktoren stehen gebundene Ferrite in unterschiedlichen bzw. bestellbaren Formen zur Verfügung. Diese Ferritteile haben Sättigungsflussdichten (engl. *saturation flux density*) bis zu 1,5 T und halten Temperaturen bis zu 250 °C stand.

2.2.3 Wirkungsgrad

Der Wirkungsgrad einer Induktor-Einsatz-Anordnung ist als der Quotient der im Einsatz induzierten Energie/Leistung zu der vom Induktor aufgenommenen definiert. Genauer muss zwischen dem Leistungs- und dem Energiewirkungsgrad unterschieden werden. Der Leistungswirkungsgrad entspricht dem Energiewirkungsgrad für einen sehr kurzen Moment, während der Energiewirkungsgrad für einen längeren Zeitabschnitt, z. B. einen Härtetakt, gebildet wird. Weil beim Energiewirkungsgrad die Wärmeverluste eingehen, ist dieser von der Taktzeit abhängig. Höhere Leistungsdichten und kürzere Takte erhöhen den Energiewirkungsgrad. Der Wirkungsgrad hängt wesentlich von den Stoffeigenschaften (Leitfähigkeit, Permeabilität) von Induktor und Einsatz sowie der geometrischen Anordnung und der Feldführung durch hochpermeable Materialien (Bleche Ferrite) ab. Wie später im Abschnitt 2.4 gezeigt wird, kann bei idealer Kopplung (Kopplungsfaktor $c = 1$) und gleichen Strombahnlängen von Induktor und Einsatz ein idealer elektrischer Wirkungsgrad bestimmt werden.

$$\eta_{id} = \frac{1}{1 + \sqrt{\kappa_2/\mu_r\kappa_1}} \tag{2.12}$$

Darin sind κ_2 und μ_r die Stoffdaten des Einsatzes und κ_1 die elektrische Leitfähigkeit des Induktors. Dieser Wirkungsgrad kann in günstigen Fällen nur annähernd erreicht und niemals überschritten werden.

Den höchsten Wirkungsgrad mit 60-90 % haben umschließende Induktoren, wie z. B. nach den Bildern 2.9 a und b. Der Wirkungsgrad von Außenfeld-Induktoren (nicht umschließende Induktoren) ohne geschlossenen magnetischen Rückschluss, wie z. B. nach den Bildern 2.9 d und e, ist mit 30-50 % wesentlich geringer. Mit einem geschlossenem Rückschluss, wie z. B. nach Bild 2.9 c können dagegen Wirkungsgrade >90% erzielt werden. Der Wirkungsgrad von sogenannten Linien-Induktoren, wie z. B. nach Bild 2.9 f mit Hin- und Rückleiter (Leiter reichen bis zu mehreren 10 cm in die Bildtiefe) und einfachen Leitern (Rückleiter außerhalb der Bohrung) nach Bild 2.9 g ist mit 40-70 % wesentlich geringer. Durch Blechpakete oder Ferrite kann der Wirkungsgrad insbesondere bei schlechter Ankopplung von Außenfeld- oder Linien-Induktoren wesentlich verbessert werden. Im HF-Bereich mit Eindringtiefen $< 0{,}1$ mm bewirkt eine Silberauflage eine Verbesserung des Wirkungsgrades. Wie bereits in Abschnitt 2.2.2 erwähnt, können gegossene oder gedruckte Induktoren ebenfalls einen besseren Wirkungsgrad im Vergleich zu solchen aus Hohlprofilen gefertigten haben. Die Vergrößerung der stromtragenden Querschnittsfläche eines

Induktors kann durch verdrillen der voneinander isolierten Einzeleiter erfolgen. Bei luftgekühlten Induktoren mit geringer Leistungsdichte wird dies praktiziert. Wassergekühlte Einzelleiter müssten zu Roebel-Stäben wie bei großen elektrischen Maschinen zusammengefügt werden, was konstruktiv sehr aufwendig ist. Mehrlagige Spulen können unter besonderen Bedingungen (nicht zu großer Abstand zum Einsatz) ebenfalls eine Verbesserung des Wirkungsgrades bewirken.

Supraleitende Spulen haben das Erprobungsstadium bisher nicht verlassen, weil der Aufwand zur kontinuierlichen Bereitstellung des Kühlmittels noch nicht wirtschaftlich ist. Hier sind Verbesserungen zu erwarten. Die gegenwärtig verfügbaren Hochtemperatur-Supraleiter mit einer Betriebstemperatur von 80 K können allerdings nur mit Gleichstrom betrieben werden und sind deshalb für eine Erwärmung durch Rotation im magnetischen Gleichfeld (s. Abschnitt 2.9) von Interesse.

2.3 Berechnung idealisierter Anordnungen

Die analytische Berechnung idealisierter Anordnungen erlaubt wesentliche Fragen zu Leistungsflüssen und Wärmequellen-Verteilungen zu beantworten. Mit ihrer Hilfe ist es außerdem möglich, die für eine Berechnung (z. B. der Induktor-Windungszahl) handlichen Ersatzschaltungen aufzustellen. Für die nachfolgend diskutierten Anordnungen gelten folgende Annahmen.

- Konstante Stoffwerte und sinusförmige Anregung; komplexe Rechnung ist anwendbar
- Konstanz aller Größen in z-Richtung; Ableitungen nach der z-Koordinate sind identisch mit null
- Erregung mit der magnetischen Feldstärke H_0 auf der Oberfläche des Einsatzes, die nur eine z-Komponente besitzt und in z- als auch in y- bzw. φ-Richtung konstant ist
- Relativ niedrige Frequenz; Frequenzen sind noch so klein, dass $\kappa \gg \omega\varepsilon$ gilt, weshalb der Verschiebestrom vernachlässigt werden kann.

Unter diesen Voraussetzungen können die Maxwell´schen Gleichungen auf eine Form reduziert werden, die dem quasistationären elektromagnetischen Feld entspricht.

$$\text{rot}\,\underline{\vec{H}} = \kappa\underline{\vec{E}} \tag{2.13}$$

$$\text{rot}\,\underline{\vec{E}} = -\,\mathrm{j}\,\omega\mu\underline{\vec{H}} \tag{2.14}$$

$$\text{div}\,\underline{\vec{B}} = 0 \tag{2.15}$$

Zunächst sollen nur eindimensionale Feldprobleme betrachtet werden. Die Feldgrößen hängen dann nur von der x- oder r-Koordinate ab. Eine der beiden Randbedingungen besteht stets aus der vorgegebenen magnetischen Feldstärke H_0, die nur aus einem Realteil besteht. Die Lösungen der Maxwell´schen Gleichungen (2.13) bis (2.15) gestattet, die elektrische und magnetische Feldstärke-Verteilung und damit die Stromdichte-Verteilung zu bestimmen. In vielen Fällen genügt es, die umgesetzte Wirk- und Blindleistung zu kennen. Diese kann mithilfe des Poynting-Vektors $\underline{S}_p = p + \mathrm{j}\,q = \underline{E}_0 \cdot H_0$ auf der Seite des eindimensionalen Lösungsgebietes bestimmt werden, auf der die erregende magnetische Feldstärke H_0 wirkt. Wenn man diese Leistung auf das Quadrat der vorgegebenen magnetischen Feldstärke H_0 bezieht, ergibt sich eine Impedanz $\underline{Z}_0$, die für die Aufstellung von Ersatzschaltungen sehr vorteilhaft ist. Diese Impedanz wird weiterhin als Randimpedanz bezeichnet.

$$\underline{S}_p / {H_0}^2 = \underline{E}_0 / H_0 = \underline{Z}_0 \tag{2.16}$$

Die Randimpedanz hat stets die gleiche Form:

$$\underline{Z}_0 = \frac{1}{\kappa\delta}(\varphi + \mathrm{j}\,\psi) \tag{2.17}$$

Die dimensionslosen Faktoren φ und ψ werden hier Flussfaktoren genannt. Sie hängen von der Geometrie des eindimensionalen Lösungsgebietes, den Stoffwerten und der Eindringtiefe ab.

Halbraum

Als Halbraum nach **Bild 2.11** wird der vom kartesischen Koordinatensystem in positiver x-Richtung aufgespannte Raum bezeichnet. Im Halbraum der negativen x-Richtung existiert ein homogenes magnetisches Wechselfeld mit dem Effektivwert $\vec{H_0} = H_0 \cdot \vec{e_z}$. Der Halbraum ist für die Definition der äquivalenten Stromeindringtiefe und zur Abschätzung wesentlicher Eigenschaften eines induktiven Erwärmungsprozesses wichtig. Er stellt die Grundkonstellation dar, auf die sehr oft bei der Berechnung von Induktor-Einsatz-Anordnungen zurückgegriffen wird. Da es nur eine z-Komponente des erregenden magnetischen Feldes gibt, existieren nur y-Komponenten der elektrischen Feldstärke und z-Komponenten des magnetischen Feldes, die beide von der x-Koordinate abhängen.

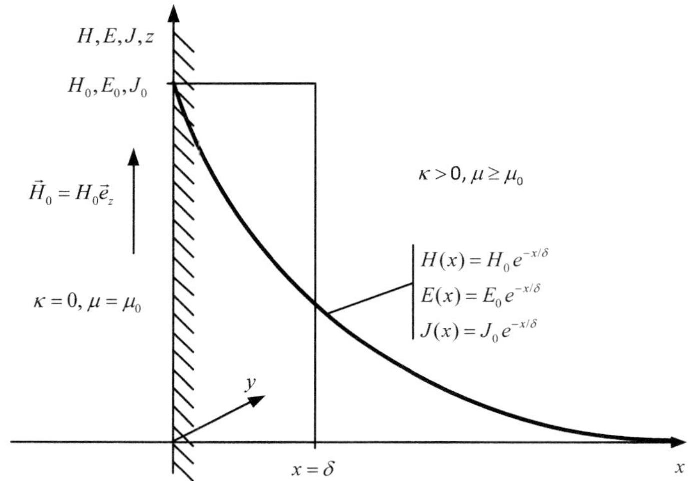

Bild 2.11: Leitfähiger Halbraum

Damit nehmen die beiden Gleichungen (2.13) und (2.14) die folgenden Formen an:

$$-\frac{\partial \underline{H}}{\partial x} = \kappa \underline{E} \tag{2.18}$$

$$\frac{\partial \underline{E}}{\partial x} = -\,\mathrm{j}\,\omega\mu\underline{H} \tag{2.19}$$

Wird (2.18) nach x abgeleitet und danach in (2.19) eingesetzt, so wird eine komplexe, lineare Differentialgleichung zweiter Ordnung erhalten.

$$\frac{\partial^2 \underline{H}}{\partial x^2} - \mathrm{j}\,\omega\mu\kappa\underline{H} = 0 \tag{2.20}$$

Mit dem Ansatz

$$\underline{H}(x) = c \cdot \mathrm{e}^{\lambda x} \tag{2.21}$$

folgt daraus die charakteristische Gleichung

$$\lambda^2 - \mathrm{j}\,\omega\kappa\mu = 0. \tag{2.22}$$

Die Lösungen dieser charakteristischen Gleichung werden in folgender Form geschrieben:

$$\lambda = \pm\sqrt{\mathrm{j}}\sqrt{\omega\kappa\mu} \tag{2.23}$$

$$\lambda = \pm(1+\mathrm{j})\sqrt{\frac{\omega\kappa\mu}{2}} \tag{2.24}$$

Der darin enthaltene Ausdruck

$$\delta = \sqrt{\frac{2}{\omega\kappa\mu}} \tag{2.25}$$

ist eine Länge und wird als äquivalente Eindringtiefe bezeichnet.
Die allgemeine Lösung der Differentialgleichung (2.20) lautet mit (2.21) und (2.24):

$$\underline{H}(x) = c_1\,\mathrm{e}^{-(1+\mathrm{j})x/\delta} + c_2\,\mathrm{e}^{+(1+\mathrm{j})x/\delta} \tag{2.26}$$

$$\underline{E}(x) = +\frac{c_1}{\kappa\delta}(1+\mathrm{j})\,\mathrm{e}^{-(1+\mathrm{j})x/\delta} - \frac{c_2}{\kappa\delta}(1+\mathrm{j})\,\mathrm{e}^{+(1+\mathrm{j})x/\delta} \tag{2.27}$$

Für $x \to \infty$ muss das elektromagnetische Feld verschwinden, denn es ist energetisch unmöglich, dass eine endliche Quelle im Unendlichen eine Energie generiert. Diese Bedingung ist erfüllt, wenn $c_2 = 0$ gilt. Den Koeffizienten c_1 bestimmt man aus der Randbedingung an der Stelle $x = 0$ zu $c_1 = H_0$. Dabei wird mit H_0 die als bekannt angenommene magnetische Feldstärke auf der Oberfläche des Halbraumes bezeichnet (s. Bild 2.11). Es wurde bereits vereinbart, dass H_0 nur eine reelle Komponente hat. Die Feldverteilung ist somit bestimmt.

$$\underline{H}(x) = H_0\,\mathrm{e}^{-(1+\mathrm{j})x/\delta} \tag{2.28}$$

$$\underline{E}(x) = \frac{H_0}{\kappa\delta}(1+\mathrm{j})\,\mathrm{e}^{-(1+\mathrm{j})x/\delta} \tag{2.29}$$

Aus beiden Feldgrößen kann der Poynting´sche Vektor auf der Oberfläche bestimmt werden. Die beiden Feldgrößen stehen senkrecht aufeinander, wobei der E-Vektor in die y-Richtung und der H-Vektor in die z-Richtung zeigt. Der Poynting´sche Vektor zeigt somit in die x-Richtung.

$$\underline{S}_p = p + \mathrm{j}\,q = \underline{E}(x=0)\underline{H}^*(x=0) = \frac{H_0^2}{\kappa\delta}(1+\mathrm{j}) \tag{2.30}$$

Bei den nachfolgend betrachteten Anordnungen können stets ähnliche Formen notiert werden. Diese Formen unterscheiden sich nur durch den Klammerausdruck $(1 + \mathrm{j})$. Deshalb wird an dieser Stelle die sogenannte Randimpedanz mit einem allgemein gültigen Klammerausdruck $(\varphi + \mathrm{j}\,\psi)$ eingeführt. Somit beschreibt die Randimpedanz das elektromagnetische Verhalten eines Gebietes, das mit vollständigen Randbedingungen abgeschlossen ist.

$$\underline{Z}_0 = \frac{\underline{E}(x=0)}{H_0} = \frac{1}{\kappa\delta} \cdot (\varphi + \mathrm{j}\,\psi) \tag{2.31}$$

Damit ergibt sich für den Poynting´schen Vektor

$$\underline{S}_p = \frac{H_0^2}{\kappa\delta} \cdot (\varphi + \mathrm{j}\,\psi)\,. \tag{2.32}$$

Um auf einen konkreten Fall einer Randimpedanz zu verweisen, werden die entsprechenden Flussfaktoren mit Indizes versehen. Für den Halbraum mit konstanten Stoffwerten schreibt man folglich

$$\underline{Z}_0 = \frac{\underline{E}(x=0)}{H_0} = \frac{1}{\kappa\delta} \cdot (\varphi_{hsp} + \mathrm{j}\,\psi_{hsp}), \tag{2.33}$$

wobei $\varphi_{hsp} = \psi_{hsp} = 1$ gilt. Dies bedeutet im konkreten Fall, dass der Umsatz an Wirkleistung genau so groß wie der an Blindleistung ist. Der Leistungsumsatz ist um so höher, je höher die magnetische Permeabilität und je geringer die elektrische Leitfähigkeit ist. Letzteres bedeutet, dass für $\kappa \to 0$ eine unendlich hohe Wirk- und keine Blindleistung in den Halbraum „gepumpt“ wird. Letzteres leuchtet zunächst nicht ein, weshalb daran erinnert werden muss, dass die unvollständigen Maxwell´schen Gleichungen für das sogenannte quasistationäre Feld benutzt wurden. Wie später in den Kapiteln 3 und 4 gezeigt wird, ergibt sich beim elektromagnetischen Wellenfeld eine endliche Wirkleistung, die in den leeren Halbraum $(\kappa = 0, \mu = \mu_0)$ „gepumpt“ wird.
Nach Multiplikation von (2.26) mit der elektrischen Leitfähigkeit wird die Verteilung der Stromdichte erhalten.

$$\underline{J}(x) = \frac{H_0}{\delta}(1 + \mathrm{j})\,\mathrm{e}^{-(1+\mathrm{j})x/\delta} \tag{2.34}$$

Hier kann man den Effektivwert der Stromdichte herauslesen. Dieser beträgt auf der Oberfläche $J_0 = \sqrt{2}H_0/\delta$ und verteilt sich im Halbraum als fallende e-Funktion.

$$J(x) = J_0\,\mathrm{e}^{-x/\delta} \tag{2.35}$$

Wenn nun über den Halbraum integriert wird, so ergibt sich der gesamte induzierten Strom, der bis zur fiktiven Länge h in Richtung der z-Achse als konstant angenommen wird.

$$I/h = \int_{x=0}^{\infty} J_0 \, \mathrm{e}^{-x/\delta} \, \mathrm{d}\, x = J_0 \cdot \delta \tag{2.36}$$

Mit Blick auf Bild 2.11 kann man sich gedanklich eine Stromdichte der Stärke J_0 vorstellen, die bis zur Tiefe $x = \delta$ konstant ist und somit den Gesamtstrom $I = J_0 h \delta$ repräsentiert. Damit ist der Begriff Eindringtiefe beschrieben, die genauer auch als äquivalente Eindringtiefe bezeichnet wird, weil die ihr zugrunde liegende Strom-Verteilung nur für den Halbraum mit konstanten Stoffwerten zutrifft.

Ferromagnetischer Halbraum

Da die magnetische Feldstärke sich mit der Koordinate x verringert, gibt es keine konstante magnetische Permeabilität über x. Daher ist es eine sehr grobe Näherung, wenn der Wert für die magnetische Permeabilität angenommen wird, der sich aus der Feldstärke auf der Oberfläche mit H_0 ergibt. Allerdings kann man bei der induktiven Erwärmung in der Regel davon ausgehen, dass die magnetische Feldstärke auf der Oberfläche des Einsatzes H_0 relativ hoch ist und nur der fallende Teil der $\mu(H)$-Kennlinie nach Bild 2.5 von Interesse ist. Ab einer bestimmten Tiefe in Richtung x ist natürlich die magnetische Feldstärke so klein, dass der ansteigende Ast infrage kommt. Dieser Bereich der kleinen Feldstärken soll hier vernachlässigt werden. Vom Rand in Richtung wachsender Tiefe x wird die magnetische Feldstärke abnehmen und infolgedessen die magnetische Permeabilität zunehmen. In der Realität wird folglich eine etwas größere Permeabilität als jene wirken, die mit der Feldstärke H_0 bestimmt wurde. In [24] wird eine analytische Lösung zu den Differentialgleichungen (2.18) und (2.19) erreicht, indem für die magnetische Flussdichte $B = \mu \cdot H$ in (2.19) die Approximation $\mu \cdot H = c \cdot H^{1/\xi}$ angesetzt wird. Die darin enthaltenen Koeffizienten c und ξ bestimmen die Form der B(H)-Funktion. Als Lösung für die Flussfaktoren wird angegeben:

$$\varphi_{fer} = \frac{4\xi}{[(3\xi+1)^2 8\xi(\xi+1)]^{1/4}} \quad \text{mit} \quad \lim_{\xi \to \infty} \varphi_{fer} = 1,372 \tag{2.37}$$

$$\psi_{fer} = \frac{2\sqrt{2\xi(\xi+1)}}{[(3\xi+1)^2 8\xi(\xi+1)]^{1/4}} \quad \text{mit} \quad \lim_{\xi \to \infty} \psi_{fer} = 0,972 \tag{2.38}$$

Der Koeffizient c spielt für die Flussfaktoren offensichtlich keine Rolle. Der Übergang $\xi \to \infty$ bedeutet, dass die magnetische Flussdichte B im Lösungsgebiet konstant ist. D. h.. in dem Maße, wie die magnetische Feldstärke H abklingt, steigt die Permeabilität an. Bei der Berechnung der Eindringtiefe in (2.25) ist die magnetische Permeabilität in Abhängigkeit der magnetischen Feldstärke auf der Oberfläche $\mu(H_0)$ zu bestimmen. Die Flussfaktoren $\varphi_{fer} = 1,372$ und $\psi_{fer} = 0,972$ werden oft zur Berechnung ferromagnetischer Einsätze verwendet, weil wegen der hohen Permeabilität die Eindringtiefe sehr klein wird und die Voraussetzungen für die Anwendung des Halbraumes oft erfüllt sind.

Beispiel: Nach (2.3) ergibt sich bei einer magnetischen Feldstärke von $H_0 = 100\,\mathrm{A/cm}$ auf der Oberfläche von Baustahl eine relative Permeabilität $\mu_r = 133$. Die äquivalente Eindringtiefe δ beträgt damit nach (2.25) bei 500 Hz rund 0,7 mm.

Zweischichtiger Halbraum

Ein sogenannter zweischichtiger Halbraum ist gegeben, wenn die Bedingungen für den Halbraum bezüglich Oberflächenkrümmung und Tiefe zutreffen, jedoch die erste Schicht andere Stoffeigenschaften als das dahinter liegende Gebiet hat.

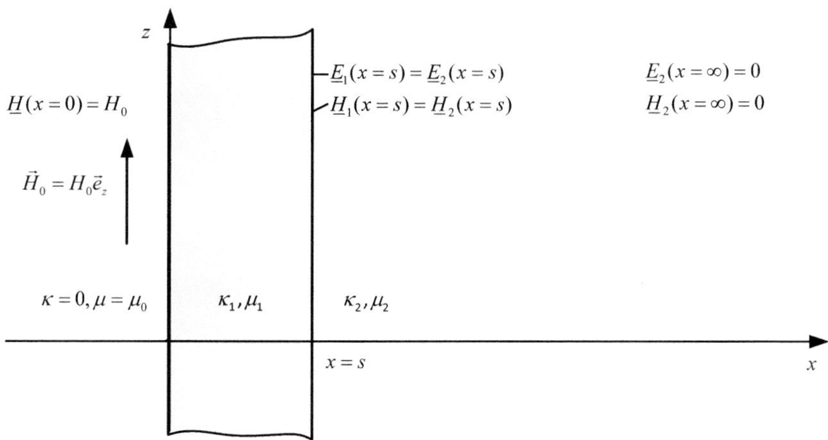

Bild 2.12: Zweischichtiger Halbraum

Eine derartige Konstellation findet beispielsweise ihre reale Entsprechung, wenn bei einem induktiven Erwärmungsprozess ein ferromagnetischer Einsatz zu einem bestimmten Zeitpunkt eine Temperaturverteilung hat, die bis zu einer Tiefe s über der Curie-Temperatur liegt.
Die Stoffwerte und die Rand- sowie die Übergangsbedingungen des zweischichtigen Halbraumes sind im **Bild 2.12** dargestellt. Für jedes Gebiet mit dem Index 1 und 2 können die allgemeinen Feldgleichungen mit den Koeffizienten c_{11} bis c_{22} nach (2.26) und (2.27) aufgeschrieben werden.

$$\underline{H}_1(x) = c_{11}\,\mathrm{e}^{-(1+\mathrm{j})x/\delta_1} + c_{12}\,\mathrm{e}^{+(1+\mathrm{j})x/\delta_1} \tag{2.39}$$

$$\underline{E}_1(x) = +\frac{c_{11}}{\kappa_1\delta_1}(1+\mathrm{j})\,\mathrm{e}^{-(1+\mathrm{j})x/\delta_1} - \frac{c_{12}}{\kappa_1\delta_1}(1+\mathrm{j})\,\mathrm{e}^{+(1+\mathrm{j})x/\delta_1} \tag{2.40}$$

$$\underline{H}_2(x) = c_{21}\,\mathrm{e}^{-(1+\mathrm{j})x/\delta_2} + c_{22}\,\mathrm{e}^{+(1+\mathrm{j})x/\delta_2} \tag{2.41}$$

$$\underline{E}_2(x) = +\frac{c_{21}}{\kappa_2\delta_2}(1+\mathrm{j})\,\mathrm{e}^{-(1+\mathrm{j})x/\delta_2} - \frac{c_{22}}{\kappa_2\delta_2}(1+\mathrm{j})\,\mathrm{e}^{+(1+\mathrm{j})x/\delta_2} \tag{2.42}$$

Wie bei allen weiteren idealisierten Anordnungen wird die Randimpedanz an der Stelle $x = 0$ bestimmt, weil mit deren Kenntnis dann die Leistungsflüsse bei bekannter magnetische Feldstärke auf der Oberfläche H_0 berechnet werden können. Dazu sind zunächst die Koeffizienten c_{11} bis c_{22} zu bestimmen. Mit den gleichen Überlegungen wie beim Halbraum steht bereits $c_{22} = 0$ fest. Für die noch zu bestimmenden drei Koeffizienten c_{11}, c_{12} und c_{21} stehen eine Randbedingung und zwei Übergangsbedingungen zur Verfügung. Für $x = 0$ erhält man aus (2.39) eine Formulierung für die Oberflächenfeldstärke in Form von (2.43). Die Gleichung (2.44) ergibt sich aus der Übergangsbedingung für das magnetische Feld an der Stelle $x = s$ aus (2.39) und (2.41). Und die Gleichung (2.45) folgt aus der Übergangsbedingung für das elektrische Feld an der Stelle $x = s$ aus (2.40) und (2.42).

$$H_0 = c_{11} + c_{12} \tag{2.43}$$

$$c_{11}\,\mathrm{e}^{-(1+\mathrm{j})s/\delta_1} + c_{12}\,\mathrm{e}^{+(1+\mathrm{j})s/\delta_2} = c_{21}\,\mathrm{e}^{-(1+\mathrm{j})s/\delta_2} \tag{2.44}$$

$$\frac{c_{11}}{\kappa_1\delta_1}\,\mathrm{e}^{-(1+\mathrm{j})s/\delta_1} - \frac{c_{12}}{\kappa_1\delta_1}\,\mathrm{e}^{+(1+\mathrm{j})s/\delta_1} = +\frac{c_{21}}{\kappa_2\delta_2}\,\mathrm{e}^{-(1+\mathrm{j})s/\delta_2} \tag{2.45}$$

Nach mehreren Schritten mit trivialen Erweiterungen, Additionen und Subtraktionen der Gleichungen können die Koeffizienten bestimmt werden.

$$c_{11} = H_0\frac{1}{1 + k\,\mathrm{e}^{-2(1+\mathrm{j})s/\delta_1}} \tag{2.46}$$

$$c_{12} = H_0\frac{k}{k + \mathrm{e}^{+2(1+\mathrm{j})s/\delta_1}} \tag{2.47}$$

Darin ist der dimensionslose, jedoch mit einem Vorzeichen behaftete Faktor k ein Maß für die durch den stofflichen Unterschied bedingte Reflexion.

$$k = \frac{1 - \sqrt{\dfrac{\kappa_1 \mu_2}{\kappa_2 \mu_1}}}{1 + \sqrt{\dfrac{\kappa_1 \mu_2}{\kappa_2 \mu_1}}} \tag{2.48}$$

$k = 0$ bedeutet keinen Unterschied bzw. Homogenität. Mit Blick auf die zweite Schicht bedeutet $k = -1$ hohe Permeabilität und/oder geringe Leitfähigkeit und $k = +1$ umgekehrt geringe Permeabilität und/oder hohe Leitfähigkeit. Der Koeffizient c_{21} wird zur Berechnung der Randimpedanz nicht benötigt. Er kann jedoch leicht aus (2.44) bestimmt werden, falls die Feldverteilung im Gebiet 2 von Interesse ist. Die Randimpedanz wird aus dem Quotienten von elektrischer und magnetischer Feldstärke am linken Rand mit $x = 0$ bestimmt.

$$\underline{Z}_0 = \frac{\underline{E}(x = 0)}{H_0} \tag{2.49}$$

$$= \frac{1}{\kappa_1 \delta_1} \frac{(1 + \mathrm{j})(c_{11} - c_{12})}{H_0} \tag{2.50}$$

$$= \frac{1}{\kappa_1 \delta_1} (\varphi_{hs2} + \mathrm{j}\, \psi_{hs2}) \tag{2.51}$$

H_0 ist als Faktor in c_{11} und c_{12} enthalten. Daher ist der Ansatz nach (2.51) möglich und es gilt:

$$\varphi_{hs2} + \mathrm{j}\, \psi_{hs2} = \frac{(1 + \mathrm{j})(c_{11} - c_{12})}{H_0} \tag{2.52}$$

Nach Einsetzen von (2.46) und (2.47) und konjugiert komplexer Erweiterung können die Flussfaktoren separat ausgewiesen werden.

$$\varphi_{hs2} = \frac{1 - k^2\, \mathrm{e}^{-4s/\delta_1} - 2k\, \mathrm{e}^{-2s/\delta_1} \sin(2s/\delta_1)}{1 + k^2\, \mathrm{e}^{-4s/\delta_1} + 2k\, \mathrm{e}^{-2s/\delta_1} \cos(2s/\delta_1)} \tag{2.53}$$

$$\psi_{hs2} = \frac{1 - k^2\, \mathrm{e}^{-4s/\delta_1} + 2k\, \mathrm{e}^{-2s/\delta_1} \sin(2s/\delta_1)}{1 + k^2\, \mathrm{e}^{-4s/\delta_1} + 2k\, \mathrm{e}^{-2s/\delta_1} \cos(2s/\delta_1)} \tag{2.54}$$

In den **Bildern 2.13** und **2.14** sind die entsprechenden Funktionen grafisch dargestellt. Der Parameter k weist die unterschiedlichen Stoffeigenschaften aus. Falls $k < 0$ gilt, ergibt sich unter den Bedingungen des Halbraumes im Material mit dem Index 2 ein höherer Leistungsumsatz als im Material mit dem Index 1. Deshalb kann der Flussfaktor φ_{hs2} bei kleinen s/δ_1-Werten größer als 1 werden.

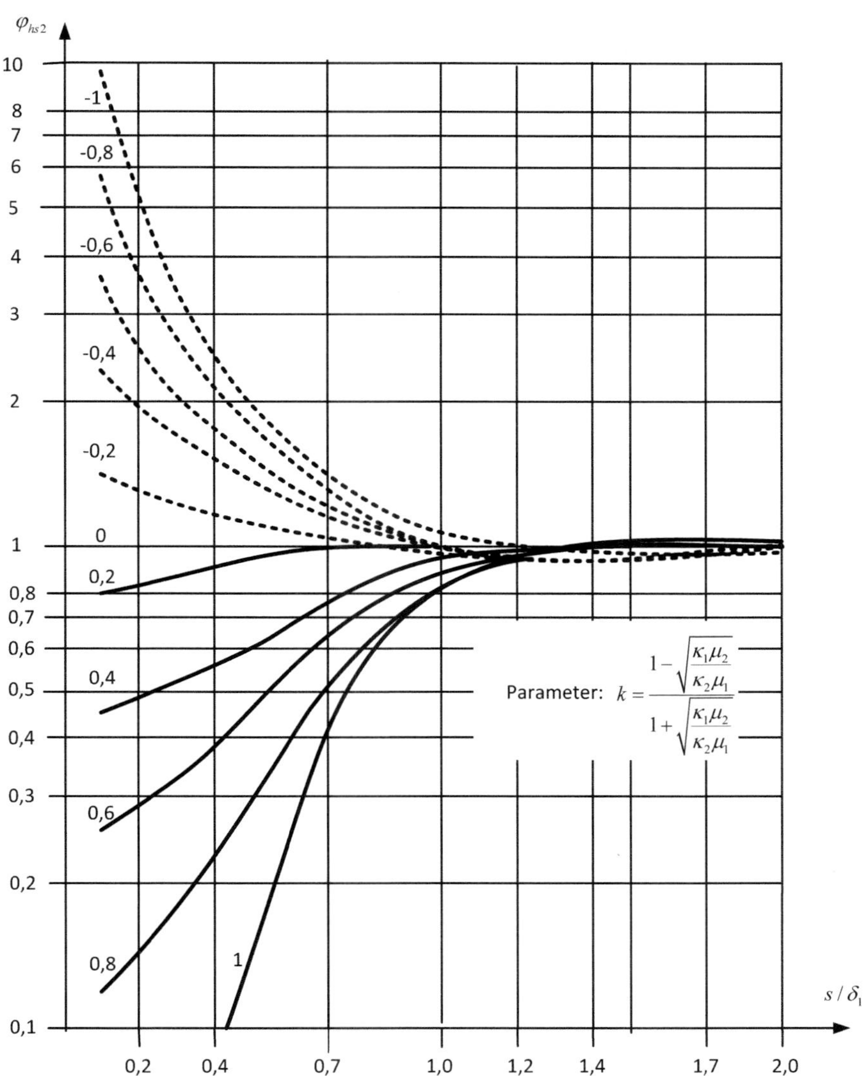

Bild 2.13: Flussfaktor φ_{hs2} des zweischichtigen Halbraumes

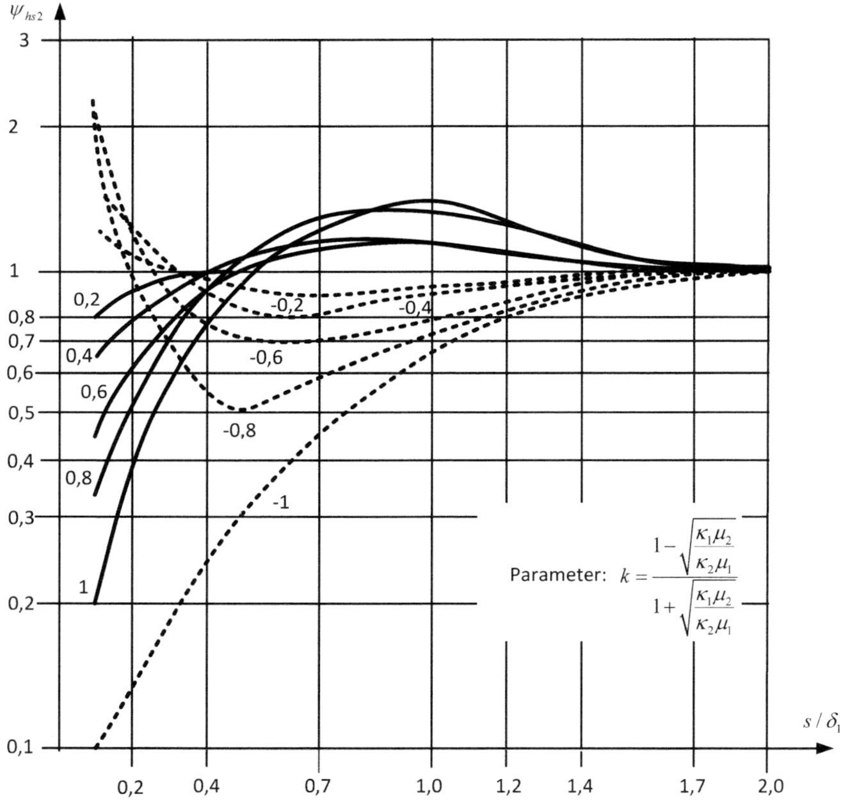

Bild 2.14: Flussfaktor ψ_{hs2} des zweischichtigen Halbraumes

Beispiel: In Einrichtungen zum induktiven Erwärmen und Schmelzen müssen oftmals metallische Konstruktionen in unmittelbarer Nähe zum Induktor angeordnet werden (Gehäuse, Halterungen usw.). Deren Abmessungen können nicht immer so klein gewählt werden, dass sich keine Wirbelströme ausbilden können. Um die Verluste durch die sich ausbildenden Wirbelströme abschätzen zu können, wird angenommen, dass die Bedingungen für einen Halbraum zutreffen. Nach (2.33) sind die Verluste proportional $\sqrt{\mu_r/\kappa}$, wonach ein austenitisches Material mit hoher elektrischer Leitfähigkeit bzw. geringem spezifischen Widerstand für diese Konstruktionen zu wählen wäre. Aus dieser Sicht käme Kupfer in Betracht, das jedoch hinsichtlich der thermischen und mechanischen Belastbarkeit oftmals ungeeignet ist. Austenitischer Edelstahl erfüllt die thermischen und mechanischen Bedingungen, hat jedoch einen wesentlich höheren spezifischen Widerstand als Kupfer. Unter den Bedingungen des Halbraumes würden sich die Verluste von Edelstahl zu Kupfer wie $\sqrt{\kappa_{cu}/\kappa_{st}}$ verhalten. Es soll deshalb geprüft werden, wie sich die Verluste verhalten, wenn der Edelstahl mit einer dünnen Kupferschicht von $s = 1\,\mathrm{mm}$ bedeckt wird. Dies entspricht bei einer Frequenz von 10 kHz dem Quotienten $s/\delta = 1,4$. Das Verhältnis $\sqrt{\kappa_{cu}/\kappa_{st}} = 6,9$ führt nach (2.48) zu dem Faktor $k = -0,75$. Damit kann nach (2.53) der Flussfaktor für diesen geschichteten Halbraum zu $\varphi_{hs2} = 0,95$ bestimmt werden. Dies bedeutet, dass die Verluste sogar um 5 % unter denen von massivem Kupfer liegen. Bei einer Bedeckung mit einer 0,5 mm dicken Kupferschicht ergibt sich $\varphi_{hs2} = 1,37$, was bedeutet, dass die Verluste zwar um 37 % höher als bei massivem Kupfer sind, jedoch nur 1/5 der Verluste bei massiven Edelstahl ausmachen.

Einseitig erregte Platte

Die einseitig erregte Platte mit den Randbedingungen nach **Bild 2.15** kann auch als zweischichtiger Halbraum mit der Sonderheit aufgefasst werden, dass der zweiten Schicht die speziellen Eigenschaften $\kappa_2 = 0$ und $\mu_2 = \infty$ zugeordnet werden. Somit ist die einseitig erregte Platte ein Sonderfall des zweischichtigen Halbraumes mit der Maßgabe $k = -1$. Mit $\mu = \infty$ in der zweiten Schicht steht bereits fest, dass am rechten Rand mit $x = s$ die magnetische Feldstärke null ist. Nach Bild 2.1 ergibt sich, dass außerhalb des Induktors die magnetische Feldstärke sehr klein ist, denn die Feldlinien gehen hier weit und bei unendlicher Länge des Induktors unendlich weit auseinander. Wenn dazu im Außenbereich magnetische Rückschlussjoche angeordnet sind, ist hier auch bei einem relativ kurzen Induktor die Feldstärke nahezu null. Eine Idealisierung des Induktors nach Bild 2.10 ergibt somit die einseitig erregte Platte, womit das Feld in der stromtragenden Schicht der Induktorprofile einlagiger Spulen berechenbar wird.

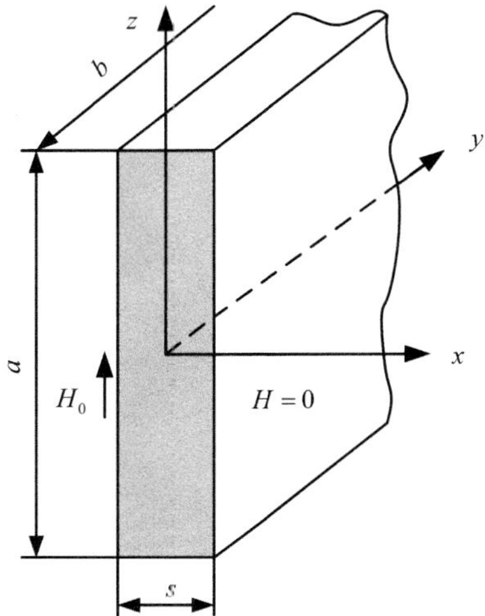

Bild 2.15: Einseitig erregte Platte

Obwohl die Ergebnisse vom zweischichtigem Halbraum übernommen werden könnten, erfolgt eine nochmalige Ableitung. In (2.26) sind die Koeffizienten c_1 und c_2 mit den nun geltenden Randbedingungen zu bestimmen.

$$c_1 + c_2 = \underline{H}(x = 0) = H_0 \tag{2.55}$$

$$c_1 \, \mathrm{e}^{-(1+\mathrm{j})s/\delta} + c_2 \, \mathrm{e}^{+(1+\mathrm{j})s/\delta} = \underline{H}(x = s) = 0 \tag{2.56}$$

Aus diesen beiden Bestimmungsgleichungen folgen die Koeffizienten:

$$c_1 = H_0 \frac{1}{1 - \mathrm{e}^{-(1+\mathrm{j})2s/\delta}} \tag{2.57}$$

$$c_2 = H_0 \frac{1}{1 - \mathrm{e}^{+(1+\mathrm{j})2s/\delta}} \, . \tag{2.58}$$

Diese Koeffizienten werden in (2.27) eingesetzt. Mit $x = 0$ wird die elektrische Feldstärke am linken Rand mit Erregung H_0 erhalten.

$$\underline{E}(x = 0) = \underline{E}_0 = \frac{H_0}{\kappa\delta} \{ \frac{1 + \mathrm{j}}{1 - \mathrm{e}^{-(1+\mathrm{j})2s/\delta}} - \frac{1 + \mathrm{j}}{1 - \mathrm{e}^{+(1+\mathrm{j})2s/\delta}} \} \tag{2.59}$$

Um die Randimpedanz zu erhalten, muss durch H_0 geteilt und der Nenner frei von Imaginärteilen gemacht werden.
Mit dem Additionstheorem $\cos^2\alpha + \sin^2\alpha = 1$ sowie den Hyperbelfunktionen $(\mathrm{e}^{\alpha} - \mathrm{e}^{-\alpha}) = 2\sinh\alpha$ und $(\mathrm{e}^{\alpha} + \mathrm{e}^{-\alpha}) = 2\cosh\alpha$ wird nach einigen Rechenschritten eine kompakte Form erhalten.

$$\underline{Z}_0 = \frac{1}{\kappa\delta}\{\frac{\sinh(2s/\delta) + \sin(2s/\delta)}{\cosh(2s/\delta) - \cos(2s/\delta)} + \mathrm{j}\,\frac{\sinh(2s/\delta) - \sin(2s/\delta)}{\cosh(2s/\delta) - \cos(2s/\delta)}\} \tag{2.60}$$

$$\underline{Z}_0 = \frac{1}{\kappa\delta}(\varphi_{pl1} + \mathrm{j}\,\psi_{pl1}) \tag{2.61}$$

Die Flussfaktoren $\varphi_{pl1}(s/\delta)$ und $\psi_{pl1}(s/\delta)$ sind in Bild 2.16 aufgeführt.

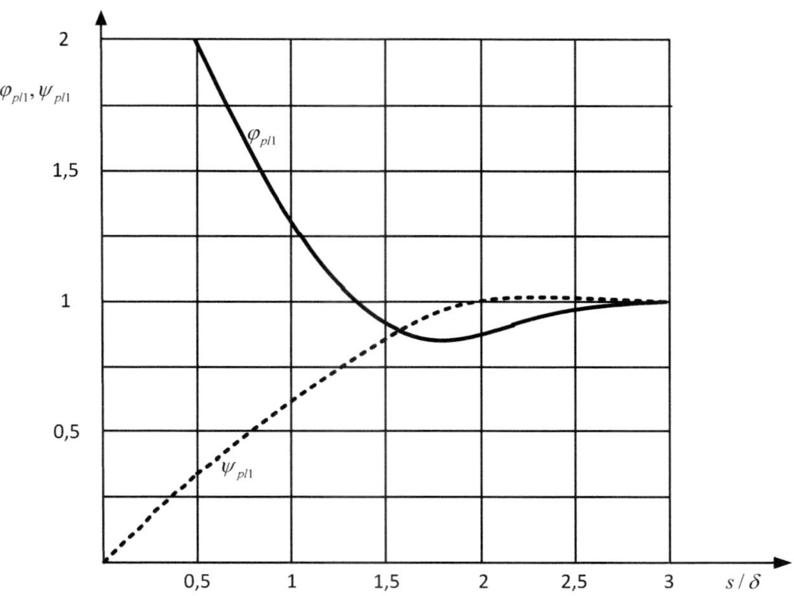

Bild 2.16: Flussfaktoren der einseitig erregten Platte

Beispiel: Die Zuleitung zu einem Induktor soll in der Regel induktivitätsarm und mit möglichst geringen Ohm´schen Verlusten behaftet sein. Um dies zu erreichen, werden Kupferschienen mit relativ großer Höhe möglichst eng aneinander liegend verbaut (s. **Bild 2.17**). Wegen des geringen Abstandes zwischen Hin- und Rückleiter ist die magnetische Feldstärke zwischen den beiden Schienen hoch und folglich im Außenraum gering, weshalb die einzelne Schiene als einseitig erregte Platte aufgefasst werden kann. Wegen des Minimums der φ_{pl1}-Funktion sollte die Stärke einer Schiene mit $s = 1,7 \cdot \delta$ gewählt werden. Das sind bei $f = 5\,\text{kHz}$ und Kupfer etwa 1,5 mm.

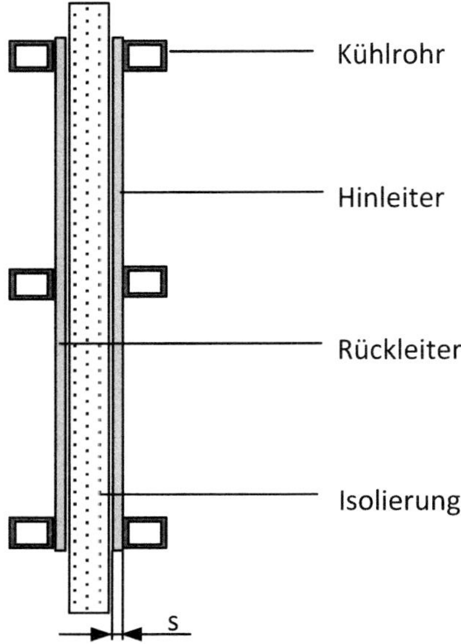

Bild 2.17: Anschlussleitung

Wicklung

Bei geringen Leistungsdichten werden luftgekühlte Induktoren verwendet. Diese haben nach **Bild 2.18** oft viele Windungen in mehreren Lagen. Wegen der makroskopisch konstanten Stromdichte in der Wicklung mit der Querschnittsfläche $a \cdot s$ liegen einfache Feldverhältnisse vor. Dafür sollen die Randimpedanzen und die Flussfaktoren abgeleitet werden.

Die Wicklung soll aus massiven Einzelleitern oder Litzen mit dem effektiven Kupferquerschnitt A_{cu} bestehen. Es wird davon ausgegangen, dass stets die Querabmessungen eines Einzelleiters viel kleiner als die Stromeindringtiefe sind. Die Wicklung habe N Windungen und die Länge einer Windung ist l_{wi}, wobei dieses Maß je nach Form der Wicklung einem Kreisumfang oder dem Umfang eines Rechtecks bzw. einer Ellipse usw. entsprechen kann. Für den

Ohm´schen Widerstand ergibt sich somit:

$$R = \frac{N l_{wi}}{\kappa k_{cu} s a / N} \tag{2.62}$$

$$R = N^2 \cdot \frac{l_{wi}}{a} \cdot \frac{1}{\kappa^* \delta} \cdot \frac{\delta}{s}. \tag{2.63}$$

Darin sind k_{cu} der Kupferfüllfaktor

$$k_{cu} = N \frac{A_{cu}}{a \cdot s} \tag{2.64}$$

und δ die Endringtiefe, die hier jedoch nur eine formelle Bedeutung hat, denn, wie bereits festgestellt, ist die Stromdichte makroskopisch konstant.

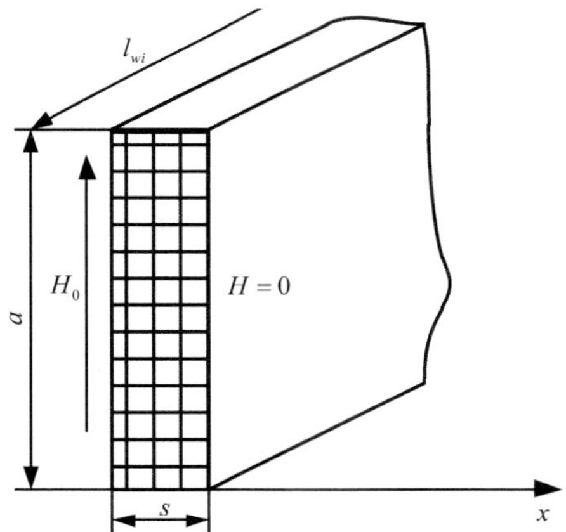

Bild 2.18: Wicklung; Länge einer Windung mit l_{wi} symbolisch dargestellt

$$\delta = \sqrt{\frac{2}{\omega \kappa^* \mu_0}} \tag{2.65}$$

Mit $\kappa^* = k_{cu}\kappa$ wird so gerechnet, als ob der gesamte Querschnitt $a \cdot s$ homogen mit einem Material ausgefüllt sei, das eine etwas geringere Leitfähigkeit als das eigentliche Material (in der Regel Kupfer) hat. Wie später gezeigt wird, dient die Erweiterung von (2.63) mit δ dazu, eine formell gleiche Form für die Randimpedanz wie bei den anderen Anordnungen zu erhalten.
Zur Bestimmung der inneren Reaktanz der Wicklung wird von der Definitions-

gleichung einer Induktivität $L = \Psi / I$ ausgegangen.

$$\begin{aligned} X &= \omega L && (2.66) \\ &= \omega \frac{\Psi}{I} && (2.67) \\ &= \omega \frac{1}{I} \int_0^s \Phi(x) \frac{N}{s} \, \mathrm{d}\, x && (2.68) \\ &= \omega \frac{N}{Is} \int_0^s \Phi(x) \, \mathrm{d}\, x && (2.69) \end{aligned}$$

Der magnetische Fluss $\Phi(x)$, der von den Windungen bis zur Stelle x umfasst wird, wird aus der Durchflutung bestimmt, von der angenommen wird, dass sie sich nur über die Länge a erstreckt. Es wird hier offensichtlich, dass bei Wicklungen mit geringer Länge (Höhe) ein Fehler entsteht.

$$H_0 = \frac{IN}{a} \tag{2.70}$$

Nun kann die magnetische Feldstärke in ihrer Abhängigkeit von x bestimmt werden.

$$\begin{aligned} H(x) &= H_0 - \frac{IN}{a} \cdot \frac{x}{s} && (2.71) \\ &= \frac{IN}{a} (1 - \frac{x}{s}) && (2.72) \end{aligned}$$

Diese Funktion mit $l_{wi} \mu_0$ multipliziert und von null bis s integriert ergibt den jeweils umfassten magnetischen Fluss.

$$\begin{aligned} \Phi(x) &= \frac{IN}{a} l_{wi} \mu_0 \int_0^x (1 - \frac{x}{s}) \, \mathrm{d}\, x && (2.73) \\ &= \frac{IN}{a} l_{wi} \mu_0 (x - \frac{x^2}{2s}) && (2.74) \end{aligned}$$

Dieser Ausdruck kann nun in (2.69) eingesetzt werden. Es ergibt sich die gesuchte Impedanz als:

$$\begin{aligned} X &= \omega \frac{1}{I} \int_0^s \frac{IN}{a} l_{wi} \mu_0 (x - \frac{x^2}{2s}) \frac{N}{s} \, \mathrm{d}\, x && (2.75) \\ &= \omega N^2 \frac{l_{wi} \mu_0}{a} \frac{s}{3}. && (2.76) \end{aligned}$$

Nach formeller Erweiterung mit der modifizierten Leitfähigkeit wird mit (2.65) schließlich ein Formel für die Impedanz erhalten.

$$X = N^2 \cdot \frac{l_{wi}}{a} \cdot \frac{\omega\mu_0\kappa^*}{2} \cdot \frac{2}{\kappa^*} \cdot \frac{s}{3} \tag{2.77}$$

$$= N^2 \cdot \frac{l_{wi}}{a} \cdot \frac{1}{\kappa^*\delta} \cdot \frac{2s}{3\delta} \tag{2.78}$$

Die in der Wicklung umgesetzte Leistung kann nun mit (2.63) geschrieben werden.

$$P + \mathrm{j}\,Q = I^2(R + \mathrm{j}\,X) \tag{2.79}$$

$$= I^2N^2(R' + \mathrm{j}\,X') \tag{2.80}$$

$$= H_0^2a^2(R' + \mathrm{j}\,X') \tag{2.81}$$

$$= al_{wi} \cdot H_0^2 \cdot \frac{1}{\kappa^*\delta}(\frac{\delta}{s} + \mathrm{j}\,\frac{2s}{3\delta}) \tag{2.82}$$

Die an der Fläche $a \cdot l_{wi}$ vorhandene Randimpedanz der Wicklung kann daraus abgelesen werden.

$$\underline{Z}_0 = \frac{1}{\kappa^*\delta}(\frac{\delta}{s} + \mathrm{j}\,\frac{2s}{3\delta}) \tag{2.83}$$

$$= \frac{1}{\kappa^*\delta}(\varphi_{coi} + \mathrm{j}\,\psi_{coi}) \tag{2.84}$$

Die Flussfaktoren sind in diesem Fall konstant.

$$\varphi_{coi} = \frac{\delta}{s} \tag{2.85}$$

$$\psi_{coi} = \frac{2s}{3\delta} \tag{2.86}$$

Platte

Als Platte wird eine Anordnung nach **Bild 2.19** bezeichnet, deren Abmessungen a in Richtung der magnetischen Feldlinien und b in Richtung der Stromlinien viel größer als die Plattenstärke s sind.

Weil das magnetische Feld zur z-Achse symmetrisch ist, kann das eindimensionale Lösungsgebiet auf eine Hälfte der Platte mit den Grenzen $x = 0$ und

$x_0 = s/2$ begrenzt werden[1]. Bei $x = 0$ gilt $E, J = 0$ oder $\mathrm{d}\underline{H}/\mathrm{d}x = 0$, was man sich wegen der Symmetrie des magnetischen Feldes gut vorstellen kann. An der Stelle $s/2$ gilt $\underline{H}(s/2) = H_0$. Mit diesen Randbedingungen lassen sich die Koeffizienten der allgemeinen Lösung nach (2.26) und (2.27) für das magnetische Feld bestimmen.

$$c_1\,\mathrm{e}^{-(1+\mathrm{j})s/2\delta} + c_2\,\mathrm{e}^{+(1+\mathrm{j})s/2\delta} = H_0 \tag{2.87}$$

$$c_1 - c_2 = 0 \tag{2.88}$$

Es gilt somit:

$$c_1 = c_2 = H_0/(\mathrm{e}^{-(1+\mathrm{j})s/2\delta} + \mathrm{e}^{+(1+\mathrm{j})s/2\delta}). \tag{2.89}$$

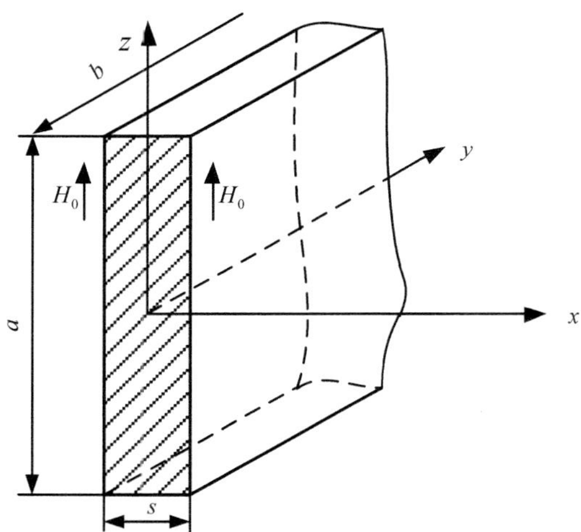

Bild 2.19: Zweiseitig erregte Platte

Von primärem Interesse ist die Randimpedanz, die aus der elektrischen Feldstärke auf der Oberfläche bei $x = x_0 = s/2$ bestimmt werden kann. Zur korrekten Bestimmung das Vorzeichen für die Randimpedanz ist die Lage des verwendeten Koordinatensystems zu beachten. Die Randimpedanz wird aus dem Poynting´schen Vektor bestimmt, der mit dem gewählten Koordinatensystem in x-Richtung, also von der Platte weg, zeigt. Hier interessiert dagegen der Leistungsfluss in die Platte hinein. Deshalb muss das Vorzeichen gewechselt werden und es gilt:

$$\underline{Z}_0 = (-1)\underline{E}(s/2)/H_0. \tag{2.90}$$

[1] Das elektrische Feld ist zur z-Achse antisymmetrisch.

Damit und mit (2.27) für $x = s/2$ erhält man:

$$\underline{Z}_0 = \frac{(-1)}{\kappa\delta}(1+\mathrm{j})\frac{\mathrm{e}^{-(1+\mathrm{j})s/2\delta} - \mathrm{e}^{+(1+\mathrm{j})s/2\delta}}{\mathrm{e}^{-(1+\mathrm{j})s/2\delta} + \mathrm{e}^{+(1+\mathrm{j})s/2\delta}} \tag{2.91}$$

$$= \frac{1}{\kappa\delta}(\varphi_{pla} + \mathrm{j}\,\psi_{pla}). \tag{2.92}$$

Um die beiden Flussfaktoren zu gewinnen, muss der Nenner frei vom Imaginärteilen gemacht werden. Letzteres ist etwas mühselig. Mit den Hyperbelfunktionen $(\mathrm{e}^{+\alpha} - \mathrm{e}^{-\alpha}) = 2\sinh\alpha$ und $(\mathrm{e}^{+\alpha} + \mathrm{e}^{-\alpha}) = 2\cosh\alpha$ werden schließlich die folgenden kompakten Formen erhalten:

$$\varphi_{pla} + \mathrm{j}\,\psi_{pla} = \frac{(\sinh s/\delta - \sin s/\delta) + \mathrm{j}(\sinh s/\delta + \sin s/\delta)}{\cosh s/\delta + \cos s/\delta}. \tag{2.93}$$

Diese Flussfaktoren sind im **Bild 2.20** dargestellt.

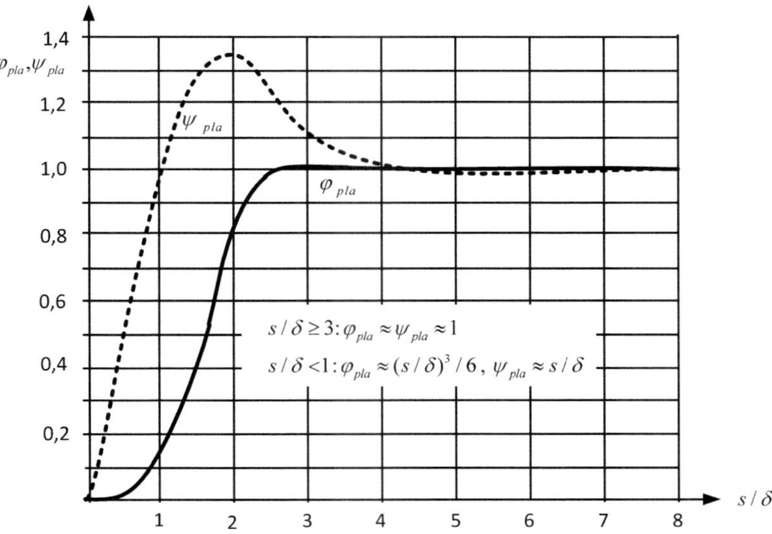

Bild 2.20: Flussfaktoren für die zweiseitig erregte Platte

Beispiele: Trafobleche sollten die Bedingung $s/\delta < 0,5$ erfüllen. Das ergibt bei 50 Hz und $\mu_r = 600$ eine Blechstärke von etwa 0,5 mm. Für Übertrager, die zur Anpassung von Induktoren an die Quelle verwendet werden, kommen bis etwa 10 kHz ebenfalls Blechpakete zum Einsatz. In diesem Falle dürfte die

Blechstärke bei 5 kHz nur 0,05 mm betragen. Das ist sehr aufwendig zu bauen, weshalb oft eine Blechstärke von 0,1 mm genutzt wird. Damit die anfallenden Wirbelstromverluste nicht zu hohen Temperaturen der Blechpakete führen, werden deshalb Kühlbleche aus Kupfer in das Blechpaket eingelegt. Sie ragen über das Blechpaket hinaus, um sie mit Kühlrohren (Wasserkühlung) verbinden zu können.
Für die induktive Erwärmung sollte im Sinne eines guten Wirkungsgrades $s/\delta > 3$ betragen. Für ein Stahlband mit einer Stärke von 0,5 mm, das zur Beschichtung von Raumtemperatur auf einige 100 °C induktiv vorgewärmt werden soll, wäre demnach eine Mindestfrequenz von 50 kHz erforderlich (s. auch Bild 2.2).

Vollzylinder

Der Vollzylinder ist die typische Form von induktiv zu erwärmenden Einsätzen. Oft werden andere Formen (z. B. ein Sechskant) in einen äquivalenten Umfang umgerechnet, um bei einer eindimensionalen Rechnung bleiben zu können. Um eine eindimensionale Rechnung zu ermöglichen, müssen allerdings Zylinderkoordinaten nach **Bild 2.21** eingeführt werden. Die erregende magnetische Feldstärke hat weiterhin nur eine z-Komponente. Die elektrische Feldstärke und die Stromdichte haben nur eine azimutale Komponente.

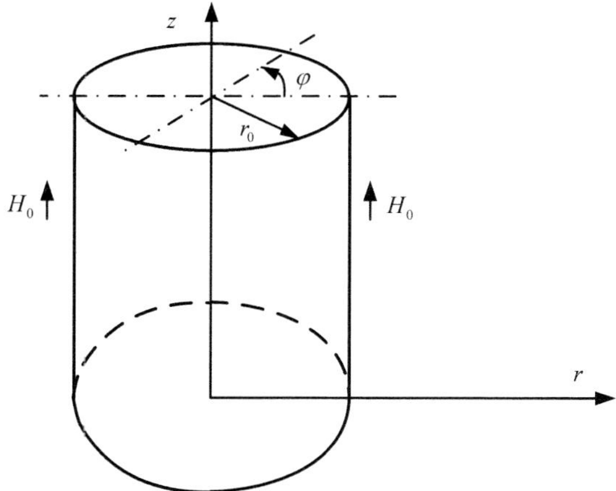

Bild 2.21: Vollzylinder

Es wird zunächst Folgendes vereinbart:

$$\underline{\vec{H}}(r) = \underline{H}(r)\vec{e_z} \tag{2.94}$$

$$\underline{\vec{E}}(r) = \underline{E}(r)\vec{e_\varphi}. \tag{2.95}$$

Mit den verfügbaren Komponenten folgen aus (2.13) und (2.14) die beiden das Feld beschreibenden Differentialgleichungen.

$$\frac{\mathrm{d}\,\underline{E}}{\mathrm{d}\,r} + \frac{1}{r}\underline{E} = -\mathrm{j}\,\omega\mu\underline{H} \tag{2.96}$$

$$-\frac{\mathrm{d}\,\underline{H}}{\mathrm{d}\,r} = \kappa\underline{E} \tag{2.97}$$

Von der zweiten Gleichung wird die zweite Ableitung gebildet und $\underline{E}$ durch die Ausdrücke mit $\underline{H}$ ersetzt.

$$\frac{\mathrm{d}^2\,\underline{H}}{\mathrm{d}\,r^2} + \frac{1}{r}\frac{\mathrm{d}\,\underline{H}}{\mathrm{d}\,r} - \mathrm{j}\,\omega\kappa\mu\underline{H} = 0 \tag{2.98}$$

Diese Differentialgleichung entspricht noch nicht der Normalform einer Bessel´schen Differentialgleichung, wie man sie beispielsweise in [11] findet. Um zu dieser Normalform zu gelangen, wird die Abkürzung

$$\underline{k}^2 = -\mathrm{j}\,\omega\mu\kappa \tag{2.99}$$

eingeführt und die Variable r durch

$$\underline{z} = \underline{k}\cdot r \tag{2.100}$$

substituiert. Die gesuchte Funktion ist nun $\underline{H}(\underline{z}(r))$, bei deren erster und zweiter Ableitung die Kettenregel zu beachten ist.

$$\frac{\mathrm{d}\,\underline{H}}{\mathrm{d}\,r} = \frac{\mathrm{d}\,\underline{H}}{\mathrm{d}\,\underline{z}}\cdot\frac{\mathrm{d}\,\underline{z}}{\mathrm{d}\,r} = \frac{\mathrm{d}\,\underline{H}}{\mathrm{d}\,\underline{z}}\cdot\underline{k} \tag{2.101}$$

$$\frac{\mathrm{d}^2\,\underline{H}}{\mathrm{d}\,r^2} = \frac{\mathrm{d}^2\,\underline{H}}{\mathrm{d}\,\underline{z}^2}\cdot\frac{\mathrm{d}\,\underline{z}}{\mathrm{d}\,r}\cdot\underline{k} = \frac{\mathrm{d}^2\,\underline{H}}{\mathrm{d}\,\underline{z}^2}\cdot\underline{k}^2 \tag{2.102}$$

Dies in (2.98) mit der Substitution nach (2.99) eingesetzt, ergibt eine Bessel´sche Differentialgleichung 0-ter Ordnung mit dem komplexen Argument $\underline{z}$.

$$\frac{\mathrm{d}^2\,\underline{H}}{\mathrm{d}\,\underline{z}^2} + \frac{1}{\underline{z}}\frac{\mathrm{d}\,\underline{H}}{\mathrm{d}\,\underline{z}} + \underline{H}(\underline{z}) = 0 \tag{2.103}$$

Die allgemeine Lösung dieser Differentialgleichung lautet nach [11]

$$\underline{H}(\underline{z}) = c_1 \mathrm{J}_0(\underline{z}) + c_2 \mathrm{N}_0(\underline{z}). \tag{2.104}$$

Darin ist J_0 die Bessel- oder Zylinderfunktion erster Gattung und 0-ter Ordnung sowie N_0 die Bessel- oder Zylinderfunktion zweiter Gattung und 0-ter Ordnung, die in der mathematischen Literatur auch als Neuman- oder Weber-Funktion 0-ter Ordnung bezeichnet wird. Die Randbedingungen lauten

$$\underline{H}(r = r_0) = H_0 \tag{2.105}$$

$$\frac{\mathrm{d}\,\underline{H}}{\mathrm{d}\,r}_{|r=0} = 0. \tag{2.106}$$

Die zweite Randbedingung kann man sich gut mit der Zylindersymmetrie des magnetischen Feldes oder mit der Erkenntnis erklären, dass im Zentrum des Vollzylinders kein Strom fließen kann, woraus nach (2.13) ebenfalls die zweite Randbedingung folgt. Da nach [11] $\mathrm{N}_0(\underline{z} = 0) = -\infty$ gilt, muss aus energetischen Gründen $c_2 = 0$ gelten. Damit ist c_1 sofort bestimmbar.

$$\underline{H}(\underline{k}r_0) = H_0 = c_1 \cdot \mathrm{J}_0(\underline{k}r_0) \tag{2.107}$$

Für den Verlauf der magnetischen Feldstärke entlang der Koordinate r ergibt sich somit

$$\underline{H}(\underline{k}r) = \frac{H_0}{\mathrm{J}_0(\underline{k}r_0)} \cdot \mathrm{J}_0(\underline{k}r). \tag{2.108}$$

Aus (2.97) folgt für die Verteilung der elektrischen Feldstärke

$$\underline{E}(\underline{k}r) = -\frac{1}{\kappa}\frac{H_0}{\mathrm{J}_0(\underline{k}r_0)} \cdot \frac{\mathrm{d}\,\mathrm{J}_0(\underline{k}r)}{\mathrm{d}(\underline{z})}\underline{k}. \tag{2.109}$$

Die Ableitung der Besselfunktion 0-ter Ordnung ergibt nach [11] eine Besselfunktion 1. Ordnung.

$$\frac{\mathrm{d}\,\mathrm{J}_0(\underline{z})}{\mathrm{d}\,\underline{z}} = -\mathrm{J}_1(\underline{\mathrm{z}}) \tag{2.110}$$

Damit und mit der Auflösung von $\underline{k}$ nach (2.99) erhält man schließlich:

$$\underline{E}(r) = \frac{1}{\kappa\delta} H_0 \sqrt{2}\sqrt{-\mathrm{j}}\,\frac{\mathrm{J}_1(\sqrt{2}\sqrt{-\mathrm{j}}\,r/\delta)}{\mathrm{J}_0(\sqrt{2}\sqrt{-\mathrm{j}}\,r_0/\delta)}. \tag{2.111}$$

Für die Phasenlage $\sqrt{-\mathrm{j}} = \mathrm{e}^{3\pi/4\,\mathrm{j}}/\sqrt{2}$ können die Besselfunktionen in Kelvinfunktionen umgewandelt werden.

$$\mathrm{J}_0(\sqrt{2}r_0/\delta\,\mathrm{e}^{3\pi/4\,\mathrm{j}}) = \mathrm{ber}(\sqrt{2}r_0/\delta) + \mathrm{j}\ \mathrm{bei}(\sqrt{2}r_0/\delta) \tag{2.112}$$

$$\mathrm{J}_1(\sqrt{2}r_0/\delta\,\mathrm{e}^{3\pi/4\,\mathrm{j}}) = \mathrm{ber}_1(\sqrt{2}r/\delta) + \mathrm{j}\ \mathrm{bei}_1(\sqrt{2}r/\delta) \tag{2.113}$$

$$= \mathrm{e}^{\pi/4\,\mathrm{j}}[\mathrm{ber}'(\sqrt{2}r/\delta) + \mathrm{j}\ \mathrm{bei}'(\sqrt{2}r/\delta)] \tag{2.114}$$

Diese Kelvinfunktionen sind beispielsweise in [11] tabellarisch dargestellt. Aus der elektrischen Feldstärke kann nun die Randimpedanz für $r = r_0$ bestimmt werden. Wie bei der Platte muss hier ebenfalls die Richtung des Poynting´schen Vektors bedacht werden, dessen einzige Komponente in r-Richtung zeigt. Da der Leistungsfluss umgekehrt in Richtung der Zylinderachse interessiert, muss folglich das Vorzeichen wechseln.

$$\underline{Z}_0 = \frac{-\underline{E}(r = r_0)}{H_0} \tag{2.115}$$

$$= -\frac{1}{\kappa\delta}\sqrt{2}\,\mathrm{e}^{3\pi/4\mathrm{j}}\,\mathrm{e}^{\pi/4\,\mathrm{j}}\frac{\mathrm{ber}'(\sqrt{2}r_0/\delta) + \mathrm{j}\ \mathrm{bei}'(\sqrt{2}r_0/\delta)}{\mathrm{ber}(\sqrt{2}r_0/\delta) + \mathrm{j}\ \mathrm{bei}(\sqrt{2}r_0/\delta)} \tag{2.116}$$

$$= \frac{1}{\kappa\delta}\sqrt{2}\frac{\mathrm{ber}'(\sqrt{2}r_0/\delta) + \mathrm{j}\ \mathrm{bei}'(\sqrt{2}r_0/\delta)}{\mathrm{ber}(\sqrt{2}r_0/\delta) + \mathrm{j}\ \mathrm{bei}(\sqrt{2}r_0/\delta)} \tag{2.117}$$

Nach konjugiert komplexer Erweiterung von (2.117) können die Flussfaktoren ausgewiesen werden.

$$\underline{Z}_0 = \frac{1}{\kappa\delta}(\varphi_{cyl}(r_0/\delta) + \mathrm{j}\ \psi_{cyl}(r_0/\delta)) \tag{2.118}$$

$$\varphi_{cyl}(r_0/\delta) = \sqrt{2}\frac{\mathrm{ber}(\sqrt{2}r_0/\delta)\mathrm{ber}'(\sqrt{2}r_0/\delta) + \mathrm{bei}(\sqrt{2}r_0/\delta)\mathrm{bei}'(\sqrt{2}r_0/\delta)}{\mathrm{ber}^2(\sqrt{2}r_0/\delta) + \mathrm{bei}^2(\sqrt{2}r_0/\delta)} \tag{2.119}$$

$$\psi_{cyl}(r_0/\delta) = \sqrt{2}\frac{\mathrm{ber}(\sqrt{2}r_0/\delta)\mathrm{bei}'(\sqrt{2}r_0/\delta) - \mathrm{bei}(\sqrt{2}r_0/\delta)\mathrm{ber}'(\sqrt{2}r_0/\delta)}{\mathrm{ber}^2(\sqrt{2}r_0/\delta) + \mathrm{bei}^2(\sqrt{2}r_0/\delta)} \tag{2.120}$$

Diese Funktionen sind in **Bild 2.22** dargestellt.

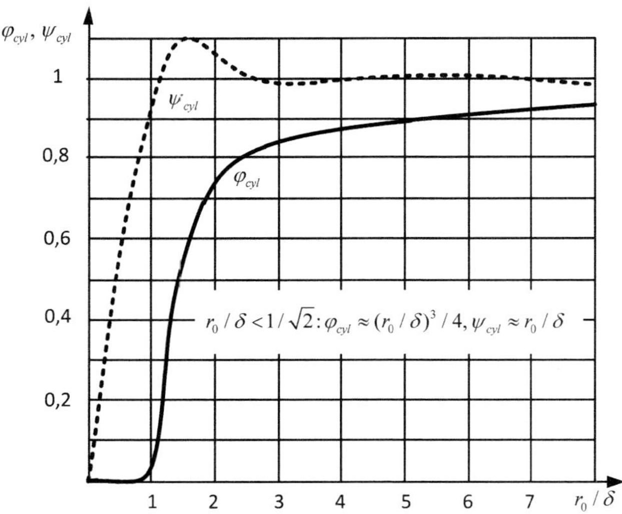

Bild 2.22: Flussfaktoren für den Vollzylinder

Beispiele: Bei der Druckguss-Umformung werden zylindrische Rohlinge aus einer Aluminiumlegierung bis knapp unter die Schmelztemperatur induktiv vorgewärmt. Die Frequenz ist dabei so zu wählen, dass einerseits ein guter elektrischer Wirkungsgrad mit $r_0/\delta > 4$ und andererseits eine möglichst gleichmäßige Durchwärmung des Rohlings erfolgt. Das ergibt eine anspruchsvolle Optimierungsaufgabe, die darin besteht, die induzierte Leistung als Funktion der Zeit und die Frequenz so zu bestimmen, damit mit geringstem Energieaufwand die geforderte Endtemperatur unter Einhaltung einer maximalen Temperaturdifferenz am Ende des Erwärmungs-Prozesses erreicht wird. Die dazu notwendige Kenntnis der Stromdichteverteilung und damit der Wärmequellenverteilung über den Radius ist mit den obigen Beziehungen bestimmbar.

Hohlzylinder

Der Hohlzylinder nach **Bild 2.23** weist auf der inneren Mantelfläche mit dem Radius r_i eine Randbedingung ganz besonderer Art auf. Die magnetische Feldstärke H_i ist zwar unter Annahme eines unendlich langen Hohlzylinders auf der gesamten Fläche $A_i = \pi r_i^2$ konstant, jedoch nicht bekannt. Mit dem Induktionsgesetz kann man die elektrische Feldstärke auf dem inneren Rand als

Funktion der inneren magnetischen Feldstärke bestimmen.

$$\underline{E}_i 2\pi r_i = -\mathrm{j}\,\omega\mu_0 \underline{H}_i r_i^2 \pi \tag{2.121}$$

Aus (2.97) folgt eine weitere Gleichung für den inneren Rand.

$$-\frac{\mathrm{d}\,\underline{H}}{\mathrm{d}\,r}_{|r_i} = \kappa \underline{E}_i \tag{2.122}$$

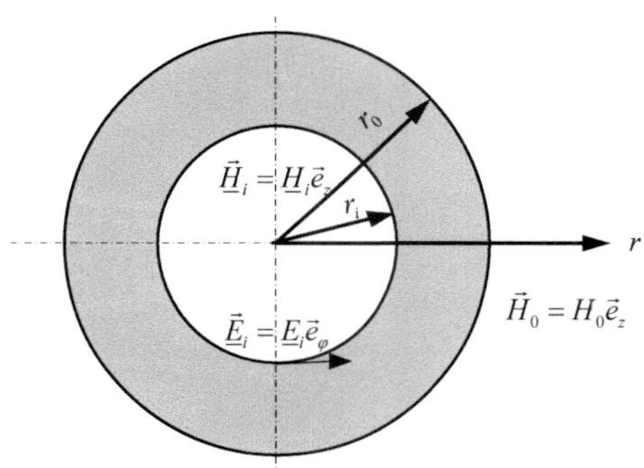

Bild 2.23: Hohlzylinder

Aus diesen beiden Gleichungen ergibt sich eine Randbedingung 3. Art, die auch als Cauchy´sche Randbedingung bezeichnet wird. Sie ergibt sich aus einem Zusammenhang von dem nicht bekannten Wert H_i der gesuchten Funktion (Dirichlet´sche Randbedingung) und deren Ableitung $\mathrm{d}\,\underline{H}/\,\mathrm{d}\,r_{|r_i}$ (Neumann´sche Randbedingung).

$$\frac{\mathrm{d}\,\underline{H}}{\mathrm{d}\,r}_{|r_i} 2\pi r_i/\kappa = \mathrm{j}\,\omega\mu_0 \underline{H}_i \pi r_i^2 \tag{2.123}$$

$$\frac{\mathrm{d}\,\underline{H}}{\mathrm{d}\,r}_{|r_i} - \mathrm{j}\,\frac{r_i}{\delta^2} \quad \underline{H}_i = 0 \tag{2.124}$$

Bezüglich einer eindeutigen Lösung ist die Cauchy´sche Randbedingung gleichwertig zu den beiden anderen Randbedingungen. Sie erfordert jedoch die Zylinderfunktionen 0-ter Ordnung erster und zweiter Gattung. Um aus der Lösung für das magnetische Feld $\underline{H}(r)$ das elektrische Feld $\underline{E}(r)$ zu gewinnen, sind die jeweils ersten Ableitungen dieser Zylinderfunktionen erforderlich. Dies führt schließlich zu den Kelvinfunktionen. Die Bestimmung der Randimpedanz mit diesen Funktionen ist mühsam, weshalb hier auf die Literatur [4] verwiesen wird.

Weitere analytische Lösungen

In der einschlägigen Fachliteratur sind weitere analytische Lösungen für relativ einfache Geometrien zu finden [25], [34] und [38].

Zweischichtiger Halbraum mit einer ferromagnetischen Schicht: Die Anordnung ist mit der nach Bild 2.12 identisch, wobei jedoch die zweite Schicht ferromagnetisch ist. Die Flussfaktoren hängen zusätzlich von der erregenden Feldstärke H_0 ab.

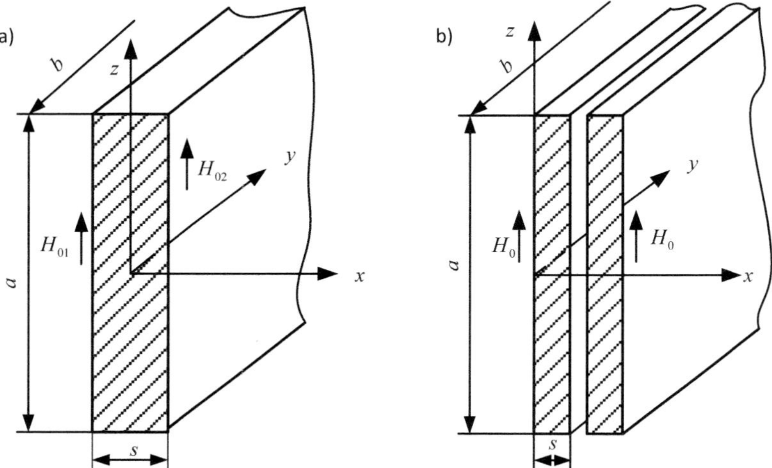

Bild 2.24: Platten als idealisiertes Gebilde für Induktoren und Einsätze: a) Platte mit unterschiedlichen Feldstärken auf den Oberflächen, b) Hohlplatte

Platte mit unsymmetrischer Erregung: Die Anordnung ist in **Bild 2.24** dargestellt. Der entscheidende Unterschied zur magnetisch symmetrisch angeregten Platte nach Bild 2.19 besteht in der unterschiedlichen magnetischen Feldstärke vor den beiden Oberflächen. Diese Anordnung hat für die Berechnung mehrlagiger Induktoren Bedeutung. Die Aufgabe kann als Überlagerung von zwei bereits gelösten Feldproblemen aufgefasst werden. Die Feldstärke $H = (H_{01} - H_{02})$ links und $H = 0$ rechts entspricht der einseitig erregten Platte. Die Feldstärke $H = +H_{02}$ rechts und links entspricht der zweiseitig erregten Platte. Die Summe ergibt links $H = H_{01}$ und rechts $H = H_{02}$. Da die magnetische Feldstärke auf den beiden Oberflächen unterschiedlich ist, kann keine Randimpedanz ausgewiesen werden. Es kann nur die Wirk- und Blindleistung zusammen mit den erregenden Feldstärken dargestellt werden.

Ferromagnetische Platte: Die Anordnung ist mit der nach Bild 2.19 identisch. Auch hier sind die Flussfaktoren zusätzlich von H_0 abhängig.

Hohlplatte: Die Anordnung zeigt Bild 2.24 b. Die innere Randbedingung ist ähnlich wie beim Hohlzylinder zu bestimmen.

Hohlzylinder mit innerer Erregung durch Spule: Die entsprechende Anordnung zeigt **Bild 2.25**. Die Spule (Induktor) generiert ein axiales Magnetfeld auf der Innenwand des Hohlzylinders, wobei hier eine unendlich lange oder ein Abschnitt einer unendlich langen Anordnung anzunehmen ist. Der wassergekühlte Hohlleiter der Spule erfordert einen Mindestdurchmesser (ca. 10 mm). Die Stromzuführungen können auf einer Seite herausgeführt werden, weshalb keine Auftrennung des Stromkreises beim Wechsel des Einsatzes (Werkstück) erforderlich ist.

Hohlzylinder mit innerer Erregung durch Stromleiter: Die Anordnung zeigt Bild 2.25 b. Der Stromleiter generiert ein azimutales Magnetfeld. Es können kleinere Bohrungen (ca. 3 mm) induktiv erwärmt werden (beispielsweise zum Härten). Beim Übergang zu einem anderen Werkstück ist allerdings der Induktor aufzutrennen.

Quader: Bisher wurden nur eindimensionale Anordnungen betrachtet. Der Quader nach **Bild 2.26** ist eine zweidimensionale Anordnung. Sein elektromagnetisches Feld kann nur mit partiellen Differentialgleichungen mit den Variablen x und y gelöst werden. Da nur eine erregende magnetische Feldstärke H_0 existiert, kann hier ebenfalls eine Randimpedanz mit den entsprechenden Flussfaktoren, abhängig von b, s und δ, ausgewiesen werden [33].

Vollzylinder im magnetischen Querfeld: Diese Anordnung nach Bild 2.26 b erfordert ebenfalls eine zweidimensionale Lösung mit den Variablen r und φ. Auch hier kann eine Randimpedanz mit den entsprechenden Flussfaktoren, abhängig von r_0 und δ, ausgewiesen werden.

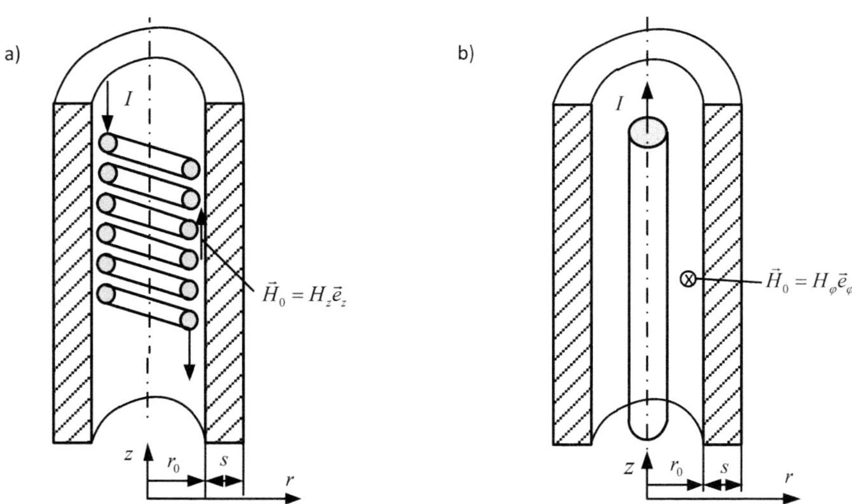

Bild 2.25: Hohlzylinder mit innerer Erregung: a) durch eine Spule, b) durch einen axialen Leiter

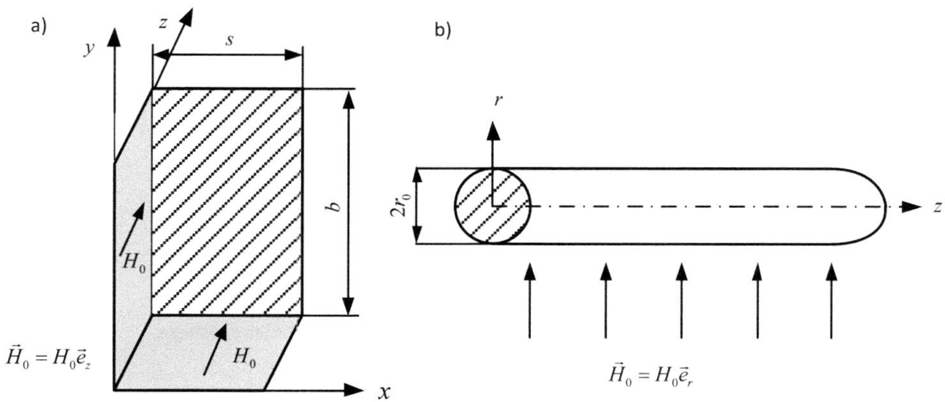

Bild 2.26: Beispiele für zweidimensionale Aufgaben: a) Quader im magnetischen Längsfeld, b) Vollzylinder im magnetischen Querfeld

Weitere: Es existieren noch weitere analytische Lösungen, insbesondere von Leiteranordnungen, die beispielsweise in [25] angegeben sind. Weil manche Probleme numerisch umfassender (z. B. gekoppelt mit dem Temperaturfeld) und dennoch relativ einfach zu lösen sind, haben heute die analytischen Lösungen an Bedeutung verloren.

2.4 Berechnung mithilfe magnetischer Ersatzschaltungen

Es wird eine Ingenieurmethode vorgestellt, bei der die in Abschnitt 2.3 aufgeführten analytische Lösungen über ihre Randbedingungen für konkrete Induktor-Einsatz-Anordnungen verbunden werden. Dazu wird das magnetische Feld zwischen Induktor und Einsatz in sogenannte Flussröhren aufgeteilt. Diesen Flussröhren werden magnetische Widerstände zugewiesen, die mit den Kenntnissen zum Feldverlauf verknüpft werden. Damit wird ein kontinuierlich verteiltes Feld auf ein Netzwerk mit diskrete Zweige und Maschen übertragen, was den Näherungscharakter der Methode deutlich macht.

Jede der genannten analytischen Lösungen erfordert stets zwei Randbedingungen. Eine davon wird durch das Netz der magnetischen Widerstände bestimmt. Die andere kann entweder durch eine angenommene Feldsymmetrie als Linie, z. B. mit $\partial H/\partial r = 0$, oder als Symmetriefläche, z. B. mit $\partial H/\partial x = 0$, gesetzt sein oder muss sich ebenfalls aus dem Netzwerk der verknüpften magnetischen Widerstände ergeben. Letzteres betrifft insbesondere den Außenraum der Induktor-Einsatz-Anordnung. Das zweidimensionale Netzwerk der magnetischen Widerstände wird folglich von zwei Seiten durch Randbedingungen begrenzt. Die beiden anderen Seiten können als Äquipotenzialflächen aufgefasst werden, deren Differenz die durch den Induktorstrom hervorgerufene Durchflutung IN darstellt.

Das erste Beispiel nach **Bild 2.27** soll die Bedeutung der Randbedingungen und die Fehler durch notwendige Begrenzungen des magnetischen Feldes deutlich machen.

2.4.1 Spule

Am Beispiel einer Spule bzw. eines leeren Induktors wird das Prinzip erläutert. Der magnetische Fluss Φ wird auf zwei Zweigen durch das Innere der Spule geführt. Ein Zweig geht durch die Luft und der andere durch die Induktorspule. Es wird angenommen, dass auf der Außenseite der Spule die magnetische Feldstärke identisch null ist.

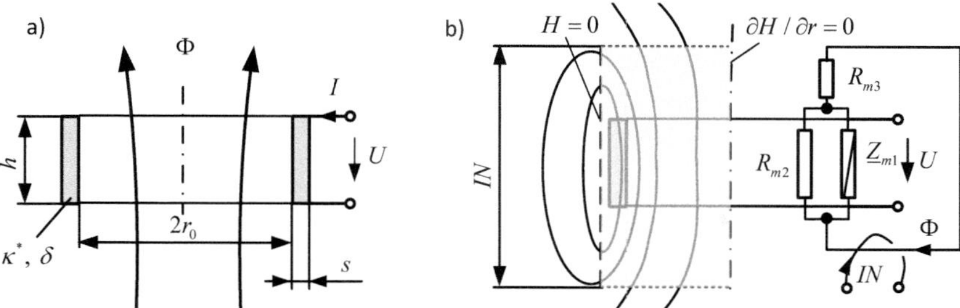

Bild 2.27: Darstellung einer Induktorspule als Netzwerk magnetischer Widerstände: a) Spule, b) begrenztes Feldgebiet mit Randbedingungen und magnetische Ersatzschaltung

Magnetische Impedanz

Die Impedanz der Spule nach Bild 2.27 a ist aus Spannung $\underline{U}$ und Strom $\underline{I}$ mit Betrag und Phase bestimmbar.

$$R + \mathrm{j}\,X = \frac{\underline{U}}{\underline{I}} \tag{2.125}$$

Es ist jedoch auch möglich, anstelle der Spannung den verketteten magnetischen Flusses einzusetzen.

$$R + \mathrm{j}\,X = \mathrm{j}\,\omega\frac{\underline{\Psi}}{\underline{I}} \tag{2.126}$$

$$= \mathrm{j}\,\omega\frac{N\underline{\Phi}}{\underline{I}} \tag{2.127}$$

Den magnetischen Fluss $\underline{\Phi}$ kann man mit der Durchflutung $\underline{I}N$ und einem komplexen magnetischen Widerstand $\underline{Z}_m$ ausdrücken. Dieser komplexe magnetische Widerstand wird weiterhin magnetische Impedanz genannt.

$$\underline{Z} = R + \mathrm{j}\,X = \mathrm{j}\,\omega\frac{N^2\underline{I}}{\underline{I}\cdot\underline{Z}_m} = \mathrm{j}\,\omega\frac{N^2}{\underline{Z}_m} \tag{2.128}$$

Da die Faktoren ω und N^2 als bekannt vorausgesetzt werden, kann die elektrische Impedanz mit einer magnetischen Impedanz dargestellt werden. Dies ist insofern vorteilhaft, weil in bestimmten Fällen nur die magnetische Impedanz und in anderen Fällen nur die elektrische Impedanz verfügbar ist.

Umrechnung

Diese Umrechnung wird in den nachfolgenden Abschnitten mehrfach verwendet und lautet ausführlich:

$$\underline{Z} = R + \mathrm{j}\,X = \frac{\mathrm{j}\,\omega N^2}{\underline{Z}_m} = \frac{\mathrm{j}\,\omega N^2}{R_m + \mathrm{j}\,X_m}. \tag{2.129}$$

Im speziellen Fall eines stromfreien Gebietes verschwindet die magnetische Reaktanz und es gilt

$$\mathrm{j}\,X = \frac{\mathrm{j}\,\omega N^2}{R_m}. \tag{2.130}$$

Berechnung

Der magnetischen Fluss der Spule verteilt sich auf einzelne Zweige. Den Zweigen werden magnetischen Widerstände oder magnetische Impedanzen zugeordnet. Die magnetischen Impedanzen treten immer dann auf, wenn der betreffende Abschnitt von einem Strom durchdrungen wird. Nachfolgend wird gezeigt, wie die magnetischen Widerstände und Reaktanzen berechnet werden können.

Innere Induktorimpedanz: Der inneren Induktorimpedanz wird das Feldgebiet zugeordnet, welches vom Induktorstrom durchdrungen wird. Dabei ist es gleichgültig, ob dies einzelne Windungen sind oder es sich um einen massiven leitfähigen Bereich mit Stromverdrängung handelt. Für die innere Mantelfläche einer Wicklung wurde bereits in Abschnitt 2.3 die Randimpedanz berechnet.

$$\underline{Z}_{01} = \frac{1}{\kappa^* \delta}(\varphi_{coi} + \mathrm{j}\,\psi_{coi}) \tag{2.131}$$

Der auf die Flächeneinheit bezogene Leistungsfluss in die Spule beträgt

$$p + \mathrm{j}\,q = H_0^2 \underline{Z}_{01}. \tag{2.132}$$

Zur Bestimmung des gesamten Leistungsflusses ist der flächenbezogene Leistungsfluss mit der inneren Mantelfläche zu multiplizieren. Mit den Abmessungen nach Bild 2.27 a ergibt sich.

$$P + \mathrm{j}\,Q = H_{01}^2 h 2 r_0 \pi \underline{Z}_{01} \tag{2.133}$$

Die magnetische Randfeldstärke $\underline{H}_{01}$ kann durch eine zunächst noch nicht bekannte Durchflutung $\underline{H}_{01} = \underline{I}_1 N/h$ ersetzt werden, denn der Spulenstrom $\underline{I}$ teilt sich in der elektrischen Ersatzschaltung in $\underline{I} = \underline{I}_1 + \underline{I}_2$ auf.

$$P + \mathrm{j}\,Q = \frac{I_1^2 N^2}{h^2} h 2 r_0 \pi \underline{Z}_{01} = I_1^2 (R_1 + \mathrm{j}\,X_1) \tag{2.134}$$

Aus dieser Beziehung kann die elektrische Impedanz ausgelesen werden, in welcher der Strom $\underline{I}_1$ nicht mehr enthalten ist.

$$\underline{Z}_1 = R_1 + \mathrm{j}\,X_1 = N^2 \frac{2 r_0 \pi}{h} \underline{Z}_{01} = N^2 \frac{2 r_0 \pi}{h} \frac{1}{\kappa^* \delta} (\varphi_{coi} + \mathrm{j}\,\psi_{coi}) \tag{2.135}$$

Somit ist mit (2.129) auch die magnetische Impedanz $\underline{Z}_{m1}$ bekannt.

$$\underline{Z}_{m1} = \mathrm{j}\,\omega N^2 \frac{1}{\underline{Z}_1} \tag{2.136}$$

Mit Blick auf (2.135) ist festzustellen, dass generell die elektrische Impedanz aus der Randimpedanz $\underline{Z}_0$ bestimmt werden kann, wenn diese mit dem Quadrat der Windungszahl N^2 und dem Quotienten aus Strombahnlänge l_{cur} (hier $l_{cur} = 2 r_0 \pi$) und Strombahnhöhe h_{cur} (hier $h_{cur} = h$) multipliziert wird. Allgemein gilt folglich:

$$\underline{Z} = N^2 \frac{l_{cur}}{h_{cur}} \underline{Z}_0 . \tag{2.137}$$

Innerer magnetischer Widerstand: Der innere magnetische Widerstand R_{m2} kann mit Blick auf Bild 2.27 a leicht berechnet werden.

$$R_{m2} = \frac{h}{\mu_0 r_0^2 \pi} \tag{2.138}$$

Äußerer magnetischer Widerstand: Bei der Berechnung des äußeren magnetischen Widerstandes wird vom Nagaoka-Koeffizienten Gebrauch gemacht. Für eine kreiszylindrische Spule mit dem Durchmesser D, der viel größer als die Breite des Wickelfensters (bei einlagigen Spulen aktive Leiterbreite s oder Eindringtiefe δ) ist, kann die Induktivität wie folgt berechnet werden.

$$L = N^2 \frac{\mu_0 D^2 \pi}{4 l} k_N (D/l) \tag{2.139}$$

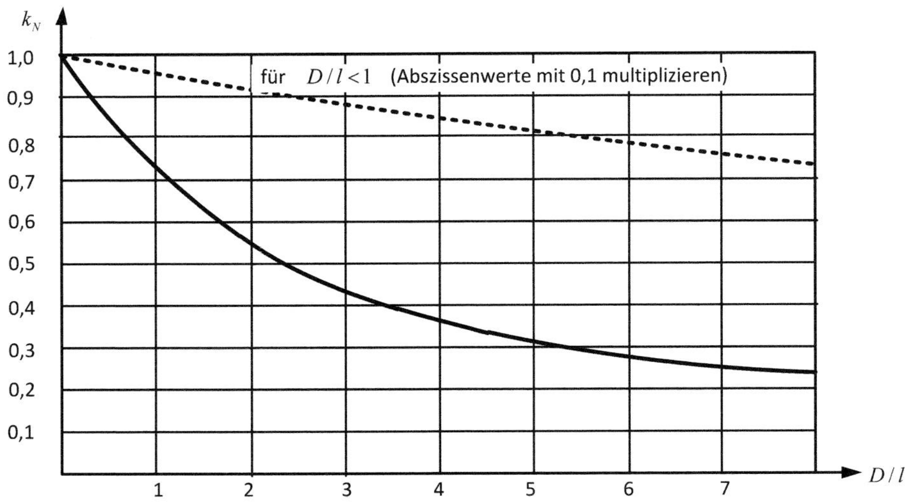

Bild 2.28: Nagaoka-Koeffizient einer kreiszylindrischen Spule nach [12]

Darin ist k_N der Nagaokakoeffizient nach **Bild 2.28**, der vom Verhältnis aus Spulendurchmesser und Spulenlänge abhängt. Falls das Wicklungsfenster relativ breit ist, kann folgende Näherung benutzt werden:

$$D = 2r_0 + s. \tag{2.140}$$

Für eine derartige Spule wird die Induktivität durch einen inneren und einen äußeren magnetischen Widerstand bestimmt.

$$L = \frac{N^2}{R_{m2} + R_{m3}} \tag{2.141}$$

Wobei R_{m2} wegen des breiten Wicklungsfensters als

$$R_{m2} = \frac{h}{\mu_0(2r_0 + s)\pi/4} \tag{2.142}$$

berechnet wird. Damit kann aus (2.139) und (2.141) R_{m3} bestimmt werden.

$$R_{m3} = \frac{h4}{\mu_0(2r_0 + s)^2\pi}(1/k_N - 1) \tag{2.143}$$

Elektrische Ersatzschaltung: Die magnetische Gesamtimpedanz ergibt sich aus einer Parallel-Reihenschaltung nach Bild 2.27 b.

$$\underline{Z}_m = \underline{Z}_{m1} \parallel R_{m2} + R_{m3} \tag{2.144}$$

$$= \frac{1}{1/\underline{Z}_{m1} + 1/R_{m2}} + R_{m3} \tag{2.145}$$

Die elektrische Ersatzschaltung wird aus der magnetischen Ersatzschaltung mit Hilfe von (2.129) gewonnen.

$$\underline{Z} = \frac{\mathrm{j}\,\omega N^2}{\dfrac{1}{1/\underline{Z}_{m1} + 1/R_{m2}} + R_{m3}} \tag{2.146}$$

$$= \frac{1}{\dfrac{1}{\mathrm{j}\,\omega N^2/\underline{Z}_{m1} + \mathrm{j}\,\omega N^2/R_{m2}} + \dfrac{R_{m3}}{\mathrm{j}\,\omega N^2}} \tag{2.147}$$

$$= \frac{1}{\dfrac{1}{\underline{Z}_1 + \mathrm{j}\,X_2} + \dfrac{1}{\mathrm{j}\,X_3}} \tag{2.148}$$

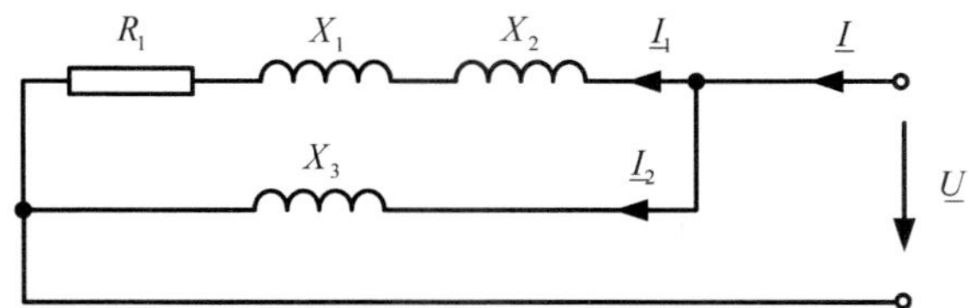

Bild 2.29: Elektrische Ersatzschaltung der Spule

Der rechte Ausdruck in (2.148) entspricht der im **Bild 2.29** gezeigten Parallel-Reihen-Schaltung. Falls die Spule sehr lang ist, so ist R_{m3} relativ klein und X_3 relativ groß und kann vernachlässigt werden. Wird dagegen R_{m2} durch Füllung mit einem Ferrit sehr klein, so wird X_2 sehr groß und X_1 kann vernachlässigt werden.

2.4.2 Kreiszylindrische Anordnung

Eine rotationssymmetrische Induktor-Einsatz-Anordnung zeigt **Bild 2.30**. Der Induktor wird wegen $r_1 >> \delta_1$ als eine einseitig erregte Platte aufgefasst, deren elektrische Leitfähigkeit mit dem Kupferfüllfaktor für einlagige Wicklungen bestimmt wird.

$$k_{cu} = \frac{N h_w}{h_1} \tag{2.149}$$

Darin bedeutet h_w die Höhe einer Windung. Die korrigierte Leitfähigkeit des Induktors beträgt somit:

$$\kappa_1^* = k_{cu} \kappa_1. \tag{2.150}$$

Diese korrigierte Leitfähigkeit κ_1^* wird auch zur Berechnung von δ_1 sowie der Flussfaktoren φ_{pl1} und ψ_{pl1} verwendet.

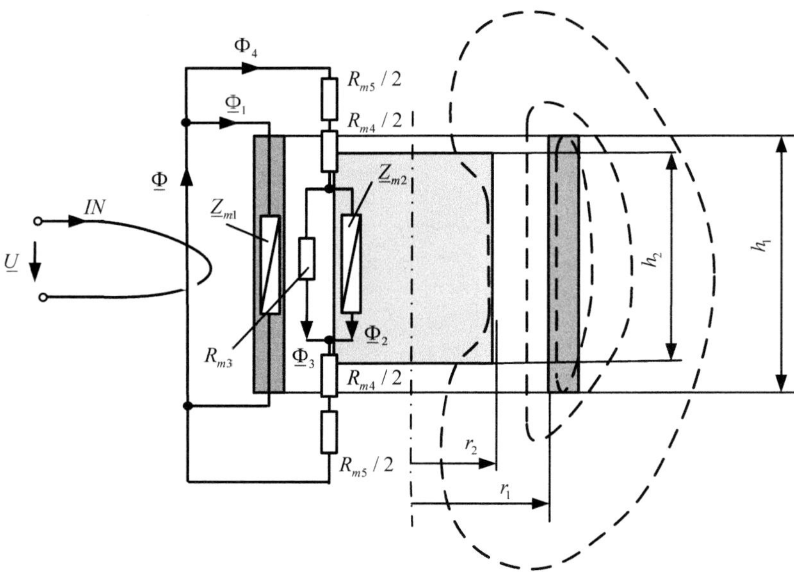

Bild 2.30: Magnetische Ersatzschaltung für Einsatz und umschließenden Induktor

Die innere elektrische Impedanz kann mit den Festlegungen in Abschnitt 2.4.1 sowie (2.135) und (2.137) zur Strombahnlänge und Strombahnhöhe sofort aufgeschrieben werden.

$$\underline{Z}_1 = R_1 + \mathrm{j}\, X_1 = N^2 \frac{2\pi r_1}{h_1} \underline{Z}_{01} \tag{2.151}$$

$$= N^2 \frac{2\pi r_1}{h_1} \frac{1}{\kappa_1^* \delta_1} (\varphi_{pl1} + \mathrm{j}\, \psi_{pl1}) \tag{2.152}$$

Mit (2.129) steht damit die innere magnetische Impedanz des Induktors fest.

$$\underline{Z}_{m1} = \frac{\mathrm{j}\,\omega N^2}{\underline{Z}_1} \tag{2.153}$$

Der Einsatz ist ein Vollzylinder. Ganz analog wie beim Induktor mit der Randimpedanz nach Abschnitt 2.3 ist seine magnetische Impedanz bestimmbar.

$$\underline{Z}_2 = R_2 + \mathrm{j}\,X_2 = N^2 \frac{2\pi r_2}{h_2} \underline{Z}_{02} \tag{2.154}$$

$$= N^2 \frac{2\pi r_2}{h_2} \frac{1}{\kappa_2 \delta_2} (\varphi_{cyl} + \mathrm{j}\,\psi_{cyl}) \tag{2.155}$$

Mit (2.129) steht damit auch die magnetische Impedanz des Einsatzes fest.

$$\underline{Z}_{m2} = \frac{\mathrm{j}\,\omega N^2}{\underline{Z}_2} \tag{2.156}$$

Der Raum zwischen Einsatz und Induktor wird als Koppelspalt bezeichnet. Die zugehörige Reaktanz wird aus dem magnetischen Widerstand dieses Ringspaltes bestimmt.

$$\mathrm{j}\,X_3 = \frac{\mathrm{j}\,\omega N^2}{R_{m3}} = \frac{\mathrm{j}\,\omega N^2 \mu_0 (r_1^2 - r_2^2)\pi}{h_2} \tag{2.157}$$

Der Raum, der sich aus der Höhendifferenz von Induktor und Einsatz ergibt, generiert viel Blindleistung und sollte so klein wie möglich gehalten werden. Die zugehörige Reaktanz beträgt:

$$\mathrm{j}\,X_4 = \frac{\mathrm{j}\,\omega N^2}{R_{m4}} = \frac{\mathrm{j}\,\omega N^2 \mu_0 r_1^2 \pi}{h_1 - h_2} \quad \text{mit der Bedingung} \quad h_1 > h_2. \tag{2.158}$$

Die äußere Reaktanz kann so wie bei der Spule in Abschnitt 2.4.1 berechnet werden, wobei hier für den Durchmesser $D = 2r_1 + \delta_1$ angesetzt wird.

$$\mathrm{j}\,X_5 = \frac{\mathrm{j}\,\omega N^2}{R_{m5}} = \frac{\mathrm{j}\,\omega N^2 \mu_0 (2r_1 + \delta_1)^2 \pi/4}{h_1} \frac{1}{1/k_N - 1} \tag{2.159}$$

Die gesamte magnetische Impedanz nach der Schaltung in Bild 2.30 ergibt sich aus der folgenden symbolischen Gleichung, in der das Zeichen $\|$ eine Parallelschaltung bezeichnet.

$$\underline{Z}_m = \underline{Z}_{m1} \parallel (\underline{Z}_{m2} \parallel R_{m3} + R_{m4} + R_{m5}) \tag{2.160}$$

Für die nachfolgende Rechnung ist es günstiger, den Kehrwert dieser magnetischen Gesamtimpedanz aufzuschreiben.

$$\frac{1}{\underline{Z}_m} = \frac{1}{\underline{Z}_{m1}} + \frac{1}{\dfrac{1}{1/\underline{Z}_{m2} + 1/R_{m3}} + R_{m4} + R_{m5}} \tag{2.161}$$

Mit (2.129) ergibt sich daraus die gesamte elektrische Impedanz.

$$\underline{Z} = \mathrm{j}\,\omega N^2 \cdot 1/\underline{Z}_m \tag{2.162}$$

$$= \frac{\mathrm{j}\,\omega N^2}{\underline{Z}_{m1}} + \frac{\mathrm{j}\,\omega N^2}{\dfrac{1}{1/\underline{Z}_{m2} + 1/R_{m3}} + R_{m4} + R_{m5}} \tag{2.163}$$

$$= \frac{\mathrm{j}\,\omega N^2}{\underline{Z}_{m1}} + \frac{1}{\dfrac{1}{\mathrm{j}\,\omega N^2/\underline{Z}_{m2} + \mathrm{j}\,\omega N^2/R_{m3}} + \dfrac{R_{m4}}{\mathrm{j}\,\omega N^2} + \dfrac{R_{m5}}{\mathrm{j}\,\omega N^2}} \tag{2.164}$$

$$= \underline{Z}_1 + \frac{1}{\dfrac{1}{\underline{Z}_2 + \mathrm{j}\,X_3} + \dfrac{1}{\mathrm{j}\,X_4} + \dfrac{1}{\mathrm{j}\,X_5}} \tag{2.165}$$

Aus dieser Gleichung kann die zugehörige Schaltung nach **Bild 2.31** ausgelesen werden.

$$\underline{Z} = \underline{Z}_1 + (\underline{Z}_2 + \mathrm{j}\,X_3) \parallel (\mathrm{j}\,X_4 \parallel \mathrm{j}\,X_5) \tag{2.166}$$

Diese häufig verwendete Ersatzschaltung wird oft weitergehend zusammengefasst, womit die Schaltung nach **Bild 2.32** erhalten wird.

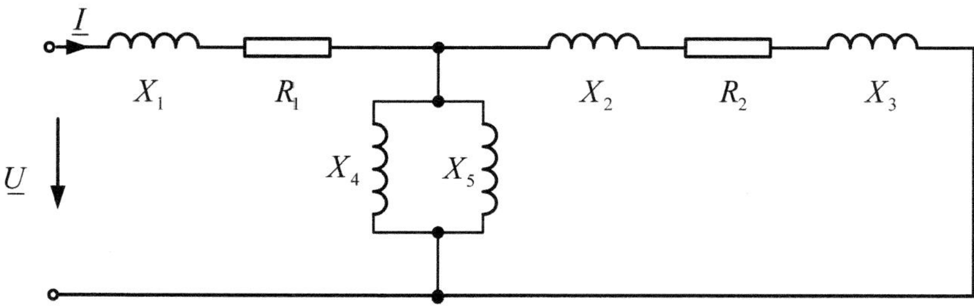

Bild 2.31: Elektrische Ersatzschaltung zur kreiszylindrischen Induktor-Einsatz-Anordnung

$$X_r = \frac{1}{1/X_4 + 1/X_5} \tag{2.167}$$

$$1/c = (\frac{R_2}{X_r})^2 + (1 + \frac{X_2 + X_3}{X_r})^2 \tag{2.168}$$

Darin ist c ein Kopplungsfaktor, der für $X_r \to \infty$ zu $c = 1$ wird.

$$X = X_1 + c(X_2 + X_3 + \frac{(X_2 + X_3)^2 + R_2^2}{X_r}) \tag{2.169}$$

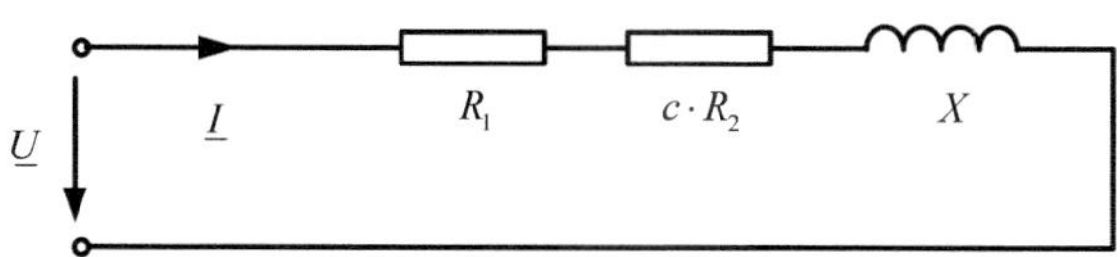

Bild 2.32: Zusammengefasste elektrische Ersatzschaltung zur kreiszylindrischen Induktor-Einsatz-Anordnung

Ein guter elektrischer Wirkungsgrad

$$\eta = \frac{cR_2}{R_1 + cR_2} \tag{2.170}$$

wird mit hohen Reaktanzen X_4 und X_5 oder kleinen magnetischen Widerständen R_{m4} und R_{m5} angestrebt. Offene magnetische Rückschlussjoche bewirken im Vergleich zu den geschlossenen Jochen nach Bild 2.35 nur eine geringe Verbesserung des Wirkungsgrades. Sie dienen vorzugsweise dazu, magnetische Streufelder von metallischen Konstruktionen fern zu halten.
Die im Bild 2.30 dargestellte magnetische Ersatzschaltung ist nicht die einzig mögliche für kreiszylindrische Induktor-Einsatz-Anordnungen. Eine Modifikation wäre beispielsweise notwendig, falls der Einsatz höher als der Induktor ist, d. h. $h_2 > h_1$ gilt. Eine Variante wäre hier, $h_2 = h_1$ und $R_{m4} = 0$ zu setzen.

2.4.3 Induktor rechteckförmigen Querschnitts mit Platte

Bei quaderförmigen Einsätzen wird oft die Form des Induktors an die des Einsatzes angepasst, um die Streuinduktivität des Koppelspaltes zu vermindern (s. **Bild 2.33**). Die Berechnung einer derartigen Anordnung kann prinzipiell so wie bei der kreiszylindrischen Anordnung nach Abschnitt 2.4.2 erfolgen. Anstelle der kreisförmigen Strombahnen des Induktors sind jetzt rechteckförmige

gegeben. Für den Nagaoka-Koeffizienten muss der für Spulen mit rechteckigem Querschnitt nach **Bild 2.34** benutzt werden.
Es wird hier vereinfachend angenommen, dass der Einsatz viel breiter als dick ist, d. h. $b_2 >> s_2$ gilt, weshalb nur der Leistungseintrag auf der Fläche mit der Breite b_2 berücksichtigt wird. Nach den idealisierten Anordnungen nach Abschnitt 2.3 entspricht dies einer beidseitig erregten Platte. Falls die Berechnung im Falle $s_2 \approx b_2$ genauer erfolgen muss, so sind die hierfür zutreffenden Flussfaktoren aus beispielsweise [25] einzusetzen. Die Bestimmungsgleichungen für die elektrischen Impedanzen $\underline{Z}_1$ und $\underline{Z}_2$ sowie die Reaktanzen X_3 bis X_5 werden aus den entsprechenden Gleichungen der kreiszylindrischen Anordnung entnommen. Die elektrische Ersatzschaltung nach Bild 2.32 behält ihre

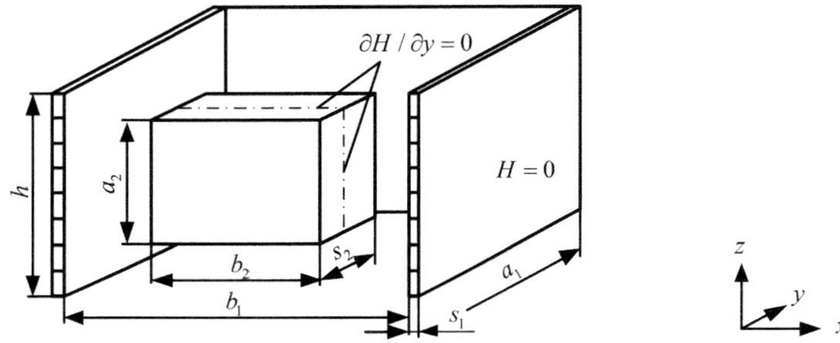

Bild 2.33: Platte im Induktor mit rechteckigem Querschnitt

Gültigkeit. Der Induktor wird als eine einseitig erregte Platte mit der Stärke s_1 aufgefasst. Die elektrische Leitfähigkeit wird mit dem Kupferfüllfaktor für einlagige Wicklungen gemäß (2.149) korrigiert. Diese korrigierte Leitfähigkeit κ_1^* wird auch zur Berechnung von δ_1 sowie der Flussfaktoren φ_{pl1} und ψ_{pl1} mit dem Argument s_1/δ_1 verwendet. Die elektrische Impedanz des vom Strom durchflossenen Gebietes des Induktors (innere Induktorimpedanz) kann mit den Festlegungen zur Strombahnlänge $2(a_1 + b_1)$ und Strombahnhöhe h sofort aus (2.152) bestimmt werden.

$$\underline{Z}_1 = R_1 + \mathrm{j}\,X_1 = \frac{N^2}{\kappa_1^*\delta_1}\frac{2(a_1 + b_1)}{h}(\varphi_{pl1} + \mathrm{j}\,\psi_{pl1}) \tag{2.171}$$

Der Einsatz ist eine zweiseitig erregte Platte. Die Flussfaktoren hängen vom Argument s_2/δ_2 ab. Mit (2.155) ergibt sich:

$$\underline{Z}_2 = R_2 + \mathrm{j}\,X_2 = \frac{N^2}{\kappa_2\delta_2}\frac{2b_2}{a_2}(\varphi_{pla} + \mathrm{j}\,\psi_{pla}). \tag{2.172}$$

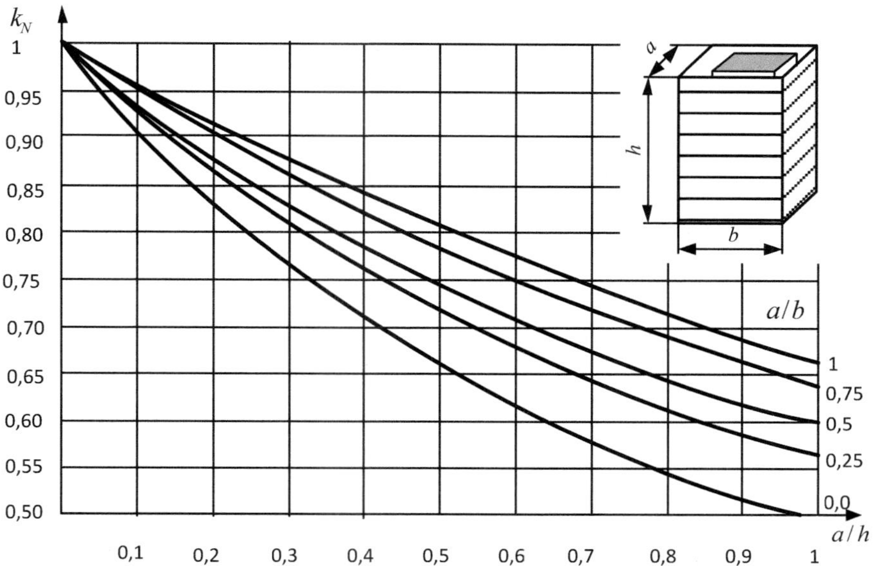

Bild 2.34: Nagaokakoeffizient für Spulen in Quaderform nach [12] und [38, S. 84]

Die Reaktanz des Koppelspaltes ergibt sich aus der Fläche:

$$A_c = a_1 b_1 - s_2 b_2 \tag{2.173}$$

mit (2.157) zu:

$$\mathrm{j}\,X_3 = \mathrm{j}\,\omega N^2 \mu_0 \frac{a_1 b_1 - s_2 b_2}{a_2}. \tag{2.174}$$

Die Reaktanz, die sich aus der Höhendifferenz von Induktor und Einsatz ergibt, berechnet sich nach (2.158) zu:

$$\mathrm{j}\,X_4 = \mathrm{j}\,\omega N^2 \mu_0 \frac{a_1 b_1}{h - a_2} \quad \text{falls} \quad h > a_2 \tag{2.175}$$

$$= \mathrm{j}\,\infty \quad \text{falls} \quad h \leq a_2. \tag{2.176}$$

Die äußere Reaktanz wird nach (2.159) berechnet. Hier ist die wirksame Querschnittsfläche des Induktors mit $(a_1 + \delta_1)(b_1 + \delta_1)$ einzusetzen.

$$\mathrm{j}\,X_5 = \mathrm{j}\,\omega N^2 \mu_0 \frac{(a_1 + \delta_1)(b_1 + \delta_1)}{h} \frac{1}{1/k_N - 1} \tag{2.177}$$

Der Nagaokakoeffizient ist für Spulen mit quadratischem Querschnitt zu bestimmen und hängt von den Parametern a_1/h und a_1/b_1 ab.

2.4.4 Anordnung mit geschlossenem magnetischen Rückschluss

Bei einigen Anwendungsfällen des induktiven Erwärmens und Schmelzens ist es möglich, einen geschlossenen magnetischen Eisenkreis nach **Bild 2.35** zu verwenden. Dies ist beispielsweise bei Induktions-Rinnenöfen oder Einrichtungen zum Erwärmen von ringförmigen Einsätzen, wie Radkränzen für Schienenfahrzeuge, der Fall. Die magnetische Kopplung ist hier besonders gut und ermöglicht hohe elektrische Wirkungsgrade.

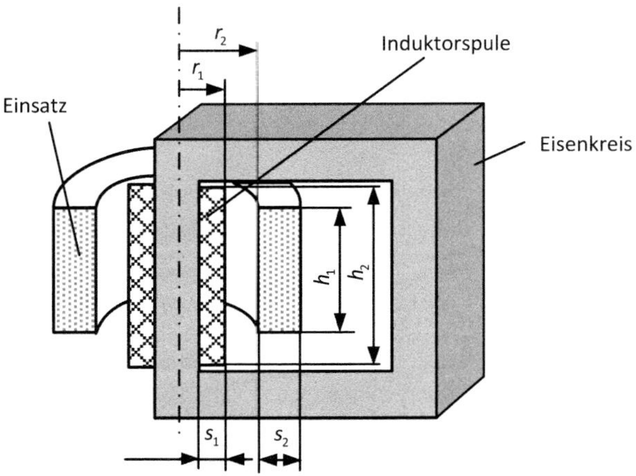

Bild 2.35: Induktor mit geschlossenem magnetischem Rückschluss

Die charakteristischen magnetischen Flusslinien sind im **Bild 2.36** dargestellt. Dabei darf man sich von der hohen Dichte der Flusslinien im Eisen nicht täuschen lassen. Diese magnetischen Flüssen sind in ihrer Phase verschoben und kompensieren sich nahezu vollständig (bei $\mu \to \infty$ ist Durchflutung aller Ströme gleich null). Deshalb wird hier für den magnetische Widerstand des Eisens

$$R_{m0} \approx 0 \tag{2.178}$$

angenommen. Der Induktor (Index 1) wird als Wicklung und der Einsatz (Index 2) als einseitig erregte Platte aufgefasst. Für die innere Impedanz des Induktors kann die Randimpedanz der Wicklung nach (2.83) übernommen werden.

$$Z_1 = \mathrm{j}\,\omega N^2/\underline{Z}_{m1} = \frac{2\pi r_1}{h_1}\frac{N^2}{\kappa^*\delta_1}(\varphi_{coi} + \mathrm{j}\,\psi_{coi}) \tag{2.179}$$

Für die Impedanz des Einsatzes wird angenommen, dass die Bedingungen für die einseitig erregte Platte ($r_2 >> s_2$) zutreffen.

$$Z_2 = \mathrm{j}\,\omega N^2/\underline{Z}_{m2} = \frac{2\pi r_2}{h_2}\frac{N^2}{\kappa_2\delta_2}(\varphi_{pl1} + \mathrm{j}\,\psi_{pl1}) \tag{2.180}$$

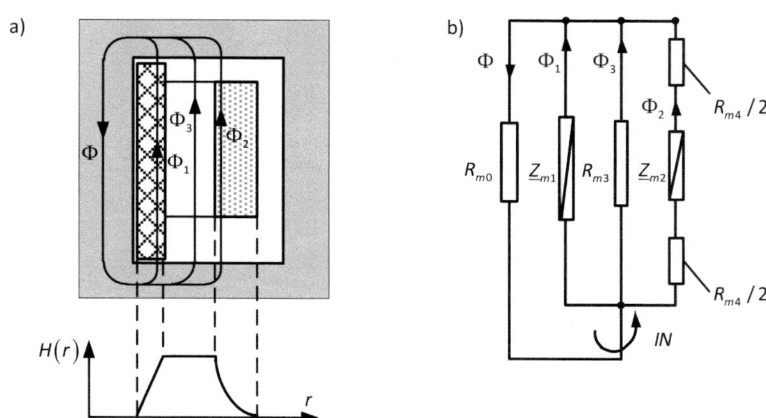

Bild 2.36: Magnetische Ersatzschaltung zu einer Anordnung mit geschlossenem magnetischem Rückschluss: a) Durchflutung und charakteristische Flusslinien, b) magnetische Ersatzschaltung

Die beiden noch zu bestimmenden magnetischen Widerstände R_{m3} und R_{m4} sind nur ungenau zu bestimmen, weil der Eisenkreis in der Praxis nicht als rotationssymmetrischer Schalenkern, sondern als UI- oder EI-Kern ausgebildet ist. Die magnetischen Feldlinien verlaufen an den Übergängen von Luft zum Eisen in allen drei Raumrichtungen. Da sich ihr Weg einerseits verlängert und andererseits der Flussquerschnitt verbreitert, wird in beiden Fällen von einem Hohlzylindervolumen mit den Höhen h_1 bzw. $(h_1 - h_2)$ ausgegangen. Für die sogenannte Streureaktanz X_3 ergibt sich folglich

$$\mathrm{j}\,X_3 = \mathrm{j}\,\omega N^2/R_{m3} = \mathrm{j}\,\omega N^2\frac{\pi(r_2^2 - r_1^2)\mu_0}{h_1}. \tag{2.181}$$

Für die beiden gleich großen magnetischen Widerstände ober- und unterhalb des Einsatzes $R_{m4}/2$ wird mit Rücksicht auf die Flussverdrängung im Einsatz ein Flussquerschnitt von $2\pi r_2\delta_2$ angenommen. Damit ergibt sich:

$$\mathrm{j}\,X_4 = \mathrm{j}\,\omega N^2/R_{m4} = \mathrm{j}\,\omega N^2 \frac{2\pi r_2\delta_2\mu_0}{(h_1 - h_2)}. \tag{2.182}$$

Die gesamte magnetische Impedanz kann aus der magnetischen Ersatzschaltung nach Bild 2.36 b berechnet werden. In symbolischer Schreibweise ergibt sich:

$$\underline{Z}_m = R_{m0} + \underline{Z}_{m1} \parallel R_{m3} \parallel (R_{m4} + \underline{Z}_{m2}). \tag{2.183}$$

Daraus ergibt sich:

$$\underline{Z}_m = R_{m0} + \frac{1}{1/\underline{Z}_{m1} + 1/(R_{m4} + \underline{Z}_{m2}) + 1/R_{m3}}. \tag{2.184}$$

Mit (2.129) und (2.130) kann daraus die Gesamtimpedanz bestimmt werden.

$$\frac{1}{\underline{Z}} = \frac{\underline{Z}_m}{\mathrm{j}\,\omega N^2} \tag{2.185}$$

$$= \frac{R_{m0}}{\mathrm{j}\,\omega N^2} + \frac{1}{\mathrm{j}\,\omega N^2/\underline{Z}_{m1} + \mathrm{j}\,\omega N^2/(R_{m4} + \underline{Z}_{m2}) + \mathrm{j}\,\omega N^2/R_{m3}} \tag{2.186}$$

$$= \frac{1}{\mathrm{j}\,X_0} + \frac{1}{\underline{Z}_1 + 1/(1/\mathrm{j}\,X_4 + 1/\underline{Z}_2) + \mathrm{j}\,X_3} \tag{2.187}$$

Im **Bild 2.37** ist die dazugehörige elektrische Ersatzschaltung dargestellt. Mit etwas Übung kann diese Schaltung sofort aus der magnetischen Ersatzschaltung abgelesen werden. Aus einer Reihenschaltung wird eine Parallelschaltung und umgekehrt. Die magnetischen Widerstände und Impedanzen sind durch elektrische nach (2.129) und (2.130) zu ersetzen.

Die elektrische Reaktanz des Eisenkreises X_0 liegt nach Bild 2.37 in Reihe zu allen anderen Reaktanzen und Impedanzen. Sie repräsentiert den Magnetisierungsstrom $\underline{I}_0$, der in der Realität die Spule belasteten müsste, was leider methodisch nicht herauskommt. Dieser Fehler ist allerdings vernachlässigbar, weil der Strom relativ klein und im hier angenommenen Fall mit $R_{m0} \approx 0$ gleich null ist. Für den Leerlauffall (kein Einsatz) würden man ohnehin ein anderes Ersatzschaltbild finden.

Falls für eine konkrete Anwendung Zahlenwerte eingesetzt werden, zeigt sich, dass die zu den nur sehr unsicher bestimmten magnetischen Widerständen R_{m3} und R_{m4} gehörigen Reaktanzen X_3 und X_4 relativ hohe Werte annehmen.

Bezüglich X_4 ist dies unkritisch, da diese Reaktanz nicht vom starken Laststrom $\underline{I}_2$ durchflossen wird. Dagegen bestimmt die Reaktanz X_3 maßgeblich die energetischen Verhältnisse und damit den elektrischen Wirkungsgrad der Anordnung. Wenn folglich die Genauigkeit dieser Ersatzschaltung zu verbessern ist, so muss versucht werden, den magnetischen Widerstand R_{m3} in seiner dreidimensionalen Ausformung genauer zu bestimmen.

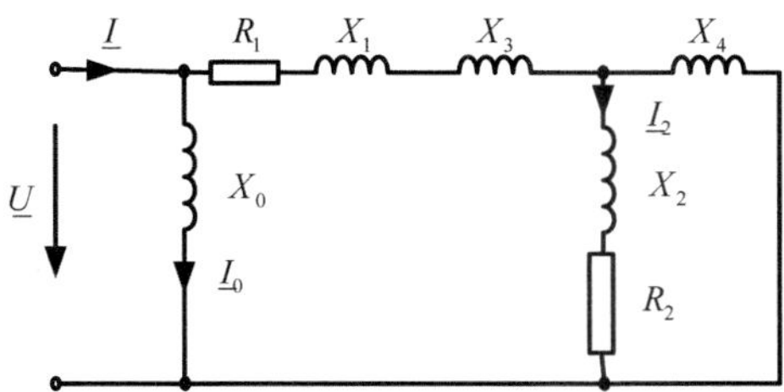

Bild 2.37: Elektrische Ersatzschaltung zu einer Anordnung mit geschlossenem magnetischem Rückschluss

2.5 Numerische Berechnung

Die numerische Berechnung funktioniert nur, wenn konkrete Abmessungen und Stoffwerte einer Induktor-Einsatz-Anordnung bekannt sind. Die Ergebnisse sind Zahlen, Feldbilder usw., jedoch keine Formeln, mit denen konkrete Eigenschaften zu bestimmen sind. Allerdings gibt es für spezielle Aufgaben sogenannte „Nutzer Software", die fast wie Formeln zu handhaben ist. Man gibt wenige Zahlenwerte zu einer Induktor-Einsatz-Anordnung dem Rechenprogramm vor und erhält wie bei einer Formel die Ergebnisse, wie z. B. die im Einsatz umgesetzte Wirkleistung oder den zeitlichen Temperaturverlauf in ausgewählten Punkten des Einsatzes. Voraussetzung ist allerdings, dass die zu lösende Aufgabe zur verfügbaren Software passt.
Nachfolgend wird die „Finite Elemente Methode" (FEM) erläutert, die sehr erfolgreich zur numerischen Berechnung von Wirbelstromproblemen verwendet wird. Daneben gibt es noch andere numerische Methoden, wie die „Finite Differenzen Methode" oder die „Boundary Element Methode", die beispielsweise in [15] ausführlich beschrieben sind.

Das Prinzip der FEM besteht darin, dass die Suche nach einer unbekannten Funktion mit mehreren Variablen $F(x, y, z)$ auf die Suche nach wenigen abzählbaren Funktionswerten an konkreten Punkten $F(x_k, y_k, z_k)$ mit $k = 1...n$ reduziert wird. Dazu wird das Lösungsgebiet in viele kleine Abschnitte unterteilt. Diese Abschnitte sind kleine Strecken, Flächen oder Volumina, die weiterhin als Elemente bezeichnet werden. Innerhalb dieser Elemente wird die Lösungsfunktion mit einer Näherungsfunktion (beispielsweise lineare oder quadratische Funktion) und den Funktionswerten an konkreten Punkten $F(x_k, y_k, z_k)$ beschrieben. Die konkrete Gestalt dieser Näherungsfunktionen hängt folglich von den noch zu bestimmenden Funktionswerten an bestimmten Stellen des Randes der Elemente, den Knoten mit den Koordinaten (x_k, y_k, z_k), ab. Ein beliebig ausgewählter Knoten und somit der zugehörige unbekannte Funktionswert $F(x_k, y_k, z_k)$ gehört zu mehreren benachbarten Elementen. Deshalb gibt es einen funktionellen Zusammenhang zwischen den sich jeweils berührenden Elementen, die zu diesem ausgewählten Knoten gehören. Dieser Zusammenhang kann als eine algebraische Gleichung formuliert werden. In diese Gleichung gehen die zu lösende Differentialgleichung und eine Wichtungsfunktion ein. Mit der Wichtungsfunktion wird der Fehler, der durch die Näherungsfunktion entsteht, je stärker gewertet, desto näher sich sein Ort am ausgewählten Knoten befindet. Auf diese Weise kann für jeden unbekannten Funktionswert auf einem Knoten eine linear unabhängige Gleichung erstellt werden. Mit der Lösung des auf diese Weise erstellten algebraischen Gleichungssystems sind die Funktionswerte an den Knoten bekannt. Schließlich kann mit den Näherungsfunktionen die Lösungsfunktion der Differentialgleichung quasi kontinuierlich beschrieben werden.

2.5.1 Diskretisierung

Die Diskretisierung ist eine wichtige Aufgabe zur numerischen Lösungen verteilter und kontinuierlicher Systeme. Sie erfolgt räumlich und zeitlich. Bei der räumlichen Diskretisierung wird das Lösungsgebiet in genügend kleine Teilgebiete, die Elemente, zerlegt. Das Lösungsgebiet ist damit vernetzt. Die zeitliche Diskretisierung ist nur für einen endlichen Zeitbereich möglich. Bei einer zeitabhängigen Aufgabe wird dieser endliche Zeitbereich in diskrete Zeitschritte aufgeteilt.

Gitternetz

Das Lösungsgebiet Ω kann eine gerade oder gekrümmte Strecke (1-dimensional), eine ebene oder gekrümmte Fläche (2-dimensional) oder ein beliebig begrenztes Volumen sein. Diese Gebiete werden durch einen Rand Γ abgeschlossen, der sich bei der Strecke als zwei Punkte, bei der Fläche als geschlossene Linie und beim Volumen als beliebig geformte Hüllfläche darstellt. Das Lösungsgebiet Ω wird in genügend kleine Elemente unterteilt, die sich je nach räumlicher Dimension als kurze Linien, Flächen oder Volumina darstellen. Dabei werden bei den Flächen und Volumina sehr unterschiedliche Elementformen verwendet. Die einfachsten Formen sind Dreiecke und Tetraeder. Ein Maß für die Feinheit dieser Elemente ist die Stromeindringtiefe δ. Bei vernetzten stromleitenden Gebieten soll die Kantenlänge l_{el} der Elemente deutlich kleiner als die Eindringtiefe sein.

$$l_{el} < \delta/3 \tag{2.188}$$

Eine weitere Forderung besteht darin, dass die Gebietsgrenzen unterschiedlicher Stoffwerte mit den Elementgrenzen zusammenfallen sollen. Ein vernetztes Lösungsgebiet Ω kann beispielsweise aus den Teilgebieten des Induktors Ω_i, des Einsatzes Ω_w und der diese Teilgebiete umgebenden Luft Ω_a bestehen. Jedes dieser Teilgebiete soll folglich für sich mit eigenen Elementen unterteilt sein oder, anders ausgedrückt, ein Element darf nicht zu zwei oder mehreren Teilgebieten gehören. Schließlich sollten die Elemente unterschiedlicher Gebiete, die an gemeinsame Gebietsgrenzen, z. B. Eisen-Luft, grenzen, nahezu gleich groß sein.
Diese wenigen Bedingungen machen bereits deutlich, dass eine Unterteilung eines Lösungsgebietes mit feingliedriger Gebietsstruktur manuell sehr aufwendig sein kann. Bei dreidimensionalen Gebilden werden oft Elementzahlen von mehreren Millionen erreicht. Die Unterteilung muss deshalb weitgehend rechnergestützt erfolgen. Es müssen dann nur die geometrischen Grundformen, wie Induktor, Einsatz und Blechpakete, vorgegeben werden. Mithilfe weniger Steuerparameter, die beispielsweise die maximale Elementgröße vorschreiben, kann dann die automatische Vernetzung gestartet werden.

Zeitbereiche

Die Stoffwerte können von den lokalen und zeitabhängigen Feldgrößen, wie magnetische Feldstärke und Temperatur, abhängen. Da sich die magnetische

Feldstärke wesentlich schneller als die Temperatur ändern kann, ist es zweckmäßig, zwischen einer Berechnung im „elektrischen“ Zeitbereich und einer im „thermischen“ Zeitbereich zu unterscheiden. Berechnungen im elektrischen Zeitbereich sind erforderlich, falls beispielsweise die Hysterese-Verluste oder die durch ferromagnetische Eigenschaften hervorgerufenen nicht sinusförmigen Strom- und Spannungsverläufe zu bestimmen sind. Die Zeitschrittweite beträgt hier ein Bruchteil der Periodendauer $T = 1/f$ der elektromagnetischen Feldgrößen.

$$\Delta t_{el} = 0,01....0,1 \cdot T \tag{2.189}$$

Die Stoffwerte hängen somit vom Ort $\vec{r}$ und der Zeit t_{el} ab.

$$\mu = \mathrm{F}(H(\vec{r}, t_{el}), \vartheta(\vec{r}, t_{el})) \tag{2.190}$$

$$\kappa = \mathrm{f}(\vartheta(\vec{r}, t_{el})) \tag{2.191}$$

In der Regel sind die thermischen Vorgänge viel träger als die elektrischen. Die entsprechenden Zeitschritte unterscheiden sich daher erheblich.

$$\Delta t_{th} >> \Delta t_{el} \tag{2.192}$$

Die Stoffwerte sind folglich mit den beiden Schrittweiten nach zuführen.

$$\mu = \mathrm{F}(H(\vec{r}, t_{el}), \vartheta(\vec{r}, t_{th})) \tag{2.193}$$

$$\kappa = \mathrm{f}(\vartheta(\vec{r}, t_{th})) \tag{2.194}$$

Oftmals sind nur ausgewählte thermische Zustände von Interesse. Die thermischen Abhängigkeiten können i. d. R. als konstant aufgefasst werden.

$$\mu = \mathrm{F}(H(\vec{r}, t_{el}), \vartheta(\vec{r})) \tag{2.195}$$

$$\kappa = \mathrm{f}(\vartheta(\vec{r})) \tag{2.196}$$

Falls die Funktion $\mu = \mathrm{F}(H)$ in den obigen Gleichungen auch die magnetische Hysterese abbilden soll, so ist die Zweideutigkeit dieser Funktion zu beachten. Diese Zweideutigkeit besteht darin, dass es zu jedem Wert der magnetischen Feldstärke zwei Permeabilitätswerte gibt. Es muss deshalb zu jedem Zeitpunkt bekannt sein, ob die magnetische Feldstärke im betreffenden Zeitpunkt gerade ansteigt (unterer Teil der Hysteresekurve) oder abfällt (oberer Teil). D. h., es müssen $H(t_{el})$ und $H(t_{el} - \Delta t_{el})$ verfügbar sein, was bei numerischen Algorithmen kein Problem darstellt.

Wenn es dagegen möglich ist, mit Stoffwerten zu arbeiten, die über mindestens eine Periode des elektromagnetischen Wechselfeldes konstant sind, so kann das elektromagnetische Feld in der komplexen Ebene berechnet werden. Die Zeitschrittweite zur Nachführung von $\kappa(t_{th})$ und $\mu(t_{th})$ wird jetzt nur noch vom Temperaturfeld bestimmt.

$$\Delta t_{th} >> T \tag{2.197}$$

Die Permeabilität hängt nun nur noch vom zeitlichen Mittelwert der magnetischen Feldstärke $\bar{H}$ und der Temperatur ab.

$$\mu = \mathrm{F}(\bar{H}(\vec{r}, t_{th}), \vartheta(\vec{r}, t_{th})) \tag{2.198}$$

$$\kappa = \mathrm{f}(\vartheta(t_{th})) \tag{2.199}$$

2.5.2 Differentialgleichungen

Es ist in der Regel unzweckmäßig, die das elektromagnetische Feld beschreibenden Feldgrößen $\overrightarrow{E}(\vec{r}, t)$ und $\overrightarrow{H}(\vec{r}, t)$ als Lösungsfunktion zu wählen, weil damit das zu lösende Gleichungssystem meist viel zu groß würde. Das magnetische Vektorpotenzial $\overrightarrow{W}(\vec{r}, t)$ hat sich als eine geeignete Lösungsfunktionen erwiesen. Nachfolgend wird die dazu passende Differentialgleichung für die hier zu lösenden Wirbelstromprobleme aufgestellt.

Basisgleichungen

Es wird von den unvollständigen Maxwell´schen Gleichungen für das quasistationäre elektromagnetische Feld ausgegangen und die Quellenfreiheit der elektrischen Stromdichte hinzu gefügt.

$$\mathrm{rot}\,\overrightarrow{H} = \overrightarrow{J} \tag{2.200}$$

$$\mathrm{rot}\,\overrightarrow{E} = -\frac{\partial \overrightarrow{B}}{\partial t} \tag{2.201}$$

$$\mathrm{div}\,\overrightarrow{B} = 0 \tag{2.202}$$

$$\mathrm{div}\,\overrightarrow{J} = 0 \tag{2.203}$$

Die Quellenfreiheit der Stromdichte ist normalerweise mit (2.201) erfüllt. Wegen des Näherungscharakters der numerischen Rechnung ist es vorteilhaft, diese Bedingung explizit zu fordern. Später sind noch weitere Zusatzforderungen erforderlich, die ebenso dem Näherungscharakter der Methode geschuldet sind.

Materialgleichungen

Die Materialgleichungen bei anisotropen Stoffeigenschaften lauten:

$$\vec{B} = \underline{\mu}\vec{H} \tag{2.204}$$

$$\vec{H} = \underline{\nu}\vec{B} \tag{2.205}$$

$$\vec{J} = \underline{\kappa}\vec{E}. \tag{2.206}$$

Die Bezeichnungen $\underline{\kappa}$ und $\underline{\mu}$ bedeuten Tensoren der zweiter Stufe (Matrizen), um das anisotrope Verhalten der elektrischen Leitfähigkeit und der Permeabilität, wie es beispielsweise bei magnetischen Flussleitelementen (Blechpaketen) vorliegt, beschreiben zu können. Wenn beispielsweise das genannte Blechpaket orthogonal zu den kartesischen Koordinaten angeordnet ist, so wird $\underline{\kappa}$ zur Diagonalmatrix. Wegen der Einflussnahme aller Komponenten der magnetischen Feldstärke auf alle Komponenten der Flussdichte sind bei der Permeabilität alle Plätze des Tensors $\underline{\mu}$ besetzt. Dies ist auch bei $\underline{\kappa}$ so, wenn das Blechpaket eine beliebige Lage zum verwendeten Koordinatensystem hat. Es wird weiter davon ausgegangen, dass keine Magnetisierung, z. B. durch einen Permanentmagneten, in (2.204) zu berücksichtigen ist. In (2.205) ist $\underline{\nu}$ der zu $\underline{\mu}$ inverse Tensor. Seine Einführung vereinfacht die Schreibweise nachfolgender Gleichungen.

Vektorpotenzial

Eine zentrale Größe bei der Wirbelstromberechnung ist das magnetische Vektorpotenzial, das in den Büchern zur theoretischen Elektrotechnik, wie z. B. in [30], mit

$$\vec{B} = \operatorname{rot}\vec{W} \tag{2.207}$$

eingeführt wird. Das magnetische Vektorpotenzial ermöglicht es, eine einzige Differentialgleichung aus den Gleichungen (2.200) und (2.201) zu gewinnen. Bei einigen zweidimensionalen Aufgaben, bei denen die Stromdichte nur eine Feldkomponente besitzt, ist auch nur eine Komponente von $\vec{W}$ zu bestimmen. Dies erleichtert die numerische Rechnung wesentlich, denn im Vergleich zur Wahl der magnetischen Feldstärke mit $\vec{H}$ als Lösungsfunktion wird die Anzahl der Unbekannten um die Hälfte reduziert.

Manchmal sind Feldprobleme mit sehr langen Induktoren zu lösen, deren Felder sich in einer Richtung (beispielsweise z-Richtung) nicht ändern. Die Stromdichte hat hier nur eine x- und y-Komponente. Die magnetische Feldstärke hat

dagegen nur eine z-Komponente. Hier ist folglich die magnetische Feldstärke als Lösungsfunktion günstiger. Derartige Sonderfälle werden hier nicht betrachtet.
Die vielfältige Anwendung der FEM für praxisrelevante Aufgaben hat gezeigt, dass die Lösungsfunktion $\overrightarrow{W}(\vec{r}, t)$ für die Induktionserwärmung besonders vorteilhaft ist.
Zunächst sollen die Eigenschaften des magnetischen Vektorpotenzials näher betrachtet werden. Denn diese Funktion kann sich sowohl aus einem Wirbelfeld $\overrightarrow{W}$ als auch einem Gradientenfeld $\operatorname{grad}\psi$ zusammensetzen.

$$\overrightarrow{W_s} = \overrightarrow{W} - \operatorname{grad}\psi \tag{2.208}$$

Da die Rotation eines Gradienten verschwindet, gilt folglich:

$$\overrightarrow{B} = \operatorname{rot}\overrightarrow{W} = \operatorname{rot}\overrightarrow{W_s}. \tag{2.209}$$

Weiterhin ist unter dem Vektor $\overrightarrow{W}$ ein reines Wirbelfeld definiert. Aus (2.201) und (2.209) folgt damit:

$$\operatorname{rot}\overrightarrow{E_c} = -\frac{\mathrm{d}}{\mathrm{d}t}\operatorname{rot}\overrightarrow{W}. \tag{2.210}$$

Dies bedeutet, dass vom Wirbelanteil des Vektorpotenzials auch nur der Wirbelanteil der elektrischen Feldstärke $\overrightarrow{E_c}$ bestimmt werden kann. Auch die elektrische Feldstärke kann sich aus einem Potenzialfeld und einem Wirbelfeld zusammensetzen. Dies ist beispielsweise im leitfähigem Lösungsgebiet des Induktors so, wo Wirbel induziert werden und ein elektrisches Potenzial mit der Klemmenspannung anliegt. Es gilt mit der integralen Umkehroperation zu (2.210) folglich:

$$\overrightarrow{E} = -\frac{\mathrm{d}\overrightarrow{W}}{\mathrm{d}t} - \operatorname{grad}\varphi. \tag{2.211}$$

Die Zeitabhängigkeit ist hier sowohl in dem noch skalaren Potenzial $\varphi(\overrightarrow{r}, t)$ als auch im Vektorpotenzial $\overrightarrow{W}(\overrightarrow{r}, t)$ enthalten. Neben dem Wirbelanteil $\overrightarrow{W}$ des Vektorpotenzials existieren folglich noch die beiden skalaren Potenziale φ und ψ. In der einschlägigen Fachliteratur wird gezeigt, dass die beiden skalaren Potenziale ineinander überführt werden können. Deshalb genügt es, nur eines, z. B. φ, zu bestimmen. Die Lösung des Wirbelstromproblems besteht daher aus den Funktionen $\overrightarrow{W}(\vec{r}, t)$ und $\varphi(\vec{r}, t)$. Mit (2.211) und (2.206) kann somit das für die Induktionserwärmung interessante Feld der elektrischen Stromdichte aufgeschrieben werden.

$$\vec{J} = \kappa(-\frac{\mathrm{d}\,\vec{W}}{\mathrm{d}\,t} - \operatorname{grad}\varphi). \tag{2.212}$$

Differentialgleichungen

Bei einer dreidimensionalen Problemstellung sind drei voneinander unabhängige partielle Differentialgleichungen für die drei Raumkomponenten von $\vec{W}$ und eine vierte, ebenfalls unabhängige Gleichung, für φ aufzustellen. Aus (2.200), (2.205), (2.206) und (2.207) wird eine spezielle Form des Durchflutungs-Gesetzes erhalten:

$$\operatorname{rot}(\underline{\nu}\operatorname{rot}\vec{W}) = \kappa(-\frac{\mathrm{d}\,\vec{W}}{\mathrm{d}\,t} - \operatorname{grad}\varphi). \tag{2.213}$$

Diese Differentialgleichung wäre für eine analytische Lösung, die natürlich nur für einfachste Anordnungen möglich ist, perfekt. Auch für eine numerische Lösung einfacher, zweidimensionaler Aufgaben ist sie ausreichend. Bei dreidimensionalen Problemstellungen führt sie dagegen zu keiner stabilen numerischen Lösung. Es wird daher die in der einschlägigen Fachliteratur [15] vorgeschlagene Coulomb-Eichung benutzt. Obwohl der Wirbelanteil vom magnetischen Vektorpotenzial kein skalares Potenzialfeld per Definition enthält und somit quellenfrei ist, wird genau dies von der Coulomb-Eichung explizit gefordert.

$$\operatorname{div}\vec{W} = 0 \tag{2.214}$$

Diese zusätzliche Bedingung zur Quellenfreiheit des Vektorpotenzials wird von den Maxwell´schen Gleichungen nicht gefordert. Wegen des Näherungscharakters der Methode muss diese Zusatzforderung jedoch eingearbeitet werden. Sie bewirkt die Konvergenz und somit die Eindeutigkeit der Lösung. Dazu wird der Term $\operatorname{grad}\underline{\nu}\operatorname{div}\vec{W}$ einfach der Gleichung (2.213) hinzugefügt.

$$\operatorname{rot}(\underline{\nu}\operatorname{rot}\vec{W}) + \kappa\frac{\mathrm{d}\,\vec{W}}{\mathrm{d}\,t} + \kappa\operatorname{grad}\varphi - \operatorname{grad}(\underline{\nu}\operatorname{div}\vec{W}) = 0 \tag{2.215}$$

Die Gradientenbildung bedeutet, dass die Divergenz entweder in allen Richtungen konstant und speziell gleich null sein muss. Der hinzugefügte Ausdruck hat die Dimension einer Stromdichte. Er wurde mit dem angegebenen negativen

Vorzeichen zur linken Seite von (2.213) addiert, obwohl die Wahl des Vorzeichens nicht ohne weiteres begründbar ist. Bei der weiteren numerischen Umsetzung, die schließlich zu einem algebraischen Gleichungssystem führt, kann mit diesem Vorzeichen eine bessere Symmetrie der zu einem Knoten gehörigen Koeffizienten nachgewiesen werden, was sich positiv auf die Konvergenz der Lösung auswirkt. Nochmals sei betont, dass die Coulomb-Eichung keine aus den Maxwell'schen Gleichungen ableitbare Forderung ist. Sie ist dagegen eine dem Näherungscharakter geschuldete Zusatzbedingung, deren Vorteile bei einer bestimmten Aufgabengruppe zur Wirbelstromberechnung anhand von zahlreichen Tests nachgewiesen wurde. Nach [15] ist die Anwendung der Coulomb-Eichung nicht ohne Schwierigkeiten, wenn die Permeabilität innerhalb des Lösungsgebietes stark springt. Das ist insbesondere bei elektrischen Maschinen mit Übergängen von Luft auf ungesättigtes Eisen der Fall. Bei den vielfältigen Wirbelstrom-Berechnungen hat sich die Coulomb-Eichung nachhaltig bewährt. Die schroffen Luft-Eisen-Übergänge sind an Rückschlussjochen zwar auch vorhanden, wirken sich allerdings wegen dominanter Streufelder (Koppelspalt zwischen Einsatz und Induktor) nicht so stark aus.
Für das Potenzialfeld $\varphi(\overrightarrow{r}, t)$ wird noch eine weitere Differentialgleichung benötigt. Da die Kontinuität bzw. Quellenfreiheit des Stromes nicht aus der Differentialgleichung (2.215) folgt, bietet sich diese Forderung für eine weitere unabhängige Gleichung an. Mit (2.212) ergibt sich

$$\operatorname{div}(\kappa(-\frac{\mathrm{d}\overrightarrow{W}}{\mathrm{d}t} - \operatorname{grad}\varphi)) = 0. \tag{2.216}$$

Mit den Gleichungen (2.215) und (2.216) sind die beiden Differentialgleichungen formuliert, mit denen die drei Raumkomponenten von $\overrightarrow{W}$ und die skalare Größe φ bestimmt werden können.

Bevor eine konkrete Aufgabe numerisch gelöst wird, ist unbedingt zu prüfen, ob die angegebenen Gleichungen vereinfacht werden können. Beispielsweise können oftmals lineare Verhältnisse angenommen werden, weil die erregende Spannung sinusförmig ist und die Stoffwerte μ und κ wenigsten über einige Perioden konstant sind. In diesen Fällen kann zur komplexen Rechnung übergegangen werden, was die Lösung wesentlich erleichtert, weil die Rechnung im Zeitbereich entfällt.
Sehr wichtig ist auch eine Prüfung dahingehend, ob es tatsächlich notwendig ist, alle drei Feldkomponenten von $\overrightarrow{W}$ zu bestimmen. Beispielsweise hat bei einem rotationssymmetrischen Feld die Stromdichte und das magnetische Vektorpotenzial nur eine Raumkomponente W_φ, falls mit Zylinderkoordinaten

gearbeitet wird. Unter diesen Bedingungen ist auch das skalare Potenzial φ und die Eichbedingung (2.214) nicht erforderlich.

2.5.3 Randbedingungen

Jede Differentialgleichung ist nur dann eindeutig lösbar, wenn die Rand- und Anfangsbedingungen formuliert sind. Es werden hier nur die räumlichen Randbedingungen untersucht. Die Anfangsbedingungen von zeitabhängigen Feldproblemen sollen dagegen nicht betrachtet werden. Die räumlichen Randbedingungen sind für alle unbekannten Funktionen der Differentialgleichungen (2.215) und (2.216) anzugeben. Im dreidimensionalen Fall sind dies die drei Raumkomponenten des magnetischen Vektorpotenzials $\overrightarrow{W}$ und das skalare elektrische Potenzial φ.

Symmetrie

Viele Induktor-Einsatz-Anordnungen sind symmetrisch aufgebaut. Manchmal werden auch Vereinfachungen angenommen, um von einer Symmetrie ausgehen zu können. Außerdem ist das Koordinatensystem so zu wählen, dass eine oder mehrere Symmetrieebenen entstehen. Eine Symmetrieebene (zweidimensional: Symmetrielinie) liegt vor, wenn die geometrischen Formen und die Materialverteilungen symmetrisch sind. Die Erregung des elektromagnetischen Feldes in Form von Strom oder Spannung kann auf den beiden Seiten der Symmetrieebene spiegelbildlich oder entgegengesetzt spiegelbildlich sein. Letzteres bedeutet umgekehrte Richtung von Spannung und Strom. Wenn eine gegebene Symmetrie bei der Bestimmung der Randbedingungen genutzt wird, halbiert sich das Lösungsgebiet Ω. Dies bedeutet, dass auch die Anzahl der Unbekannten des zu lösenden algebraischen Gleichungssystems nahezu halbiert werden kann. Eine dreidimensionale Induktor-Einsatz-Anordnung kann bis zu drei Symmetrieebenen haben, wodurch die Anzahl der Knotenpunkte und damit der Unbekannten auf nahezu 1/8 reduziert wird.
Es werden die Randbedingungen auf den Symmetrieebenen für das magnetische Vektorpotenzial $\vec{W}$ und das skalare Potenzial φ bestimmt. Dazu wird die aus den Grundlagen bekannte Formel zur Berechnung des magnetischen Vektorpotenzials benutzt [30, S. 282].

$$\vec{W}(\vec{r_0}) = \frac{\mu_0}{4\pi} \int_V \frac{\vec{J}(\vec{r})}{|\vec{r} - \vec{r_0}|} \mathrm{d}\, V \tag{2.217}$$

Hiernach setzt sich das magnetische Vektorpotenzial aus der summarischen Wirkung aller im Lösungsgebiet vorhandenen Stromelemente $\vec{J}\,\mathrm{d}\,V$ zusammen. Diese Beziehung gilt nur unter der Bedingung, dass ein bezüglich der magnetischen Permeabilität homogenes und isotropes Lösungsgebiet vorliegt. Dies genügt jedoch, wenn man sich erinnert, dass magnetische Materialien durch geeignete Stromeinprägungen ersetzt werden können.

Elektrisch isolierter Rand: Es wird mit **Bild 2.38** die xy-Symmetrieebene betrachtet. Die Erregung durch die elektrischen Ströme ist zu beiden Seiten dieser Symmetrieebene spiegelbildlich. Deshalb heben sich nach (2.217) die Wirkungen der z-Komponenten der Stromdichte J von gespiegelten Punkten mit den Koordinaten (x, y, z) und $(x, y, -z)$ überall auf der Symmetrieebene auf. Dies zeigt an, dass auf der Symmetrieebene $W_z = 0$ gilt. Dagegen addieren sich Wirkungen der x- und y-Komponenten der Stromdichte von gespiegelten Punkten mit den Koordinaten (x, y, z) und $(x, y, -z)$ überall auf der Symmetrieebene. Dies bedeutet, dass auf der Symmetrieebene bezüglich W_x sowie W_y ein Extremwert existiert und somit $\partial W_x/\partial z = 0$ und $\partial W_y/\partial z = 0$ gilt. Bei einer spiegelbildlichen Erregung durch Ströme muss wegen der Quellenfreiheit der Stromdichte deren Normalkomponente auf der Symmetrieebene verschwinden. Wegen $W_z = 0$ gilt folglich $\partial\varphi/\partial z = 0$ auf der Symmetrieebene. Dies gilt auch für die im Einsatz induzierten Ströme. Wegen dieser Eigenschaft wird die Symmetrieebene mit spiegelbildlicher Erregung als elektrisch isolierend bezeichnet. Das Feldbild verändert sich folglich nicht, falls die Symmetrieebene mit einer dünnen Schicht der Eigenschaft $\kappa = 0$ bedeckt würde. Für den elektrisch isolierten Rand, der allgemein mit $\Gamma_{\kappa=0}$ bezeichnet wird, gilt:

$$W_n = 0 \tag{2.218}$$

$$\partial W_{t1}/\partial n = 0 \tag{2.219}$$

$$\partial W_{t2}/\partial n = 0 \tag{2.220}$$

$$\partial\varphi/\partial n = 0, \tag{2.221}$$

worin mit W_{t1} und W_{t2} die Tangentialkomponenten von $\vec{W}$ bezeichnet sind.

Magnetisch isolierter Rand: Es wird im Bild 2.38 die yz-Symmetrieebene betrachtet. Die Stromelemente $\vec{J}\,\mathrm{d}\,V$ sind in gespiegelten Punkten nach dem Betrag gleich, jedoch zum Spiegelbild entgegengesetzt, was als „entgegengesetzt spiegelbildlich“ bezeichnet wird. Die Wirkung der y- und z-Komponenten der Stromdichte von gespiegelten Punkten mit den Koordinaten (x, y, z) und $(-x, y, z)$ heben sich nach (2.217) überall auf dieser Symmetrieebene auf. Deshalb gilt auf der Symmetrieebene $W_y = 0$ sowie $W_z = 0$. Die Wirkungen der x-Komponenten der Stromdichte von gespiegelten Punkten mit den Koordinaten (x, y, z) und $(-x, y, z)$ addieren sich dagegen überall auf der Symmetrieebene. Dies bedeutet, dass auf der Symmetrieebene bezüglich W_x ein Extremwert existiert und somit $\partial W_x / \partial x = 0$ gilt. Bei entgegengesetzt spiegelbildlicher Erregung ist die Symmetrieebene eine Fläche konstanten Potenzials mit $\varphi = \text{const}$.

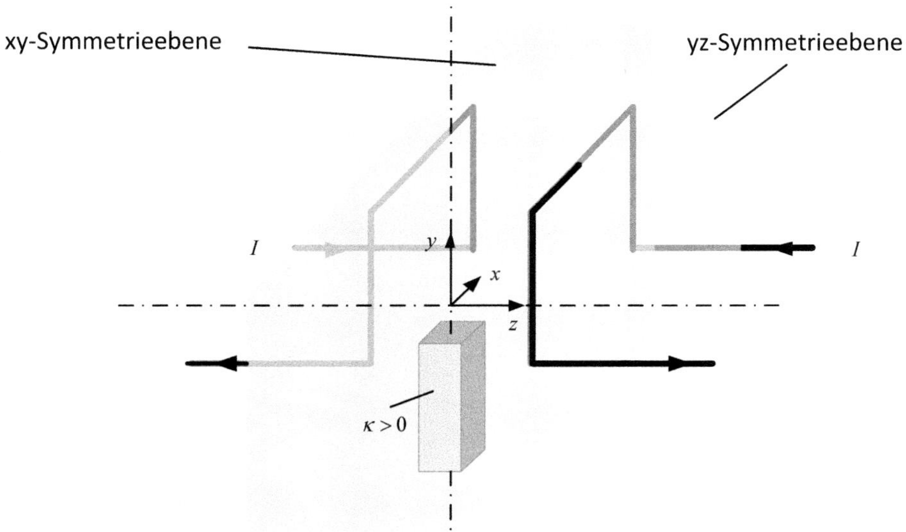

Bild 2.38: Anordnung mit zwei Symmetrieebenen entspricht dem Prinzip der Stangenenden-Erwärmung

Bei geeigneter Festlegung der erregenden Spannungen bzw. Potenziale kann dieses Potenzial zu $\varphi = 0$ gesetzt werden. Aus der Definition des Vektorpotenzials nach (2.207) ergibt sich $B_x = \partial W_z / \partial y - \partial W_y / \partial z$. Da überall auf der Symmetrieebene $W_y = W_z = 0$ gilt und nur Ableitungen tangential zur Symmetrieebene zu bilden sind, muss $B_x = 0$ gelten. Dies gilt auch im leitfähigem Einsatz. Wegen dieser Eigenschaft bezeichnet man die Symmetrieebene mit entgegengesetzt spiegelbildlicher Erregung als magnetisch isolierenden Rand. Das Feldbild würde sich folglich nicht verändern, wenn die Symmetrieebene gedanklich mit einer dünnen Schicht der Eigenschaft $\mu = 0$ bedeckt würde. Der magnetisch isolierte Rand wird mit $\Gamma_{\mu=0}$ bezeichnet. Auf diesem Rand gilt:

$$W_{t1} = 0 \tag{2.222}$$

$$W_{t2} = 0 \tag{2.223}$$

$$\partial W_n/\partial n = 0 \tag{2.224}$$

$$\varphi = 0, \tag{2.225}$$

worin mit W_{t1} und W_{t2} die Tangentialkomponenten von $\vec{W}$ bezeichnet sind. Würde man die Stromrichtung einer Leiterschleife im Bild 2.38 umkehren, so wäre die yz-Symmetrieebene ein magnetisch isolierender Rand und die xy-Symmetrieebene ein elektrisch isolierender Rand.

Rand des skalaren elektrischen Potenzials

Die Randbedingungen für das skalare elektrische Potenzial in (2.215) und (2.216) sollen ausführlicher betrachtet werden. In die genannten Differentialgleichungen geht dieses Potenzial nur in Verbindung mit der elektrischen Leitfähigkeit ein. Es ist folglich nur in den leitfähigen Gebieten von Induktor Ω_i, Einsatz Ω_w und eventuell anderen elektrisch leitfähigen Volumina (elektrische Schirmung, magnetischer Rückschluss usw.) zu bestimmen. Deshalb können die Ränder von Vektorpotenzial und skalarem Potenzial unterschiedliche Geometrie haben. Im **Bild 2.39** sind die Gebiete des Induktors Ω_i und des Einsatzes Ω_w dargestellt.
Auf dem Rand eines elektrisch leitfähigen Gebietes gilt allgemein:

$$\vec{J}\vec{n} = J_n = 0\,. \tag{2.226}$$

Mit (2.212) führt dies zu der Randbedingung:

$$\partial\varphi/\partial n = -\frac{\mathrm{d}\,W_n}{\mathrm{d}\,t}. \tag{2.227}$$

Sie stellt eine Kombination von Randbedingungen ähnlich der Cauchy´schen Randbedingung dar, wie sie von der Wärmeübertragung bekannt ist.
Die yz-Ebene in Bild 2.39 ist eine Symmetrieebene mit entgegengesetzt spiegelbildlicher Erregung und somit ein magnetisch isolierender Rand. Auf der gesamten Fläche kann ein konstantes skalares Potential $\varphi = \varphi_0$ vorgegeben werden. Falls, wie in Bild 2.39 gezeigt, die Induktorspannung mit den erregenden Potenzialen $-U/2$ und $+U/2$ gebildet wird, ergibt sich $\varphi_0 = 0$.

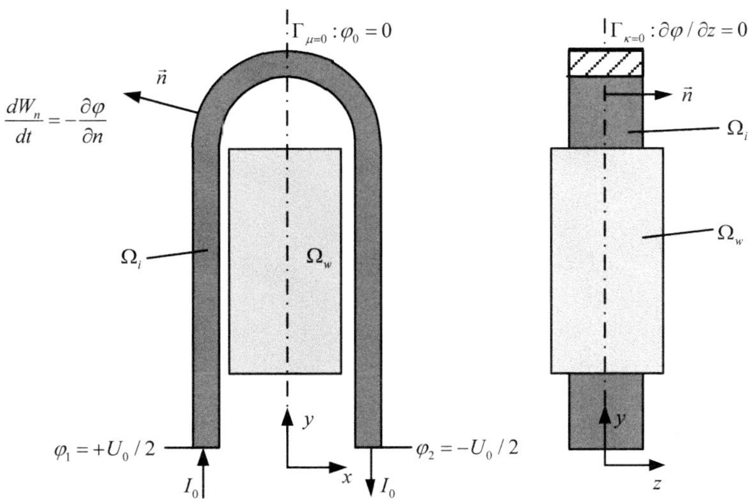

Bild 2.39: Randbedingungen für das elektrische Potenzial mit yz-Symmetrieebene senkrecht zum linken Bild und xy-Symmetrieebene senkrecht zum rechten Bild

Die xy-Ebene hat auf beiden Seiten eine spiegelbildliche Erregung und ist somit elektrisch isolierend. Es gilt nach (2.218) $W_z = 0$, weshalb auch $\partial\varphi/\partial z = 0$ gelten muss.
Die Randbedingungen auf den Kontaktflächen sind mit den Potenzialen φ_1 und φ_2 gegebene Dirichlet´sche Randbedingungen.

Künstlicher Außenrand

Das magnetische Vektorpotenzial einer Induktor-Einsatz-Anordnung ohne komplette magnetische Schirmung verschwindet theoretisch erst im Unendlichen, weshalb auch von einem offenen Feldproblem gesprochen wird. Ein solches offenes Feldproblem ist bei einer numerischen Lösung prinzipiell in geeigneter Weise zu begrenzen. Dazu werden entweder sogenannte infinite Elemente verwendet, in denen die Unendlichkeit quasi „eingebaut“ ist, oder das unendlich ausgedehnte Feld wird mit einem künstlichen Rand in endlicher Entfernung abgeschlossen. Die Autoren haben gute Erfahrungen mit dem künstlichen Rand in endlicher Entfernung gemacht, weil Vergleichsrechnungen mit einem mehr oder weniger weit entfernten Rand leicht eine Fehlerbeurteilung gestatten. Deshalb wird nachfolgend nur diese Variante betrachtet.

In **Bild 2.40** ist das magnetische Feld einer Spule dargestellt, das mit dem künstlichen Rand Γ_∞ abgeschlossen wird. Für diesen Rand wird bevorzugt der magnetisch isolierende Rand verwendet $\Gamma_\infty = \Gamma_{\mu=0}$, weil hier die beiden Tangential-Komponenten des magnetischen Vektorpotenzials auf null gesetzt werden können. Technisch könnte der magnetisch isolierende Rand durch eine dünne Schicht aus supraleitendem Material mit der Eigenschaft $\kappa \to \infty$ nachgebildet werden. Selbst bei niedrigsten Frequenzen würden sich darin verlustfreie Wirbelströme genau so ausbilden, dass keine magnetische Flusslinie eindringen kann ($B_n = 0$).

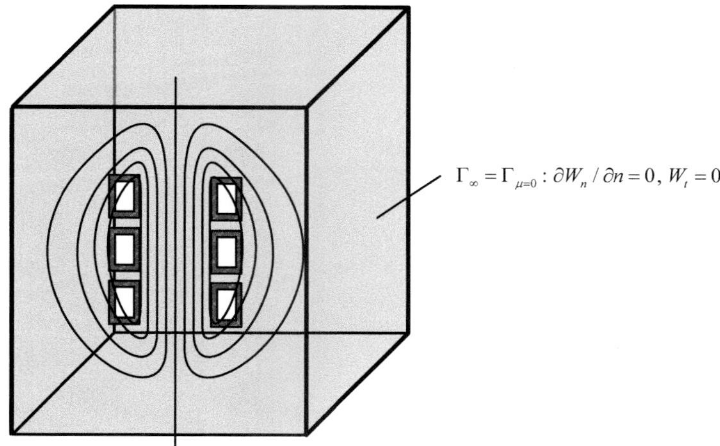

Bild 2.40: Künstlicher Rand eines dreidimensionalen Lösungsgebietes

Anschlussbedingungen

In **Bild 2.41** ist eine Stromschleife (Induktor) als ein Teilgebiet Ω_i des gesamten Lösungsgebietes Ω dargestellt. Dieses Gebiet ist mit n_i Knotenpunkten und m_i Elementen vernetzt. Der Anschluss des Induktors an die Stromversorgung kann entweder in Form einer Spannungseinprägung mit $U_0 = \varphi_1 - \varphi_2$ oder einer Stromeinprägung mit I_0 erfolgen.

Spannungseinprägung: Bei Spannungseinprägung werden auf den Kontaktflächen A_1 und A_2 die Potenzialwerte φ_1 und φ_2 vorgegebenen und den Knoten, die in den Kontaktflächen liegen, zugeordnet. Diese Potenzialwerte sind damit keine Unbekannten mehr. Der von U_0 abhängige Strom ergibt sich aus der Integration über eine Kontaktfläche.

$$I(U_0) = \int_{A_2} \kappa \vec{n}_A (-\frac{\mathrm{d}\,\vec{W}}{\mathrm{d}\,t} - \mathrm{grad}\,\varphi)\,\mathrm{d}\,A_2 \tag{2.228}$$

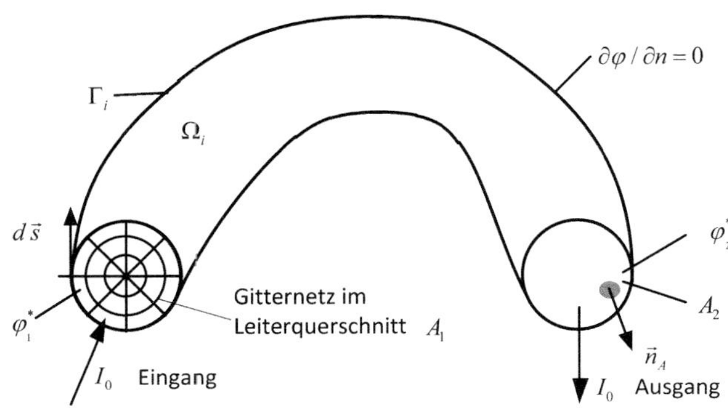

Bild 2.41: Anschlussbedingungen für den Induktor

Stromeinprägung: Alternativ kann ein Induktorstrom I_0 eingeprägt werden. Die Stromeinprägung kann mit und ohne Berücksichtigung der Stromverdrängung (Skin- und Proximity-Effekt) erfolgen.

Ohne Berücksichtigung der Stromverdrängung: Bei manchen Aufgabenstellungen ist die numerische Berechnung der Stromdichteverteilung und damit der Stromverdrängung im Induktor nicht unbedingt erforderlich, was den Rechenaufwand vermindert. In **Bild 2.42** sind drei Varianten dargestellt, bei denen der Betrag der Stromdichte leicht im voraus bestimmt werden kann.

$$\vec{J}_0 = \begin{cases} I_0 N/(ab) \quad \vec{n}_A & \text{Induktor mit N massiven Einzelleitern} \\ I_0 N/(ab) \quad \vec{n}_A & \text{Induktor mit verdrillter Litze} \\ I_0/(\delta b) \quad \vec{n}_A & \text{Hohlprofil mit idealisierter Stromdichte} \end{cases} \tag{2.229}$$

Bei den Varianten a) und b) beinhaltet der Querschnitt A_i nach Bild 2.41 mehrere Windungen. Genau genommen ist es eine komplizierte Verteilung des Stromes, denn die einzelnen Leiter bzw. Drähte wechseln ihre Position innerhalb der

Querschnittsfläche (Windungssteigung, Lagenwechsel). Dadurch sind selbst in einem geradlinigen Leiterstück die Vektoren der Stromdichte nicht parallel zueinander ausgerichtet. Andererseits haben diese vieldrähtigen Induktoren eine nahezu gleichmäßige Stromverteilung über dem Querschnitt. Sie werden deshalb bei geringen Belastungen in Verbindung mit einer Luftkühlung eingesetzt. Oftmals ist der Ohm'sche Wechselstromwiderstand einer Litze oder eines Einzeldrahtes genauer aus dem Datenblatt als mit der numerischen Berechnung bestimmbar. Wenn es daher auf die Induktorverluste ankommt, kann der von der Frequenz abhängige Ohm'sche Widerstand aus dem Datenblatt in das numerische Modell eingebaut werden. Bei der Variante nach Bild 2.42 c wird eine konstante Stromdichte über der Eindringtiefe δ angenommen, wie dies bei der Berechnung mit den magnetischen Ersatzschaltbildern in Abschnitt 2.4 vorgestellt wurde. Die übrigen Gebiete des Induktors, wie z. B. die vom Einsatz abgewandten Wände des Hohlprofils, werden als nicht leitfähig angenommen.

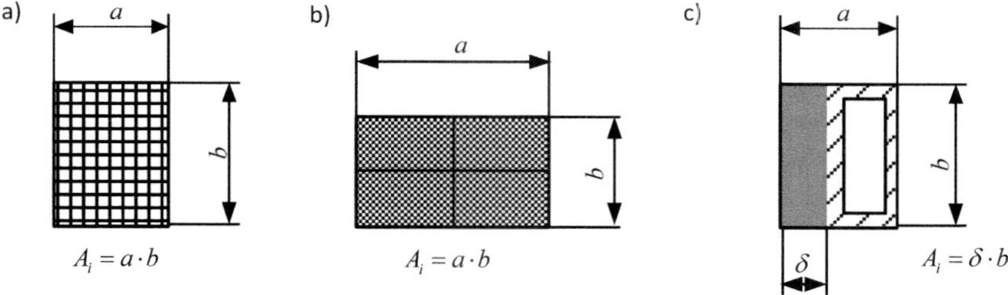

Bild 2.42: Induktor- und Leiterquerschnitte: a) vielwindiger Induktor, b) Induktor mit vier Einzelleitern bzw. Windungen aus Litze, c) Hohlprofil mit idealisierter Stromdichteverteilung

Obwohl in all den skizzierten Fällen die Stromdichte im Mittel bereits bekannt ist, muss für die numerische Berechnung in jedem Volumenelement von Ω_i eine Stromdichte nach Betrag und Richtung vorgegeben werden. Dabei ist unbedingt darauf zu achten, dass die Quellenfreiheit der Stromdichte $\operatorname{div} \vec{J} = 0$ gewährleistet ist. Um dies zu erreichen, wird zunächst numerisch das elektrische Strömungsfeld bei einer beliebigen Gleichspannung U^* berechnet. Die Laplace'sche Differentialgleichung

$$\operatorname{div} \kappa \operatorname{grad} \varphi^* = 0 \tag{2.230}$$

ist deshalb für das Gebiet Ω_i zu lösen. Auf den beiden Kontaktflächen A_1 und A_2 sind mit $\varphi_1^* = -U^*/2$ und $\varphi_2^* = +U^*/2$ die Dirichlet´schen Randbedingungen festgeschrieben. Auf dem übrigen und isolierten Rand von Γ_i gelten die Neumann'schen Randbedingung in der Form $\partial\varphi^*/\partial n = 0$. Gegebenenfalls kann der Rand auch mit Symmetrieebenen, wie sie in Abschnitt 2.5.3 genannt wurden, abgeschlossen werden. Die Lösung dieser Gleichung besteht darin, die Potenzialwerte für die Knotenpunkte n_i zu bestimmen. Daraus kann die Stromdichte $\vec{J}^* = -\kappa \operatorname{grad} \varphi^*$ in jedem Element von Ω_i berechnet werden. Die Integration der Stromdichte über eine der beiden Kontaktflächen ergibt den Strom I^* bzw. die Durchflutung NI^*.

$$I^* = \frac{1}{N} \int_{A_2} \vec{n}_A \vec{J}^* \, \mathrm{d}\, A_2 \tag{2.231}$$

Die einzuprägende Stromdichte ergibt sich im linearen Fall aus einer einfachen Skalierung.

$$\vec{J}_0 = \vec{J}^* I_0 / I^* \tag{2.232}$$

Im algebraischen Gleichungssystem werden in allen Elementen des Induktors die Ausdrücke mit den Stromdichten durch die eingeprägten Stromdichten $(\vec{J}_0)_i$ ersetzt.

$$(\kappa(-\frac{\mathrm{d}\,\vec{W}}{\mathrm{d}\,t} - \operatorname{grad} \varphi))_i = (\vec{J}_0)_i \quad \text{mit} \quad i = 1...m_i \tag{2.233}$$

Die geschilderte Vorgehensweise ist nicht ganz fehlerfrei, denn die Konstanz der Stromdichte wird nicht vollständig erfüllt. Durch unterschiedliche Strompfadlängen (Krümmung, Knicke des Induktors) kann es mit den vorgegebenen Potenzialflächen A_1 und A_2 zu Unterschieden in der eingeprägten Stromdichte kommen. Es gelingt folglich nicht, die bei den Varianten in den Bildern 2.42 a und b geforderte konstante Stromdichte über dem Querschnitt exakt einzustellen. Bei der Variante c ist das unbedeutend, denn hier wurde bereits mit der konstanten Stromdichte über der Eindringtiefe δ eine wesentlich einschneidendere Annahme getroffen.

Es soll schließlich noch untersucht werden, wie die geforderte Konstanz der Stromdichte weiter verbessert werden kann. Dazu wird der Querschnitt des Induktors A_i in q Abschnitte unterteilt, wodurch sich voneinander isolierte Stränge mit einer oder mehreren Windungen ergeben. Es wird angenommen, dass die einzelnen Stränge parallel zueinander verlaufen, was den Aufbau des Gitternetzes wesentlich vereinfacht. Für jeden dieser Stränge wird die einzuprägende Stromdichte so wie oben allerdings mit kleineren Potenzialflächen A_i/q bestimmt. Bei der anschließenden Berechnung des elektromagnetischen Feldes ergeben sich für die einzelnen Stränge unterschiedliche Spannungen, die zur

Gesamtspannung zu addieren und mit der tatsächlichen Windungszahl zu verrechnen sind.
Soll allerdings noch die spiralförmige Steigung oder der Lagenwechsel, wie z. B. beim scheibenförmigen Induktor, berücksichtigt werden, so muss der dreidimensionale Verlauf des Einzelleiters im Gitternetz abgebildet werden. Der enorme Aufwand ist leicht vorstellbar, wobei noch nicht einmal die Verdrillung der einzelnen Drähte der Litze berücksichtigt ist.

Die von I_0 abhängige Induktorspannung $U(I_0)$ kann durch Integration der elektrischen Feldstärke vom Eingang zum Ausgang des Induktors und somit aller Windungen bestimmt werden.

$$U(I_0) = \int_1^2 \vec{E}\,\mathrm{d}\,\vec{s} = \int_1^2 (-\frac{\mathrm{d}\,\vec{W}}{\mathrm{d}\,t} - \operatorname{grad}\varphi)\,\mathrm{d}\,\vec{s} \tag{2.234}$$

Mit Berücksichtigung der Stromverdrängung: Es wird wie im Falle der eingeprägten Spannung vorgegangen. Allerdings ist die Induktorspannung U nicht bekannt, welche dem vorgegebenen Induktorstrom I_0 entspricht. Deshalb wird zunächst eine willkürliche Spannung U^*, z. B. $U^* = 1\,\mathrm{V}$, gewählt. Um die richtige Spannung zu bestimmen, muss noch eine (n+1)te Gleichung dem algebraischen Gleichungssystem angefügt werden. Diese Gleichung ergibt sich aus der Integration der Stromdichte über eine der beiden Kontaktflächen (s. Bild 2.41).

$$\int_{A_2} \kappa \vec{n}_A(-\frac{\mathrm{d}\,\vec{W}}{\mathrm{d}\,t} - \operatorname{grad}\varphi) \cdot \xi\,\mathrm{d}\,A_2 = I_0 \tag{2.235}$$

Die Unbekannte in dieser Gleichung ist der Quotient

$$\xi = U/U^*, \tag{2.236}$$

der mit der Lösung des Gleichungssystems bestimmt wird. Er bestimmt die vom eingeprägtem Strom I_0 abhängige Induktorspannung U bei linearen Verhältnissen. Bei vorhandenen Nichtlinearitäten mit beispielsweise $\mu(H)$ muss ohnehin iterativ mit mehrmaligen Lösungen gearbeitet werden. Es soll hier noch angemerkt werden, dass im Falle der komplexen Rechnung die von I_0 abhängige Spannung $U(I_0)$ reell ist und der Strom I_0 einen Real- und Imaginärteil hat. Da in der Regel der Effektivwert des Induktorstromes vorgegeben wird, muss die rechte Seite von (2.235) die Bedingung

$$|I_0| = \sqrt{\mathsf{Re}\{\underline{I}_0\}^2 + \mathsf{Im}\{\underline{I}_0\}^2} \tag{2.237}$$

erfüllen.

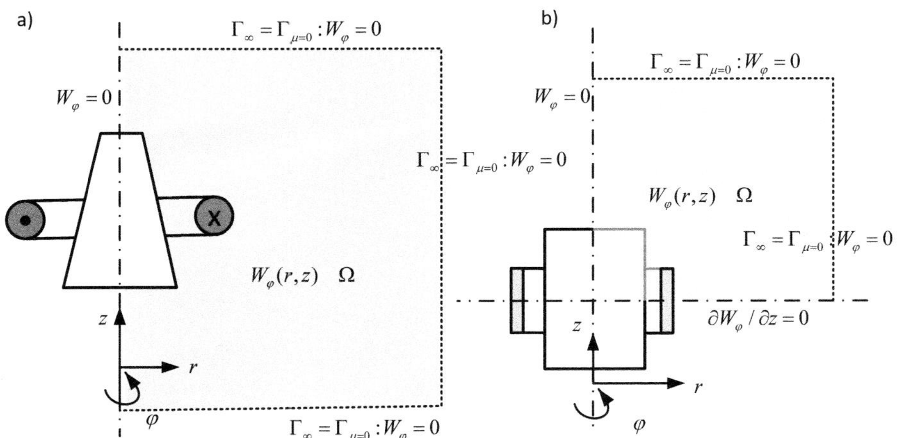

Bild 2.43: Randbedingungen zylinder-symmetrischer zweidimensionaler Aufgaben: a) eine Symmetrielinie, b) eine Symmetrieebene und eine Symmetriefläche

Weitere Beispiele

Einige Beispiele sollen die Anwendungen der Rand- und Symmetriebedingungen verdeutlichen. In **Bild 2.43** sind zwei zylinder-symmetrische Induktor-Einsatz-Anordnungen skizziert. Der Vorteil von Zylinderkoordinaten wird hier deutlich, denn mit kartesischen Koordinaten müssten drei Komponenten des Vektorpotenzials und ein skalares Potenzial berechnet werden. Hier ist dagegen nur die W_φ-Komponente zu bestimmen. Die z-Achse ist eine Symmetrie-Linie bezüglich dieser die Felderregung durch entgegengesetzt spiegelbildliche Ströme erfolgt. Deshalb ist die Symmetrielinie magnetisch isolierend und stellt einen $\Gamma_{\mu=0}$ Rand dar. Die Tangentialkomponente des magnetischen Vektorpotenzials, die hier als eine W_φ-Komponente auftritt, ist folglich gleich null. Für die künstlichen Außenränder wird ebenfalls ein $\Gamma_{\mu=0}$ Rand angenommen. In der Anordnung nach Bild 2.43 b bildet die rφ-Ebene eine Symmetrieebene. Die erregenden Ströme sind zur Symmetrieebene spiegelbildlich, weshalb hier ein elektrisch isolierender Rand $\Gamma_{\kappa=0}$ angesetzt wird.

In **Bild 2.44** ist ein ebenes Problem (in z-Richtung alles konstant) gezeigt, bei dem auch das skalare Potenzial zu den Lösungsfunktionen gehört. Hier könnten noch einige Knotenpunkte gespart werden, wenn der künstliche Rand durch einen Viertel-Kreisbogen gebildet würde.

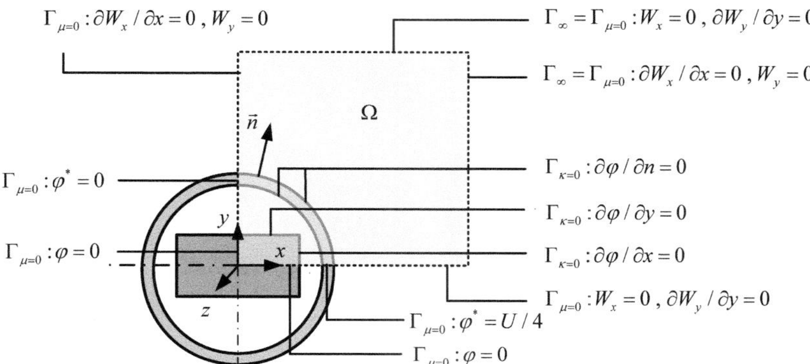

Bild 2.44: Reduzierung des Lösungsgebietes einer ebenen zweidimensionalen Aufgaben auf 1/4 durch zwei Symmetrieebenen; für den Induktor wird Stromeinprägung ohne Stromverdrängung nach (2.229) und (2.230) angenommen

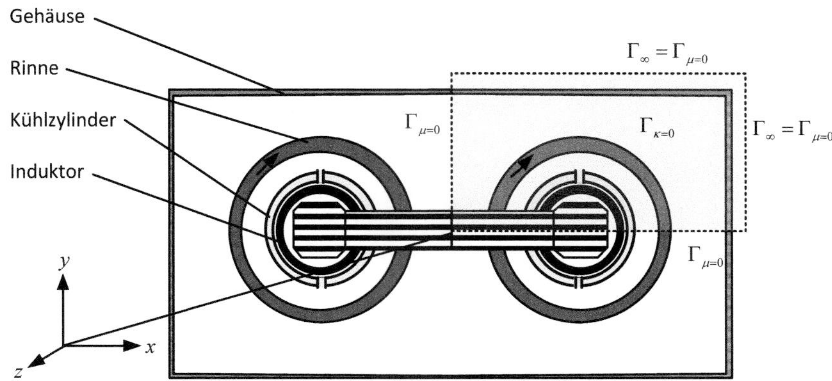

Bild 2.45: Lösungsgebiet in Form eines Quaders und Randbedingungen eines zweiloopigen Rinnenofens; Koordinatenursprung im Schwerpunkt der Anordnung

In **Bild 2.45** ist der schematische Aufbau eines zweiloopigen Rinnenofens dargestellt. Mit einigen Annahmen kann die numerische Feldberechnung mit drei Symmetrieebenen erfolgen. Die beiden Induktor-Spulen werden gleichsinnig vom Strom durchflossen, was bezüglich der yz-Symmetrieebene zu entgegengesetzt spiegelbildlichen Strömen führt. Diese Symmetrieebene ist deshalb eine magnetisch isolierende $\Gamma_{\mu=0}$-Ebene. Die xy-Symmetrieebene liegt bei $z = 0$ auf der halben Spulenhöhe. Zu ihr sind die Ströme spiegelbildlich, weshalb eine $\Gamma_{\kappa=0}$ Ebene verwendet wird. Die zx-Symmetrieebene ist wegen der entgegengesetzt spiegelbildlichen Ströme eine $\Gamma_{\mu=0}$-Ebene. Das Gehäuse wird oftmals zur Reduzierung der Verluste und störender Streufelder aus Bimetall (z. B. Edelstahl/Kupfer) gefertigt. Diese Feldabschirmung gestattet, den Rand Γ_{∞} relativ dicht an das Gehäuse zu legen.

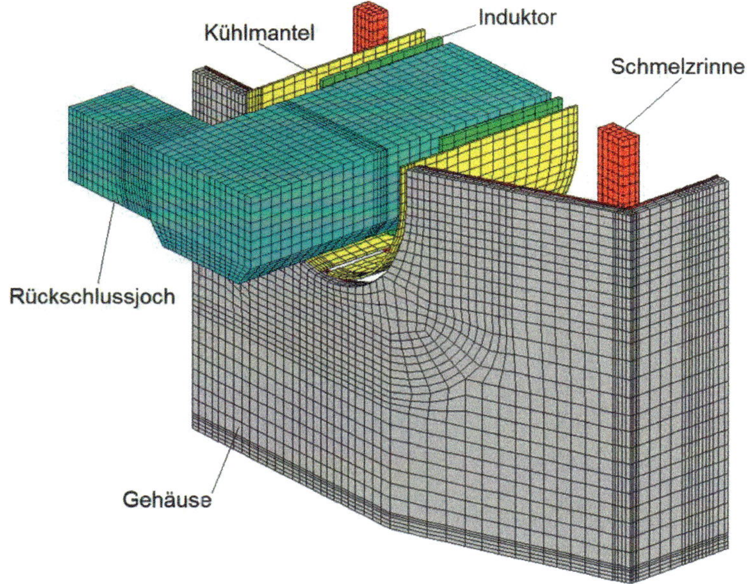

Bild 2.46: Gitternetz zur Feldberechnung mit der FEM von einem doppelloopigen Rinnenofen; Gitter in der Luft nicht dargestellt

Die numerische Berechnung des elektromagnetischen Feldes zu dem Rinnenofen nach **Bild 2.46** verfolgte das Ziel, Gehäuse und Kühlzylinder hinsichtlich der unerwünschten Wirbelströme konstruktiv zu optimieren (Material, einige Abmessungen). Deshalb wurden die beiden Rinnen etwas modifiziert (kein Schmelzbehälter), um mit den drei Symmetrieebenen arbeiten zu können. Das Gitternetz besteht aus 102 768 Hexaeder-Elementen mit 109 668 Knotenpunkten. Wegen der komplexen Rechnung (sinusförmige Ströme angenommen) entsteht ein algebraisches Gleichungssystem mit ca. 870 000 Unbekannten. Hier ist noch zu bedenken, dass für eine Optimierung viele unterschiedliche Varianten zu berechnen sind, um die beste Konstruktion herauszufinden. Das zunächst vorliegende Ergebnis der numerischen Berechnung ist das magnetische Vektorpotenzial als Real- und Imaginärteil und das skalare Potenzial in den leitfähigen Gebieten, ebenfalls als Real- und Imaginärteil. Aus diesen Werten werden die Stromdichte-Verteilung und damit die Joule'schen Verluste bestimmt, die insbesondere für die beiden Kühlzylinder und das Gehäuse im Rahmen der konstruktiven Möglichkeiten zu minimieren waren.

2.5.4 Logische Prüfungen

Numerische Feldberechnungen suggerieren durch beeindruckende Feldbilder und große Mantissen oftmals ein trügerisches Gefühl von Sicherheit und Genauigkeit. Deshalb ist eine kritische Prüfung der Ergebnisse notwendig. Hier bietet sich einmal ein Vergleich der Ergebnisse mit solchen Resultaten an, die mit einer völlig anderen Software oder analytisch (meist mit starken Annahmen) sowie experimentell gefunden wurden. Hier soll lediglich auf einige logische Prüfungen eingegangen werden. Diese Prüfungen sind im Grunde Bilanzen von Strömen, Flüssen, Energien usw., die lediglich einige physikalische Gesetze erfüllen müssen. Sie stellen eine notwendige, jedoch nicht hinreichende Bedingung für die Richtigkeit einer numerischen Lösung dar.

Quellenfreiheit des elektrischen Stromes

Im Abschnitt 2.5.3 wurde mit (2.235) der Induktorstrom am Ausgang 2 der Stromschleife berechnet. Die Quellenfreiheit des Stromes gebietet, dass der gleiche Strom nur mit umgekehrtem Vorzeichen auch am Eingang 1 berechnet wird. Das ist ein erstes Prüfkriterium, das notwendigerweise erfüllt sein muss. Mit dem Gauß´schen Integralsatz kann man eine integrale Formulierung zur Quellenfreiheit der Stromdichte notieren.

$$\operatorname{div}\vec{J} = 0 \quad \rightarrow \quad \oint_A \vec{J}\,\mathrm{d}\vec{A} = 0 \tag{2.238}$$

Oftmals ergeben sich relativ einfache Flächen oder Linien, auf denen diese Prüfung durchgeführt werden kann. In der xy-Ebene des Einsatzes der Anordnung nach **Bild 2.47** muss die Integration der Normal-Komponenten der Stromdichte entlang einer beliebigen Linie A-B, die den Einsatz teilt, null ergeben.

$$\int_A^B \vec{J} \cdot \vec{n} \,\mathrm{d}\, s = 0 \qquad (2.239)$$

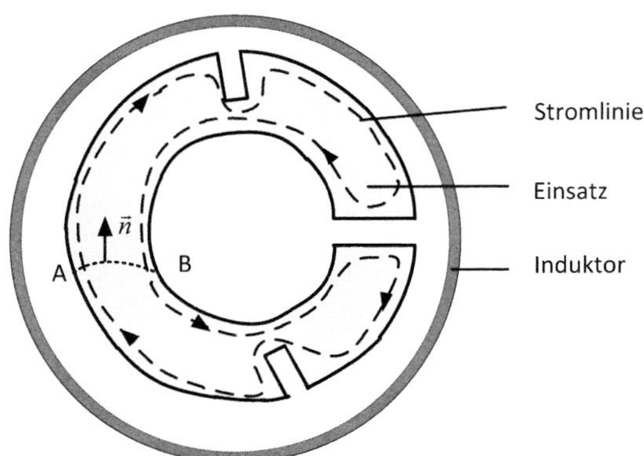

Bild 2.47: Beispiele zur Prüfung der Quellenfreiheit der Stromdichte in einer zweidimensionalen Anordnung

Quellenfreiheit des magnetischen Flusses

Auch für die magnetische Flussdichte kann mit dem Gauß´schen Integralsatz die Quellenfreiheit überprüft werden.

$$\operatorname{div} \vec{B} = 0 \quad \rightarrow \quad \oint_A \vec{B} \,\mathrm{d}\, \vec{A} = 0 \qquad (2.240)$$

Die Komponenten der magnetischen Flussdichte sind aus dem Vektorpotenzial nur über Ableitungen zu gewinnen. Sie sind wegen des Näherungscharakters der Lösungsfunktionen wesentlich ungenauer bestimmbar als $\vec{W}$. Aus (2.207) ergibt sich für kartesische Koordinaten:

$$\vec{B} = (\frac{\partial W_z}{\partial y} - \frac{\partial W_y}{\partial z})\vec{e}_x + (\frac{\partial W_x}{\partial z} - \frac{\partial W_z}{\partial x})\vec{e}_y + (\frac{\partial W_y}{\partial x} - \frac{\partial W_x}{\partial y})\vec{e}_z. \qquad (2.241)$$

Bei Rotationssymmetrie der Anordnung nach **Bild 2.48** mit $\vec{J} = J\vec{e_\varphi}$ vereinfacht sich dies, weil nur die W_φ-Komponente verbleibt:

$$\vec{B} = (-\frac{\partial W_\varphi}{\partial z})\vec{e}_r + (\frac{1}{r}\frac{\partial (rW_\varphi)}{\partial r})\vec{e}_z \qquad (2.242)$$

Das Linienintegral mit der r-Komponente der magnetischen Flussdichte muss entlang der Linie A-B mit r_b = konstant vom oberen künstlichen Rand mit $+z_\infty$ bis zum unteren künstlichen Rand mit $-z_\infty$ verschwinden.

$$\int_{-z_\infty}^{+z_\infty} B_r \,\mathrm{d}\,z = 0 \tag{2.243}$$

Dies gilt auch für den künstlichen Rand mit $r_b = r_\infty$, denn hier verschwindet zwar W_φ, nach (2.242) existiert jedoch B_z. Das Linienintegral für z_b = konstant von $r = 0$ bis zum Punkt C des künstlichen Randes über die z-Komponente der magnetischen Flussdichte muss ebenfalls verschwinden. Dabei ist die Veränderung des Flussquerschnittes mit r zu beachten.

$$\int_0^{r_\infty} B_z 2\pi r \,\mathrm{d}\,r = 0 \tag{2.244}$$

Auch hier könnte die Integration für $z_b = \pm z_\infty$ auf dem künstlichen Rand erfolgen, denn hier existiert nach (2.242) B_z.

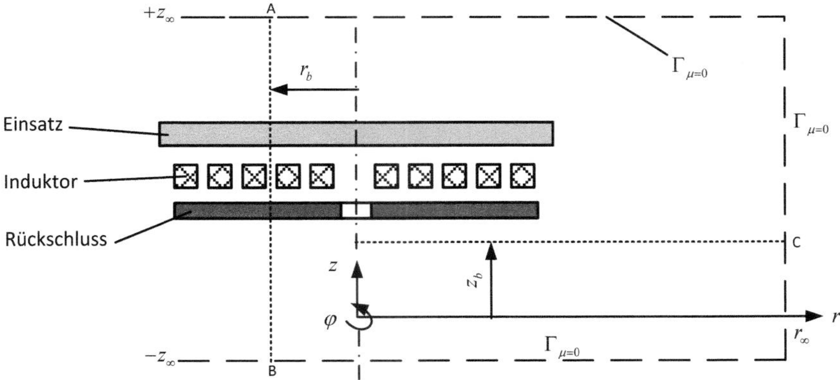

Bild 2.48: Prüfung der Quellenfreiheit der magnetischen Flussdichte an einer rotationssymmetrischen Induktor-Einsatz-Anordnung

Die beiden Integrale werden niemals vollkommen null, sondern stets mit einem kleinen Rest berechnet. Dieser Rest sollte jedoch mit feinerer Vernetzung (kleinere Elemente) und größeren Abständen des künstlichen Randes vom Induktor stets einen kleineren Betrag haben. Da der Begriff „kleiner Rest“ subjektiv ist, sollte möglichst ein objektives Kriterium für eine ausreichende Genauigkeit benutzt werden. Hier bietet sich die der Berechnungsaufgabe zu Grunde liegende Zielgröße an. Wird nun angenommen, dass der elektrische Wirkungsgrad durch

Variation von einigen Abmessungen maximiert werden soll, dann sollte der Aufwand zur Verbesserung der Genauigkeit nicht weiter gesteigert werden, wenn bei der Verfeinerung vom Gitternetz oder der Vergrößerung des Abstandes vom künstlichen Rand sich der elektrische Wirkungsgrad weniger als beispielsweise 0,01 % verändert.

Erfüllung des Durchflutungs-Gesetzes

Insbesondere bei Anordnungen mit geschlossenem Magnetkreis nach **Bild 2.49** kann die Einhaltung des Durchflutungs-Gesetzes geprüft werden. Für $\mu_r \to \infty$ muss für jeden geschlossenen Integrationsweg, der die Einsatz- und Induktorströme umschließt, die Durchflutung identisch null sein. Da numerisch mit $\mu_r \to \infty$ nicht zu rechnen ist, wird hinsichtlich des Trends mit endlicher jedoch immer größerer Permeabilität geprüft. Der geschlossene Integrationsweg kann sowohl in Luft als auch im Eisen (Magnetleiter) gebildet werden und sollte für beide Integrationswege eine identische Durchflutung ausweisen.

$$\oint_S \vec{H}\,\mathrm{d}\,\vec{S} = \int_{A_i} \vec{J}\,\mathrm{d}\,\vec{A} + \int_{A_w} \vec{J}\,\mathrm{d}\,\vec{A} = 0 \tag{2.245}$$

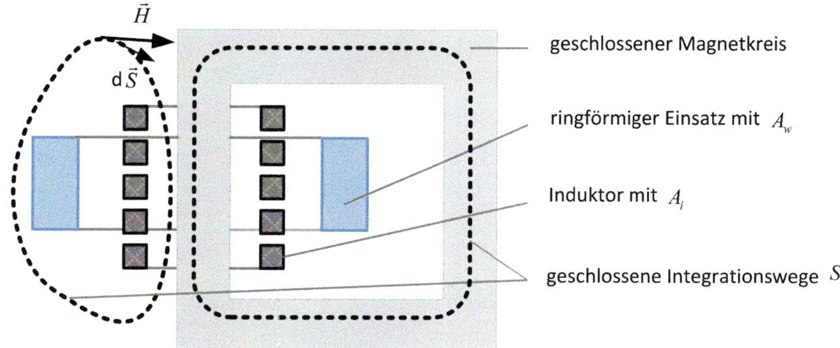

Bild 2.49: Geschlossene Integrationswege zur Berechnung der Durchflutung von Einsatz- und Induktorströmen

Leistungsbilanzen

Wenn Messergebnisse zu Wirk- und Blindleistung vorliegen, wird man die numerischen Ergebnisse bei identischer Spannung und Frequenz mit diesen vergleichen. Da die Verfügbarkeit von Messergebnissen eher die Ausnahme als die Regel ist, sollen hier die Wirk- und Blindleistung auf zwei verschiedenen Wegen aus den Ergebnissen der numerischen Berechnung bestimmt und verglichen werden. Diese Leistungen können sowohl am Eingang des Induktors (Index t-terminal) als auch aus ihrer Verteilung im Lösungsgebiet (Index d-district) gewonnen werden.
In diesem Abschnitt wird davon ausgegangen, dass die Stoffwerte stückweise, d. h. in jedem Element Ω_i, konstant, und die Induktorspannung bzw. der Induktorstrom sinusförmig sind. Damit ist die komplexe Rechnung möglich. Zu diesen Annahmen ist anzumerken, dass, falls nichtlinear im Zeitbereich gerechnet werden muss, eine Prüfung der Leistungsbilanz mit zunächst konstanten Stoffwerten unbedingt anzuraten ist.

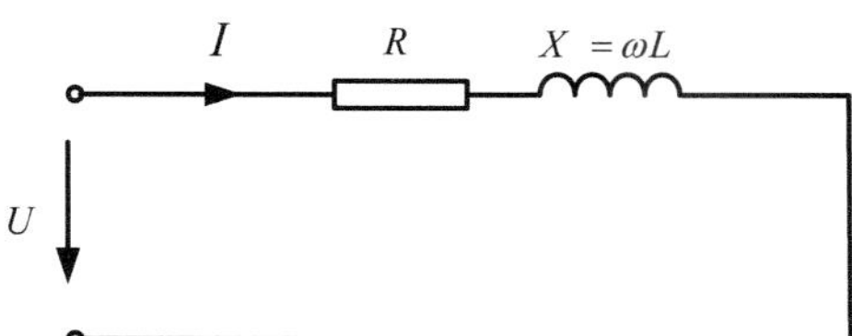

Bild 2.50: Ersatzschaltschaltung mit der Bedingung einer Identität bezüglich (2.247) und (2.248)

In Abschnitt 2.5.3 wurde gezeigt, dass bei Vorgabe der Induktorspannung U_0 der Induktorstrom I nach (2.228) und umgekehrt bei Vorgabe des Induktorstromes I_0 die Induktorspannung U nach (2.234) bestimmt werden kann. Daraus ist die Wirk- und Blindleistung an den Eingangsklemmen bestimmbar.

$$\underline{U} \cdot \underline{I}^* = P_t + \mathrm{j}\, Q_t \tag{2.246}$$

Ebenso sind daraus die Ersatzelemente R_t und X_t nach **Bild 2.50** bestimmbar.

$$\underline{U} \cdot \underline{I}^* = I^2(R_t + \mathrm{j}\, X_t) = \frac{U^2}{R_t - \mathrm{j}\,\omega L_t} \tag{2.247}$$

Nun sollen die Wirk- und Blindleistung bzw. die dazugehörigen Ersatzelemente aus den Feldgrößen (Strom- und Flussdichten) ermittelt werden. Dabei muss eine der beiden Eingangsgrößen U oder I mit einer Größe an den Klemmen übereinstimmen. Es wird hier I mit der Bemerkung gewählt, dass bei Vorgabe von U_0 eine Umrechnung in den Strom I nach (2.247) erfolgen kann. Außerdem wird zur Minderung des weiteren Schreibaufwandes angenommen, dass der Induktorstrom nur einen Realteil hat, weshalb hier $\underline{I} = I$ gilt. Damit können die Ersatzelemente eindeutig in Leistungen umgerechnet werden.

$$P_d + \mathrm{j}\, Q_d = I^2 (R_d + \mathrm{j}\, \omega L_d) \tag{2.248}$$

Die Wirkleistung wird aus der Integration der Wirbelstromverluste in allen leitfähigen Gebieten V_κ bestimmt.

$$P_d = \int_{V_\kappa} \frac{\underline{J} \cdot \underline{J}^*}{\kappa} \,\mathrm{d}\, V \tag{2.249}$$

Die Stromdichte sei ein dreidimensionaler Vektor, der sich im Element Ω_i nur wenig verändert. Mit dem mittleren quadratischen Wert der Stromdichte kann die Integration im Element Ω_i durch eine Multiplikation mit dem Volumenelement Ω_i ersetzt werden.

$$J_i^2 = \underline{J}_x \cdot \underline{J}_x^* + \underline{J}_y \cdot \underline{J}_y^* + \underline{J}_z \cdot \underline{J}_z^* \tag{2.250}$$

Das Integral in (2.249) wird damit zur Summation über alle elektrisch leitfähigen Elemente.

$$P_d = \sum_{i=1}^{m} \frac{J_i^2}{\kappa_i} \Omega_i \qquad \text{mit} \qquad \kappa_i > 0 \tag{2.251}$$

Bei richtungsabhängiger elektrischer Leitfähigkeit muss in (2.250) zu jeder Komponente die Leitfähigkeit angefügt und zu J_i^2/κ_i aufsummiert werden.
In jedem Element Ω_i wird eine Blindleistung umgesetzt, die sich aus der im Element gespeicherten magnetischen Energie und ihren Wechsel mit doppelter Frequenz ergibt. Mit dem angenommenen linearen Zusammenhang zwischen der magnetischen Flussdichte und der magnetischen Feldstärke kann zunächst die auf das Volumen bezogene magnetische Energie w_m bestimmt werden.

$$w_m = \int_0^B H \,\mathrm{d}\, B = \frac{1}{\mu} \int_0^B B \,\mathrm{d}\, B = \frac{1}{2\mu} B^2 \tag{2.252}$$

Wie bei der Stromdichte wird mit B_i^2 die mittlere quadratische Flussdichte in einem Element Ω_i bezeichnet, die sich aus den drei Raumkomponenten zusammensetzen kann.

$$B_i^2 = \underline{B}_x \cdot \underline{B}_x^* + \underline{B}_y \cdot \underline{B}_y^* + \underline{B}_z \cdot \underline{B}_z^* \tag{2.253}$$

Damit wird die magnetische Energie im Element Ω_i näherungsweise durch eine einfache Multiplikation bestimmt.

$$W_i = \frac{B_i^2}{2\mu_i}\Omega_i \tag{2.254}$$

Bei richtungsabhängiger magnetischer Permeabilität müsste in (2.253) zu jeder Komponente die Permeabilität in der jeweiligen Richtung angefügt und danach zu $B_i^2/(2\mu_i)$ summiert werden. Ersatzweise wird die magnetische Energie in einem Element durch eine Induktivität L_i und einen entsprechenden Strom I_i ausgedrückt.

$$W_i = \frac{1}{2}L_i I_i^2 \tag{2.255}$$

Die dazu äquivalente Blindleistung wäre

$$Q_i = \omega L_i I_i^2, \tag{2.256}$$

woraus sich mit (2.255) eine Beziehung ohne die Ersatzgrößen ergibt, aus der die doppelte Frequenz des Energieaustausches hervorgeht.

$$Q_i = 2\omega W_i \tag{2.257}$$

Mit (2.254) ergibt sich schließlich:

$$Q_i = \omega\frac{B_i^2}{\mu_i}\Omega_i. \tag{2.258}$$

Die gesamte Blindleistung ergibt sich aus der Summation über alle Elemente.

$$Q_d = \sum_{i=1}^{m}\omega\frac{B_i^2}{\mu_i}\Omega_i \tag{2.259}$$

Die an den Eingangsklemmen und die aus den Feldgrößen ermittelten Leistungen müssen weitgehend übereinstimmen.

$$P_d + \mathrm{j}\,Q_d \approx P_t + \mathrm{j}\,Q_t \tag{2.260}$$

Geringe Differenzen sollten mit feinerer Vernetzung bzw. größerem Abstand des künstlichen Randes geringer werden.

Übergangsbedingungen an Stoffgrenzen

Um zu prüfen, ob das Gitternetz fein genug ist, können beispielsweise an den Stellen von Stoffwerte-Grenzen die sogenannten Übergangsbedingungen nach **Bild 2.51** in die Auswertung einer numerischen Rechnung einbezogen werden. Kritische Stellen sind Ecken und Kanten, bei denen das Vektorfeld in einem sehr kleinen Radius (geringe Eindringtiefe) eine Drehung um 90° vollziehen muss (s. Bild 2.51 b). Falls hier das Gitter nicht fein genug ist, entstehen Normalkomponenten der Stromdichte, die wegen $\kappa = 0$ im Außenbereich des Einsatzes nicht auftreten dürfen.

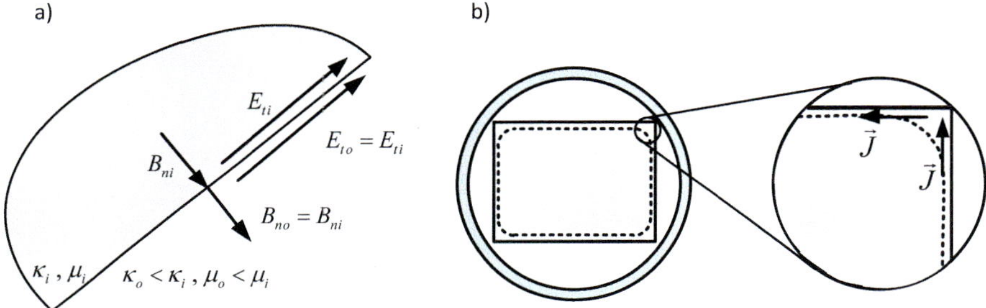

Bild 2.51: Übergangsbedingungen an Stoffwerte-Grenzen und Ecken

2.5.5 Näherungslösung

An einem linienförmigen Lösungsgebiet in Form einer endlich langen Strecke (z. B. ein Leitungsstück) soll das Wesen der Näherungslösung erläutert werden. Das linienförmige Lösungsgebiet ist nicht typisch für eine FEM-Anwendung, jedoch gut geeignet, um das Prinzip zu verstehen.
Es wird die Aufgabe gestellt, für die gewöhnliche Differentialgleichung der Form

$$\frac{\partial^2 F(x)}{\partial x^2} + a\frac{\partial F(x)}{\partial x} + bF(x) + c = 0 \tag{2.261}$$

mit den zugehörigen Randbedingungen bei $x = x_1$ und $x = x_n$ eine numerische Näherungslösung $\tilde{F}(x)$ zu finden. Diese Differentialgleichung steht hier stellvertretend für die Basisgleichungen (2.215) und (2.216), falls diese für die einzelnen Raumkomponenten ausgeschrieben wird. Für $F(x)$ kann man sich

folglich eine der Funktionen W_x, W_y und W_z oder W_φ vorstellen.

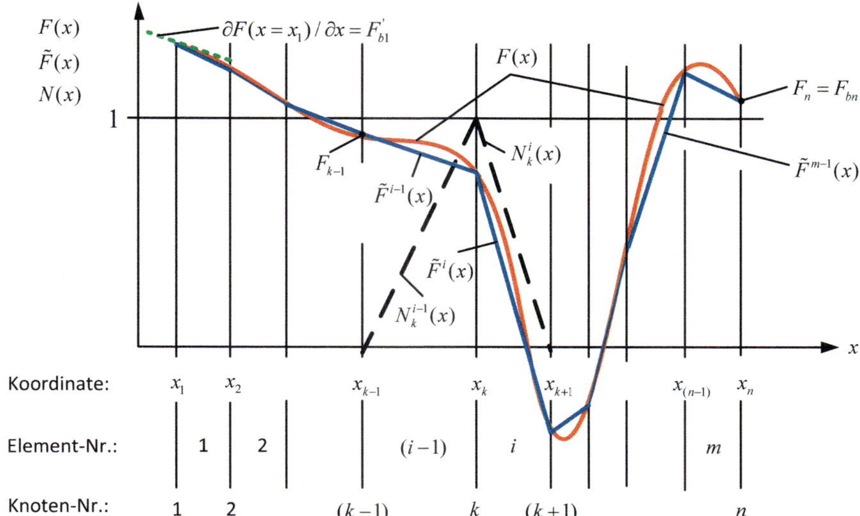

Bild 2.52: Lösungsgebiet mit Koordinaten x_k und Knoten k; Darstellung der gesuchten Funktion $F(x)$ als rote Volllinie, der Näherungsfunktion $\tilde{F}(x)$ als blaue Volllinie und der Formfunktion $N(x)$ als schwarze Strichlinie

In **Bild 2.52** ist das linienförmige Lösungsgebiet dargestellt. Dieses Lösungsgebiet wird in m Abschnitte unterteilt, die weiterhin als Elemente bezeichnet werden. Diese Elemente (Längenabschnitte) müssen nicht unbedingt gleich lang sein. Das Lösungsgebiet besteht somit aus $i = 1....m$ Elementen und $k = 1...n$ Knoten, den Berührungspunkten der Elemente bzw. Enden der Randelemente. Beim dargestellten Lösungsgebiet gehört ein Knoten zu maximal zwei Elementen. Bei flächigen Lösungsgebieten gehört dagegen ein Knoten zu mehreren Elementen (Dreiecken, Vierecken). Zu jedem Knoten k gehört eine Koordinate x_k. Die zunächst unbekannten Funktionswerte an den Knoten mit den Koordinaten x_k werden als $F_k = F(x_k)$ gekennzeichnet.

Formfunktionen

Die Approximation der Lösungsfunktion erfolgt mit linearen Interpolationsfunktionen, die weiterhin als Formfunktionen $N(x)$ bezeichnet werden. Im eindimensionalen Fall gibt es zu jedem Element zwei Formfunktionen bzw. zu jedem Knoten des Elements eine Formfunktion. Eine Formfunktion hat an den Knotenpunkten entweder den Wert 1 (Knoten-Indizes von Koordinate und Formfunktion stimmen überein) oder 0 (Knoten-Indizes stimmen nicht überein).

$$N_k(x_l) = \begin{cases} 1 \text{ für } l = k \\ 0 \text{ für } l \neq k \end{cases} \tag{2.262}$$

Damit können die Koeffizienten der Formfunktionen α und β berechnet werden. Beispielsweise ergeben sich die beiden Formfunktionen zum Knoten k und zu den Elementen $(i-1)$ und (i) in der Form:

$$N_k^i(x) = 1 - (x - x_k)/(x_{k+1} - x_k) = \alpha_k^i x + \beta_k^i \tag{2.263}$$

$$N_k^{i-1}(x) = 1 - (x_k - x)/(x_k - x_{k-1}) = \alpha_k^{i-1} x + \beta_k^{i-1}. \tag{2.264}$$

Sie sind in Bild 2.52 als schwarze Strichlinien eingezeichnet. Alle anderen Formfunktionen können durch Austausch der Indizes mit diesen beiden Gleichungen bestimmt werden. Beispielsweise werden die Formfunktion zum Element $(i-1)$ und zum Knoten $(k-1)$ erhalten, wenn alle Indizes in (2.263) um den Wert eins vermindern werden.

$$N_{k-1}^{i-1}(x) = 1 - (x - x_{k-1})/(x_k - x_{k-1}) = \alpha_{k-1}^{i-1} x + \beta_{k-1}^{i-1} \tag{2.265}$$

Mit den zunächst unbekannten Funktionswerten F_k und F_{k-1} an den Knoten kann nun der funktionelle Verlauf zwischen diesen beiden Knoten näherungsweise wie bei einer linearen Interpolation aufgeschrieben werden.

$$\tilde{F}^{i-1}(x) = F_{k-1} N_{k-1}^{i-1}(x) + F_k N_k^{i-1}(x) \tag{2.266}$$

$$= F_{k-1}[\alpha_{k-1}^{i-1} x + \beta_{k-1}^{i-1}] + F_k[\alpha_k^{i-1} x + \beta_k^{i-1}] \tag{2.267}$$

Ganz analog ergeben sich für das benachbarte Element (i) die Formfunktionen und die Näherungslösung. Dazu müssen lediglich die Indizes jeweils um den Wert 1 erhöht werden.

$$\tilde{F}^i(x) = F_k N_k^i(x) + F_{k+1} N_{k+1}^i(x) \tag{2.268}$$

$$= F_k[\alpha_k^i x + \beta_k^i] + F_{k+1}[\alpha_{k+1}^i x + \beta_{k+1}^i] \tag{2.269}$$

In Bild 2.52 sind die Näherungsfunktionen $\tilde{F}^i(x)$ mit $i = 1...m$ eingetragen. Sie verbinden die Funktionswerte F_k an den Knoten durch Geraden und weichen

von der Originalfunktion $F(x)$ teilweise erheblich ab. Mit kleineren Elementlängen oder mit Formfunktionen höherer Ordnung kann dieser Fehler jedoch weitgehend vermindert werden.
Ein konkreter Koordinatenwert x ist eindeutig einem Element (i) zugeordnet, zu dem wiederum eindeutig zwei Funktionswerte F_k und F_{k+1} gehören. Formell kann deshalb die Näherungsfunktion nach (2.268) als Summe über $k = 1...n$ formuliert werden, wobei nur die Knotenpunkte in die Summe eingehen, die sich links und rechts der Koordinate x befinden.

$$\tilde{F}(x) = \sum_{k=1}^{n} F_k N_k(x) = \sum_{k=1}^{n} F_k(\alpha_k^i x + \beta_k^i) \tag{2.270}$$

Randbedingungen

Es werden die beiden Randknoten an den Stellen $x = x_1$ und $x = x_n$ betrachtet. Für diese beiden Knoten müssen Randbedingungen bekannt sein, weil ansonsten keine eindeutige Lösung möglich ist.
Es wird angenommen, dass am Knoten $k = 1$ die Ableitung der gesuchten Funktion mit

$$\partial F(x = x_1)/\partial x = F'_{b1} \tag{2.271}$$

vorgegeben ist. Dies ist eine Randbedingung 2. Art bzw. eine Neumann´sche Randbedingung. Wegen des linearen Ansatzes der Formfunktion hängt die Erfüllung dieser Randbedingung nur von den gesuchten Funktionswerten F_1 und F_2 ab. Da diese beiden Funktionswerte nicht nur die Randbedingung, sondern auch den Funktionsverlauf erfüllen müssen, entspricht es der Philosophie der FEM, sowohl die Randbedingung 2. Art als auch den Funktionsverlauf mit einer gewichteten Näherung an die richtige Lösungsfunktion anzupassen. Wie das zu bewerkstelligen ist, wird später in Abschnitt 2.5.5 gezeigt. Hier wird zunächst festgehalten, dass die Randbedingungen 2. Art im Sinne der FEM „weiche“ Randbedingung sind, die nur näherungsweise erfüllt werden können. Auch hier gilt, dass mit kleineren Elementen eine bessere Übereinstimmung erzielt wird.
Am Knoten $k = n$ soll der Funktionswert selbst vorgegeben sein. Das entspricht einer Randbedingung 1. Art bzw. einer Dirichlet´sche Randbedingung der Form:

$$F_n = F_{bn}. \tag{2.272}$$

Hier genügt es, den bisher unbekannten Funktionswert F_n durch den vorgegebenen F_{bn} zu ersetzen. Diese Randbedingung wird folglich vollständig erfüllt (s. Abschnitt 2.5.5).

Gewichteter Rest

Bisher wurde gezeigt, wie die Suche einer Funktion $F(x)$ auf die Suche einer endlichen Anzahl von Stützstellen dieser Funktion F_k reduziert werden kann. Zwischen diesen Stützstellen verläuft bei dem gewählten linearen Ansatz der Formfunktionen die Funktion linear und als Ganzes wie ein Polygonzug $\tilde{F}(x)$. Das ist ungenau und entspricht nicht exakt dem Verlauf der gesuchten Funktion. Wenigstens sollte der Polygonzug im Mittel geringe Abweichungen zu $F(x)$ haben. Um dies zu erreichen, gibt es verschiedene Verfahren. Hier wird das Verfahren des gewichteten Restes erläutert, das in der Fachliteratur auch als „Galerkin-Verfahren“ bezeichnet wird. Danach soll der Rest $R(x)$

$$R(x) = \frac{\partial^2 \tilde{F}(x)}{\partial x^2} + a\frac{\partial \tilde{F}(x)}{\partial x} + b\tilde{F}(x) + c, \tag{2.273}$$

der sich beim Einsetzen der Näherungslösung in die Differentialgleichung (2.261) ergibt, mit den zu jedem Knoten gehörenden Formfunktionen gewichtet werden. Danach sind die Knotenwerte F_k so zu bestimmen, dass der gewichtete Rest im Mittel null wird. Die Integration dieses gewichteten Restes führt für jeden Knotenpunkt zu einer algebraischen Gleichung, worin die gesuchten Funktionswerte F_k als noch unbestimmte Variablen erscheinen. Auf diese Weise ergeben sich genau so viele linear unabhängige Gleichungen, wie unbekannte Funktionswerte F_k mit $k = 1....n$ vorhanden sind. Mit der Lösung dieses linearen Gleichungssystems sind die Funktionswerte F_k bestimmt.

In **Bild 2.53** ist für den Knoten (j) die Wichtungsfunktion $G_j(x)$ eingezeichnet. Sie setzt sich aus den beiden zum Knoten (j) gehörigen Formfunktionen zusammen und ist darüber hinaus gleich null.

$$G_j(x) = \begin{cases} 0 & \text{für } x < x_{j-1} \\ N_j^{i-1}(x) = \alpha_j^{i-1}x + \beta_j^{i-1} & \text{für } x \in (x_{j-1}, x_j) \\ N_j^i(x) = \alpha_j^i x + \beta_j^i & \text{für } x \in (x_j, x_{j+1}) \\ 0 & \text{für } x > x_{j+1} \end{cases} \tag{2.274}$$

Formung und Wichtung haben folglich identische Funktionen. Um dennoch unterscheiden zu können, ob es sich bei den verwendeten Formfunktionen um solche für die Wichtung oder um jene für die Näherung handelt, wird weiterhin für die Formfunktionen in der Wichtung der Index j und für die Formfunktionen in der Näherung der Index k verwendet.

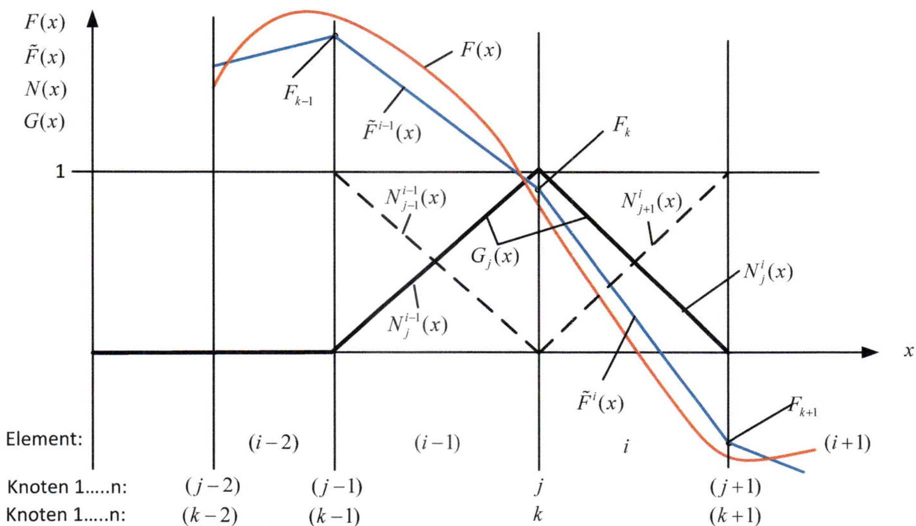

Bild 2.53: Abschnitt eines linienförmigen Lösungsgebietes; Darstellung der Lösungsfunktion $F(x)$ als rote Volllinie, der Näherungslösung $\tilde{F}(x)$ als blaue Volllinie und der Gewichtsfunktion als schwarze Volllinie $G(x)$

Integration

Nach Galerkin ist die Integration über den gewichteten Rest für das gesamte Lösungsgebiet vorzunehmen.

$$I_j = \int_{x_1}^{x_n} R(x) G_j(x)\,\mathrm{d}\,x = 0 \quad \text{für} \quad j = 1...n \tag{2.275}$$

Zu den unbekannten Funktionswerten F_k mit $k = 1...n$, die in $R(x)$ stecken, werden n voneinander unabhängige Gleichungen erhalten. Da sich die Gewichtsfunktion $G_j(x)$ im linienförmigen Lösungsgebiet jedoch nur über die zwei den Knoten j berührenden Elemente erstreckt und ansonsten identisch null ist, beschränkt sich die Integration auf die Elemente $(i-1)$ und i.

$$I_j = I_j^{i-1} + I_j^i \tag{2.276}$$

$$= \int_{x_{j-1}}^{x_j} R(x)G_j(x)\,\mathrm{d}\,x + \int_{x_j}^{x_{j+1}} R(x)G_j(x)\,\mathrm{d}\,x \tag{2.277}$$

In die Gleichungen nach (2.275) wird der Rest nach (2.273) eingesetzt.

$$\int_{x_1}^{x_n} (\frac{\partial^2 \tilde{F}(x)}{\partial x^2} + a\frac{\partial \tilde{F}(x)}{\partial x} + b\tilde{F}(x) + c)G_j(x)\,\mathrm{d}\,x = 0 \quad \text{für} \quad j = 1...n \tag{2.278}$$

Dieses Integral kann in die Integrale über die einzelnen Elemente e^i zerlegt werden, wobei, wie oben erwähnt, nur maximal zwei übrig bleiben.

$$\sum_{i=1}^{m} \int_{e^i} (\frac{\partial^2 \tilde{F}(x)}{\partial x^2} + a\frac{\partial \tilde{F}(x)}{\partial x} + b\tilde{F}(x) + c)G_j(x)\,\mathrm{d}\,x = 0 \quad \text{für} \quad j = 1...n \tag{2.279}$$

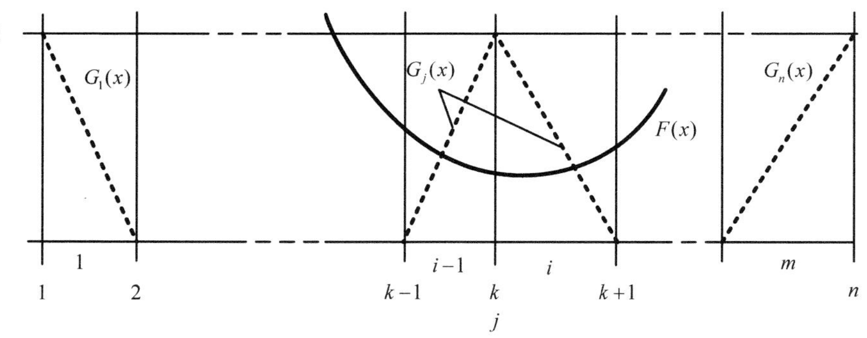

Bild 2.54: Zum Einbau der Randwerte in das Gleichungssystem

Wenn nun die elementweise linearen Näherungslösungen nach (2.269) eingesetzt werden, stellt man fest, dass von der zweiten Ableitung kein Rest verbleibt. Das bedeutet, dass die zweite Ableitung nicht mehr berücksichtigt wird, was keine gute Lösung erwarten lässt. Daher muss entweder eine quadratische, statt einer linearen Formfunktion gewählt werden oder die Integration ist so zu gestalten, dass die zweite Ableitung nicht benötigt wird. Für Letzteres bieten sich im zweidimensionalen Fall die Green´schen Intergralsätze und im vorliegenden eindimensionalen Fall die partielle Integration $\int_a^b u'v\,\mathrm{d}\,x = uv|_a^b - \int_a^b uv'\,\mathrm{d}\,x$ an.

Zunächst werden die Summen aufgeteilt, um die partielle Integration separat darstellen zu können.

$$\begin{aligned}&\sum_{i=1}^{m}\int_{e^i}\frac{\partial^2\tilde{F}(x)}{\partial x^2}G_j(x)\,\mathrm{d}\,x\\&+\sum_{i=1}^{m}\int_{e^i}(a\frac{\partial\tilde{F}(x)}{\partial x}+b\tilde{F}(x)+c)G_j(x)\,\mathrm{d}\,x=0\quad\text{für}\quad j=1...n\end{aligned}\tag{2.280}$$

Nun wird die partielle Integration ausgeführt.

$$\begin{aligned}&\sum_{i=1}^{m}\frac{\partial\tilde{F}(x)}{\partial x}G_j(x)|_{e^i}-\sum_{i=1}^{m}\int_{e^i}\frac{\partial\tilde{F}(x)}{\partial x}\frac{\partial G_j(x)}{\partial x}\,\mathrm{d}\,x\\&+\sum_{i=1}^{m}\int_{e^i}(a\frac{\partial\tilde{F}(x)}{\partial x}+b\tilde{F}(x)+c)G_j(x)\,\mathrm{d}\,x=0\quad\text{für}\quad j=1...n\end{aligned}\tag{2.281}$$

Die erste Summe in (2.281) enthält nach **Bild 2.54** für den Punkt j lediglich zwei Summanden. Das sind die Elemente e^{i-1} und e^i an der Position $k=j$, denn in den anderen Elementen gilt für die Gewichtsfunktion $G_j=0$.

$$\sum_{i=1}^{m}\frac{\partial\tilde{F}(x)}{\partial x}G_j(x)|_{x_{k=i}}^{x_{k=i+1}}=\sum_{i=1}^{m}[\frac{\partial\tilde{F}(x)}{\partial x}G_j(x)|_{x_{k=i+1}}-\frac{\partial\tilde{F}(x)}{\partial x}G_j(x)|_{x_{k=i}}]\tag{2.282}$$

Man betrachtet vereinfachend zunächst nur die Elemente $i=1$ und $i=2$ und erkennt, dass sich die Terme vom gemeinsamen Rand $k=2$ für die Gewichtsfunktion G_j mit $j=k$ für eine stetig differenzierbare Funktion $\tilde{F}(x)$ zu null addieren:

$$\begin{aligned}&\sum_{i=1}^{2}\frac{\partial\tilde{F}(x)}{\partial x}G_j(x)|_{e^i}\\&=\frac{\partial\tilde{F}(x)}{\partial x}G_j(x)|_{x_{k=2}}-\frac{\partial\tilde{F}(x)}{\partial x}G_j(x)|_{x_{k=1}}+\frac{\partial\tilde{F}(x)}{\partial x}G_j(x)|_{x_{k=3}}-\frac{\partial\tilde{F}(x)}{\partial x}G_j(x)|_{x_{k=2}}.\end{aligned}\tag{2.283}$$

Nun wird wieder die Gesamtsumme betrachtet. In dieser verbleiben nur die Terme für die Außenränder. An diesen Rändern gilt für die Gewichtsfunkton $G_1(x_1)=1$ und $G_n(x_n)=1$. Es verbleibt nur noch:

$$\begin{aligned}\sum_{i=1}^{m}\frac{\partial\tilde{F}(x)}{\partial x}G_j(x)|_{e^i}&=\frac{\partial\tilde{F}(x)}{\partial x}G_j(x)|_{x_{k=n}}-\frac{\partial\tilde{F}(x)}{\partial x}G_j(x)|_{x_{k=1}}\\&=\frac{\partial\tilde{F}(x)}{\partial x}|_{x_{k=n}}-\frac{\partial\tilde{F}(x)}{\partial x}|_{x_{k=1}}.\end{aligned}\tag{2.284}$$

Wenn die aktuelle Gewichtsfunktion sich nicht am Rand mit $j = 1$ oder $j = n$ befindet, gibt es immer ein solches Paar, wie es in (2.283) ausgewiesen ist. Die beiden Teile unterscheiden sich durch eine etwas abweichende Ableitung der Näherungsfunktion. Da die exakte Ableitung der gesuchten Funktion stetig und folglich links und rechts von x_k gleich ist, werden diese Paare weggelassen. Nach Bild 2.54 bleibt folglich nur für die beiden Ränder bei $j = 1$ oder $j = n$ je eine Ableitung bestehen. Deshalb wird vereinbart, dass von der Summe nach (2.284) nur bei $j = 1$ die negative Ableitung $-\frac{\partial \tilde{F}(x)}{\partial x}|_{x_1}$ und bei $j = n$ die positive Ableitung $\frac{\partial \tilde{F}(x)}{\partial x}|_{x_n}$ übrig bleibt.

$$\sum_{i=1}^{m} \frac{\partial \tilde{F}(x)}{\partial x} G_j(x)|_{e^i} = S_{bj} = \begin{cases} 0 & \text{für } 1 < j < n \\ -\frac{\partial \tilde{F}(x)}{\partial x}|_{x_1} & \text{für } j = 1 \\ \frac{\partial \tilde{F}(x)}{\partial x}|_{x_n} & \text{für } j = n \end{cases} \tag{2.285}$$

Gleichungssystem

Von den Gleichungen nach (2.281) werden all die Teile, die nicht mit der Näherungsfunktion verknüpft sind, auf die rechte Seite gebracht.

$$\begin{aligned} &\sum_{i=1}^{m} \int_{e^i} [\frac{\partial \tilde{F}(x)}{\partial x} \frac{\partial G_j(x)}{\partial x} - a \frac{\partial \tilde{F}(x)}{\partial x} G_j(x) - b\tilde{F}(x) G_j(x)] \, \mathrm{d}\, x \\ &= \sum_{i=1}^{m} \int_{e^i} c\, G_j(x) \, \mathrm{d}\, x - S_{bj} \quad \text{für} \quad j = 1...n \end{aligned} \tag{2.286}$$

Nun wird der Näherungsansatz nach (2.270) eingesetzt und die Summation über die Elemente mit der Summation über die Knoten vertauscht. Da die unbekannten Funktionswerte F_k nicht von x abhängen, dürfen diese vor das Integral gezogen werden.

$$\begin{aligned} &\sum_{k=1}^{n} F_k \sum_{i=1}^{m} \int_{e^i} [\frac{\partial N_k(x)}{\partial x} \frac{\partial G_j(x)}{\partial x} - a \frac{\partial N_k(x)}{\partial x} G_j(x) - b N_k(x) G_j(x)] \, \mathrm{d}\, x \\ &= \sum_{i=1}^{m} \int_{e^i} c\, G_j(x) \, \mathrm{d}\, x - S_{bj} \quad \text{für} \quad j = 1...n \end{aligned} \tag{2.287}$$

Zu einer Wichtungsfunktion G_j mit dem Knoten j liefern nur die Knoten einen Beitrag zur Summe über k, die mindestens an ein Element mit $G_j > 0$ grenzen. Und hier sind nur die Integrale über die Elemente i zu summieren, in denen

ebenfalls $G_j > 0$ gilt. Im vorliegenden linienförmigen Lösungsgebiet sind dies bei $j = k$ zwei Elemente und in den Fällen $k = j - 1$ sowie $k = j + 1$ ist es nur ein Element.
Die Struktur eines Gleichungssystems ist aus (2.287) abzulesen.

$$\sum_{k=1}^{n} F_k U_{jk} = V_j \quad \text{für} \quad j = 1...n \tag{2.288}$$

In kompakter Schreibweise als Matrixgleichung ergibt dies

$$\mathbf{U} \cdot \mathbf{F} = \mathbf{V}, \tag{2.289}$$

worin mit $\mathbf{U}$ die Koeffizientenmatrix, mit $\mathbf{F}$ der Vektor der unbekannten Funktionswerte und mit dem Vektor $\mathbf{V}$ die rechte Seite von (2.288) bzw. (2.289) bezeichnet sind. Nach Einsetzen der Formfunktionen und deren Ableitungen können die Integrale ausgewertet und die Koeffizienten U_{jk} sowie V_j für $j = 1...n$ bestimmt werden. Zunächst werden nochmals der von x abhängige Teil der Näherungsfunktion nach (2.270) und die Gewichtsfunktion nach (2.274) zusammengestellt.

$$N_k^i(x) = \alpha_k^i x + \beta_k^i \quad ; \quad \frac{\partial N_k^i(x)}{\partial x} = \alpha_k^i \tag{2.290}$$

$$G_j^i(x) = \alpha_j^i x + \beta_j^i \quad ; \quad \frac{\partial G_j^i(x)}{\partial x} = \alpha_j^i \tag{2.291}$$

An dieser Stelle ist zu bemerken, dass mit den Knotennummern j und k eindeutig bestimmt ist, über welche Elemente zu integrieren ist. Für die Koeffizienten der Matrix $\mathbf{U}$ ergibt sich:

$$U_{jk} = \sum_{i=1}^{m} \int_{e^i} [\alpha_k^i \alpha_j^i - a\alpha_k^i(\alpha_j^i x + \beta_j^i) - b(\alpha_k^i x + \beta_k^i)(\alpha_j^i x + \beta_j^i)]\,\mathrm{d}\,x \tag{2.292}$$

$$\begin{aligned} U_{jk} = \sum_{i=1}^{m} \int_{e^i} [\alpha_k^i \alpha_j^i - a\alpha_k^i \alpha_j^i x - a\alpha_k^i \beta_j^i \\ - b[\alpha_k^i \alpha_j^i x^2 + (\alpha_k^i \beta_j^i + \beta_k^i \alpha_j^i)x + \beta_k^i \beta_j^i]]\,\mathrm{d}\,x. \end{aligned} \tag{2.293}$$

Es sind hier für x die Grenzen x_{k+1} und x_{k-1} einzusetzen.

$$\begin{aligned} U_{jk} = \sum_{i=1}^{m} [\alpha_k^i \alpha_j^i x - \frac{1}{2} a\alpha_k^i \alpha_j^i x^2 - a\alpha_k^i \beta_j^i x \\ - \frac{1}{3} b\alpha_k^i \alpha_j^i x^3 - \frac{1}{2} b(\alpha_k^i \beta_j^i + \beta_k^i \alpha_j^i)x^2 - b\beta_k^i \beta_j^i x]|_{x_{k-1}}^{x_{k+1}} \end{aligned} \tag{2.294}$$

Für das Lösungsgebiet nach Bild 2.52 existiert der Knotenpunkt $(k-1)$ für $k=1$ nicht, weshalb das Integral nur über das Element e^1 mit den Grenzen x_2 und x_1 gebildet wird. Der Knotenpunkt $(n+1)$ existiert ebenfalls nicht, weshalb hier das Integral über das Element e^m mit den Grenzen x_{n-1} und x_n gebildet wird. Alle anderen Integrale erstrecken sich über zwei Elemente. Die rechte Seite der Matrixgleichung **V** wird nach (2.287) mit (2.291) gebildet.

$$\begin{aligned} V_j &= \sum_{i=1}^{m} \int_{e^i} cG_j(x)\,\mathrm{d}\,x - S_{bj} \\ &= \sum_{i=1}^{m} \int_{e^i} c(\alpha_j^i x + \beta_j^i)\,\mathrm{d}\,x - S_{bj} \\ &= \sum_{i=1}^{m} (\frac{c}{2}\alpha_j^i x^2 + c\beta_j^i x)|_{x_{k-1}}^{x_{k+1}} - S_{bj} \end{aligned} \tag{2.295}$$

Hier gilt bezüglich des Einsetzens der Randwerte für x das Gleiche wie für die Matrixkoeffizienten nach (2.294).

Schließlich müssen noch die Randbedingungen in die Matrixgleichung eingearbeitet werden. Eingangs wurde angenommen, dass am linken Rand bei x_1 die Ableitung der gesuchten Funktion vorgegeben ist. Das bedeutet, dass auf der rechten Seite das Element V_1 folgende Form annimmt:

$$\begin{aligned} V_1^* &= \frac{c}{2}\alpha_1^1(x_2^2 - x_1^2) + c\beta_1^1(x_2 - x_1) - S_{b1} \\ &= \frac{c}{2}\alpha_1^1(x_2^2 - x_1^2) + c\beta_1^1(x_2 - x_1) + F_{b1}'. \end{aligned} \tag{2.296}$$

Hier wurde die mit (2.271) vorgegebene Randbedingung mittels (2.285) als $S_{b1} = -F_{b1}'$ eingesetzt. Diese Neumann'sche Randbedingung am Knoten 1 wird folglich nur näherungsweise erfüllt. In allen anderen Koeffizienten $V_2 ... V_n$ gilt folglich $S_{bj} = 0$ mit $j = 2...n$.

Am Knotenpunkt $k = n$ ist der Funktionswert F_n vorgegeben. Diese Randbedingung wird vollständig umgesetzt. Dies bedeutet, dass der Koeffizient $U_{nn} = 1$ und alle anderen Koeffizienten in der n-ten Zeile gleich null gesetzt werden. Auf der rechten Seite der Matrixgleichung gilt $V_n = F_n$.

Eine Matrixgleichung nach (2.289) hat mit $n = 6$ die nachfolgend dargestellte

Struktur.

$$\begin{bmatrix} U_{11} & U_{12} & 0 & 0 & 0 & 0 \\ U_{21} & U_{22} & U_{23} & 0 & 0 & 0 \\ 0 & U_{32} & U_{33} & U_{34} & 0 & 0 \\ 0 & 0 & U_{43} & U_{44} & U_{45} & 0 \\ 0 & 0 & 0 & U_{54} & U_{55} & U_{56} \\ 0 & 0 & 0 & 0 & 0 & 1 \end{bmatrix} \cdot \begin{bmatrix} F_1 \\ F_2 \\ F_3 \\ F_4 \\ F_5 \\ F_6 \end{bmatrix} = \begin{bmatrix} V_1^* \\ V_2 \\ V_3 \\ V_4 \\ V_5 \\ F_6 \end{bmatrix} \tag{2.297}$$

2.6 Stromversorgung

2.6.1 Übersicht zu Speisequellen

Die Speisequellen stellen die elektrische Energie für den Induktor in der erforderlichen Frequenz und Leistung zur Verfügung. Bei einem Rückblick auf die letzten 100 Jahre findet man Speisequellen mit fester und variabler Frequenz [22]. Zu den Speisequellen mit fester und von der Last (Induktor mit Einsatz) unabhängiger Frequenz gehören:

- Versorgungsnetz mit 50 oder 60 Hz mit und ohne Netztransformator
- Triduktoren (Magnetkernumrichter) für 150 oder 180 Hz: Die drei Sekundärwicklungen eines Drehstromtransformators mit gesättigtem Magnetkreis sind in Reihe geschaltet. Während sich die Grundwelle aufhebt, addieren sich die 3. , 6. usw. Oberwelle.
- Elektrische Maschinensätze bestehend aus Asynchronmotor und vielpoligem Synchrongenerator (Reluktanzmaschinen): Es stehen Frequenzen von 2,4 kHz oder 8 kHz zur Verfügung, die durch den Schlupf des Asynchronmotors etwas zu niederen Werten abweichen.
- Leistungselektronische Umrichter von wenigen Hz bis in den MHz-Bereich
- Röhrengeneratoren mit Sendetrioden für Frequenzen bis in den MHz-Bereich (s. Abschnitt 3.2.2).

Zu den Speisequellen mit einer vom Lastschwingkreis bestimmten Frequenz gehören aus historischer Sicht:

- Umrichter mit Gleichstrom- oder Gleichspannungs-Zwischenkreis von wenigen 100 Hz bis in den MHz-Bereich: In den Wechselrichtern wurden anfangs Thyristoren verbaut.
- Röhrengeneratoren mit induktiver Rückkopplung bis in den MHz-Bereich (s. Abschnitt 3.2.2).

In nahezu allen technisch-ökonomischen Kennziffern haben die leistungselektronischen Frequenz-Umrichter (engl. *frequency converter*) klare Vorteile und werden heute nur noch angewendet. Sie bestehen in der Regel aus einem Gleichrichter (engl. *rectifier*), einem Gleichstrom- oder einem Gleichspannungs-Zwischenkreis (engl. *current or voltage source*) und einem Wechselrichter (engl. *inverter*) sowie einem Anpassungsblock (Übertrager oder Blindelemente). Der Wirkungsgrad fällt mit steigender Frequenz und hängt auch von den verwendeten Bauelementen bzw. den Herstellern dieser ab:

- Thyristoren: 0,9 0,98
- IGBT (engl. *Insulated Gate Bipolar Transistor*): 0,88 ...0,92
- MOSFET (engl. *Metal Oxide Semiconductor Field Effect Transistor*): 0,84 ....0,9.

2.6.2 Anforderungen

Die leistungselektronischen Frequenzumrichter (nachfolgend kurz Umrichter genannt) bestehen in der Regel aus einem Gleichrichter und einem Wechselrichter. Aus Sicht des Anwenders werden folgende Anforderungen gestellt:

- Hoher Wirkungsgrad: Der Wirkungsgrad, definiert als Eingangsleistung am Induktor zu der vom Netz aufgenommener Leistung, sollte höher als 0,7 sein.
- Stellbare und regelbare Frequenz: Für einige Prozesse (Einschmelzen und Rühren, Vorwärmen und Härten) sind zwei Frequenzen von ein und demselben Umrichter, die sich mindestens um den Faktor 10 unterscheiden sollten, wünschenswert. Die Regelbarkeit der Frequenz innerhalb eines Bereiches um die Nennfrequenz 0,5 ....1,5 f_n ist nur für sehr empfindliche Prozesse (Zonenschmelzen) erforderlich.
- Geringe Netzrückwirkung des Gleichrichters: Ein ungesteuerter Gleichrichter mit 6, 12 oder 24 Ventilen (Pulsen) hat einen hohen $\cos\varphi$ der Grundschwingung und generiert einen geringen Klirrfaktor (Anteil der Harmonischen). Dagegen hat ein gesteuerter Gleichrichter (Ventile werden hart geschaltet) deutlich mehr Netzrückwirkungen.
- Stellbare Ausgangsleistung: Für die meisten Prozesse muss zum Prozessende hin die Leistung reduziert werden können (Legieren beim Schmelzen, Halten einer Temperatur).

- Beherrschbare Kurzschlüsse: Im Schwingkreiskondensator (bei Parallelresonanz) und vor allem im Induktor kann es zu Kurzschlüssen kommen. Der Anstieg des Kurzschlussstromes muss begrenzt werden. Eine automatische Abschaltung innerhalb von $T/2$ der Nennfrequenz ist erforderlich.
- Geringer Klirrfaktor von Ausgangs-Strom und -Spannung. Das ist insbesondere bei Direkt-Umrichtern ohne Lastschwingkreis zu beachten. Wenn hier der Induktor über ein Kabel (mehrere m lang, Spannung bis 1 kV) angeschlossen wird, kann es wegen der Harmonischen, die bis in den MHz-Bereich reichen, zu einer dielektrischen Erwärmung des Kabels und zu unzulässigen Abstrahlungen kommen.
- Modulare Umrichter mit der Fähigkeit einer Parallel- und Reihenschaltung: Eine modulare Anlagenarchitektur mit einer zweckmäßigen Größe der Umrichtermodule gestattet eine wirtschaftliche und stufenweise Anpassung der Leistung an die technologische Aufgabe.

2.6.3 Thyristor-Wechselrichter

Thyristoren waren die ersten Bauelemente, mit denen leistungsstarke Umrichter für die Induktionserwärmung gebaut werden konnten. Hier soll die prinzipielle Wirkungsweise von Umrichtern mit diesen Bauelementen diskutiert werden. Bezüglich der Umrichter mit neuzeitlichen Bauelementen wird auf die Fachliteratur [9] und [10] verwiesen.

Wechselrichter mit Stromzwischenkreis

Der Wechselrichter nach **Bild 2.55** wird mit einem konstanten Gleichstrom $I_=$ des Zwischenkreises gespeist. Die Induktivität des Zwischenkreises wird so groß dimensioniert, dass sie wie eine Gleichstromquelle für die Dauer einer Halbwelle der Nennfrequenz des Wechselrichters wirkt. Ein genereller Nachteil des Thyristors ist, dass dieser nur bei Stromnulldurchgang passiv ausschalten und danach eine bestimmte Zeit, die sogenannte Freihaltezeit Δt_f, nicht in Durchlassrichtung mit einer Spannung beaufschlagt werden darf. Ansonsten kehrt er in den leitfähigen Zustand zurück. Deshalb wird der Parallelschwingkreis kapazitiv verstimmt. D. h., die Kommutierung des Stromes wird vor dem Nulldurchgang der Spannung durch Zünden der Thyristoren in der bisher sperrenden Diagonale eingeleitet. Innerhalb der Freihaltezeit Δt_f kann der Thyristor die Spannungsfestigkeit herstellen. Dies bedeutet, dass der Winkel $\omega\Delta t_f$ einen

Minimalwert nicht unterschreiten darf. Dieser Winkel kann jedoch vergrößert werden und so zur Leistungssteuerung dienen. Während der Freihaltezeit wird Energie zur Stromquelle zurückgeführt ($U_0 < 0$).

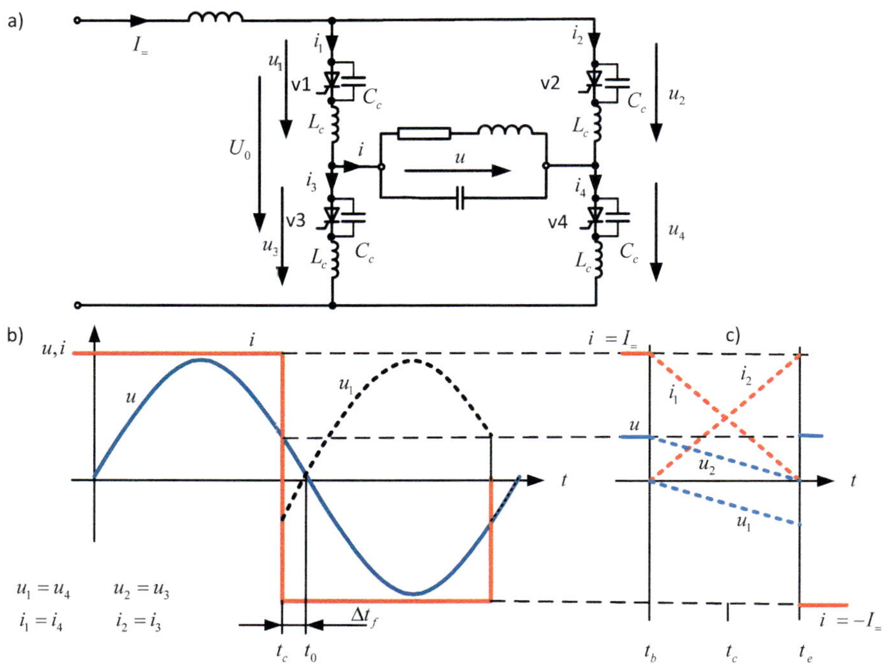

Bild 2.55: Wechselrichter mit Stromzwischenkreis: a) Schaltung und b) Strom und Spannungsverlauf vor und nach dem Kommutierungsvorgang, c) ungefähre Strom- und Spannungsverläufe bei einer großen Zeitdehnung in einer sehr kleinen Umgebung von t_c

Neben der erwähnten Leistungsstellung mittels des Freihaltewinkels φ_f kann mit einem gesteuertem Gleichrichter der Strom $I_=$ und damit die Leistung gestellt werden. Gesteuerte Gleichrichter haben jedoch nachteilige Netzrückwirkungen (Leistungsfaktor der Grundschwingung geringer, Harmonische).

Der Strom i teilt sich im Parallel-Schwingkreis in nahezu sinusförmige Ströme i_l und i_c auf. Die bisherigen Induktor-Einsatz-Berechnungen behalten damit ihre Gültigkeit. Im **Bild 2.56** ist das Zeigerbild des Parallel-Resonanzkreises dargestellt. Man erkennt, dass hier der Induktorstrom wesentlich höher als der Ausgangsstrom des Wechselrichters ist. Parallelschwingkreise werden deshalb für Induktoren mit kurzen Zuleitungen, geringen Windungszahlen und somit hohen Induktorströmen bevorzugt.

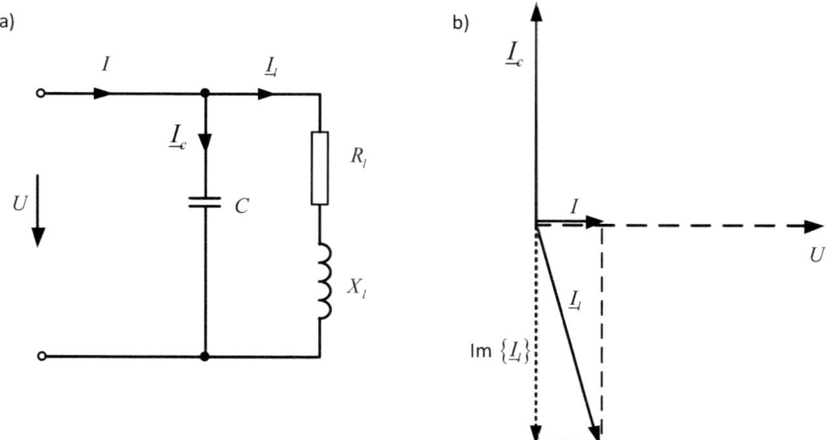

Bild 2.56: Zeigerbild für Parallelresonanz

Kommutierung beim Wechselrichter mit Stromzwischenkreis

Die im Bild 2.55 b dargestellte Kommutierung des Stromes von den Ventilen v1 und v4 auf die Ventile v2 und v3 geht nicht, wie man aus dem gezeigten Bild entnehmen könnte, zeitgleich vonstatten. In dem stark gedehnten Zeitfenster um den Zeitpunkt t_c nach Bild 2.55 c sind die Strom- und Spannungsverläufe schematisch dargestellt.

Annahmen: Die Ventile (hier Thyristoren) v1 bis v4 sind wegen der Zuleitungen bis zum Halbleiterkristall mit kleinen in Reihe geschalteten Kommutierungs-Induktivitäten L_c behaftet. In einer realen Schaltung sind stets Streuinduktivitäten vorhanden. Manchmal ist es allerdings auch notwendig, den Stromanstieg durch zusätzliche Kommutierungs-Induktivitäten zu begrenzen. Im sperrenden Zustand sind kleine parallel geschaltete Kommutierungs-Kapazitäten C_c an den Ventilen wirksam. Diese passiven Elemente sind zwar sehr klein, jedoch in Verbindung mit der sprunghaften Änderung des Stromes i am Schwingkreis wesentlich. Der Strom des Zwischenkreises $I_=$ ist konstant. Dagegen ist die Annahme, dass die Spannung u über dem Parallelschwingkreis konstant ist, etwas ungewohnt. Hier ist zu bedenken, dass es sich um ein sehr kleines Zeitfenster $(t_e - t_b) << \Delta t_f$ handelt, in dem sich die Spannung über dem Schwingkreiskondensator nahezu nicht ändert. Weiterhin wird angenommen, dass die Ventile v1 und v4 einerseits und die Ventile v2 und v3 andererseits synchron schalten. Die gesamte Schaltung sei symmetrisch mit in jedem Zweig identischen Bauelementen aufgebaut, weshalb in den Diagonalen identische Ströme und Spannungen auftreten. Damit gilt für die weiteren Überlegungen $u_1 = u_4$ und $u_2 = u_3$ sowie $i_1 = i_4$ und $i_2 = i_3$.

Zeitverlauf: Es wird wegen der vereinbarten Symmetrie nur die obere Masche im Bild 2.55 betrachtet.
$t < t_b$: Die Ventile v1 und v4 sind leitend. Die Ventile v2 und v3 sperren.
$t = t_b$: Die Ventile v2 und v3 schalten aktiv (weil Spannung führend) ein. Der Strom i ist maximal und wird kommutiert (s. Bild 2.55 b). Die Spannung u ist nahe am Nulldurchgang und konstant. Deshalb werden nachfolgend nur die zeitlichen Stromänderungen über den Induktivitäten L_c berücksichtigt und die Spannungsänderungen über den Kondensatoren C_c vernachlässigt.
$t_b < t < t_e$: Der vom Stromzwischenkreis nach Bild 2.55 a eingeprägte Strom teilt sich auf.

$$I_= = i_1 + i_2 \tag{2.298}$$

Für die obere Masche im Bild 2.55 a gilt:

$$u = u_2 - u_1 = L_c(\frac{\mathrm{d}\, i_2}{\mathrm{d}\, t} - \frac{\mathrm{d}\, i_1}{\mathrm{d}\, t}) \tag{2.299}$$

Aus (2.298) folgt:

$$\frac{\mathrm{d}\, i_1}{\mathrm{d}\, t} + \frac{\mathrm{d}\, i_2}{\mathrm{d}\, t} = 0 \tag{2.300}$$

In dem Maße, wie i_2 ansteigt, muss i_1 abfallen. Hieraus ergibt sich mit (2.299):

$$\frac{\mathrm{d}\, i_1}{\mathrm{d}\, t} = -\frac{u}{2L_c} \tag{2.301}$$

bzw.

$$\frac{\mathrm{d}\, i_2}{\mathrm{d}\, t} = \frac{u}{2L} \tag{2.302}$$

Die Ströme fallen und steigen linear, wie dies in Bild 2.55 c dargestellt ist. Aus (2.300) folgt mit (2.301) und (2.302):

$$u = u_2 - u_1 = u/2 - (-u/2). \tag{2.303}$$

Die Spannung u_2 springt auf $+u/2$ und die Spannung u_1 springt auf $-u/2$. Dieses Verhalten ist der Vernachlässigung der Kommutierungs-Kapazitäten geschuldet, die sich tatsächlich nicht schlagartig aufladen können.
$t = t_e$: Der Kommutierungsvorgang und die zeitliche Änderung der Ströme i_1 und i_2 sind beendet.
$t_e < t < t_0$: Mit dem neuen Schaltzustand der Ventile gilt:

$$U_0 = -u. \tag{2.304}$$

Es wird folglich Energie zum Zwischenkreis bis zum Nulldurchgang von u bei t_0 zurückgespeist. In der Zeit $t_0 - t_e = \Delta t_f$ steht am Ventil v1 keine positive Spannung in gesperrter Durchlassrichtung an, weshalb der Thyristor seine Spannungsfestigkeit herstellen kann.
Es sei an dieser Stelle nochmals erwähnt, dass die Zeitverläufe von den Strömen und Spannungen in Bild 2.55 c nur prinzipiellen Charakter haben. In Wirklichkeit öffnen und schließen die Ventile nicht schlagartig. Außerdem bewirken die vernachlässigten Kommutierungs-Kapazitäten und ohmschen Widerstände einen geglätteten Verlauf der zeitlichen Verläufe.

Wechselrichter mit Spannungszwischenkreis

In **Bild 2.57** ist die Schaltung des Wechselrichters mit Spannungszwischenkreis dargestellt. Die Kapazität im Zwischenkreis muss so hoch bemessen werden, dass die Spannung für die Dauer einer Halbwelle des Wechselrichters als konstant angenommen werden kann. Da der Thyristor entgegen seiner steuerbaren Durchlassrichtung von Natur aus sperrt, muss zu jedem Thyristor eine Diode antiparallel geschaltet werden. Wegen der geforderten Freihaltezeit der Thyristoren wird der Wechselrichter ebenfalls kapazitiv verstimmt. D. h., die Thyristoren werden so angesteuert, dass der Strom zeitlich vor der Spannung durch null geht. Während der Freihaltezeit liegt keine Spannung in Durchlassrichtung über den Thyristoren und es wird gleichzeitig Energie an den Zwischenkreis zurückgeführt($I_0 < 0$). Auch hier darf der Phasenwinkel ein bestimmtes Maß $\omega\Delta t_f$ nicht unterschreiten, weil eine Mindestzeit zur Wiederherstellung der Sperrfähigkeit erforderlich ist. Der Phasenwinkel darf allerdings größer gewählt werden, womit eine geringe Leistungssteuerung möglich wird. Neben der erwähnten Leistungsstellung mittels des Phasenwinkels kann ebenfalls mit einem gesteuertem Gleichrichter die Spannung $U_=$ und damit die Leistung gestellt werden. Gesteuerte Gleichrichter haben, wie bereits erwähnt, nachteilige Netzrückwirkungen.

Weil der Strom durch den Reihen-Schwingkreis nahezu sinusförmig ist, teilt sich die Spannung $u(t)$ in nahezu sinusförmige Spannungen u_l und u_c auf. Die bisherigen Induktor-Einsatz-Berechnungen behalten damit ihre Gültigkeit.

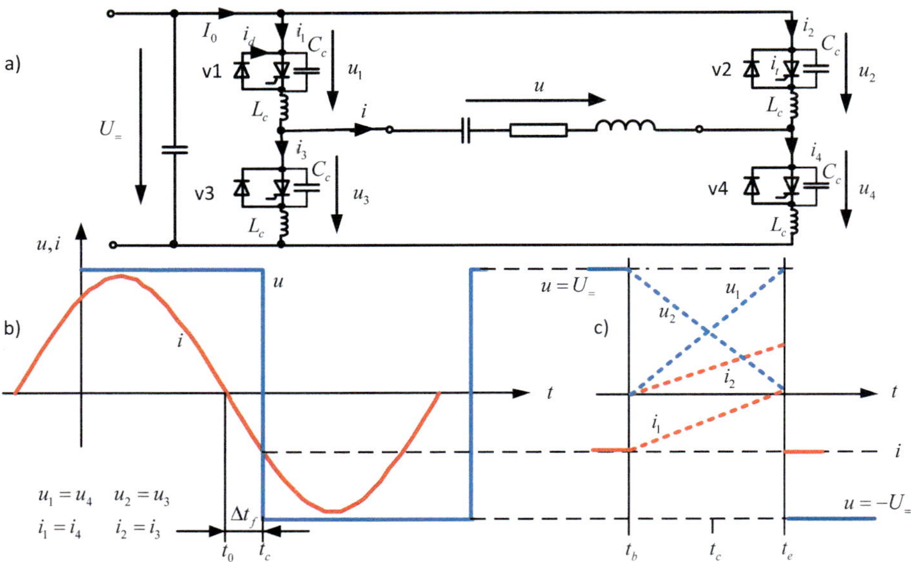

Bild 2.57: Umrichter mit Spannungszwischenkreis: a) Schaltung, b) Strom- und Spannungsverläufe bei kapazitiver Verstimmung, c) grober Verlauf bei großer Zeitdehnung um t_c

In **Bild 2.58** ist das Zeigerbild des Reihen-Resonanzkreises dargestellt. Man erkennt, dass die Induktorspannung wesentlich höher als die Ausgangsspannung des Umrichters ist. Reihenresonanzkreise werden deshalb bevorzugt bei langen Zuleitungen (in Verbindung mit Übertragern), Induktoren mit vielen Windungen (z. B. bei Schmelzöfen) und hohen Induktorspannungen verwendet. Nachteilig ist jedoch, dass der gesamte Induktorstrom durch den Wechselrichter geht, weshalb auch im Kurzschlussfall die Thyristoren den vollen Kurzschlussstrom verkraften müssen. Deshalb wird oft vorgesorgt und beispielsweise mit einem Kurzschließer die Energie des Zwischenkreises (Kondensator) von den

Thyristoren ferngehalten. Wechselrichter mit Reihenschwingkreis sind nicht für Parallelbetrieb geeignet.

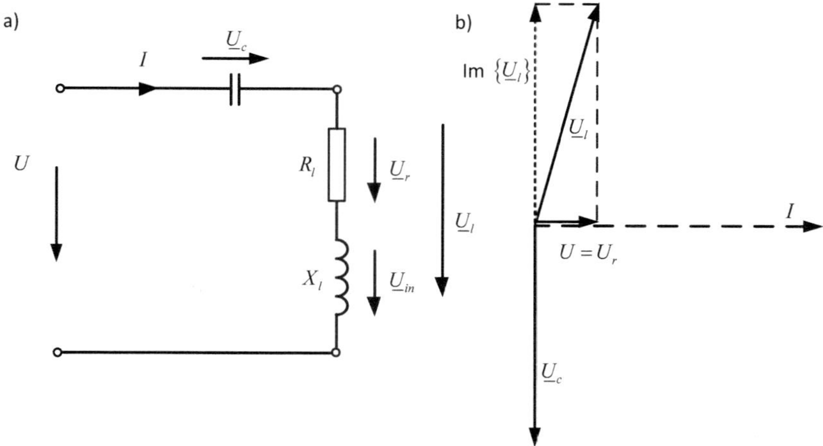

Bild 2.58: Zeigerbild für Reihenresonanz

Kommutierung beim Wechselrichter mit Reihenschwingkreis

Die Stromkommutierung von einem Diagonalzweig des Wechselrichters auf den anderen folgt grundsätzlich gleichen Prinzipien wie beim Wechselrichter mit Stromzwischenkreis. Im stark gedehnten Zeitfenster nach Bild 2.57 c sind die Zeitverläufe der Ströme und Spannungen in der nahen Umgebung des Zeitpunktes t_c schematisch dargestellt.

Annahmen: Auch hier denkt man sich die Ventile (Thyristoren) v1...v4 mit kleinen in Reihe geschalteten Kommutierungs-Induktivitäten L_c und parallel geschalteten Kommutierungs-Kapazitäten C_c behaftet. Die Spannung des Zwischenkreises $U_=$ sei konstant. Der Reihenschwingkreis wirkt mit seiner Induktivität während des kleinen Zeitfensters $(t_e - t_b) << \Delta t_f$ wie eine Stromquelle, weshalb ebenfalls der Strom i als konstant angenommen wird. Wie beim Wechselrichter mit Stromzwischenkreis wird auch hier eine Symmetrie der Schaltung angenommen, weshalb $u_1 = u_4$ und $u_2 = u_3$ sowie $i_1 = i_4$ und $i_2 = i_3$ gelten soll.

Zeitverlauf: Wegen der vereinbarten Symmetrie beziehen sich die nachfolgenden Erläuterungen nur auf die obere Masche der Schaltung nach Bild 2.57 a.
$t = t_0$: Der Strom i_1 durch das leitende Ventil v1 geht durch null. Das Ventil v2 ist noch gesperrt. Das Ventil v1 wird passiv (führt keinen Strom) ausgeschaltet.
$t_0 < t < t_b$: Der Strom i_1 ist jetzt negativ und fließt durch die zu Ventil v1 antiparallele Diode. Es wird Energie in den Spannungszwischenkreis zurückgeführt.

$$U_= \cdot i_1 = U_= \cdot I_0 < 0 \tag{2.305}$$

Am Ventil v1 ist die Spannung negativ, weshalb im Thyristor Spannungsfestigkeit aufgebaut werden kann.
$t_b \leq t \leq t_e$: Die Spannung u ist maximal und wird mit hoher zeitlicher Änderung kommutiert (s. Bild 2.57 b). Der Strom i befindet sich dagegen nahe am Nulldurchgang. Deshalb werden nachfolgend nur die zeitlichen Änderungen der Spannungen über den Kapazitäten C_c berücksichtigt und die Stromänderungen über den Induktivitäten L_c vernachlässigt. Die vom Spannungszwischenkreis aufgeprägte Spannung teilt sich auf.

$$U_= = u_1 + u_2 = \text{const.} \tag{2.306}$$

Für den linken oberen Knoten über v1 nach Bild 2.57 a gilt

$$i = i_1 - i_2 = \text{const.} \tag{2.307}$$

Aus (2.306) folgt:

$$\frac{\mathrm{d}\,u_1}{\mathrm{d}\,t} + \frac{\mathrm{d}\,u_2}{\mathrm{d}\,t} = 0. \tag{2.308}$$

In dem Maße wie u_1 ansteigt, muss u_2 abfallen. Der Thyristor an v1 führt keinen Strom (gesperrt und nicht rückwärts leitend), deshalb gilt im angegebenen Zeitbereich

$$i_1 + i_d = C_c \frac{\mathrm{d}\,u_1}{\mathrm{d}\,t}. \tag{2.309}$$

Zum Zeitpunkt $t = t_b$ schaltet der Thyristor in v2 ein. Der über dem Thyristor liegende Kondensator wird entladen. Dies ergibt mit (2.308) einen Spannungsanstieg von u_1 mit

$$\frac{\mathrm{d}\,u_1}{\mathrm{d}\,t} = -\frac{\mathrm{d}\,u_2}{\mathrm{d}\,t} > 0. \tag{2.310}$$

Der Anstieg von u_1 bedingt nach (2.309) einen Anstieg von i_1 bzw. wegen $i_1 < 0$ einen Abfall seines Betrages $|i_1|$. Es gilt:

$$i_1 = -i_d + C_c \frac{\mathrm{d}\, u_1}{\mathrm{d}\, t}. \tag{2.311}$$

Nach (2.307) steigen i_2 und i_1 im gleichem Maße an (beachte $i, i_1 < 0$).

$$i_2 = i_1 - i \tag{2.312}$$

Es gilt folglich

$$\frac{\mathrm{d}\, i_1}{\mathrm{d}\, t} > 0 \quad \text{mit} \quad i_1 < 0 \tag{2.313}$$

und

$$\frac{\mathrm{d}\, i_2}{\mathrm{d}\, t} > 0 \quad \text{mit} \quad i_2 > 0. \tag{2.314}$$

Bei genügend feiner zeitlicher Auflösung zeigt sich, dass die Spannungen sich nicht sprunghaft ändern, wie man es aus Bild 2.57 b annehmen könnte.
Zum Zeitpunkt $t = t_e$ gilt:

$$i_1 = 0 \quad \text{und} \quad i_2 = -i. \tag{2.315}$$

Die linearisierten zeitlichen Verläufe sind in Bild 2.57 c dargestellt. Es sei an dieser Stelle nochmals erwähnt, dass die exakten Zeitfunktionen der diskutierten Ströme und Spannungen nur durch Lösung der beschreibenden gewöhnlichen Differentialgleichungen bestimmt werden können. Dazu müssen allerdings die zeitlich veränderlichen Widerstände beim Öffnen und Schließen der Ventile als auch die Kommutierungs-Induktivitäten L_c und die Kommutierungs-Kapazitäten C_c bekannt sein.

2.6.4 Wechselrichter mit Transistoren

Anstelle der Thyristoren werden heute Transistoren, wie MOSFET´s oder IGBT´s verbaut. Diese Ventile können wesentlich flexibler angesteuert werden, weil sie hart (Strom führend) ausschalten und hart (Spannung führend) einschalten können. Es können Arbeitsfrequenzen bis in den MHz-Bereich bei Leistungen im kW-Bereich bereitgestellt werden. Weitere Vorteile bestehen darin, dass mit dem Wechselrichter selbst eine Leistungsstellung erfolgen und somit auf einen steuerbaren Gleichrichter verzichtet werden kann.

Wechselrichter mit Stromzwischenkreis

Die Umrichterschaltung nach **Bild 2.59** beinhaltet die Schaltung des Parallelwechselrichters nach Bild 2.55. Lediglich die Thyristoren werden durch Transistoren (IGBT oder MOSFET) ersetzt. Da diese nicht rückwärts mit einer Spannung belastet werden dürfen, wird zu jedem Transistor eine Diode antiparallel aufgeschaltet und die Sperrfunktion auf die in Reihe geschaltete Diode übertragen. Die Taktfrequenz wird durch den Parallelschwingkreis bestimmt und muss bei Änderung der Lastparameter, z. B. durch die sich zeitlich ändernde Einsatztemperatur, nachgeregelt werden. Da bei den Transistoren keine Freihaltezeiten zu beachten sind, kann der Wechselrichter sowohl im Resonanzpunkt als auch leicht kapazitiv oder leicht induktiv verstimmt betrieben werden. Vorteilhaft ist, dass dieser Umrichtertyp in einem sehr breitem Frequenzbereich eingesetzt werden kann. Kurzschlüsse am Induktor sind gut beherrschbar. Nachteilig ist, dass die Leistungsstellung hauptsächlich über einen vollgesteuerten Gleichrichter erfolgen muss. Der Aufwand an Bauelementen ist vergleichsweise hoch. Der Netztransformator ist hier wie bei den nachfolgenden Umrichtertypen prinzipiell nicht erforderlich. Er dient hauptsächlich zur galvanischen Trennung vom Versorgungsnetz. Ein punktueller Erdschluss führt damit noch nicht zu einer schwerwiegenden Störung. Beispielsweise kann bei einem einpoligen Erdschluss noch ein Schmelzprozess beenden werden.

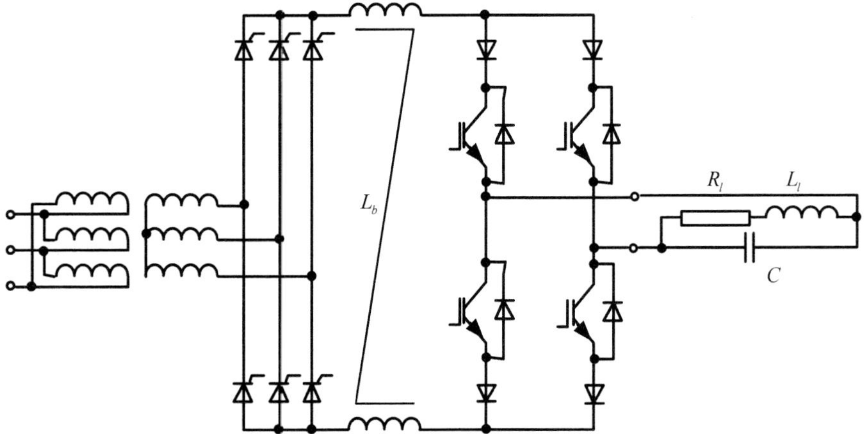

Bild 2.59: Wechselrichter mit Stromzwischenkreis

Wechselrichter mit Spannungszwischenkreis

Die Umrichterschaltung nach **Bild 2.60** beinhaltet die Schaltung des Wechselrichters mit Reihenschwingkreis nach Bild 2.57. Dieser Umrichter kommt mit wesentlich weniger Bauelementen aus. Weil die Transistoren (IGBT oder MOSFET) von sich aus rückwärts leiten, können die zusätzlichen Dioden entfallen. Der Wechselrichter kann lastgeführt (Serienresonanzkreis gibt Taktfrequenz vor) oder selbstgeführt betrieben werden. Im zuletzt genannten Fall gibt der Wechselrichter den Takt vor, weshalb der Schwingkreis nicht zwingend in Resonanz sein muss.

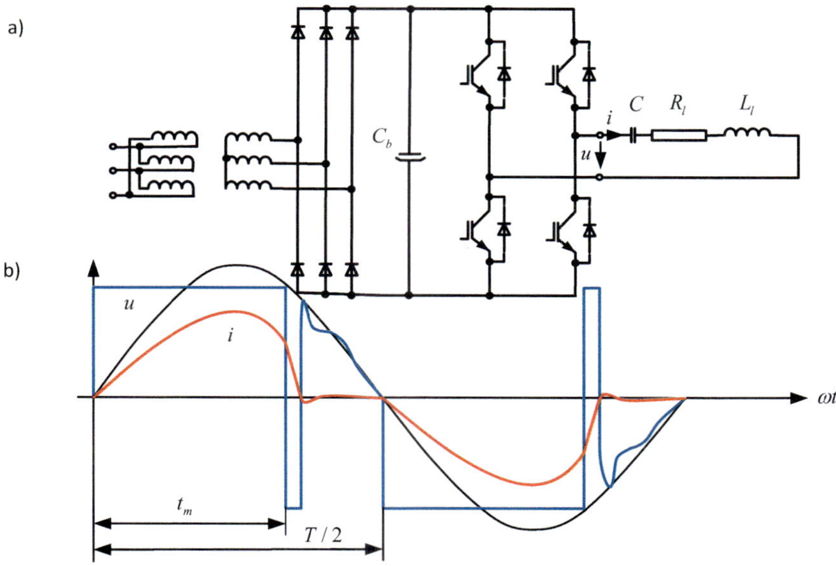

Bild 2.60: Wechselrichter mit Spannungszwischenkreis; Leistungsstellung mittels direkter Pulsweitensteuerung ohne Freilauf ist möglich

Der wesentliche Vorteil dieses Umrichters ist, dass die Leistung vom Wechselrichter selbst gestellt werden kann. Dies ist einmal durch Änderung der Taktfrequenz und Verstimmung des Schwingkreises mit $P \propto f$ (engl. *phase-shifting*) möglich. Wesentlich wirksamer gelingt die Leistungsstellung jedoch durch eine Modulation der Steuerimpulse (Pulsweiten-Ansteuerung). Die Spannung des Zwischenkreiskondensators C_b steht nicht über die volle Länge einer Halbwelle, sondern nur für die Dauer der Stromleitzeit t_m an. Für die Leistung gilt damit $P \propto t_m/T$, was aus Bild 2.60 b deutlich wird. Eine weitere Ansteuermöglich-

keit ist die Pulsdichte-Modulation (oder Pulsgruppen-Modulation), die weniger Schaltverluste als die Pulsbreiten-Modulation hat und besonders für die höheren Frequenzbereiche geeignet ist. Die Leistungsstellung wäre auch durch einen gesteuerten Gleichrichter möglich, was mit Rücksicht auf die Netzbelastung in der Regel unterbleibt. Die Aufladung des Zwischenkreiskondensators beim Einschalten kann zur Begrenzung der hohen Einschaltströme mit einem gesteuerten Gleichrichter erfolgen, der im Betrieb ungesteuert arbeitet.
Der Reihenschwingkreis erfordert Induktoren mit relativ hohen Spannungen. Ist dies nicht gegeben, so muss ein Übertrager (Transformator bei HF mit Ferritkern) vor den Induktor geschaltet werden.

Wechselrichter mit LCL-Schwingkreis

Der LCL-Umrichter nach **Bild 2.61** vermeidet die mit dem Reihenschwingkreis verbundenen Nachteile. Er funktioniert mit einem Parallelschwingkreis und einer zusätzliche Entkopplungs-Induktivität L_c, die das Aufschalten von Spannungsblöcken wie beim Reihenschwingkreis erlaubt.

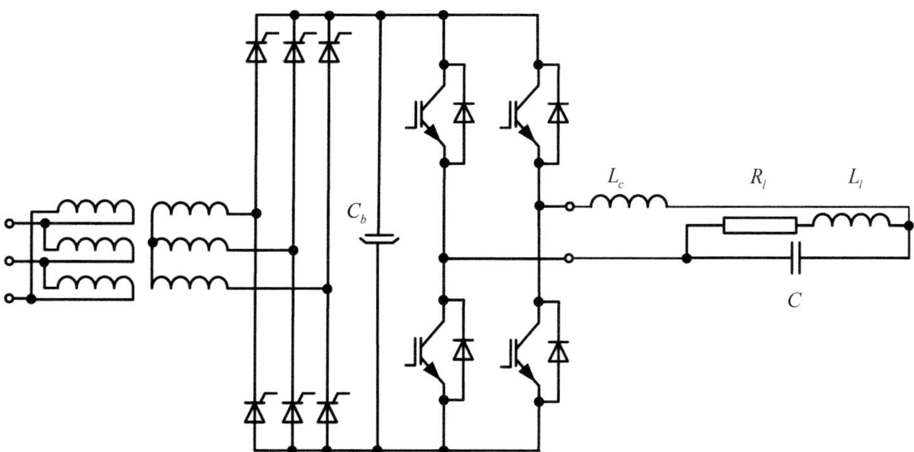

Bild 2.61: Umrichter mit LCL-Schwingkreis

Es gibt zwei Resonanzfrequenzen f_{01} und f_{02}, die technologisch genutzt werden (s. Abschnitt 2.6.5). Beispielsweise kann mit der hohen Frequenz f_{02} mit hoher Leistung eingeschmolzen und mit der kleineren f_{01} legiert (Mischen durch induktives Rühren) werden. Bei vorgegebener Entkopplungs-Induktivität L_c ist allerdings der Frequenzbereich stark eingeengt. Die Entkopplungs-Induktivität kann so verlustarm ausgelegt werden, dass der Wirkungsgrad dieses Umrichtertyps mindestens so hoch wie der mit Serien- oder Parallel-Schwingkreis wird.

Direkt-Wechselrichter

Der Wechselrichter ist hier nicht mit einem resonanten Schwingkreis, sondern nur durch den Induktor nebst Einsatz (ohmsch-induktive Last) belastet. In **Bild 2.62** ist eine Schaltungsvariante eines Direkt-Wechselrichters mit Spannungszwischenkreis dargestellt. Die Frequenz wird durch die Ansteuerung des Umrichters bestimmt und kann für vorgegebene Sollwerte konstant gehalten werden. Neben dieser einfachen stell- und regelbaren Arbeitsfrequenz besteht der Vorteil darin, dass die Schwingkreiskapazität entfallen kann. Dafür müssen die Halbleiterbauelemente des Wechselrichters und die Zuleitungen für den unkompensierten Induktorstrom, der etwa um den Faktor 10 mal höher sein kann, ausgelegt werden.

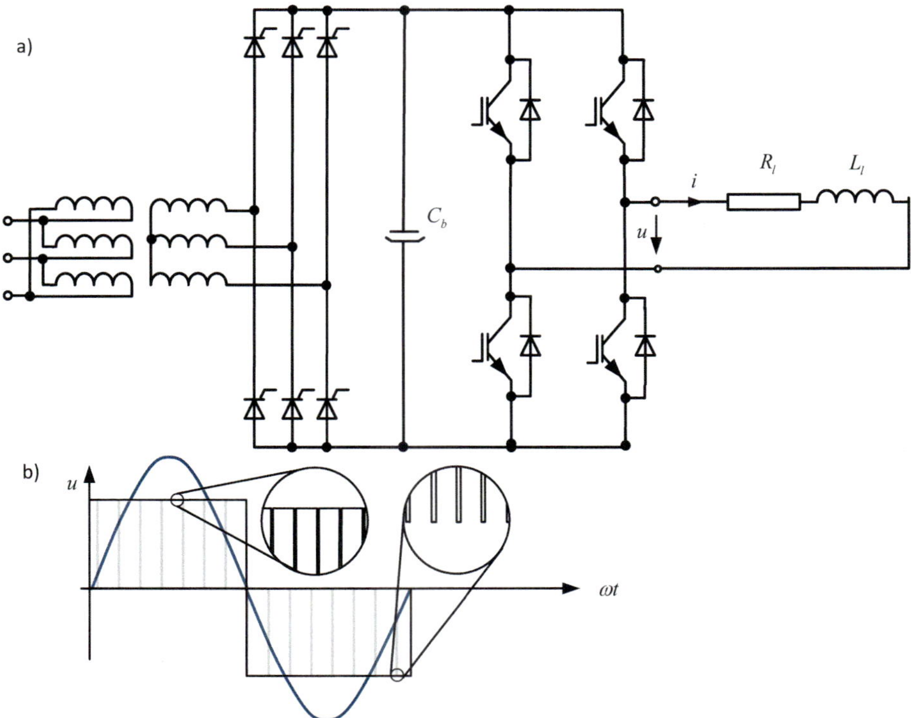

Bild 2.62: Schwingkreisloser Direktumrichter

Direkte Wechselrichter sind insbesondere dann geeignet, wenn die ohmsch-induktive Last eine relativ geringen Blindleistung bzw. einen Leistungsfaktor $\cos\varphi > 0{,}5$ hat. Dann ist der Einsatz größerer Direkt-Wechselrichter wirtschaftlicher als der Einsatz von Schwingkreiskondensatoren. Beispielsweise werden Rinnenofen mit Frequenzen in der Umgebung von 50 Hz betrieben, um größere Eindringtiefen zu realisieren. Dies Öfen können Leistungsfaktoren von $> 0{,}7$ erreichen. Der Wirkungsgrad des Direkt-Wechselrichters muss nicht zwingend geringer werden, wenn die genannten Bauelemente und Leitungen entsprechend stark dimensioniert sind. Die sinusförmige Ausgangsspannung wird durch Puls-Weiten-Modulation (PW-Modulation) erzeugt (s. Bild 2.62 b). Die Ausgangsleistung kann ebenfalls mittels PW-Modulation des Wechselrichters gestellt werden (relative Änderung aller Pulsweiten), weshalb ein ungesteuerter Gleichrichter Verwendung finden kann. Bei der PW-Modulation werden sehr hohe Strom- und Spannungsanstiege mit Harmonischen erreicht, die mehrere Zehnerpotenzen über der Nennfrequenz liegen. Diese können sich über den Wechselrichterausgang ausbreiten. Das kann zu einer dielektrischen Erwärmung der Isolation (insbesondere der Kabel zum Induktor und des Übertragers) und zu unzulässigen elektromagnetischen Abstrahlungen führen. Abgeschirmte Koaxialkabel und Filter sind zur Eindämmung dieser Erscheinungen erforderlich. Falls prozessbedingt eine stetig stell- und regelbare Arbeitsfrequenz gefordert wird, so ist der Direkt-Umrichter klar im Vorteil. Die am Induktor anliegende Spannung ist nur im zeitlichen Mittel sinusförmig. Eine nur auf Basis sinusförmiger Größen berechnete Wirkleistung der Induktor-Einsatz-Anordnung kann erheblich von der gemessenen Wirkleistung durch den Oberwellenanteil abweichen.

Modulare Umrichter

Umrichter mit Spannungs-Zwischenkreis und Entkopplungs-Induktivität werden als kostengünstige Module mit geeignetem Frequenzbereich und zweckmäßiger Leistung gebaut. Auf diese Weise können mehrere Umrichter-Module ausgangsseitig parallel geschaltet und damit die Gesamtleistung in Stufen den Erfordernissen angepasst werden (s. **Bild 2.63**). Hier ist auf eine gute Steuerungselektronik mit synchroner Taktung der Wechselrichter und eine möglichst identische Leitungsinduktivität bis zum Verzweigungspunkt zu achten. Auch eine Reihenschaltung ist möglich.

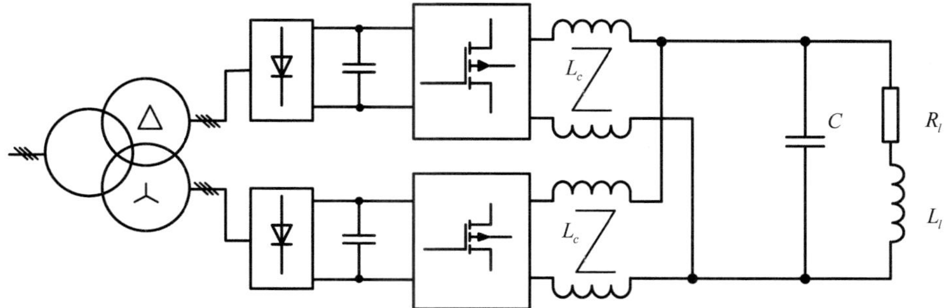

Bild 2.63: Parallelschaltung von Umrichtermodulen

2.6.5 Anpassung

Aufgabe

Ein Umrichter kann an seinem Ausgang nur im Rahmen seiner Nenndaten, wie Nennspannung U_n, Nennstrom I_n und Nennfrequenz f_n, seine vorgesehene Nennleistung abgeben. Liegt eine der genannten Größen außerhalb eines vorgegebenen Toleranzbereiches, so wird die Leistung reduziert oder schlimmstenfalls ist ein Betrieb des Umrichters unmöglich. Die Aufgabe besteht darin, die Last bzw. den Schwingkreis so an einen vorgegebenen Umrichter anzupassen, damit dieser im Nennbereich arbeiten kann. Diese Anpassungsart wird Nennanpassung (im Gegensatz zur Widerstands- und Leistungs-Anpassung) genannt, weil auf die Nenndaten der Speisequelle gezielt wird. Die Zielstellung ist die gleiche wie die einer Gangschaltung am Fahrrad, mit deren Hilfe der Radsportler die Drehzahl und das Drehmoment an die unterschiedlichen Bedingungen, wie Anstieg oder Flachstrecke, anpassen kann.
Die Klemmen, an denen die oben genannten Nenndaten definiert sind, wurden in den Bildern 2.59 bis 2.62 als lösbare Verbindungen dargestellt. Der Schwingkreis-Kondensator und gegebenenfalls die Entkopplungs-Induktivität werden danach außerhalb des Umrichter-Ausganges angenommen, obwohl diese baulich im Umrichter integriert sein können. Mit Ausnahme des Direkt-Umrichters müssen sowohl die Lastimpedanz Z_0 als auch die sich einstellende Resonanzfrequenz f_0 innerhalb der Vorgaben liegen.

$$\underline{Z}_n - \Delta\underline{Z} < \underline{Z}_0 < \underline{Z}_n + \Delta\underline{Z} \tag{2.316}$$

$$f_n - \Delta f < f_0 < f_n + \Delta f \tag{2.317}$$

Beim Direkt-Umrichter muss lediglich die Impedanzbedingung durch $Z_0 = |R_l + \mathrm{j}\,\omega L_l|$ erfüllt sein. Nach **Bild 2.64** haben gute Speisequellen eine optimierte Kennlinie, die einen relativ großen Bereich für die Nennleistung ausweisen. Stellmöglichkeiten für die Anpassung sind die Induktorwindungszahl N, das Übersetzungsverhältnis eines Übertragers ü und gegebenenfalls zusätzliche Blindelemente ωL_a oder $-1/(\omega C_a)$.

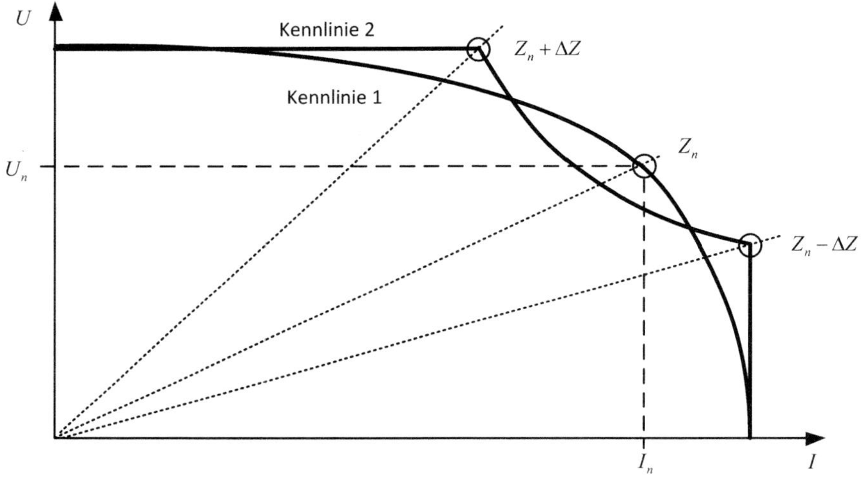

Bild 2.64: Kennlinie von Umrichtern: 1) kleiner Nennbereich, 2) erweiterter Nennbereich

Übertrager

Mithilfe der Induktor-Windungszahl ist nicht jede Anpassungsaufgabe zu erfüllen. Weniger als eine Windung geht nicht. Meist sind es jedoch zu viele Windungen, die aus Sicht der Anpassung erforderlich wären. Hier stehen die geforderte enge Ankopplung, die mechanische Festigkeit und die Kühlung den zu vielen Windungen gegenüber. Zum anderen gibt es induktive Erwärmungsprozesse, bei denen sich die Bedingungen im Prozessverlauf verändern. Beispielsweise kann die Temperatur eines ferromagnetischen Einsatzes während des Aufheizens den Curiepunkt überschreiten, weshalb der zunächst ferromagnetische Einsatz zu einem nicht ferromagnetischen mit wesentlich veränderten Parametern wird. Oder es kann sich die Geometrie des Einsatzes (Schrott oder Schmelze) durch den Übergang vom festen zum flüssigen Aggregatzustand ver-

ändern, wodurch die Ankopplungs-Verhältnisse wesentlich verändert werden. In beiden Fällen kann es erforderlich sein, im Prozessverlauf die Anpassung zu korrigieren, was natürlich nicht mit der Windungszahl des Induktors geht.
Übertrager (engl. *transformer*) sind spezielle Transformatoren, die speziell für Anpassungsaufgaben mit einem einstellbarem Übersetzungsverhältnis ü (z. B. mit mehreren Anzapfungen auf der Primärseite) ausgelegt sind. Für nicht zu hohe Frequenzen bis zu einigen MHz besitzen sie einen geschlossenen Magnetkreis. Übertrager mit geblechtem Kern (Blechdicke 0,1 bis 0,36 mm) werden im Frequenzbereich 50 Hz bis 25 kHz bis zu einer Übertragungsleistung von 0,1 MV A eingesetzt. Ab 10 kHz bis 2 MHz werden Ferrite für den Kern verwendet. Diese Übertrager sind für Übertragungsleistungen bis 4 MV A erhältlich. Während bei den geblechten Kernen die Wirbelstromverluste dominieren, sind es bei den Ferriten die Hystereseverluste. Eisenfreie Übertrager für Frequenzen $f > 100\,\text{kHz}$ haben keine Kernverluste. Die magnetische Kopplung von Primär- und Sekundär-Spule ist jedoch in diesem Fall relativ schwach, weshalb das Übersetzungs-Verhältnis stark vom Windungszahl-Verhältnis w_1/w_2 abweichen kann, weil diese Übertrager ein hohes Streufeld aufweisen.
Hochstrom-Übertrager werden meist als Isoliertransformatoren gebaut. Diese haben eine hohe Durchbruchspannung zwischen Primär- und Sekundärwicklung und gewährleisten dadurch einen sehr guten Personenschutz am Induktor. Denn bei einem Durchbruch verharren die beiden diagonal geschalteten Transistoren im leitenden Zustand, weshalb am Wechselrichterausgang der Mittelwert der Zwischenkreisspannung (etwa 1,35 U_{Netz}) anstehen kann.
Die Übertrager werden in quaderförmigen und koaxialen Bauformen gefertigt. Die koaxialen Übertrager sind kompakter und hauptsächlich für hohe Frequenzen ($> 10\,\text{kHz}$) vorgesehen.
Das **Bild 2.65** zeigt die Schaltung mit einem Übertrager und einer ohmschinduktiver Last. Der Übertrager wird in der Regel, wie hier auch dargestellt, im unkompensierten Zweig des Schwingkreises eingeordnet. Obwohl dabei eine viel größere Übertragungsleistung als im kompensierten Zweig zu beherrschen ist, wird dies wegen der günstigeren Kompensation (höhere Spannung verfügbar) und wegen der geringeren Leitungsquerschnitte vom Induktor zum Kondensator oft so ausgeführt.
Mit dem Quotienten w_1/w_2 und mit der Schaltung nach Bild 2.65 b kann die korrekte Transformation der Last bestimmt werden. Die Parameter der Ersatzschaltung dieses Übertragers sind aus Kurzschluss- und Leerlaufversuchen experimentell bestimmbar [30, S.641].
Weil der Übertrager in der Regel nicht im Leerlauf, sondern unter Volllast be-

trieben wird, kann der Querzweig vernachlässigt werden. Der Übertrager hat damit eine stromideale Übersetzung und die einfache Ersatzschaltung nach Bild 2.65 c. Dies ist insbesondere bei Übertragern mit geschlossenem Eisenkreis (Blechpaket oder Ferrit) gut möglich. In diesem Fall können die Ströme von der Sekundärseite einfach auf die Primärseite durch $\underline{I}_1 = \underline{I}_2/\text{ü}$ umgerechnet werden. Die Ersatzelemente R_t und X_t können relativ leicht aus einem Kurzschlussversuch ermittelt werden. Die ohmsch-induktive Last $R_l' + \mathrm{j}\, X_l'$ wird mit dem Quadrat des Übersetzungsverhältnisses übertragen.

$$R_l + \mathrm{j}\, X_l = R_t + \text{ü}^2 R_l' + \mathrm{j}(X_t + \text{ü}^2 X_l') \qquad (2.318)$$

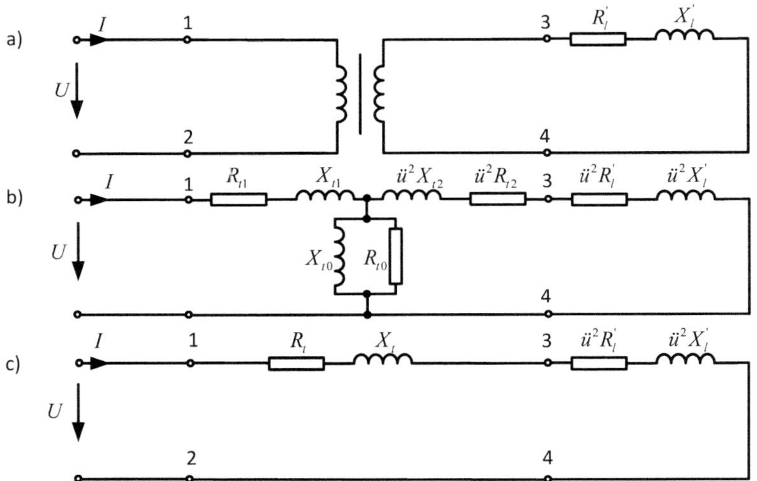

Bild 2.65: Ersatzschaltung des Übertragers: a) Einordnung des Übertragers, b) vollständige Ersatzschaltung, c) stromidealer Transformator

Bei einer gewünschten Anpassung während eines Erwärmungsprozesses ist das Umschalten von einer Anzapfung des Übertragers auf eine andere (auf der Seite mit dem kleineren Strom) erforderlich. Diese stufenweise Stellung kann mit leistungselektronischen Schaltern ohne Unterbrechung des Prozesses erfolgen. Übertrager, deren Eisenkreis mittels Gleichstrom vormagnetisiert wird, haben ein stetig veränderbares Übersetzungsverhältnis in Abhängigkeit des Magnetisierungsstromes, allerdings auch höhere Verluste. Sie werden deshalb nur bei sehr speziellen Anwendungen eingesetzt.

Blindelemente

Im Frequenzbereich von einigen 100 kHz bis in den MHz-Bereich kann mit Blindelementen eine Transformation der ohmsch-induktiven Last erfolgen. Bei hohen Frequenzen sind die Blindelemente oft kostengünstiger als ein Übertrager. Allerdings ist die erreichbare Übersetzung wesentlich geringer. Eine sogenannte induktive Verlängerung wird erreicht, wenn eine zusätzliche Induktivität L_a in Reihe zum Induktor geschaltet wird. Dagegen wird durch Zuschalten einer zusätzlichen Kapazität C_a in Reihe zum Induktor eine kapazitive Verkürzung erreicht.

$$R_l + \mathrm{j}\, X_l = R_l' + \mathrm{j}(X_a + X_l') \tag{2.319}$$

Darin gilt:

$$X_a = \begin{cases} \omega L_a \\ -1/(\omega C_a) \end{cases} \tag{2.320}$$

Es wird folglich nur der induktive Teil vergrößert oder vermindert. Die Wirkung dieser Blindelemente wird im Resonanzfall deutlich, weshalb auf den nächsten Abschnitt 2.6.5 verwiesen werden soll.

Parallel-Resonanz

Der Parallelschwingkreis ist mit den oben angesprochenen Anpassmitteln in **Bild 2.66** dargestellt. Mit R_l und X_l als die durch Übertrager oder durch das Blindelement übertragenen Größen ergibt sich die Impedanz $\underline{Z}_0$.

$$1/\underline{Z}_0 = \mathrm{j}\,\omega C - \mathrm{j}\,\frac{X_l}{(R_l)^2 + (X_l)^2} + \frac{R_l}{(R_l)^2 + (X_l)^2} \tag{2.321}$$

Im Resonanzfall mit

$$\omega C = \frac{X_l}{(R_l)^2 + (X_l)^2} \tag{2.322}$$

verbleibt davon ein ohmscher Widerstand.

$$R_0 = \frac{(R_l)^2 + (X_l)^2}{R_l} = Z_n \tag{2.323}$$

Die Wirkung der induktiven Verlängerung bzw. der kapazitiven Verkürzung nach Abschnitt 2.6.5 wird in einer Vergrößerung oder Verminderung von X_l durch Hinzufügen von $\pm X_a$ deutlich.

$$R_0 = \frac{(R_l)^2 + (X_l' \pm X_a)^2}{R_l} = Z_n \tag{2.324}$$

Mit (2.322) kann die Resonanzfrequenz ermittelt werden.

$$\omega_0 = \sqrt{\frac{1}{CL_l} - (\frac{R_l}{L_l})^2} \tag{2.325}$$

Schließlich ergibt sich damit für (2.323) der Ohm'sche Widerstand, mit dem der Umrichter belastet wird.

$$Z_0 = R_0 = \frac{L_l}{CR_l} \tag{2.326}$$

Er sollte in dem in (2.316) angegebenen Toleranzbereich liegen.

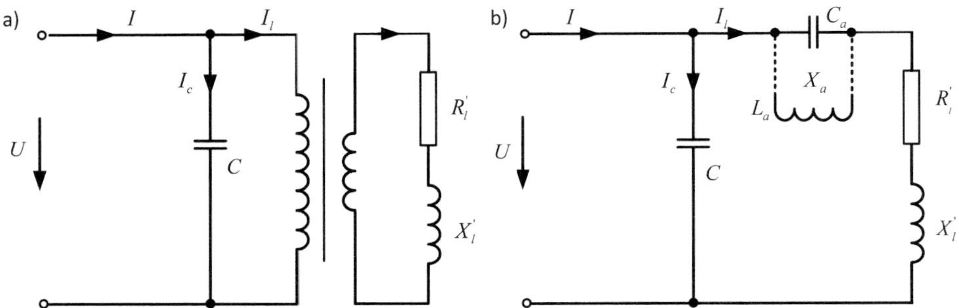

Bild 2.66: Anpassung mit Übertrager und Blindelementen

Reihen-Resonanz

Für den Reihenschwingkreis nach Bild 2.58 wird die resultierende Impedanz notiert:

$$\underline{Z}_0 = 1/\mathrm{j}\,\omega C + R_l + \mathrm{j}\,\omega L_l\,. \tag{2.327}$$

Im Resonanzfall mit

$$\omega = 1/\sqrt{CL_l} \tag{2.328}$$

ergibt sich die rein ohmsche Belastung des Wechselrichters als

$$Z_0 = R_0 = R_l \,. \tag{2.329}$$

Man erkennt, dass im Falle der Reihenresonanz die induktive Verlängerung oder kapazitive Verkürzung nicht funktioniert. Bei Bedarf muss mit dem Übertrager angepasst werden. Der Reihenschwingkreis wird angewendet, wenn eine relativ hohe Induktorspannung wegen hoher Windungszahlen benötigt wird. Damit kann über die Windungszahl die Anpassung recht gut erfolgen, weshalb ein Übertrager selten erforderlich ist.

LCL-Resonanz

Für die Impedanz der Schaltung nach **Bild 2.67** ergibt sich:

$$\underline{Z}_0 = \mathrm{j}\,\omega L_c + \frac{1}{\mathrm{j}\,\omega C + \dfrac{1}{R_l + \mathrm{j}\,\omega L_l}} \tag{2.330}$$

Nach einigen Rechenschritten mit konjugiert komplexer Erweiterung kann man daraus den Real- und Imaginärteil der Impedanz gewinnen.

$$\mathsf{Re}\{\underline{Z}_0\} = \frac{R_l}{(1-\omega^2 L_l C)^2 + (\omega C R_l)^2} \tag{2.331}$$

$$\mathsf{Im}\{\underline{Z}_0\} = \omega \frac{\omega^4 L_c (L_l C)^2 + \omega^2 C (L_c C R_l^2 - 2 L_c L_l - L_l^2) + (L_c + L_l - C R_l^2)}{(1-\omega^2 L_l C)^2 + (\omega C R_l)^2} \tag{2.332}$$

Um die Resonanzfrequenzen zu bestimmen, müssen die Nullstellen des Zählers von (2.332) berechnet werden. Es ergibt sich eine in ω^2 quadratische Gleichung. Unter bestimmten Voraussetzungen (Wertebereich von L_l, R_l, C und L_c) können zwei reelle Lösungen bestimmt werden, die den Resonanzfrequenzen ω_{01}^2 und ω_{02}^2 entsprechen. Das ist grob betrachtet einmal die Parallelresonanz mit L_l als bestimmende Größe und zum anderen die Reihenresonanz mit L_c als bestimmende Größe. Theoretisch können auf diese Weise mit einem Umrichter zwei Arbeitsfrequenzen eingestellt werden. Diese sollten einerseits technologisch weit genug auseinander liegen (Einschmelzen mit hoher Frequenz bzw. magnetisches Rühren mit niedriger Frequenz) und andererseits passende Widerstände ergeben. Praktisch ergibt sich allerdings die Schwierigkeit, dass sowohl die Frequenzen ω_{01} und ω_{02} als auch die Belastungen des Umrichters mit

$$\mathsf{Re}\{\underline{Z}_0(\omega_{01})\} = R_{01} \quad \text{bzw.} \quad \mathsf{Re}\{\underline{Z}_0(\omega_{02})\} = R_{02} \tag{2.333}$$

in dessen Arbeitsbereich liegen müssen.

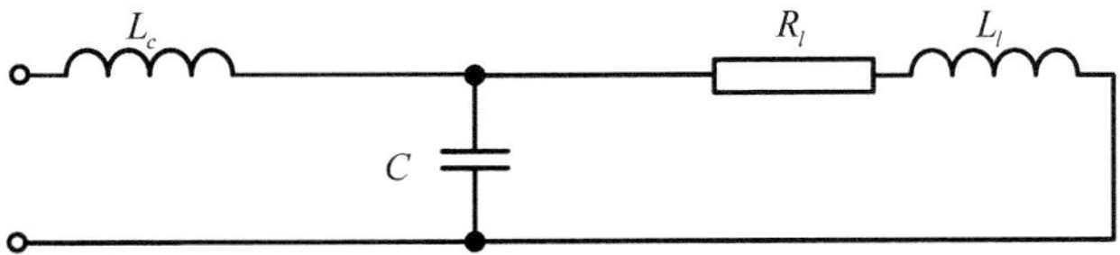

Bild 2.67: Ersatzschaltung zur LCL-Resonanz

2.7 Anwendungen

Die umfangreichen Anwendungen der Induktionserwärmung können hier nur angedeutet werden. Ausführliche Informationen zu technologischen Anwendungen der Induktionserwärmung sind beispielsweise in [2], [6], [7], [23] und [36] zu finden.

2.7.1 Eigenschaften

Kennziffern: Der Frequenzbereich der induktiven Erwärmung erstreckt sich von Netzfrequenz (50 bzw. 60 Hz) bis in den MHz-Bereich. Dabei werden äquivalente Eindringtiefen von 0,01 mm (Stahl bei 20 °C) bis 80 mm (Stahl bei 1200 °C) erreicht. Mit hohen Frequenzen werden flächenspezifische Leistungen bis zu p_a =10 kW/cm^2 bei einem Einsatz aus ferromagnetischen Stahl erzielt. Die Anschlussleistung eines einzelnen Induktors kann bis zu mehreren 10 MW betragen.

Beispiel: Um die Leistungsfähigkeit der induktiven Erwärmung zu demonstrieren, soll eine Abschätzung zu der Frage erfolgen, welche zeitlichen Temperaturanstiege in den einzelnen Frequenzbereichen möglich sind.
Der Induktor nach **Bild 2.68** umschließe einen ferromagnetischen Vollzylinder, wobei das Verhältnis von Zylinderdurchmesser zu Eindringtiefe als sehr groß angenommen wird. Die Bedingungen für einen ferromagnetischen Halbraum

sind somit erfüllt. Der Induktor (Index 1) besteht aus einem quadratischen Hohlprofil und hat eine elektrische Leitfähigkeit von $\kappa_1 = 56 \cdot 10^6\,\mathrm{S/m}$ bei $20\,°\mathrm{C}$.

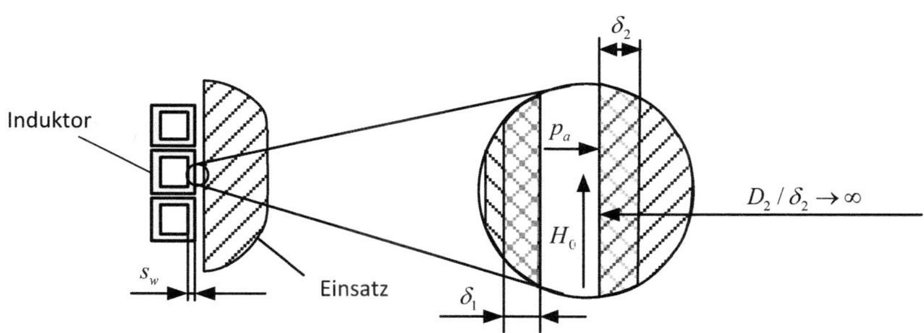

Bild 2.68: Berechnung der flächenspezifischen Leistung

Der Einsatz (Index 2) besteht aus ferromagnetischem Massenstahl. Er hat eine elektrische Leitfähigkeit von $\kappa_2 = 8{,}3 \cdot 10^6\,\mathrm{S/m}$ bei $20\,°\mathrm{C}$ und eine von der magnetischen Feldstärke auf der Oberfläche abhängige relative Permeabilität $\mu_r(H_0)$ nach (2.3). Die volumenspezifische Wärme von Massenstahl beträgt $(c\varrho)_2 = 3{,}6 \cdot 10^6\,\mathrm{Ws/(Km^3)}$. Die erreichbaren Stromdichten auf der dem Einsatz zugewandten Oberfläche des Induktors J_0 hängen von der Frequenz und den Wärmeableitungsbedingungen ab. Nach Abschnitt 2.3 soll die Wandstärke eines Hohlprofils etwa $s_w \approx 1,5\,\delta_1$ betragen. Damit sind die Joule´schen Verluste im Induktor am geringsten und die Wärmeableitungsbedingungen relativ günstig. Allerdings lässt sich das genannte Verhältnis $s_w/\delta_1 \approx 1,5$ nur für Frequenzen bis 10 kHz realisieren, weil ansonsten die Wandstärke des Hohlprofils mit Bezug auf die mechanische Festigkeit zu gering wäre. Deshalb werden bei hohen Frequenzen >100 kHz Rundprofile verwendet, die nur an einem Punkt des Umfanges eine hohe Stromdichte haben und die Wärmeableitung auch in der zweiten Dimension ermöglichen. In der Fachliteratur werden für diese Profile maximale Stromdichten für Frequenzen >100 kHz von $600\,\mathrm{A/mm^2}$ angegeben.
Die Abschätzung zum maximalen Temperaturanstieg soll Profilen mit quadratischem bzw. rechteckigem Querschnitt vorbehalten bleiben. Es werden deshalb die deutlich geringeren Stromdichten nach **Tabelle 2.2** angesetzt.
Die erreichbare magnetische Feldstärke auf der Einsatzoberfläche H_0 wird aus dem Strombelag

$$I' = J_0 \delta_1 = H_0 \tag{2.334}$$

bestimmt. Dies setzt eine Vernachlässigung der Streuung des magnetischen Feldes voraus, was durch die gewählten Profile mit geringstem Windungsabstand und einem relativ zum Durchmesser lang angenommenen Induktor weitgehend erfüllt ist.
Die Eindringtiefe im Induktor und Einsatz wird mit (2.2) berechnet. Beim ferromagnetischen Einsatz ist dazu die relative Permeabilität in Abhängigkeit der magnetischen Feldstärke H_0 nach (2.3) zu bestimmen. Damit ist es möglich, die flächenspezifische Wirkleistung für den ferromagnetischen Halbraum nach (2.32) und (2.37) zu bestimmen (s. Tabelle 2.2).

Tabelle 2.2: Stromdichte, spezifische Leistung und Temperaturanstieg

f Hz	J_0 A/mm²	δ_1 mm	H_0 A/cm	μ_r	δ_2 mm	p_a W/cm²	$\mathrm{d}\vartheta/\mathrm{d}t$ K/s
10^2	20	6,7	1300	13	4,8	60	30
10^3	40	2,1	843	20	1,2	94	180
10^4	80	0,67	533	30	0,32	147	1000
10^5	150	0,21	316	47	0,08	205	6100
10^6	300	0,067	200	71	0,02	319	37 000

Nun kann der zeitliche Temperaturanstieg bei einer Ausgangstemperatur von 20 °C bestimmt werden. Dazu wird die volumenspezische Leistung p_v benötigt. Diese kann man abschätzen, indem die Verteilung der Stromdichte im Einsatz als eine e-Funktion angenommen wird (wegen der ferromagnetischen Eigenschaften eine sehr grobe Annahme). Das Verhältnis von der bis zu einer Tiefe von $x = \delta_2$ umgesetzten Wirkleistung zur gesamten Wirkleistung (hier pro Längeneinheit) ist damit:

$$P'_\delta/P' = \int_0^{\delta_2} \mathrm{e}^{-2x/\delta_2}\,\mathrm{d}\,x/\int_0^{\infty} \mathrm{e}^{-2x/\delta_2}\,\mathrm{d}\,x = 1 - 1/\mathrm{e}^2 = 0,86. \qquad (2.335)$$

Es verbleiben folglich 86 % der induzierten Leistung in der Zone der äquivalenten Stromeindringtiefe. Bei Einsätzen mit konstanten Stoffwerten ist dieser Wert exakt und bei ferromagnetischen Einsätzen ist er nur ein Richtwert. Die Leistungsbilanz für ein Volumen $\delta\,\Delta y\,\Delta z$ an der Oberfläche des Einsatzes lautet somit.

$$p_a \Delta y \Delta z \frac{P'_\delta}{P'} = p_v \delta\,\Delta y\,\Delta z \qquad (2.336)$$

Daraus ist die volumenspezifische Leistung bestimmbar.

$$p_v = \frac{P'_\delta}{P'} \frac{p_a}{\delta} = 0,86 \frac{p_a}{\delta} \tag{2.337}$$

Damit kann nun der zeitliche Temperaturanstieg ermittelt werden.

$$(c\varrho)_2 \frac{\mathrm{d}\,\vartheta}{\mathrm{d}\,t} = p_v = 0,86 \frac{p_a}{\delta} \tag{2.338}$$

Die Ergebnisse sind in Tabelle 2.2 aufgeführt. Bei den hohen Frequenzen ist der Temperaturanstieg mit dem einer Glühlampe zu vergleichen. Während bei der Erhöhung der Frequenz um vier Zehnerpotenzen die flächenspezische Leistung nur um den Faktor fünf ansteigt, wächst die Temperatur-Anstiegsgeschwindigkeit fast linear mit der Frequenz. Dies ist vor allem auf das mit steigender Frequenz verminderte Erwärmungsvolumen zurückzuführen.

Vorteile: Es sollen zunächst die grundlegenden technologischen Vorteile der induktiven Erwärmung zusammenfasst werden:
Der Energieeintrag erfolgt berührungslos und ist auch durch ein Vakuum möglich. Materialverunreinigungen können vermindert bzw. manche Prozesse (z. B. Einkristallzüchtung von Silizium) erst ermöglicht werden. Hohe Erwärmungs-Geschwindigkeiten führen zu:

- Kürzeren Prozesszeiten
- Weniger Platzbedarf, weil hohe spezifische Leistung
- Geringere Wärmeverluste durch kürzere Aufheizzeit
- Weniger Materialverlust durch weniger Oxidation z. B. beim Schmelzen
- Höhere Qualität beim Schmieden und längere Standzeit der Werkzeuge durch weniger Zunder.

Gegenüber den Lichtbogenöfen oder den mit Erdgas beheizten Öfen sind bessere Arbeitsbedingungen und eine geringere Umweltbelastung (Abgase, Schlacken) zu nennen. Ein Verzicht auf fossile Energieträger bei Reduktionsprozessen (kein CO_2) ist nur mit Elektrowärme und Wasserstoff möglich.

2.7.2 Schmelzen

Der technologische Vorteil des induktiven Schmelzens ist in der relativ kurzen Einschmelzzeit bei gleichzeitigem elektromagnetischem Rühren zu sehen. Dadurch oxidiert weniger Schmelzmaterial und die Schmelze wird nach der Zugabe von Legierungselementen schneller homogen. Beim induktiven Schmelzen von Eisen- und Nichteisen-Metallen kommen Anlagen mit Anschlussleistungen zum Einsatz, die im 50 MW-Bereich liegen. Wegen der zur Einschmelzzeit proportionalen Wärmeverluste und Metalloxidationen werden hohe spezifische Schmelzleistungen (Anschlussleistung des Schmelzofens bezogen auf die Schmelzmasse) angestrebt, um den spezifischen Energieverbrauch (Elektroenergie bezogen auf die Masse der gewonnenen Schmelze) und die Materialverluste zu senken. Spezifische Schmelzleistungen bis zu 1 MWh/t sind nicht ungewöhnlich. Obwohl das Schmelzen von Stahlschrott im Lichtbogenofen energetisch günstiger als im Induktionsofen ist, wird häufig der Induktionsofen angewendet, weil dieser eine Reihe anderer Vorteile bietet:

- kein Verbrauch an Elektroden, Sauerstoff und Schlackenbildner
- geringerer Abbrand (Metalloxidation)
- leichteres und genaueres Legieren
- geringere Aufwendungen zur Staubfilterung und Entsorgung von Schlacke
- geringere Belastung des elektrischen Netzes durch Unsymmetrie, Oberwellen und Flicker.

Induktions-Tiegelofen

Der Wirkungsgrad eines Induktions-Tiegelofens, wie z. B. nach Bild 2.69, ist als Quotient von Schmelzen-Enthalpie zu der dem Versorgungsnetz entnommenen Energie definiert. Bei der Stahlschmelze beträgt der Wirkungsgrad 70-75 %. Die Verluste von 25 % setzen sich in etwa wie folgt zusammen:

- Netztrafo: 1,5 %
- Umrichter: 3 %
- Zuleitungen und Schwingkreiskondensator: 1,5 %
- Induktor: 15 %
- Verluste in der Ofenkonstruktion (parasitäre Wirbelströme in Kühlwindung, Blechpakethalterung und anderen metallischen Teilen sowie Ummagnetisierung im Blechpaket): 1 %
- Wärmeverluste: 3 %.

Eine Reduzierung der Wärmeverluste durch eine dickere Isolation hat eine schlechtere Ankopplung zur Folge und würde sich in höheren Spulenverlusten und damit einem geringeren elektrischen Wirkungsgrad niederschlagen.

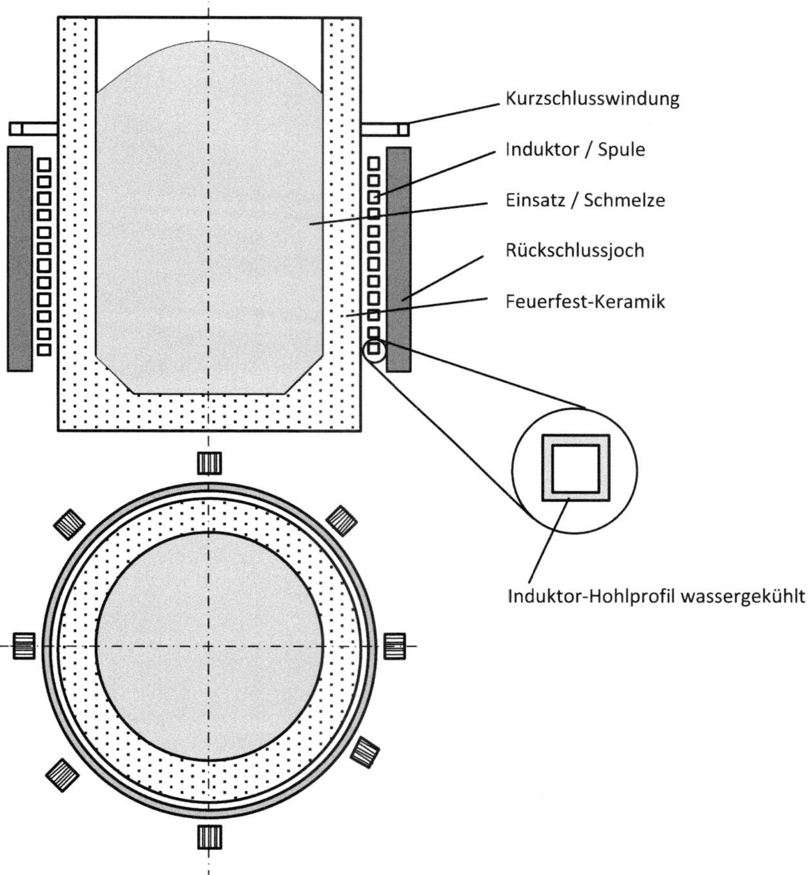

Bild 2.69: Induktions-Tiegelofen mit Kurzschlussring

Zur Minderung der Verluste in metallischen Konstruktionselementen wird der Kurzschlussring (s. **Bild 2.70**) eingebaut. Die Wirkung des Kurzschlussringes wird deutlich, wenn man sich diesen idealerweise supraleitend vorstellt. Dann gilt, dass der Spannungsabfall über den Kurzschlussring identisch null ist. Nach dem Induktionsgesetz muss folglich für den den Ring durchsetzenden Fluss $\omega\Phi = 0$ gelten. Der supraleitende Kurzschlussring wirkt folglich wie ein magnetisch dichter Deckel. Im Kurzschlussring fließt genau der Strom, der den eindringenden magnetischen Fluss kompensiert. Bei endlicher elektrischer Leitfähigkeit wird diese Wirkung natürlich nicht vollkommen erreicht.
Wegen der Windungssteigung der Spule und wegen der Anschlussleitungen treten am Tiegelofen alle Raumkomponenten des magnetischen Feldes auf. In Zylinderkoordinaten sind dies neben den Hauptkomponenten in r- und z-Richtung auch die azimutale Komponente in φ-Richtung, welche parasitäre Wirbelströme in den Blechpaketen und deren Halterung sowie anderen metallisch massiven Komponenten mit Abmessungen in Größenordnung der Eindringtiefe hervorrufen. Nach Abschnitt 2.3 ist es zur Minderung derartiger Verluste vorteilhaft, wenn diese Konstruktionselemente, die wegen der mechanischen Festigkeit aus Edelstahl bestehen, mit einer Kupferschicht der Stärke $1{,}4\,\delta$ überzogen sind.

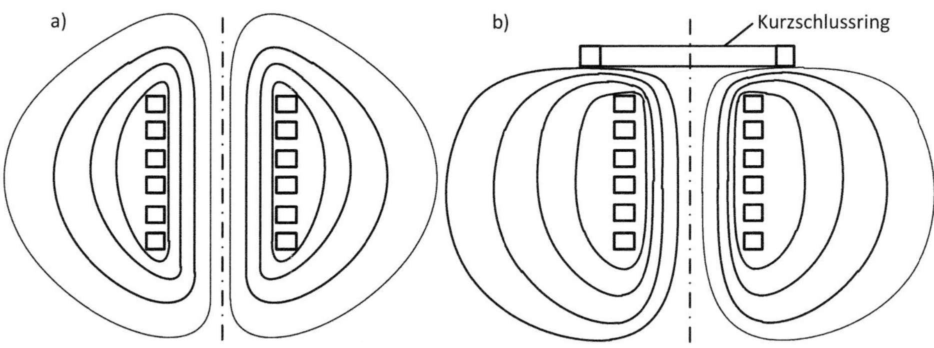

Bild 2.70: Wirkung des Kurzschlussringes

Ein Vorteil des Induktions-Tiegelofens ist das relativ leichte und genaue Legieren (Abstimmen der Schmelze mit Nichteisenelementen), das durch das magnetische Rühren mittels Lorentzkräften unterstützt wird (s. **Bild 2.71**). Die Hauptkomponente der Lorentzkraft $\vec{f_L} = \vec{J} \times \vec{B}$ ist eine r-Komponente, die auf die Spulenachse gerichtet ist. Wegen nachlassender Feldintensität an den Spulenenden bilden sich vier große Wirbel aus, die zu der typischen Badkuppe führen. Neben der begrenzten Stromdichte in den Induktorprofilen ist diese

Badkuppe ein begrenzender Faktor für die spezifische Schmelzleistung in kW/t Einsatzmasse.

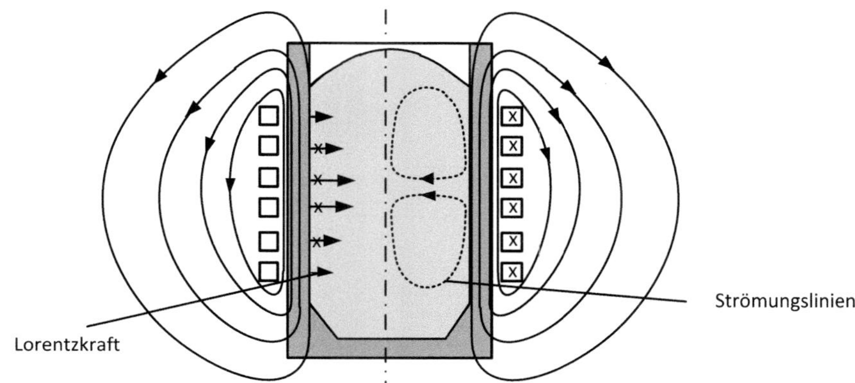

Bild 2.71: Schmelzenströmung im Tiegel

Große Induktions-Tiegelöfen haben elektrische Anschlussleistungen von über 40 MW. Damit wird ein spezifischer Energieverbrauch bei der Stahlschmelze von 600 kWh/t erreicht. Dieser spezifische Verbrauch liegt nur noch gering über dem des Lichtbogenofens. Da die Schmelze nicht höher als notwendig erhitzt wird, werden teure Legierungselemente, wie Nickel, Chrom und Mangan, geschont, die im Lichtbogenofen wegen der hohen Bogentemperaturen teilweise verbrennen.

Induktions-Rinnenofen

Der Rinnenofen nach **Bild 2.72** hat wegen des geschlossenen Magnetkreises einen hohen Wirkungsgrad und Leistungsfaktor. Beim Schmelzen von Gusseisen gilt $\eta = 0,85$ für den Rinnenofen und $\eta = 0,75$ für den Tiegelofen. Der Leistungsfaktor liegt beim Induktions-Rinnenofen im Bereich von $\cos\varphi > 0{,}7$ und beim Tiegelofen mit $\cos\varphi < 0{,}6$ deutlich darunter. Nennenswerte Nachteile gegenüber dem Tiegelofen sind die geringere spezifische Schmelzleistung und die Notwendigkeit, den Rinnenofen mit flüssiger Schmelze statt mit stückigem Material anzufahren.
Die spezifische Schmelzleistung des Rinnenofens wird unter anderem durch den Pincheffekt begrenzt. Das sind Lorentz-Kräfte, die durch das magnetische Eigenfeld des Rinnenstromes entstehen. Diese Kräfte sind radial zur Rinnenachse gerichtet und zum Quadrat des Stromes proportional (s. **Bild 2.73**).

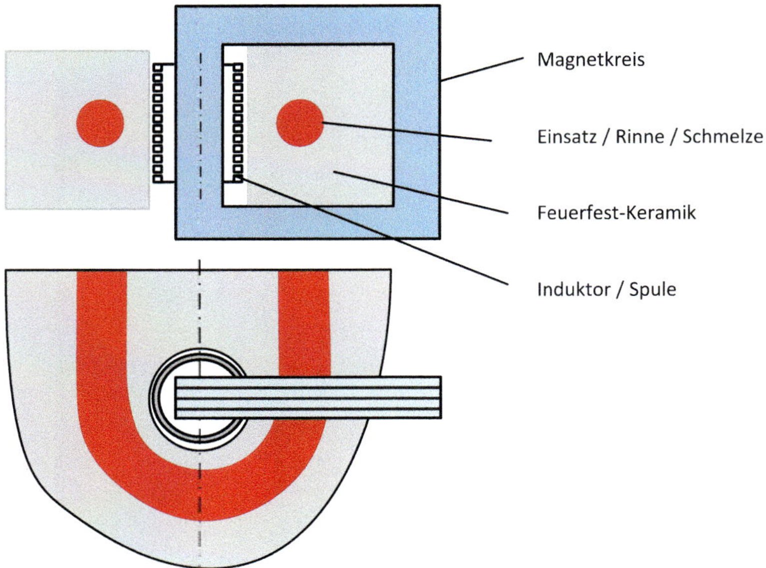

Bild 2.72: Induktions-Rinnenofen

Ab einer bestimmten kritischen Stromstärke, die vom lokalen hydrostatischen Druck der Schmelze abhängt, wird durch diese Lorentzkräfte die Schmelze lokal eingeschnürt, wodurch an gleicher Stelle die Stromdichte und damit die einschnürenden Lorentzkräfte weiter zunehmen. Dieser instabile Zustand führt unmittelbar zu einer Unterbrechung des Stromflusses. In der Praxis darf es soweit nicht kommen. Durch die sehr hohen Stromdichten und den Lichtbogen bei Unterbrechung der metallischen Stromleitung wird Schmelzmaterial verdampft, was zu zerstörerischen Eruptionen führt.

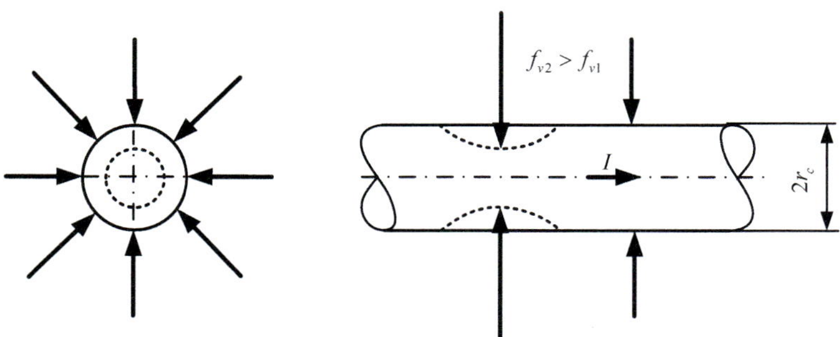

Bild 2.73: Pincheffekt

Abschätzung zum Auftreten des Pincheffektes: Es wird eine Schmelzrinne mit kreisförmigen Querschnitt nach Bild 2.73 betrachtet. Die Stromdichte wird als Mittelwert über der Eindringtiefe aufgefasst.

$$\bar{J} = \frac{I}{2\pi r_c \delta} \tag{2.339}$$

Der Mittelwert der magnetischen Feldstärke im angenommenen stromleitenden Gebiet ergibt sich aus der Annahme, dass die Stromdichte für $r < (r_c - \delta)$ Null ist.

$$\bar{H} = \frac{1}{2}\frac{I}{2\pi r_c}. \tag{2.340}$$

Daraus folgt die volumenspezifische Lorentzkraft zu

$$f_{Lv} = \bar{J}\mu_0\bar{H}. \tag{2.341}$$

Der Pincheffekt wird eingeleitet, sobald der elektromagnetische Druck p_{em} größer als der hydrostatische Druck p_{hy} wird. Der elektromagnetische Druck ergibt sich aus der Integration der Lorentzkraft über den Radius. Mit den betrachteten Mittelwerten vereinfacht sich diese Integration zu einer Multiplikation mit der Eindringtiefe.

$$p_{em} = f_{Lv}\delta \tag{2.342}$$

Mit (2.339) bis (2.341) eingesetzt in (2.342) ergibt dies einen von der Eindringtiefe unabhängigen Ausdruck:

$$p_{em} = \frac{I^2\mu_0}{2(2\pi r_c)^2} \tag{2.343}$$

Die instabile Mitkopplung ist gut zu erkennen. Eine Verminderung von r_c hat sofort einen Anstieg des elektromagnetischen Druckes zur Folge. Der hydrostatische Druck ergibt sich aus der Höhe der Schmelze h über der Schmelzrinne und dem Luftdruck mit p_{air}= 0,1 MPa.

$$p_{hy} = \varrho g h + p_{air} \tag{2.344}$$

Zahlenbeispiel:
Rinnenstrom $I = 150\,\mathrm{kA}$
Radius vom Rinnenquerschnitt $r_c = 50\,\mathrm{mm}$

Dichte der Aluminium-Schmelze $\varrho = 2400\,\mathrm{kg/m^3}$

Mit diesen Werten ergibt sich ein elektromagnetischer Druck von $p_{em} = 0{,}14\,\mathrm{MPa}$. Das bedeutet, dass nach (2.344) die Schmelze die Rinne um mindestens 1,5 m übersteigen muss.

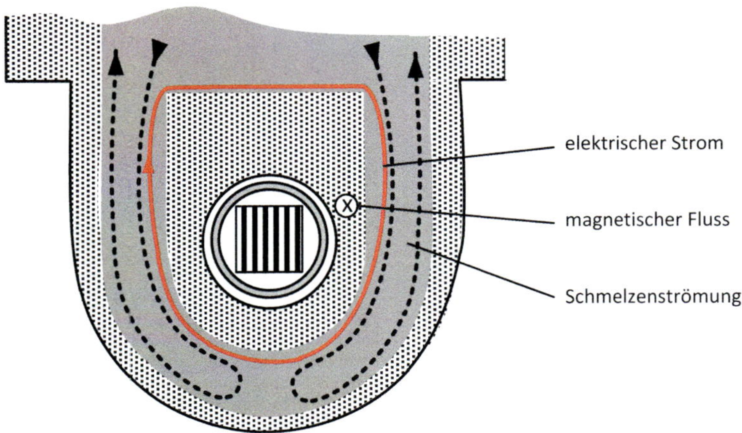

Bild 2.74: Strömung der Schmelze im Induktions-Rinnenofen

Ein weiterer die Schmelzleistung begrenzender Faktor ist, dass der Rinnenquerschnitt nicht resultierend durchströmt wird. D. h., der summarische Durchsatz durch den Rinnenquerschnitt ist gleich null. Die Schmelze, die an einem Rinnenast eintritt, tritt in gleicher Menge am gleichen Ast aus (s. **Bild 2.74**). Es ist auch theoretisch nachweisbar, dass es keinen integralen Wirbel für die Lorentzkraft wie bei den Stromlinien bzw. der elektrischen Feldstärke gibt. Dies bedeutet, dass es am Umlenkpunkt, das ist die Stelle, wo die beiden Rinnenäste zusammentreffen, zu einer höheren lokalen Schmelzentemperatur kommt. Diese unterschiedlichen Temperaturen und Strömungsverhältnisse in der Schmelzrinne führen auch dazu, dass sich die Rinne an bestimmten Stellen auswäscht und an anderen Stellen mit Oxiden verschiedener Art zusetzen kann.

Zonenschmelzen

Beim Zonenschmelzen nach **Bild 2.75** wird ein polykristalliner Stab zu einem nahezu perfekten Einkristall, z. B. aus Silizium, lokal umgeschmolzen. Der Stab wandert dabei von oben nach unten durch den Induktor, wobei sich eventuelle Verunreinigungen im oberen Polystab anreichern. Es werden Einkristalle mit einem Durchmesser bis zu 500 mm (unterer Stab) erreicht. Hohe Anforderungen werden dabei an die Konstanz des Induktorstromes sowie gleichmäßige Bewegungen (Rotationen, Translationen) und saubere Umgebung (Vakuum) gestellt.

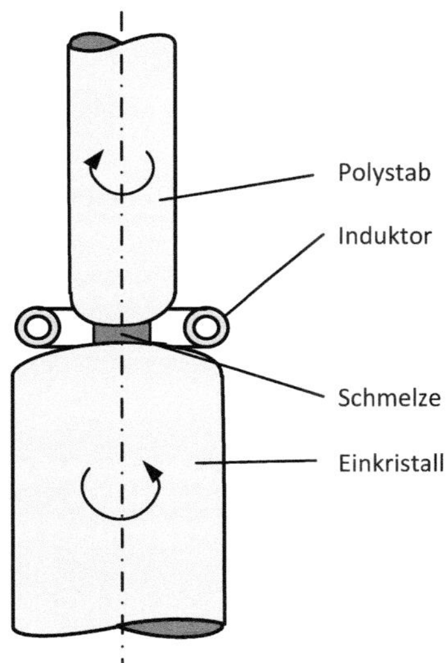

Bild 2.75: Zonenfloating zum Züchten von Einkristallen

Schwebeschmelzen

Das Schmelzen ohne Tiegel (s. **Bild 2.76**) ist bei solchen Materialien besonders erwünscht, die bei der Schmelztemperatur mit dem Tiegelmaterial stark reagieren. Dies führt zum Verschleiß des Tiegels und zur Verunreinigung der Schmelze. Der Induktor kann so gestaltet werden, dass die Lorentzkräfte die integrale Schwerkraft einer Schmelze von mehreren Kilogramm problemlos kompensieren können. Leider können diese Kräfte nicht so verteilt werden, dass sie wie ein Gefäß wirken. Die durch die Oberflächenspannung der Schmelze zusammen gehaltene Masse beschränkt sich daher auf wenige Gramm. Das ist in etwa so, als ob man eine dünne Suppe mit einer Gabel essen wollte.

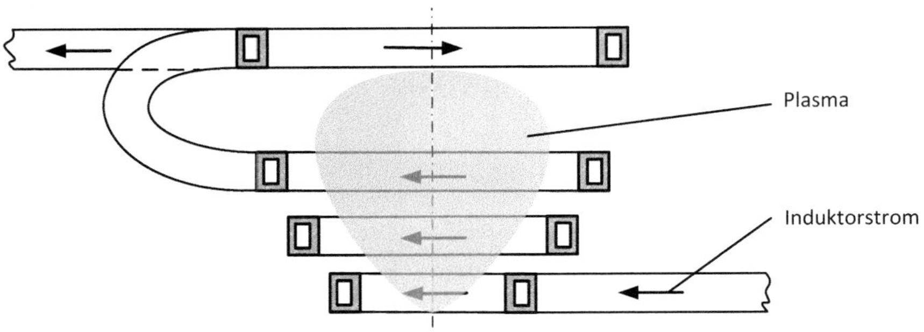

Bild 2.76: Schwebe-Schmelzen; obere Windung hat einen entgegengesetzten Wickelsinn

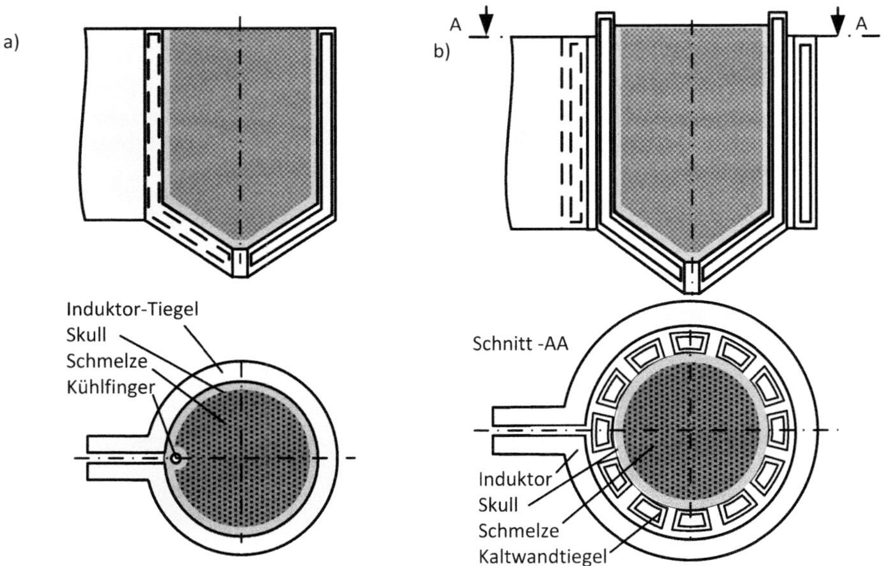

Bild 2.77: Schmelzen in erstarrter Schmelze: a) Induktortiegel, b) Kaltwandtiegel

Schmelzen im kalten Tiegel

Ein Ausweg, Verunreinigung und Tiegelverschleiß zu vermeiden, besteht darin, dass im Schmelzgut selbst geschmolzen wird. Dies ist nur möglich, wenn durch intensive Kühlung das Schmelzgut am Rand und am Boden nicht den Schmelzpunkt erreicht. Das nicht geschmolzene Schmelzgut wird Skull genannt und schützt die Schmelze vor Verunreinigungen und den Tiegel bzw. Induktor vor Beschädigung durch die heiße Schmelze. Beim Induktor-Tiegel nach **Bild 2.77 a** dient ein einwindiger Induktor gleichzeitig als Kühler für das Schmelzgut. Allerdings muss hier durch einen zusätzlichen Kühlstab, auch als „Kühlfinger" bezeichnet, dafür gesorgt werden, dass im Anschlussbereich keine Kurzschlüsse auftreten, denn die elektrische Feldstärke ist hier hoch und die Kühlwirkung nicht so intensiv. Beim Kaltwand-Tiegel nach Bild 2.77 b werden zwischen Induktor und Schmelzgut wassergekühlte Kupferstege angeordnet, die in radialer Richtung voneinander elektrisch isoliert sind. Es wird klar, dass beide Anordnungen energetisch wenig effektiv sind, da ein großer Teil der eingebrachten Energie als Wärme abgeführt werden muss. Hohe Schmelztemperaturen bis zu 3000 °C z. B. von Oxiden und hohe Anforderungen an die Reinheit der Schmelzen rechtfertigen derartige Aufwendungen.

2.7.3 Durchwärmen

Auch bei den Durchwärm- und Glühprozessen wird eine möglichst kurze Prozesszeit angestrebt. Da es mit der induktiven Erwärmung unmöglich ist, die Wärmequellen im Gut homogen zu verteilen, kann mit Rücksicht auf die zulässige Maximaltemperatur die Leistung nicht beliebig gesteigert werden. Der Temperaturausgleich durch Wärmeleitung bestimmt somit die Prozesszeit, die in der Regel höher als die Zeit ist, welche zur Materialbehandlung, z. B. zur Gefügeumwandlung, notwendig ist. In **Bild 2.78** ist der typische zeitliche Verlauf von Kern- und Oberflächentemperatur eines Bolzens gezeigt, der mit einem umschließenden Induktor erwärmt wird. Die Kerntemperatur erreicht die Solltemperatur (beim Schmieden von Stahl etwa 1200 °C) verzögert und bestimmt somit die Prozesszeit. Dabei muss die als konstant angenommene induzierte Leistung so gewählt werden, dass die Oberflächentemperatur einen zulässigen Höchstwert ϑ_{max} nicht übersteigt.

Bei steuerbarer Leistung und zuverlässiger Erfassung der Oberflächentemperatur kann dagegen die Prozesszeit wesentlich reduziert werden. Es wird mit

maximaler Leistung begonnen und bei Erreichen der maximalen Oberflächentemperatur wird die Leistung in der Art vermindert, dass die maximale Oberflächentemperatur solange konstant gehalten wird, bis die Kerntemperatur den Sollwert erreicht. Den geschilderten zeitlichen Ablauf kann man sich auch für einen Vorschubprozess über den Weg vorstellen (statt t steht der Weg x).
Mit der Wahl der Frequenz bzw. der Eindringtiefe kann auf eine effektive Durchwärmung Einfluss genommen werden. Als Richtwert wird das Verhältnis von Durchmesser zu Eindringtiefe angegeben.

$$D/\delta \approx 3,5 \tag{2.345}$$

Wird dieser Wert zu hoch, so ist wegen der zu kleinen Eindringtiefe eine Homogenisierung der Temperatur hauptsächlich über Wärmeleitung möglich. Ist dagegen der Wert zu klein, so vermindert sich der elektrische Wirkungsgrad. So vielfältig wie die geometrischen Formen der Werkstücke und Rohlinge sind, die erwärmt oder geglüht werden sollen, so vielfältig sind auch die dazu entwickelten Induktoren und Steuerungsverfahren. Einige Beispiele sollen dies verdeutlichen.

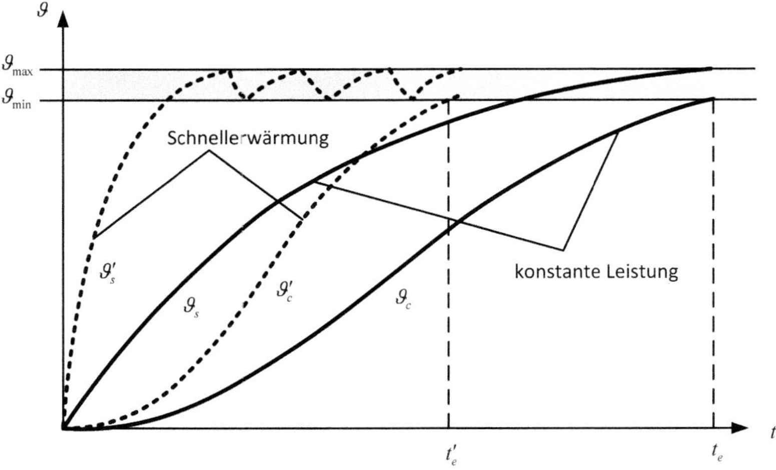

Bild 2.78: Induktives Erwärmen von Blöcken oder Stangen mit konstanter Leistung (durchgezogene Linien) und mit nach der Oberflächentemperatur geregelter Leistung (gepunktete Linien)

Blockerwärmung

Das induktive Erwärmen von Blöcken und Brammen mit kreisförmigem, quadratischem oder rechteckigem Querschnitt kann im Stand oder im Vorschub erfolgen.
Beim Strangpressen von Profilen in einem Extruder müssen große Blöcke aus Aluminium-Knetlegierungen bis kurz vor der Schmelztemperatur möglichst rasch (Verluste durch Abstrahlung und Oxidation) erwärmt werden. Die Blöcke bestehen beispielsweise aus $AlCuSiMn$, $AlCuMn$, $AlMgSi$, $AlZnMg$ und haben Durchmesser von bis zu 0,8 m und eine Länge von bis zu 2,6 m. Sie werden in der Regel im Stand mit einem umschließenden Induktor erwärmt. Die verfahrenstechnische Herausforderung besteht darin, diese Blöcke unter Beachtung der entstehenden Umformungswärme, mit einem solchen Temperaturprofil im Bereich von ca. 600 bis 650 °C induktiv zu erwärmen, damit das Material am Extruder die gewünschte Temperatur aufweist. Es darf weder zu kalt sein (Beschädigung des Extruders), noch darf es vorzeitig zerfließen.
Im Stahlwerk müssen oftmals Brammen zwischen den einzelnen Walzengängen nachgewärmt werden. Da hier die Vorschubgeschwindigkeiten und Querschnitte relativ hoch sind, werden hohe Leistungen und lange Induktoren mit Leistungen pro Strang im MW-Bereich (mehrere hintereinander angeordnete Induktoren) erforderlich.

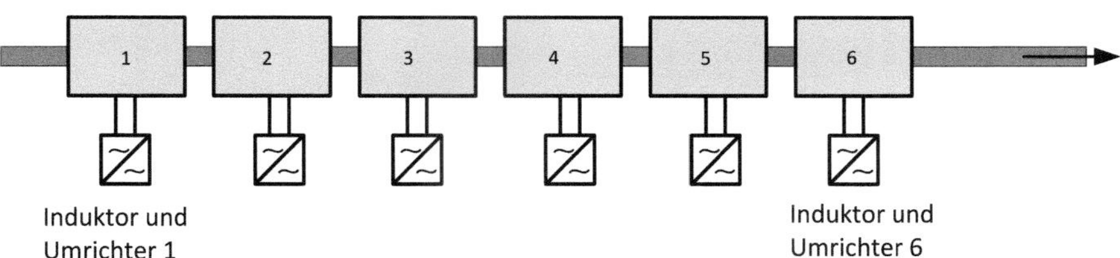

Bild 2.79: Induktives Erwärmen von Blöcken oder Stangen

Beim Schmieden müssen kurze Rohlinge mit kreisförmigem oder quadratischem Querschnitt auf Schmiedetemperatur (ca. 1200 °C) gebracht werden. Dabei darf die Differenz von Kern- und Oberflächentemperatur nicht zu hoch sein (ca. 50 K). In **Bild 2.79** ist eine aus mehreren Induktoren bestehende Schmiede-Blockerwärmung dargestellt. Anspruchsvolle Steuerungen sind erforderlich, wenn die Menge der fehlerwärmten Blöcke beim Anfahren (kalte Feuerfest-Auskleidung), Stillstand (z. B. Störung an der Schmiedepresse) und

Abfahren (Werkzeugwechsel, Schichtschluss) minimiert werden soll. Steuerparameter sind hierbei die Leistungen der Einzelinduktoren und die Vorschubgeschwindigkeit.

Erwärmung von Profilen

Profile, wie z. B. Eisenbahnschienen, müssen oftmals zwischen den einzelnen Walzstufen nachgewärmt werden. Wegen der stark unterschiedlichen Krümmung entlang der Profilkontur kommt es bei einem umschließenden Induktor zu unterschiedlichen Eindringtiefen bzw. Oberflächenleistungen. Da außerdem die Wärmeableitung ins Innere des Profils aufgrund unterschiedlicher wirksamer Querschnitte variiert, kann sich eine ungleichmäßige Temperaturverteilung entlang der äußeren Kontur des Profils ergeben. Deswegen werden oftmals mehrere nicht umschließende Induktoren entlang der Profilkontur eingesetzt, deren optimale Geometrie mittels numerischer Simulation bestimmt wurde. Da beim nachfolgenden Walzgang das Ende eines bis zu 100 m langen Profils (Eisenbahnschiene) längere Zeit abkühlt als der Anfang, besteht eine weitere steuerungstechnische Aufgabe darin, beim induktiven Nachwärmen einen Temperaturanstieg vom Anfang bis zum Ende des Profils aufzuprägen. Große Anschlussleistungen mit bis zu einigen MW werden für das induktive Nachwärmen im Stahlwerk erforderlich.

Stangenerwärmung im magnetischen Querfeld

Die sogenannten Schraubenfedern in Fahrzeugen werden in einem Wickelvorgang von auf Schmiedetemperatur erwärmten Stahlstangen gefertigt. Zum Beginn dieses sehr rasch ablaufenden Wickelvorganges muss die Stahlstange in ihrer gesamten Länge gleichmäßig auf Schmiedetemperatur erwärmt worden sein. Das funktioniert mit den Induktoren, wie sie für die Blockerwärmung nach Abschnitt 2.7.3 verwendet werden, nicht gut. Deshalb werden hier sogenannte Querfeldinduktoren nach **Bild 2.80** angewandt. Der induzierte Strom fließt hier längs der Stange auf einer Seite hin und auf der anderen zurück. Die Wärmequellenverteilung hat deshalb entlang des Umfanges zwei Maxima und zwei Nullstellen. Falls die intensive azimutale Wärmeleitung für einen Temperaturausgleich nicht ausreicht, muss für eine Drehbewegung der Stangen im Induktor gesorgt werden.

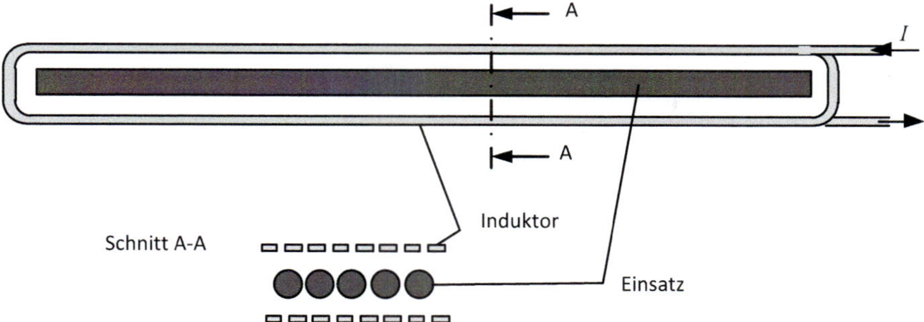

Bild 2.80: Induktives Erwärmen von Stangen im Querfeldinduktor

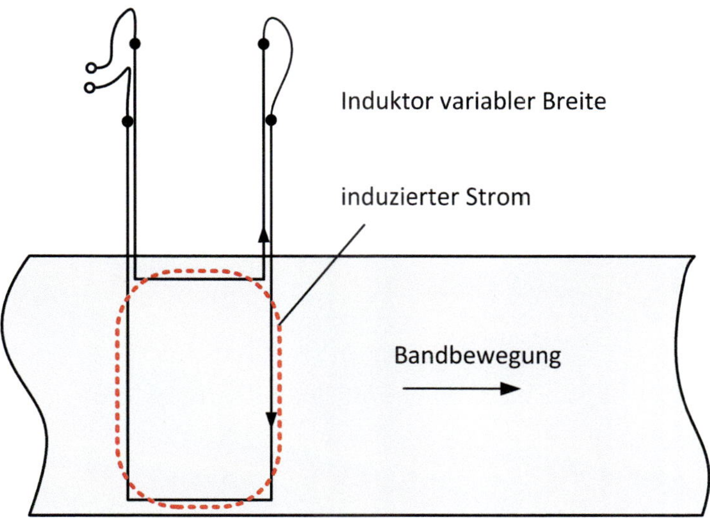

Bild 2.81: Induktives Erwärmen von Bändern mit einem anpassbaren Induktor; ober- und unterhalb des Bandes kann je ein Induktor angeordnet sein

Erwärmung von Drähten und Bändern

Die induktive Erwärmung von Drähten mit einem umschließenden Induktor ist relativ einfach, falls mit der Frequenz das optimale Verhältnis von Drahtdurchmesser zu Eindringtiefe nach (2.345) erreicht wird. Bei dünnen Bändern kann es mit einem umschließenden Induktor Probleme geben, wenn die mit (2.345) gegebene Bedingung (Bandstärke s entspricht der charakteristischen Länge D) mit der verfügbaren Frequenz nicht realisierbar ist. Außerdem kann es an den Bandkanten zu einer Temperaturerhöhung kommen, weil am Umkehrpunkt des induzierten Stromes ein höherer Wärmeeintrag erfolgt. Auch hier können Querfeldinduktoren nach **Bild 2.81** erfolgreich eingesetzt werden. Dabei kann die Banddicke s etwa so groß wie die Eindringtiefe sein. Eine gleichmäßige Erwärmung über der Bandbreite ist durch die beiden Stromwirbel nicht von vornherein gegeben. Die Bandkanten können eine zu hohe oder zu geringe Temperatur annehmen. Mögliche Einflussgrößen auf eine Vergleichmäßigung der Temperatur sind im Bild 2.81 angedeutet. Hier sind die stellbare Breite des oberen und unteren Induktors und der gegenseitige Versatz beider Induktoren die gezeigten Möglichkeiten. Außerdem kann mit magnetischen Rückschlussjochen über dem oberen und unter dem unteren Induktor (im Bild 2.81 nicht dargestellt) Einfluss genommen werden.

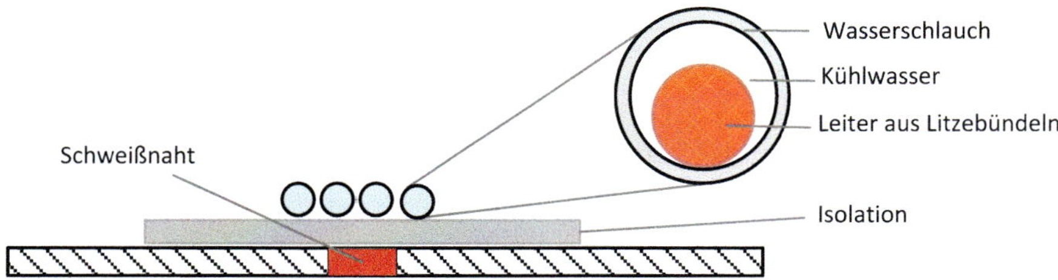

Bild 2.82: Induktives Glühen mit flexiblen Induktoren

Glühen von Schweißnähten

Große Anlagenteile, wie beispielsweise chemische Reaktionsgefäße, können oftmals erst vor Ort, also auf der Baustelle verschweißt werden. Das Gefüge in der Umgebung der Schweißnaht muss wegen der gewünschten homogenen Festigkeit normalisiert, d. h. geglüht werden. Dies kann mit flexiblen Induktoren erfolgen. Der Leiter eines flexiblen Induktors ist im einfachsten Fall ein Wasserschlauch, in dem neben dem Kühlwasser noch eine Kupferlitze Platz findet. Die zu normalisierende Schweißnaht wird mit einer Wärmedämmmatte abgedeckt und darüber der Induktorleiter in einer oder mehreren Windungen gewickelt (s. **Bild 2.82**). Da die Impedanz des Induktors stark von den unterschiedlichen Einsatzbedingungen abhängt, muss auf eine möglichst variable Anpassung mit beispielsweise stellbaren Übertragern oder anpassungsfähigen Speisequellen (s. Abschnitt 4.6) geachtet werden.

2.7.4 Härten und Anlassen

Beim Härten unterscheidet man drei Verfahrensschritte: 1. Erwärmen auf Härtetemperatur, 2. Halten und 3. Abschrecken mit einer Abkühlgeschwindigkeit größer als die kritische Abkühlgeschwindigkeit. Bei ausreichender Erwärmung von Stahl wechselt das Gefüge des Eisengitters von kubisch-raumzentriert nach kubisch-flächenzentriert. Die im Eisen gelösten Kohlenstoffatome diffundieren in diesem Zustand in das kubisch-flächenzentriert Eisengitter. Wird nun schnell genug abgeschreckt, so geht das Eisengitter in den kubisch-raumzentrierten Zustand zurück. Nicht alle Kohlenstoffatome schaffen es, aus dem Gitter auszutreten. Diese verbleibenden Kohlenstoffatome führen zur Verzerrung des Eisengitters und der Kristall wird tetragonal verspannt. Das ist die Ursache für die große Härte des sich ausbildenden Martensit-Gefüges.

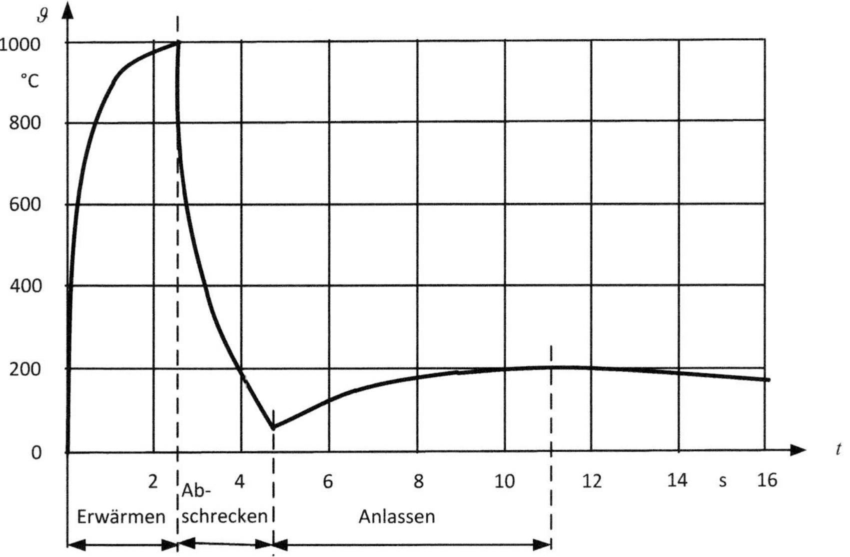

Bild 2.83: Typischer zeitlicher Temperaturverlauf beim Härten von Stahl

Das induktive Härten ist wegen der erreichbaren hohen Flächenleistungsdichte bis zu 10 kW/m^2 eine oftmals konkurrenzlose technologische Anwendung, insbesondere wenn Randschichten gehärtet werden sollen. Die Leistungsdichte kann so hoch und die Eindringtiefe so klein gewählt werden, dass sehr dünne Schichten mit Stärken im Bereich von 10 µm gehärtet werden können. Dann ist auch eine sogenannte Selbstabschreckung durch intensive Wärmeableitung in des Innere des Werkstücks möglich. Aus diesen Gründen kommen die Vorteile des induktiven Härtens gegenüber alternativen Technologien, wie beispielsweise dem Flammenhärten, zur Geltung, falls nur eine relativ dünne Randschicht und nicht das gesamte Bauteil durchzuhärten ist. Dafür hat sich die Bezeichnung induktives Oberflächenhärten oder treffender induktives Randschichthärten etabliert.

Kohlenstoffstahl mit einem Kohlenstoffanteil von mindestens 0,3 % kann gehärtet werden, wenn er etwa den zeitlichen Temperaturverlauf nach **Bild 2.83** durchläuft. Die Austenitisierungs-Temperatur beträgt etwa 900-950 °C.

Das Härteergebnis hängt offensichtlich nicht nur von der Eindringtiefe ab. Leistungsdichte und Zeit bestimmen wegen der parallel ablaufenden Wärmeleitung die Tiefe, bis zu der die Austenitisierungs-Temperatur erreicht wird. Diese Tiefe wird Einwärmtiefe genannt. Die Tiefe der sich ergebenden Härteschicht, die Einhärtetiefe, hängt ihrerseits von der Dauer und der Intensität des Abschreckens ab. Weshalb sich eine etwas kleinere Einhärtetiefe als Einwärmtiefe ergibt.

Gegenüber dem Einsatzhärten, als ein alternatives Härteverfahren in einem Ofen spezieller Atmosphäre, z. B. Stickstoff, ist beim induktiven Härten die Prozesszeit wesentlich kürzer und der Wärmeeintrag geringer. Dadurch sind der Verzug des Werkstücks und die Oxidation der Werkstückoberfläche geringer, weshalb einige Nachbearbeitungen entfallen.

Anspruchsvoll wird das induktive Härten, wenn eine komplizierte Oberflächengeometrie der zu härtenden Werkstücke vorliegt. Aber auch hier werden mit gut angepasster Geometrie von Induktor und Magnetleiter, richtiger Höhe von Induktorstrom und Frequenz erstaunlich gute Härteergebnisse erzielt. In **Bild 2.84** ist beispielgebend eine zweidimensionale Aufgabe zum Härten des Gleitbettes einer Führungsschiene gezeigt. Hier kommt es darauf an, die Abmessungen a bis l sowie den Induktorstrom, seine Frequenz, die Vorschubgeschwindigkeit und schließlich die Abschreckintensität so zu bestimmen, dass eine homogene Härtezone über der gesamten Breite des Gleitbettes entsteht. Diese Optimierungsaufgabe kann mithilfe der numerischen Berechnung gekoppelter Felder gelöst werden. Dazu muss sowohl das zweidimensionale elektromagnetische Feld mit stark nichtlinearen Stoffwerten zur Berechnung der Wärmequellen als auch der zeitliche Temperaturverlauf (analog zu Bild 2.83) in jedem Punkt des zu härtenden Gebietes bestimmt werden. Zum Letzteren gehört auch der Abschreckvorgang, bei dem der Wärmeübergangskoeffizient zwischen Abschreckmedium (Wasser, Öl, Emulsion oder Luft) und zu härtender Oberfläche mit seiner Temperaturabhängigkeit vorab zu ermitteln ist. Nur wenn alle Punkte des zu härtenden Gebietes den geforderten Temperaturgang (beispielsweise den nach Bild 2.83) durchlaufen, entsteht in ihrer unmittelbaren Umgebung das harte Martensitgefüge. Dieses soll beispielsweise homogen auf der Oberfläche des Gleitbettes und bis zu einer bestimmten Tiefe, der sogenannten Einhärtetiefe, verteilt sein. Im genannten Beispiel müsste das Optimierungsfunktional die Abweichung der Härte von einem vorgegebenen Wert von allen vorbestimmten Punkten des Gleitbettes erfassen. Die oben genannten Optimierungsparameter müssen nun so lange variiert werden, bis ein globales Minimum des Optimierungsfunktionals erreicht ist.

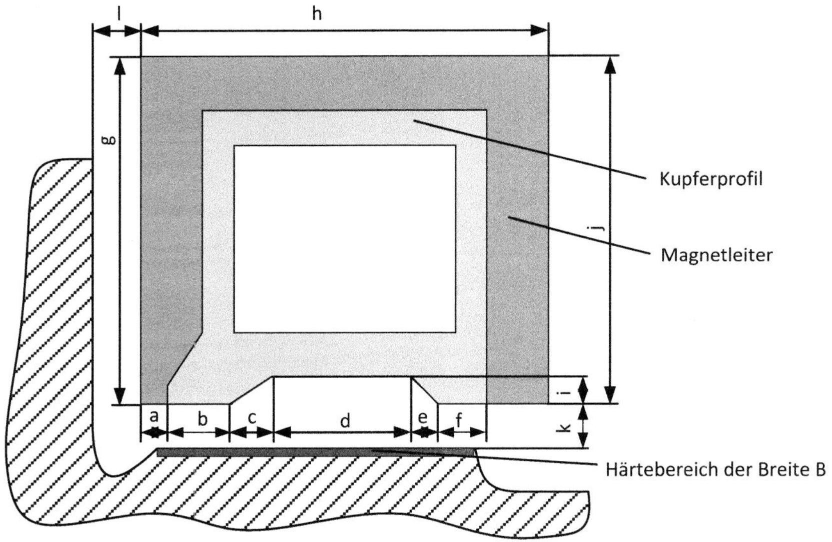

Bild 2.84: Optimierungsvariable für gleichmäßige Härte über der Bettbreite B der Führungsschiene; die Abmessungen a-l sind Variablen für eine konstruktive Optimierung

Ein weiteres charakteristisches Beispiel zum induktiven Randschichthärten ist das Härten der Lagerstellen von Kurbelwellen (s. **Bild 2.85**). Das kann nach Bild 2.85 a im Stand (Kurbelwelle dreht sich nicht) mit einem Klappinduktor (umschließender Induktor) oder nach Bild 2.85 b mit einem u-förmig gebogenen Schaleninduktor bei sich drehender Kurbelwelle erfolgen. Hier „reitet“ der Induktor auf der Lagerstelle. Beim Klappinduktor müssen an der Verbindungsstelle der beiden halbkreisförmigen Stromschleifen genügend starke Kontaktkräfte aufgebracht werden, damit der Kontaktwiderstand und damit die Verluste klein genug werden. Außerdem kann an der Stelle der Stromzuführung eine Abweichung der Härte über dem Umfang der Lagerstelle auftreten, weil hier das elektromagnetische Feld durch die Anschlussleitungen gestört wird. Wegen der Auf- und Ab- sowie Hin- und Her-Bewegung des Schaleninduktors müssen längere flexible und wassergekühlte Anschlüsse vorgesehen werden. Außerdem ist der elektrische Wirkungsgrad wegen der ungünstigeren Ankopplung (nicht umschließender Induktor) geringer.

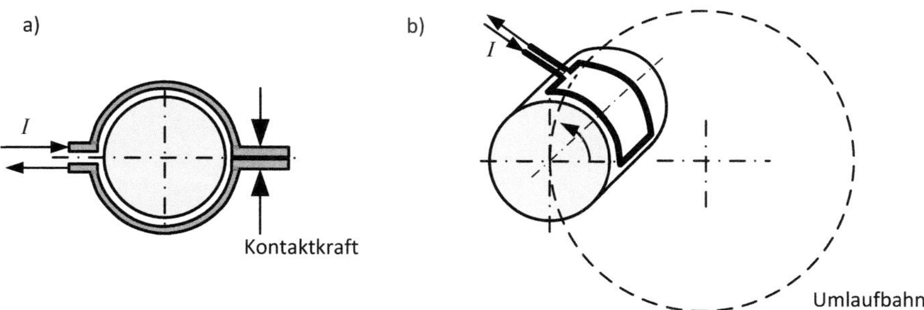

Bild 2.85: Oberflächenhärten der Lagerstellen von Kurbelwellen: a) im Stand mit dem umschließenden Klappinduktor, b) mit einem u-förmigen Induktor auf der rotierenden Kurbelwelle „reitend"

Weitere Beispiele für des induktive Härten sind:

- Standhärten von Ventilen (Verbrennungsmotor) und Schneidwerkzeugen
- Vorschubhärten von Wellen, Walzen, Rohren oder Spindeln: Die rotierenden Werkstücke durchlaufen einen oder mehrere Induktoren und werden anschließend abgeschreckt.
- Härten von Zahnrädern und Getriebeschnecken mit umfassenden Rundinduktoren oder Einzelzahninduktoren: Bei der Einzelzahnhärtung kann auf unterschiedliche Härtegrade an Zahnspitze, Zahnflanke und Zahngrund mit mehreren Induktoren unterschiedlicher Frequenz reagiert werden.

Detaillierte Hinweise zur Praxis des induktiven Oberflächenhärtens sind z. B. in [2] zu finden.

2.7.5 Löten und Schweißen

Induktives Löten: Das induktive Hart- und Weichlöten findet insbesondere in der Großserienfertigung Anwendung. Sogenannte Handinduktoren für geringe Stückzahlen sind jedoch ebenfalls bekannt. Detaillierte Hinweise zum induktiven Löten sind in [27] zu finden.

Rohrschweißen: Zum induktiven Rohrschweißen wird ein Metallband (z. B. aus Aluminium) so durch mehrere Rollenpaare gezogen, damit dieses die Form eines Rohres annimmt. Vor dem letzten Rollenpaar, wo sich die beiden Bandkanten gerade noch nicht berühren, befindet sich ein umschließender Induktor. Die von diesem Induktor induzierten Ströme sind im **Bild 2.86** dargestellt. Das induktive Rohrschweißen ist besonders effizient, weil die im Werkstück induzierten Wirbelströme genau am Schweißpunkt die höchste Dichte haben, weshalb hier der größte Teil des Energieumsatzes erfolgt.

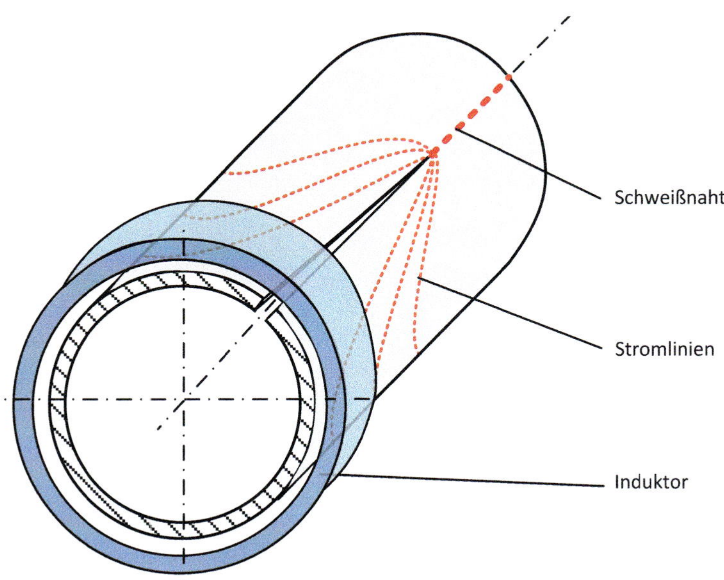

Bild 2.86: Stromlinien beim induktiven Rohrschweißen; Induktoranschlüsse und formgebende Rollenpaare nicht dargestellt

2.7.6 Induktives Plasma

Auch in einem elektromagnetischen Wechselfeld entsteht bei einer genügend hohen elektrischen Feldstärke und einem ionisierbaren Gas (z. B. Argon, Stickstoff) sowie einer geeigneten Zündung ein Plasma (s. Kapitel 6). Für diese Form der Plasmaerzeugung hat sich international die Bezeichnung ICP (engl. *Inductively Coupled Plasma*) durchgesetzt. Eine einfache Anordnung dazu zeigt **Bild 2.87**. Wegen des Skin-Effekts bildet sich ein leitfähiger Ring aus. Für kleinere Radien ist die induzierte elektrische Feldstärke zu klein, um die notwendige Ionisierungsenergie zu erreichen. Im äußeren Bereich zwischen Plasma und Begrenzungswand (hier Quarzglas) ist das Gas elektrisch bereits nicht mehr leitend, weil die Temperatur durch die niedrige Wandtemperatur abgesenkt wird.

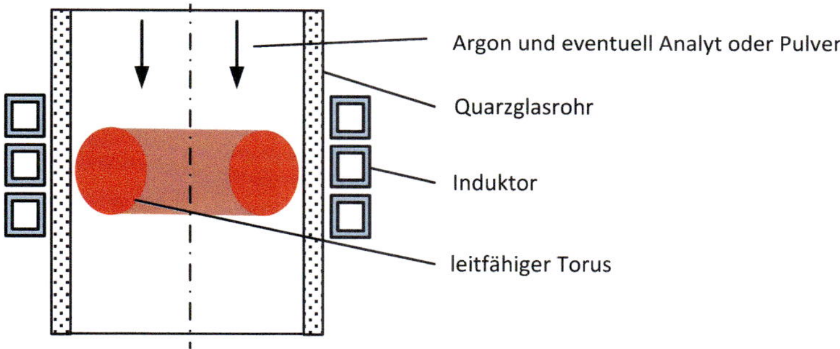

Bild 2.87: Induktiv gekoppeltes Plasma

Um die Ionisation in Gang zu setzen, bedarf es einer Zündquelle. Am einfachsten wird hierzu ein dünnes Stück Eisen in das Feld des Induktors gebracht. Dieses glüht durch die induzierten Wirbelströme rasch auf und erzeugt durch emittierte Elektronen in seiner Umgebung ein Initial-Plasma, das sich sofort durch weitere Ionisationen zu dem dargestellten Ring ausweitet. Die äquivalente Eindringtiefe kann nach (2.2) berechnet werden. In **Tabelle 2.3** sind die elektrischen Leitfähigkeiten einiger Trägergase bei 10 000 K und die daraus resultierenden Eindringtiefen aufgeführt. Mit den angegebenen Eindringtiefen kann bei einem Ringdurchmesser des Plasmas von einigen cm folglich vom Modell des Halbraums für eine genäherte Berechnung der Induktorimpedanz ausgegangen werden.

Tabelle 2.3: Spezifischer elektrischer Widerstand einiger Trägergase bei 10 000 K nach [26] und die sich daraus ergebende Eindringtiefe bei 5 MHz

Trägergas	ρ $\Omega\text{mm}^2/\text{m}$	δ mm
Argon	330	3,4
Stickstoff	390	4,4
Wasserstoff	500	5,0

Die induzierte elektrische Feldstärke unterschreitet am Anfang und am Ende einer jeden Halbwelle die zur Aufrechterhaltung des Plasmas notwendige Feldstärke (s. **Bild 2.88**).

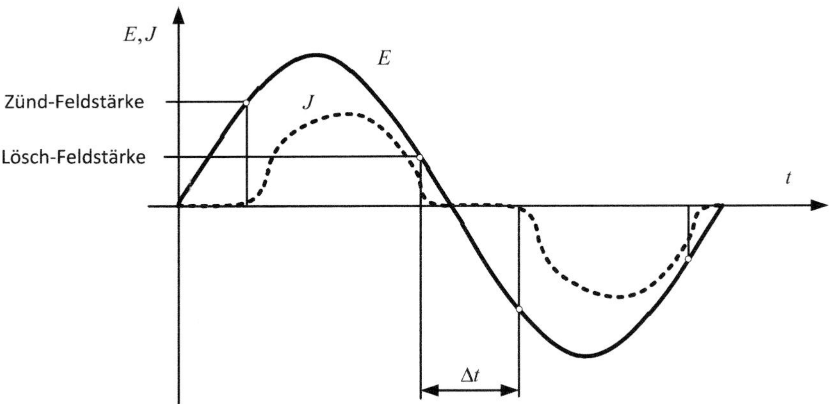

Bild 2.88: Prinzipieller Zeitverlauf von elektrischer Feldstärke und Stromdichte beim Zünden und Verlöschen des Plasmas

Wenn der zeitliche Abstand Δt bis zum Erreichen einer für das erneute Zünden ausreichenden Mindestfeldstärke nicht zu groß ist, kann ein quasi stationäres Plasma aufrechterhalten werden. Die notwendige Feldstärke zur Aufrechterhaltung dieses Plasmas hängt vom Druck, der Gasart, der sich einstellenden Temperatur und der thermischen Trägheit des Plasmas ab. Je größer die Masse und folglich die thermische Energie des induktiven Plasmas ist, desto größer kann auch Δt werden. Damit ergibt sich ein Zusammenhang von Leistung P und Frequenz f, der in **Bild 2.89** für einige Gase und Drücke dargestellt ist.

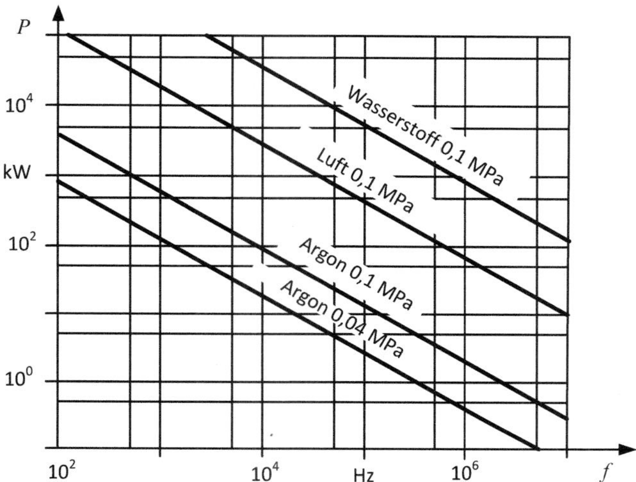

Bild 2.89: Abhängigkeit der Mindestleistung von der Frequenz eines induktiv gekoppelten Plasmas nach [26]

Der entscheidende Vorteil des induktiven Plasmas gegenüber dem Lichtbogen-Plasma besteht darin, dass keine Verunreinigungen durch die Elektroden (Anode, Kathode) auftreten. Deshalb ist ein bevorzugtes Anwendungsgebiet die Massenspektrometrie. Hier wird die Probe (Analyt) als Aerosol zusammen mit einem Trägergas (meist Argon) in das Feld des Induktors geblasen. Der Analyt und das Trägergas Argon werden hauptsächlich durch Zusammenstöße von im elektromagnetischen Feld beschleunigten Elektronen mit Atomen ionisiert. Es werden Temperaturen bis zu 10 000 °C erreicht. Der ionisierte bzw. angeregte Analyt sendet bei der Rekombination (Gegenteil von Ionisation) oder seiner Abregung (Gegenteil von Anregung) eine für die jeweiligen Atome typische Strahlung aus, woraus auf seine Zusammensetzung geschlossen werden kann. Außer Argon sind nahezu keine Fremdatome zu erwarten, was die Analyse wesentlich verbessert.

Weitere Anwendungen sind das Plasmaspritzen und das Phäroidisieren. Gegenüber dem Lichtbogenplasma haben die mit dem Pulver zugegebenen Teilchen eine geringere Geschwindigkeit und somit längere Aufenthaltsdauer im Plasma. Sie verlassen deshalb das Plasma mit einer geringeren Viskosität und verlaufen besser auf der zu beschichtenden Fläche. Da keine Rücksicht auf Elektroden genommen werden muss, sind auch Beschichtungen mit reaktiven Materialien denkbar. Wenn die im Plasma erschmolzenen Teilchen genügend lange ungestört im freien Fall verbleiben, so erstarren sie zu einer idealen Kugelform. Auf diese Weise kann aus einem Pulver mit Teilchen, die viele Kanten und Spitzen haben, ein solches mit kugligen Teilchen erzeugt werden. Wegen der endlichen Länge des ICP dürfen die Ausgangsteilchen nicht zu groß sein, damit sie während des freien Falls im Plasma vollkommen aufschmelzen. Bei ICP-Generatoren von einigen kW sind dies Abmessungen von ca. 0,1 mm.

2.7.7 Indirekte Erwärmung

Elektrisch nicht leitende Materialien können induktiv nicht erwärmt werden. Wenn trotzdem die Induktionserwärmung eingesetzt werden soll, so muss ein metallisches Trägermaterial zwischen Gut bzw. Werkstück und Induktor eingebracht werden. Das metallische Trägermaterial gibt über die Mechanismen der Wärmeübertragung (hauptsächlich Wärmeleitung) Wärme an das Gut bzw. Werkstück ab. Deshalb wird diese Technologie als indirekte Induktionserwärmung bezeichnet. Beispiele hierfür sind das induktive Kochen oder das Beheizen von großen Stahlwannen zum Feuerverzinken. Weitere Anwendungen werden im Teil 2 des Buches behandelt.

2.8 Arbeits-und Maschinensicherheit

Zum Schutz des Bedienpersonals, z. B. vor unzulässigen Berührungsspannungen und Feldstärken, und zum Schutz der Anlagen bzw. Maschinen, z. B. vor unzulässige Erwärmung, sind die üblichen Überwachungssysteme und Schutzeinrichtungen für elektrotechnische Anlagen und Geräte erforderlich. Dazu gehören beispielsweise Sicherungen und Einrichtungen, die elektrische Verbindungen zwischen betriebsmäßig stromführenden metallischen Teilen und betriebsmäßig nicht stromführenden Teilen detektieren (z. B. Fehlerstrom-Überwachung). Auf drei für die Induktionserwärmung typische Gefahren soll hier näher eingegangen werden.

2.8.1 Induzierte Körperströme

In der Umgebung von Induktionserwärmungsanlagen können hohe Flussdichten in Verbindung mit solchen Frequenzen auftreten, die eine Gefährdung des Bedienpersonals durch induzierte Körperströme hervorrufen können. Dabei ist zu beachten, dass beim Betrieb elektronischer Wechselrichter Harmonische mit Vielfachen der Grundfrequenz entstehen. Es sind daher die gesetzlichen Grenzwerte, z. B. nach DIN VDE 0848, sowohl für die Grundwelle als auch für die Harmonischen einzuhalten. In dieser Vorschrift sind der Expositionsbereich 1 für kontrollierte Arbeitsplätze und der Expositionsbereich 2 für Wohnbereiche, Büros u. ä. zu unterscheiden. Die Frequenzabhängigkeit der Grenzwerte zeigt **Bild 2.90**. Neben einer Verminderung der Harmonischen (beispielsweise nur resonante schaltende Wechselrichter einsetzen) sind Koaxialkabel für Leitungen und elektromagnetische Schirme in Form von Kupferplatten oder Kurzschlussringen (s. Abschnitt 2.7.2) wirksame Mittel.

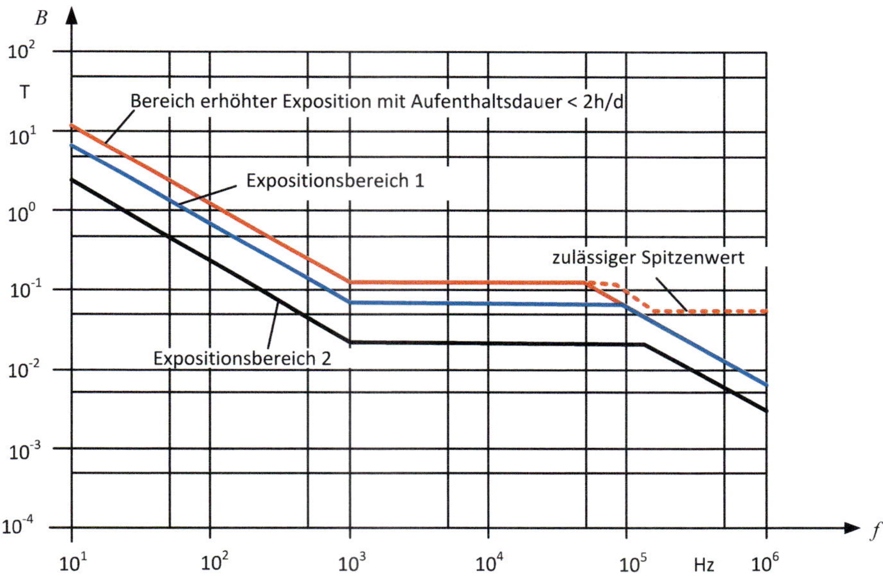

Bild 2.90: Zulässige magnetische Flussdichte in der Umgebung von induktiven Erwärmungsanlagen

2.8.2 Kapazitive Ableitströme

Flächige Einsätze, wie z. B. Bleche, können im elektromagnetischen Wechselfeld fortlaufend auf- und umgeladen werden, wenn diese isoliert sind und nicht geerdet werden können (s. **Bild 2.91**). Werden diese Werkstücke berührt, kann ein kapazitiver Körperstrom fließen. Dieser Strom ist relativ schwach. Er kann jedoch zu neuronalen Erregungen führen, was sich in Kribbeln oder Muskelzucken äußert. Durch eine geerdete Schirmelektrode, in der sich jedoch nahezu keine Wirbelströme ausbilden sollten, kann dieser kapazitive Strom vermieden werden. Die Schirmelektrode kann beispielsweise aus einer einseitig geschlitzten, dünnen, schwach leitfähigen Folie bestehen.

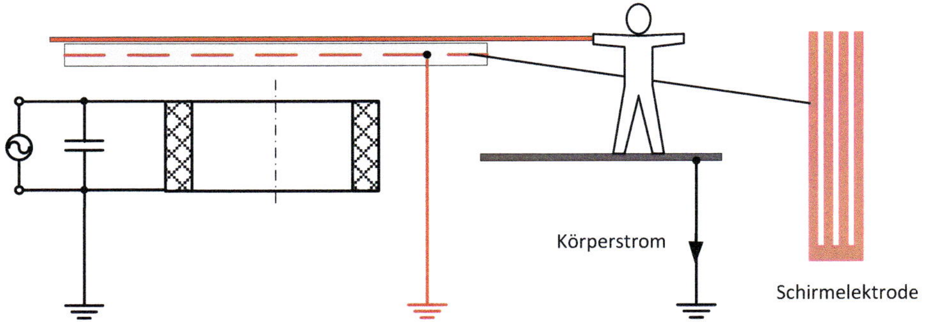

Bild 2.91: Mögliche Körperströme und einseitig geschlitzte Schirmelektrode; ohne geerdete Schirmelektrode ist der kapazitive Körperstrom viel höher

2.8.3 Eruption metallischer Schmelzen

Wenn eine heiße Metallschmelze (bei Stahl 1600 °C) mit Kühlwasser zusammentrifft, kann dies verheerende Folgen haben. Falls der dabei entstehende Wasserdampf nicht sofort entweichen kann, wird ein sehr hoher Druck aufgebaut. Dies kann in ungünstigen Fällen zu einer Explosion führen. Außerdem wird das Wasser vom unedleren Metall reduziert, weshalb Metalloxid und Wasserstoff entstehen. Beispielsweise ergibt sich bei einer Eisenschmelze $H_2O + Fe \rightarrow FeO + H_2$. Der dabei entstehende Wasserstoff kann mit dem bei einer Explosion zugänglichen Luftsauerstoff (Knallgas) zu Wasser reagieren, was die explosive Wirkung zusätzlich erhöht. Diese blitzartig ablaufenden Reaktionen führen zum Auswurf sehr heißer Stoffe, die eine Zerstörung der sehr teuren Anlagen und tödliche Unfälle zur Folge haben können. Sicherheitsvorkehrungen, die auch im rauen Schmelzbetrieb zuverlässig funktionieren, sind deshalb geboten.

Es sollen hier einige Überwachungsprinzipien vorgestellt werden, die alle auf einer Kontrolle der elektrischen und thermischen Isolation zwischen Schmelze und wassergekühlten Bauteilen, wie Induktor, Kühlzylinder usw., basieren. Für den Tiegel des Tiegelofens bzw. die Schmelzrinne beim Rinnenofen werden

Isolationsverbünde verwendet, die zum größten Teil aus keramischen Materialien (Feuerfest-Materialien) und eventuell zusätzlichen elektrischen Isolationsschichten (z. B. Glimmer) bestehen. Die Keramik ist hier eine Substanz, die sich aus unterschiedlichsten Oxiden (Aluminium-, Magnesium-, Titan-, Zirkon-Oxid) und Nicht-Oxiden, wie Carbide, Nitride, Boride und Silicide, zusammensetzt. Ihre Eigenschaft hängt neben der Zusammensetzung vor allem von der Verfahrensweise ihrer Herstellung ab. Voraussetzung für das Funktionieren der nachfolgenden Überwachungsprinzipien ist, dass die eingesetzten Keramiken eine starke Zunahme der elektrischen Leitfähigkeit (Ionenleitung) mit der Temperatur aufweisen. Dabei sollte dieser positive Temperaturkoeffizient der elektrischen Leitfähigkeit möglichst in dem Temperaturbereich liegen, der über die vorgesehene Einsatztemperatur hinausgeht. Beispiel: Einsatztemperatur 400 °C, die elektrische Leitfähigkeit nimmt bei einer Temperaturerhöhung um 200 K um mehr als vier Zehnerpotenzen zu. Wenn durch Defekte und/oder Alterung des Isolationsverbundes die Schmelze näher an ein wassergekühltes Bauteil rückt, so wird sich in diesem Bereich eine erhöhte elektrische Leitfähigkeit ausbilden. Dies gilt es zu erfassen.

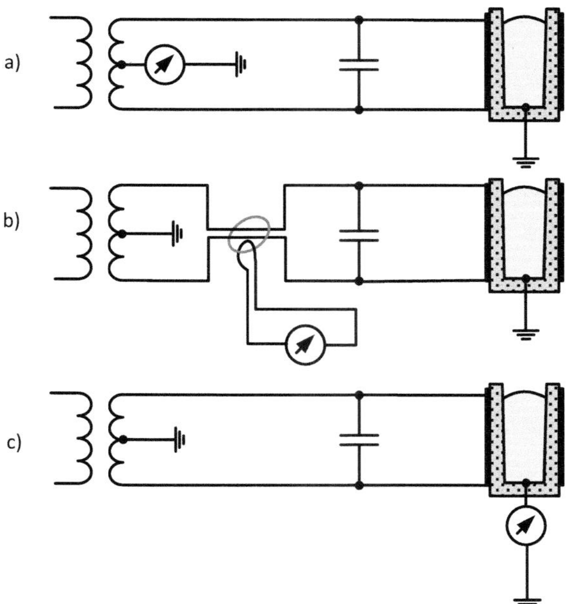

Bild 2.92: Messung von Fehlerströmen bei einer geerdeten Schmelze

Messung von Fehlerströmen

Bei einer geerdeten Schmelze führt eine nachlassende elektrische Isolation zwischen Induktor und Schmelze zu höheren Fehlerströmen. Fehlerströme können nach **Bild 2.92** am zentralen Erdpunkt, z. B. der Speisequelle, als Null-Summen-Strom oder gezielt am Erdungspunkt der Schmelze gemessen werden. Während am zentralen Erdungspunkt auch vom Kondensator oder der Speisequelle selbst hervorgerufene Fehlerströme erfasst werden, ist die Null-Summen-Messung etwas spezifischer. Aber auch hier werden noch Fehlerströme erfasst, die nicht nur durch eine an den wassergekühlten Induktor heranrückenden Schmelze entstehen. Das wären beispielsweise Fehlerströme vom Induktor zu den magnetischen Rückschluss-Jochen oder vom Induktor zum metallischen Ofengehäuse. Am günstigsten ist es daher, den Fehlerstrom direkt am Erdungspunkt der Schmelze zu erfassen. Allerdings darf sich hierbei keine weitere unerwünschte Brücke zwischen Schmelze und Erde (z. B. durch eindringende Schmelze beim Abgießen) ausbilden.

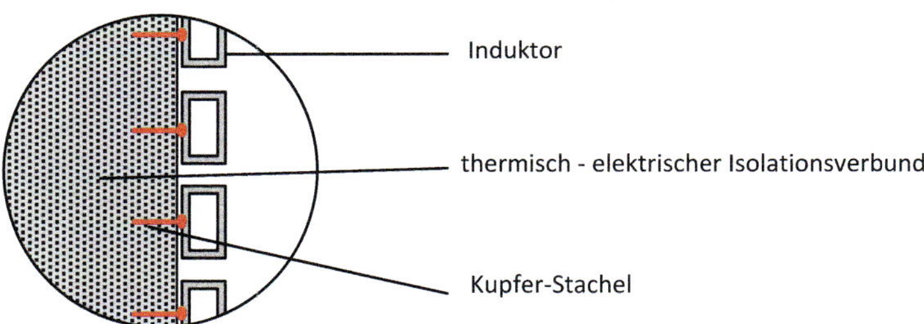

Bild 2.93: Überwachung der elektrischen Isolation zwischen Schmelze und Induktor

Um die Empfindlichkeit dieses Überwachungsprinzips zu verbessern, können an der der Schmelze zugewandten Seite des Induktorprofils Metallstifte angeschweißt werden (s. **Bild 2.93**).

Voraussetzung für eine Überwachung des Isolationsverbundes mit einer Fehlerstrommessung ist eine Kontaktierung der Schmelze. Diese Kontaktierung ist nicht unproblematisch. Wird ein zu dünner Leiter für die Erdung verwendet, so kann dieser an der Phasengrenze Schmelze-Feuerfestmaterial zersetzt und mit schlecht leitenden Oxiden überdeckt werden. Ein zu dicker Leiter führt Wärme ab, dass zu einer verstärkten Auflösung des Feuerfestmaterials im Bereich des Leiters führen kann. Es wäre dann eine zusätzliche Wasserkühlung des Kontaktes erforderlich.

Isolationskontrolle mittels Elektroden

Mit zusätzlichen Elektroden kann der elektrische Widerstand in sicherheitsrelevanten Gebieten des Isolations-Verbundes gemessen und damit die Temperatur abgeschätzt werden. Mit der Elektrodenanordnung nach **Bild 2.94** wird ein flächenhaftes Gebiet in einem Isolationsverbund überwacht.

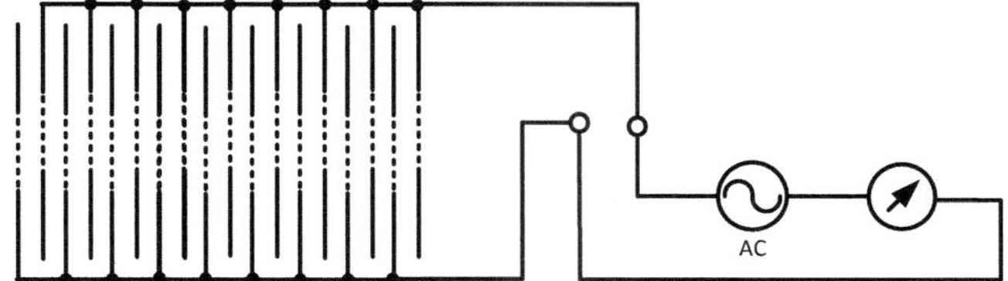

Bild 2.94: Zwei Elektrodenkämme überwachen eine Fläche im Isolationsverbund

Mit einzelnen Elektroden, die, wie im **Bild 2.95** dargestellt, vertikal ausgerichtet im Isolations-Verbund eines Induktions-Tiegelofens angeordnet sind, kann der Ort einer Temperaturerhöhung auf eine Linie eingegrenzt werden. Je mehr derartige Elektroden azimutal eingebaut werden, desto genauer kann die Linie einer erhöhten Temperatur bestimmt werden. Anstelle der vertikalen Ausrichtung können die Elektroden auch in Form einer einwindigen Spirale angeordnet werden.

Theoretisch wäre es folglich mit zwei gekreuzten Anordnungen (links und rechtsdrehend) möglich, Höhe und Winkel und damit den Ort erhöhter Temperatur zu bestimmen. Das klingt verlockend, denn damit wäre die Möglichkeit gegeben, Defekte in Feuerfestzustellung eines Induktionsofens genau zu lokalisieren, gezielt zu reparieren, die Standzeit zu verlängern und die Betriebskosten zu senken. Allerdings wird hier bereits deutlich, dass an den Kreuzungspunkten der Elektroden eine zusätzliche gegenseitige Isolation erforderlich ist, die sich ungünstig auf die Empfindlichkeit auswirkt.

An dieser Stelle muss noch erwähnt werden, dass der Einbau von Elektrodensystemen in den von einem starken elektromagnetischen Wechselfeld durchsetzten Isolationsverbund nicht simpel ist. Die Isolationsdicke des Verbundes darf in der Regel nicht erhöht werden, denn das würde zu Lasten des elektrischen Wirkungsgrades gehen. Außerdem ist zu bedenken, dass jede Elektrode das elektrische Feld beeinflusst.

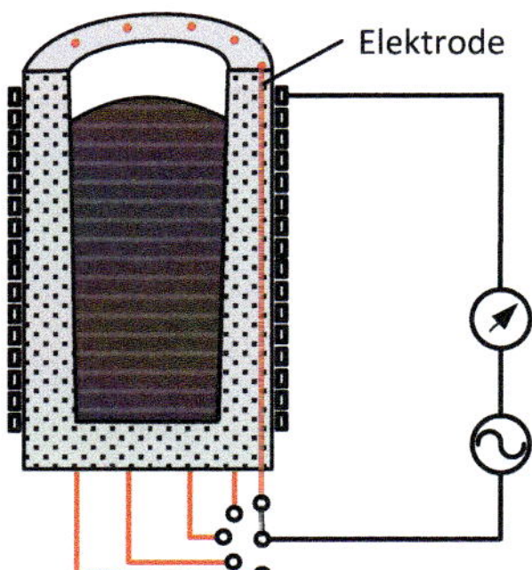

Bild 2.95: Elektroden im Isolationsverbund eines Tiegelofens; Schmelzen-Annäherung wird erkannt

Eine vertikale Elektrode beim oben erwähnten Tiegelofen „überbrückt“ die gesamte Induktorspannung, die mit relativ geringen Abständen zur unteren und oberen Windung beherrscht werden muss. In einer spiralförmig verlegten Elektrode wird die gesamte Windungsspannung induziert. In den Messkreis werden wegen des praktisch dreidimensionalen Wechselfeldes Spannungen mit der Betriebsfrequenz und deren Harmonische induziert. Schließlich sorgen noch Polarisationsspannungen bei einer Messung mit Gleichspannung für Störungen.

Bei bestimmten konstruktiven Gegebenheiten ist es nicht notwendig, spezielle Elektroden einzulegen, weil diese quasi bereits vorhanden sind. Beispielsweise kann beim Rinnenofen ein isoliertes Segment des Kühlzylinders als Elektrode aufgefasst werden (s. **Bild 2.96**). Dazu muss der Kühlzylinder allerdings gegenüber allen anderen metallischen Bauteilen isoliert eingebaut sein. Auch die einzelnen Segmente (hier zwei) müssen gegeneinander isoliert sein. Außerdem muss ein elektrischer Kontakt zur Schmelze vorhanden sein, um die problematische Zone zwischen Schmelzrinne und wassergekühltem Kühlzylinder überwachen zu können.

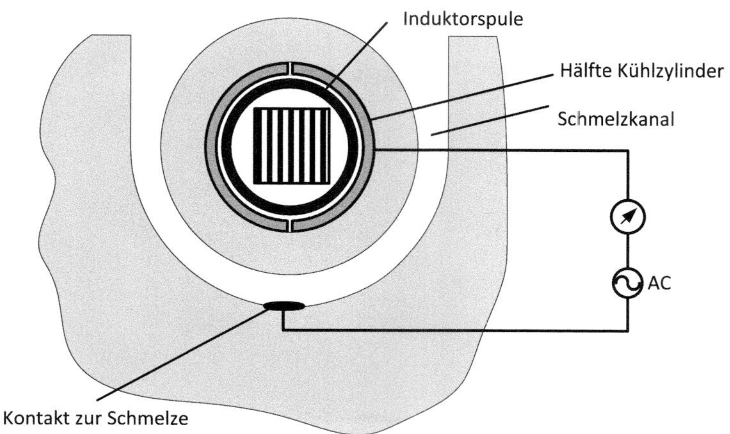

Bild 2.96: Eine Hälfte des Kühlzylinders bildet eine Elektrode

Temperaturkontrolle mittels Elektrodenpaaren

Noch genauer lassen sich Bereiche erhöhter Temperatur lokalisieren, wenn Elektrodenpaare in den Isolationsverbund eingelegt werden. Hierbei gibt es zwei konstruktiv unterschiedliche Varianten. Die Elektrodenpaare können nach **Bild 2.97** blank in parallel laufenden Nuten in den Isolationsverbund eingelegt werden. In der zweiten Variante nach Bild 2.97 b werden die Elektroden in Form einer Zweidrahtleitung mit einer heiß leitenden Isolation zwischen den beiden Einzelleitern und einer hitzebeständigen, elektrisch isolierenden Umhüllung verlegt. Jedes Elektrodenpaar deckt ein linienförmiges Gebiet ab. Auch hier müssen bei einer flächendeckenden Überwachung mehrere Elektroden-Paare nebeneinander angeordnet werden. Wie bei den Einzelelektroden ist bei gekreuzten Elektrodenpaaren eine gute Verortung einer Stelle erhöhter Temperatur möglich. Die zu beherrschenden Schwierigkeiten sind allerdings mit denen der Einzelelektroden vergleichbar.

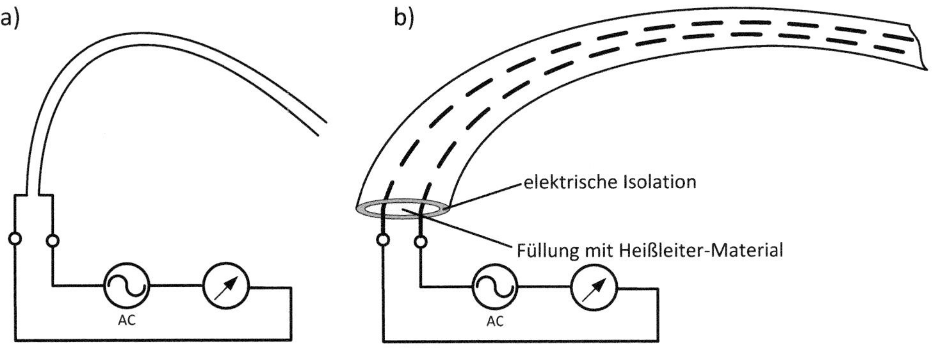

Bild 2.97: Elektrodenpaare

2.9 Magnetische Erwärmung

Zum Schluss dieses Kapitels soll noch eine völlig andere Art der induktiven Erwärmung vorgestellt werden.

2.9.1 Prinzip

Wenn in einem magnetischen Gleichfeld ein elektrisch leitender Körper bewegt wird, so werden in diesem Wirbelströme der Gestalt ausgebildet, dass sie über die Lorentzkraft $\overrightarrow{f_L} = \overrightarrow{J} \times \overrightarrow{B}$ die Bewegung zu bremsen versuchen (bekannt als Wirbelstrombremse). Die Wirbelströme erzeugen Joule´sche Wärme. Es erfolgt eine Wandlung von mechanischer Energie in Wärme. Im **Bild 2.98** ist der bewegte Körper ein Vollzylinder, der im magnetischen Gleichfeld mit der Feldstärke B_{ex} rotiert. Da das magnetische Feld möglichst stark sein soll, wird es in der Regel mit supraleitender Spulen erzeugt. Der Antrieb des Zylinders erfolgt mit Asynchronmotoren, denen ein Frequenzumformer vorgeschaltet ist. Damit kann auch bei niedrigen Drehzahlen noch die Nennleistung des Asynchronmotors abgerufen werden. In **Bild 2.99** ist das Magnetfeld gezeigt, das mit der Finite-Elemente-Methode berechnet wurde. Die induzierten Wirbelströme verzerren das ursprünglich homogene Magnetfeld zu einem Feld mit x- und y-Komponenten. Dieses numerische Rechenbeispiel für einen rotierenden Vollzylinder mit einer Leitfähigkeit von $8 \cdot 10^6$ S/m, einen Durchmesser von

0,1 m, einer Winkelgeschwindigkeit von 314 1/s und einer äußeren magnetischen Flussdichte von 0,3 T ergab eine mechanische Wellenleistung und thermische Feldleistung von $P_{me} = P_{th}$ =124 kW.

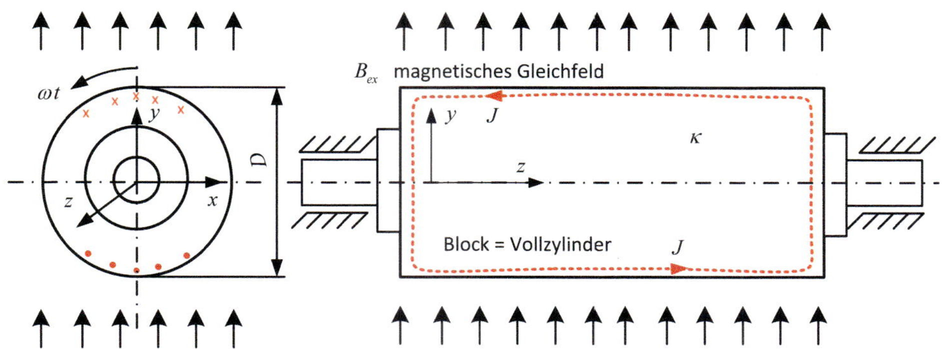

Bild 2.98: Rotierender Vollzylinder im magnetischen Gleichfeld

2.9.2 Vor- und Nachteile

Die Verluste bei der magnetischen Erwärmung sind im Asynchronmotor, dem vorgelagerten elektronischen Frequenzwandler sowie als Reibungsverluste hauptsächlich in den beiden den Vollzylinder tragenden Lagern und als Wärmeabgabe des Vollzylinders an die Umgebung bzw. in Richtung der Einspann-Backen zu finden. Die eigentliche mechano-thermische Energiewandlung ist frei von Verlusten. Große Asynchronmotoren haben Wirkungsgrade bis zu 97 %. Der Wirkungsgrad der Frequenzwandler liegt in der gleichen Größenordnung. Daher kann ein sehr guter Gesamtwirkungsgrad erreicht werden. Für industrielle Anlagen wird ein totaler Wirkungsgrad für die magnetische Erwärmung von etwa 80 % angegeben, der auch die Bereitstellung des Kühlmittels für die Kühlung der supraleitenden Spulen beinhaltet. Dieser hohe Wirkungsgrad kann mit der Induktionserwärmung nicht annähernd erreicht werden. Der ideale Wirkungsgrad wurde mit (2.12) abgeschätzt. Für die Materialien Kupfer (Induktor) und Aluminium (Block) ergibt sich danach ein idealer Wirkungsgrad von 69 %, der ideale Kopplung voraussetzt und in den weder Wärmeverluste noch die Verluste des Frequenzwandlers eingehen.
Die Drehzahl des Asynchronmotors kann bei nahezu konstanter Leistung mit dem Frequenzwandler weit abgesenkt werden, sodass größere Eindringtiefen als

bei 50 Hz erzielt werden. Das führt zu einer gleichmäßigeren Erwärmung des Blockes bzw. zu verkürzten Ausgleichszeiten. Allerdings kann auch mit einem Frequenzwandler für $f < 50\,\text{Hz}$ bei der induktiven Erwärmung eine noch größere Eindringtiefe erreicht werden. Dabei geht die Leistung sowohl bei der magnetischen Erwärmung mit niedrigeren Drehzahlen als auch bei der induktiven Erwärmung mit niedrigen Frequenzen zurück, falls die magnetische Feldstärke im Luftspalt bzw. der Erregung nicht entsprechend erhöht werden kann.
Bei variablen Blockdurchmessern muss bei der magnetischen Erwärmung keine Umstellung der Einrichtung vorgenommen werden, wohingegen bei der induktiven Erwärmung ein Induktorwechsel notwendig wird, um eine gute Ankopplung (geringe Blindleistung) beizubehalten.
Weil sich durch die Umformungsarbeit der Strangpresse die Temperatur des restlichen Blockes erhöht, kann nur eine gleichbleibende Umformtemperatur erzielt werden, wenn ein axialer Temperaturgradient bei der Erwärmung aufgeprägt wird. Bei der magnetischen Erwärmung ist ein axial fallender oder ansteigender Leistungseintrag nicht so einfach realisierbar. Dies gelingt bei der induktiven Erwärmung wesentlich besser.
Wegen der axialen Haltekräfte kann der zylindrische Block nur bis zu der Temperatur magnetisch erwärmt werden, bei der seine Druckfestigkeit höher als der Druck der Spann-Backen ist. Bei der induktiven Erwärmung muss der Block nur seiner eigenen Schwerkraft standhalten und kann folglich auf eine höhere Temperatur bis zum thixotropen Zustand erwärmt werden.

2.9.3 Anwendungen

In Presswerken werden magnetische Erwärmer eingesetzt, um große zylindrische Blöcke aus Kupfer oder Aluminium für das nachfolgende Pressen auf Umformtemperatur zu erwärmen. Es werden dabei Blöcke mit Durchmessern bis zu 1 m und Längen bis zu 2 m bei Leistungen bis zu 500 kW verarbeitet.

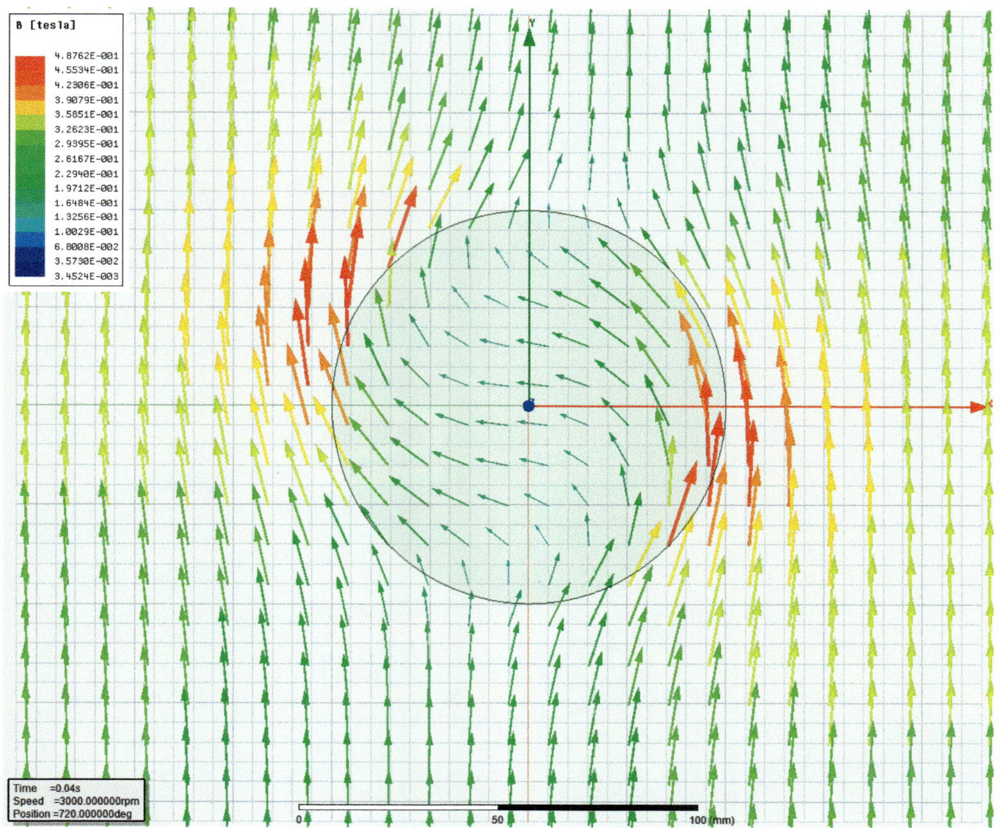

Bild 2.99: Magnetisches Feld eines rotierenden Vollzylinders im umgebenden homogenen magnetischen Feld

3 Kondensatorfelderwärmung

Wenn durch ein elektrisches Feld auf die atomaren Ladungen eines Nichtleiters Kräfte einwirken, so kann dies zu einer räumlichen Verschiebung dieser Ladungen führen. Da bei einem Nichtleiter die positiven und negativen Ladungen paarweise miteinander verbunden sind, erfolgt diese Verschiebung ebenfalls paarweise. Kinetisch gesehen sind diese Verschiebungen beschleunigende oder verzögernde Bewegungen. Bei der Beschleunigung wird elektrische Energie in kinetische Energie gewandelt. Umgekehrt wird kinetische Energie in elektrische Feldenergie gewandelt, wenn die Bewegung der Ladungen durch das elektrische Feld gebremst wird. Ein Teil der kinetischen Energie der Teilchen wird durch Stöße in ungeordnete Bewegungsenergie, also Wärme, umgewandelt. Der hier skizzierte Effekt wird dielektrische Erwärmung genannt. Technisch werden bei der Kondensatorfelderwärmung Frequenzen im MHz-Bereich und bei der Mikrowellenerwärmung im GHz-Bereich angewendet. Weil bei der Mikrowellenerwärmung nicht mehr von Feldern mit Flächen gleichen Potenzials (Elektroden) ausgegangen werden kann, wurde diesem Themenbereich ein separates Kapitel zugewiesen.
In diesem Kapitel haben sich die Autoren weitgehend auf die Fachbücher [8] und [13] bezogen.

3.1 Elektrische Polarisation

Die Verschiebung gebundener Ladungen im elektrischen Feld wird Polarisation genannt. Die elektrische Polarisation $\vec{P}$ drückt den Einfluss der Materie auf die elektrische Flussdichte $\vec{D}$ aus.

$$\vec{D} = \varepsilon_0 \vec{E} + \vec{P} \tag{3.1}$$

Das **Bild 3.1** demonstriert diesen Effekt anhand eines elektrischen Dipols, der aus zwei elektrischen Ladungen mit entgegengesetzten Vorzeichen im Abstand a besteht. Für diese einfache Anordnung wird die Polarisation im Punkt x_0

berechnet. Dazu überlagert man die Flussdichten jeder Ladung in diesem Punkt. Für die Lage der Ladungen nach Bild 3.1 b ergibt sich:

$$\vec{P} = \frac{1}{4\pi} \left(\frac{Q^{+}}{(x_0 - a/2)^2} + \frac{Q^{-}}{(x_0 + a/2)^2} \right) \vec{e_x}. \tag{3.2}$$

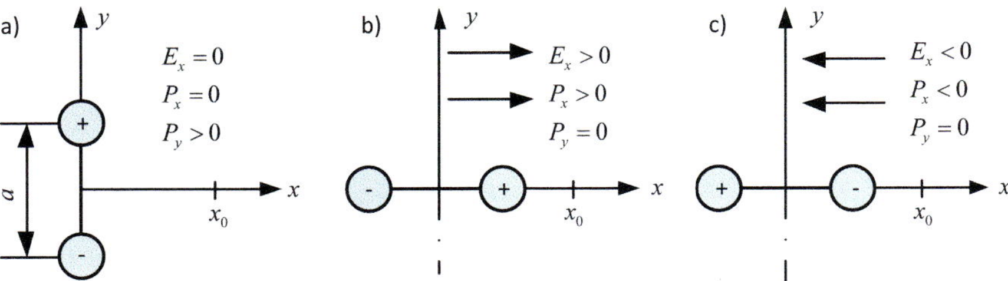

Bild 3.1: Polarisation durch Dipoldrehung: a) ohne elektrisches Feld, b) mit elektrischem Feld, c) mit entgegengesetztem elektrischen Feld

Wechseln die Ladungen ihre Plätze, so ändert sich das Vorzeichen der Polarisation. Die Polarisation hängt somit nicht nur vom Ort, sondern auch von der Zeit ab. Während der Drehung des Dipols ergibt sich ständig ein anderes Ergebnis, das nur zu einem ganz bestimmten Zeitpunkt mit (3.2) übereinstimmt. Außerdem gilt es, nicht nur einen Dipol, sondern eine riesige Anzahl von Dipolen in einem relativ kleinen Ausschnitt der Materie zu berücksichtigen (ca. 10^{30} /m^3).

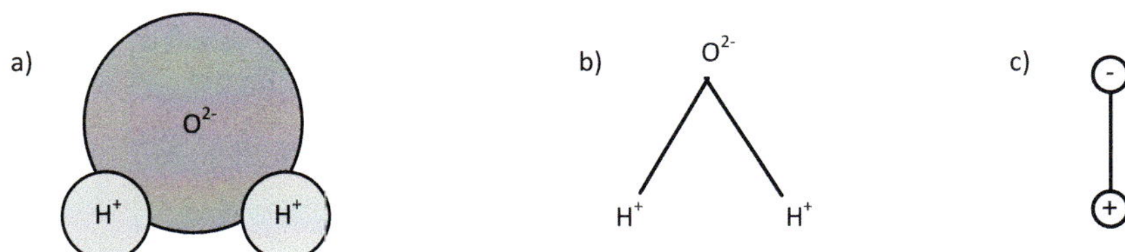

Bild 3.2: Wassermolekül: a) Modell, b) Formel und c) elektrischer Dipol

Die Konsequenz aus diesen Überlegungen ist, dass die Polarisation nur aus Messungen bestimmt werden kann. Die Abhängigkeit vom jeweiligen Materialzustand (z. B. Temperatur und Feuchtegehalt), der elektrischen Feldstärke und der Zeit ist dabei zu beachten. Die Messergebnisse werden in der Permittivitätszahl ε_r zusammengefasst.

$$\vec{D} = \varepsilon_0 \vec{E} + \vec{P} = \varepsilon_0 \varepsilon_r \vec{E} \tag{3.3}$$

Wird das elektrische Feld sehr rasch in seiner Richtung verändert, so kommt es zu einer messbaren Erwärmung. Bereits bei Netzfrequenz von 50 Hz führt dies zu dielektrischen Verlusten beispielsweise in Kondensatoren, Isolierungen von Kabeln und integrierten Schaltungen. Bei der dielektrischen Erwärmung wird die elektrische Energie wie bei der Stromleitung im Inneren des Materials in Wärme gewandelt. Der entscheidende Unterschied ist, dass kein Drift von Ladungsträgern (Elektronen, Ionen) erfolgt. Eine Mischform, von Joule´scher Wärme durch Stromleitung und der eben besprochenen dielektrischen Wärmeerzeugung kann bei nicht idealen Dielektrika auftreten. Ionisiertes Wasser ist z. B. ein solches nicht ideales Dielektrikum.

3.1.1 Polarisationsarten

Bei mikroskopischer Auflösung wird zwischen polaren und polarisierbaren Atomen und Molekülen unterschieden. Wasser ist ein typischer Vertreter eines polaren Moleküls, da seine Ladungsschwerpunkte von Natur aus nicht zusammenfallen (s. **Bild 3.2**). Ein einzelnes Atom ist, mit genügend großem Abstand ($> 10^{-9}$ m) betrachtet, elektrisch neutral und nicht polar, da sich die Ladungen von Kern und Elektronen in ihrer Wirkung kompensieren. Im elektrischen Feld kann das Atom bei gleichem Abstand des Betrachters polar wirken, wenn die Ladungsschwerpunkte von positiven und negativen Ladungen[1] durch das elektrische Feld auseinandergezogen werden. Wenn vor allem bei schnellem Feldwechsel hauptsächlich die leichten Elektronen ihre Bahn verändern, nennt man diese Erscheinung Elektronenpolarisation (s. **Bild 3.3**).

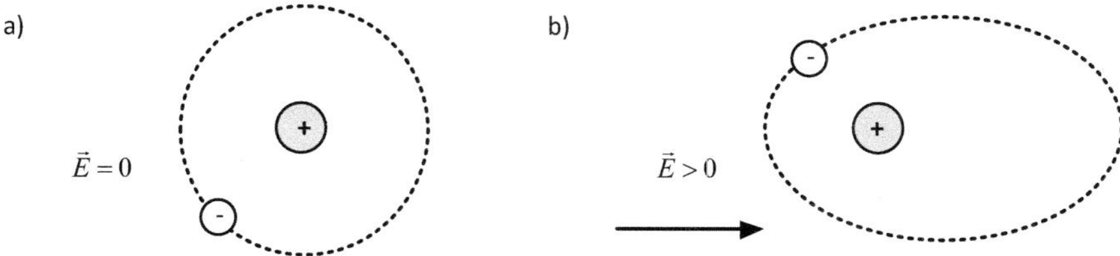

Bild 3.3: Elektronenpolarisation; Kreisbahn des Elektrons wird beim Aufprägen einer elektrischen Feldstärke zur Ellipse

[1] Man denkt sich die Ladungen eines Vorzeichens in einem Punkt konzentriert. Die Lage dieses Punktes ist so zu wählen, damit das elektrische Feld dieser Punktladung in einem ausreichend großem Abstand gleich dem der verteilten Einzelladungen ist.

Ganz ähnlich können nicht-polare Moleküle unter Einwirkung eines elektrischen Feldes polarisiert werden und wie polare Moleküle wirken. Auch Kristalle mit einer regelmäßigen Anordnung von positiv und negativ geladenen Ionen wirken bei genügend großem Abstand[2] als nicht polar. Hier können unter der Einwirkung eines elektrischen Feldes die untereinander fest verspannten positiven Ionen gegenüber den ebenfalls fest verspannten negativen Ionen gegenseitig verschoben werden. An den gegenüberliegenden Flächen des Kristalls dominieren die positiven bzw. negativen Ladungen (s. **Bild 3.4**). Diese Erscheinung wird Ionengitterpolarisation genannt. Die hier genannten Fälle sind idealisierte Modellvorstellungen von Stoffen mit einer relativ einfachen Struktur. Bei realen Stoffen treten immer Kombinationen von polaren und unterschiedlich polarisierbaren Teilchen auf.

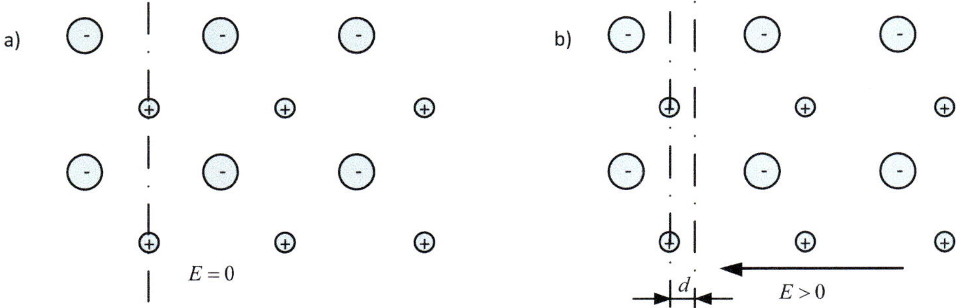

Bild 3.4: Ausschnitt eines Kristallgitters (z. B. Na^+/Cl^- - Ionengitter: a) ohne elektrisches Feld, b) mit elektrischem Feld

Bei Stoffen mit komplizierter Struktur kann es zu weiteren Formen der Ladungsverschiebung unter der Wirkung eines elektrischen Feldes kommen. Beispiele hierfür sind pn- und np-Übergänge in Halbleitermaterialien. Hier werden freie Ladungsträger in makroskopischen Dimensionen zwischen ε- und κ-Grenzen verschoben. Diese Erscheinungen sind unter der Bezeichnung Strukturpolarisation bekannt.

Zusammenfassend lässt sich feststellen, dass es polare Stoffe mit einer „eingefrorenen“ Polarisation und polarisierbare Stoffe mit den folgenden Polarisationsformen gibt:

- Elektronenpolarisation (polarisierbar) mit Verschiebung der Elektronenhülle

[2] Der Abstand muss viel größer als der größte Abstand zwischen den betrachteten Einzelladungen sein.

- Ionenpolarisation (polar und/oder polarisierbar) mit Verschiebung der positiven und negativen Ladungsschwerpunkte der Moleküle
- Gitterpolarisation (polarisierbar) durch Auseinanderziehen der positiven und negativen Gitterverbände mit gleichem Ladungsvorzeichen
- Polarisationen in Stoffen mit komplizierter polarisierbarer Struktur.

Alle Atome sind prinzipiell polarisierbar, falls die Feldstärke groß genug ist. Dagegen gibt es unpolare Moleküle, die weder polar noch polarisierbar sind. Stoffe mit solchen Molekülen sind beispielsweise trockene Luft, Teflon und Quarzglas. Letztere sind bestens als Konstruktionsmaterialien geeignet, die hochfrequenten elektrischen Wechselfeldern ausgesetzt sind.

3.1.2 Dipolmoment

Jedes polare Teilchen kann als elektrischer Dipol aufgefasst werden. Der vektorielle Abstand vom negativen zum positiven Ladungsschwerpunkt (Pfeilspitze an positiver Ladung) und die positive Ladung ergeben ein Dipolmoment $\vec{m}$.

$$\vec{m} = Q^{+} \cdot \vec{a} \tag{3.4}$$

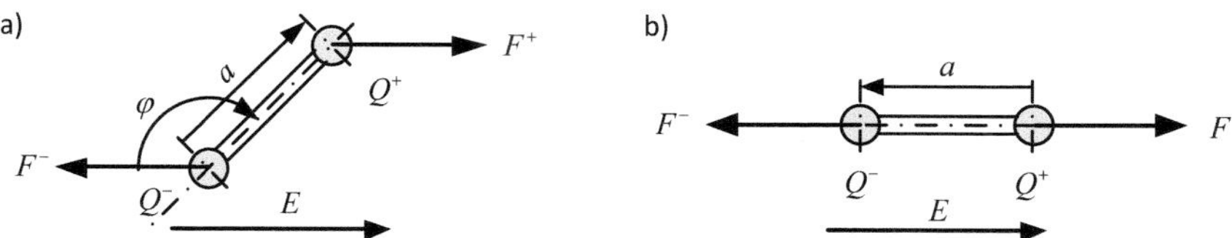

Bild 3.5: Kräfte am elektrischen Dipol; Drehmoment ändert sich mit dem Drehwinkel φ sinusförmig

Auf diesen Dipol wirkt im elektrischen Feld ein Drehmoment $\vec{M}$. Dieses Drehmoment verschwindet, wenn der Abstandsvektor $\vec{a}$ eine zum Vektor der elektrischen Feldstärke parallele Lage eingenommen hat (s. **Bild 3.5**).

$$\vec{M} = \vec{m} \times \vec{E} = Q^{+}\vec{a} \times \vec{E} \tag{3.5}$$

3.1.3 Polarisationsdynamik

Alle Polarisationserscheinungen benötigen wegen der zu bewegenden massegebundenen Teilchen eine relativ kurze, aber endliche Zeit, in der sie sich nach sprunghafter Veränderung und konstant gehaltener elektrischer Feldstärke endgültig positionieren. Die allgegenwärtigen thermischen Schwingungen bei $T > 0$ sind diesen Verschiebungen natürlich ständig überlagert. Das **Bild 3.6** zeigt den zeitlichen Verlauf der elektrischen Flussdichte bei sprunghafter Änderung der elektrischen Feldstärke. Die dafür notwendige Messanordnung könnte aus einem idealen Plattenkondensator bestehen, in den man das zu untersuchende Dielektrikum bringt. Ein idealer Plattenkondensator hat kein Streufeld, was in guter Näherung mit einem Plattenkondensator zu realisieren ist, der eine viel größere Plattenabmessung d mit der Fläche $A = d^2\pi/4$ im Vergleich zum Plattenabstand a hat ($d >> a$). Eine dünne Teflon-Folie mit einer Dicke von einigen µm und einer Ausdehnung von einigen cm zwischen den ebenen Platten wäre ein solcher nahezu idealer Kondensator.

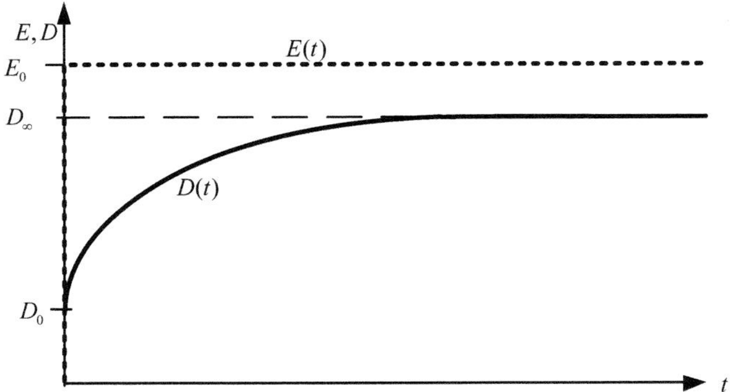

Bild 3.6: Zeitlicher Verlauf der elektrischen Flussdichte bei sprunghafter Änderung der elektrischen Feldstärke

Für einen solchen Kondensator kann aus der Strommessung die Ladung mit $Q = \int I(t)dt$ und aus der Ladung die Flussdichte mit $D = Q/A$ leicht bestimmt werden. Die elektrische Feldstärke folgt aus der messbaren Spannung mit $E = U/a$. Mit dieser skizzierten Kondensatoranordnung ist relativ einfach $E(t)$ oder $D(t)$ bzw. $D(E)$ messbar und wie in Bild 3.6 darstellbar. Der Verlauf $D = f(t)$ sieht auf den ersten Blick so aus, als ob sich die elektrische Flussdichte aus zwei Anteilen, einem sprunghaften und einem verzögerten, zusammensetzt. Der sprunghafte Teil ist zunächst dem ersten Summanden in 3.1 geschuldet. Tatsächlich können sich hinter diesem Zeitverlauf zwei Polarisationsarten verbergen, die sich durch stark unterschiedliche bewegte Massen unterscheiden. Es könnte einmal die Elektronenpolarisation sein, die wegen der geringen Elektronenmasse ($m_e = 5,4 \cdot 10^{-4} u$ mit $u = 1{,}6603 \cdot 10^{-27}\,\mathrm{kg}$) bei der gewählten zeitlichen Auflösung wie frei von jeder Verzögerung aussieht. Und zum anderen könnte es die Ausrichtung polarer oder polarisierter Moleküle sein, die wegen ihrer mehrere tausend mal größeren Massen ($n \cdot u$ mit $n = 1, 2, ...260$) sich nur relativ träge bewegen können. Erst wenn alle Dipole ihre endgültige Lage eingenommen haben, erreicht die elektrischen Flussdichte ihren maximalen Wert.

3.1.4 Permittivität

Eigenschaften im Wechselfeld

Wie in Bild 3.6 dargestellt, bewirken die massebedingten Verzögerungen der Platzwechselvorgänge ein Nacheilen der Flussdichte $\vec{D}$. Der Zusammenhang

$$\vec{D} = \varepsilon \vec{E} \tag{3.6}$$

ist deshalb nichtlinear und nicht eindeutig. Das bedeutet, dass die Permittivität ε eine Funktion des Momentanwertes der elektrischen Feldstärke $\vec{E}(t)$, dem Zustand des Materials (Feuchtegehalt, Temperatur usw.) am jeweiligen Ort und der Vorgeschichte ist. Letzteres bedeutet, dass diese Funktion auch von der Amplitude und der momentanen Phase der elektrischen Feldstärke sowie der Frequenz abhängt. Die Abhängigkeit von der Feldstärke kann so weit gehen, dass alle drei Raumkomponenten von $\vec{E}$ in unterschiedlicher Weise die Flussdichte jeder einzelnen Raumkomponenten von $\vec{D}$ bestimmen. Dies ist insbesondere bei anisotropen Materialien zu beachten, weshalb die Permittivität als Tensor $[\varepsilon]$ zu schreiben wäre. Im weiteren wird jeweils nur eine Raumkomponente von $E(t)$ und $D(t)$ betrachtet.

$$D(t) = \varepsilon E(t) \tag{3.7}$$

In **Bild 3.7** ist mit der Volllinie die Flussdichte $D(t)$ als Funktion der Feldstärke $E(t)$ bei konstanter Temperatur und sinusförmiger zeitlicher Veränderung der Feldstärke bei konstanter Frequenz aufgetragen. Dieser Verlauf könnte mit einem Oszilloskop aufgezeichnet worden sein, wobei $E(t)$ der x-Achse und $D(t)$ der y-Achse zugeordnet ist. Eine Hysterese ist typisch für einen von der Vorgeschichte abhängigen Zusammenhang, der damit uneindeutig ist. Bei einer Veränderung der Frequenz, der Temperatur und der Aussteuerung wird sich bei dem meisten Stoffen auch die Form der Hysteresekurve ändern. Nur eine der beiden Größen, D oder E, kann sinusförmig sein. Die jeweils andere Größe hat einen zeitlich nichtsinusförmigen, periodischen Verlauf.

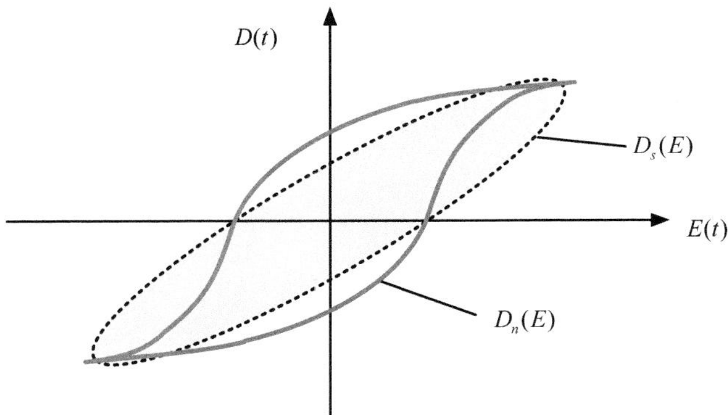

Bild 3.7: Oszillogramm von linearer und nichtlinearer Abhängigkeit der elektrischen Flussdichte D und von der elektrischen Feldstärke E

Die von der Hysteresekurve eingeschlossene Fläche entspricht dabei der Energie, die in einer Periode in Wärme umgewandelt wird und sich in der Braun´schen Bewegung der Teilchen äußert.

$$w_v = \oint E(t)\,\mathrm{d}\,D(t) \tag{3.8}$$

Bezogen auf die Periodendauer T ergibt sich die umgesetzte Wirkleistung pro Volumeneinheit.

$$p_v = \frac{1}{T}\oint E(t)\,\mathrm{d}\,D(t) = f\oint E(t)\,\mathrm{d}\,D(t) \tag{3.9}$$

Linearisierung

Es ist für die meisten praktischen Anwendungen nicht zweckmäßig, den oben geschilderten komplizierten Zusammenhang zwischen elektrischer Feldstärke und Flussdichte nach (3.6) oder (3.7) weiter zu verfolgen. Es wird deshalb hier eine Näherungsbetrachtung eingeführt, mit der man die Schwierigkeiten der nichtlinearen Hysterese umgehen und dennoch das Wesen der dielektrischen Erwärmung erfassen kann. Solche Näherungen sind typisch für ingenieurmäßige Untersuchungen, weil nur mit ihnen das angestrebte Ziel mit vertretbarem Aufwand erreicht werden kann. Wichtig dabei ist, dass der Anwender sich über

die Konsequenzen und die damit verbundenen Fehler im Klaren ist.
Es wird jetzt ohne Einschränkung der Allgemeinheit des Vorgehens angenommen, dass die elektrische Feldstärke weiterhin einen sinusförmigen zeitlich periodischen Verlauf hat und nur die elektrische Flussdichte durch nicht sinusförmigen zeitlich periodischen Verlauf gekennzeichnet ist. Um dies deutlich zu machen, wird hier (nur in diesem Abschnitt) die nicht sinusförmige Flussdichte als $D_n(t)$ und die sinusförmige als $D_s(t)$ bezeichnet. Wie allgemein üblich sollen die Symbole D und E ohne das Argument (t) Effektivwerte ausweisen. Würde man mit dem Oszilloskop sinusförmige Zeitverläufe von elektrischer Feldstärke und Flussdichte aufzeichnen, die sich lediglich in unterschiedlichen Phasenlagen und Amplituden unterscheiden, so zeigte sich die im Bild 3.7 als Strichlinie dargestellte Ellipse[3]. Die Ellipse hat zwar eine andere Form als der geschlossene Graf der Hysterese, sie stellt jedoch einen wesentlich einfacheren linearen Zusammenhang zwischen $E(t)$ und $D(t)$ dar. Nun postuliert man, dass der nicht sinusförmige zeitliche Verlauf von $D_n(t)$ durch einen sinusförmigen $D_s(t)$ ersetzt wird, wobei folgende Bedingungen zu erfüllen sind:

- Die Effektivwerte von $D_n(t)$ und $D_s(t)$ sollen identisch sein.
- Die von Volllinie und Strichlinie eingeschlossenen Flächen in Bild 3.7, die den Energien nach (3.8) entsprechen, sind gleich.

Die erste Forderung wird durch die Berechnung des Effektivwertes D aus $D_n(t)$ über die Periodendauer T erfüllt.

$$D = \sqrt{\frac{1}{T}\int_0^T D_n^2(t)\,\mathrm{d}\,t} \tag{3.10}$$

Die zweite Forderung verlangt, dass die auf das Volumen bezogene Verlustleistung $p_v = \frac{1}{T}\oint E(t)\,\mathrm{d}\,D_n(t)$ nach (3.9) ebenso mit den sinusförmigen Größen $E(t) = \sqrt{2}E\sin(2\pi ft)$ und $D_s(t) = \sqrt{2}D\sin(2\pi ft - \delta_\varepsilon)$ durch einen geeigneten Phasenwinkel δ_ε zu bestimmen ist. Das negative Vorzeichen vor dem Phasenwinkel δ_ε bezeichnet bereits die Verzögerung von $D_s(t)$ gegenüber $E(t)$, weshalb der Winkel stets als positiv bzw. als Betrag zu sehen ist. Es wird nun angenommen, dass p_v aus Messungen bekannt ist. Das Integral zur Berechnung von p_v mit den beiden sinusförmigen Größen $E(t)$ und $D_s(t)$ lautet:

$$p_v = \frac{1}{T}\oint E(t)\,\mathrm{d}\,D_s(t) \tag{3.11}$$

[3]Ein phasengleicher Zusammenhang ergibt eine Gerade. Bei einer Phasenverschiebung zweier Größen gleicher Amplitude von 90° ergibt sich ein Kreis.

Darin wird das Differential $\mathrm{d}\,D_s(t)$ durch $\mathrm{d}\,D_s(t) = \sqrt{2}D2\pi f \cos(2\pi f t - \delta_\varepsilon)\,\mathrm{d}\,t$ ersetzt.

$$p_v = \frac{1}{T}\int_0^T \sqrt{2}E\sin(2\pi f t)\sqrt{2}D2\pi f\cos(2\pi f t - \delta_\varepsilon)\,\mathrm{d}\,t \tag{3.12}$$

Eine Umformung mittels Additionstheorem ergibt:

$$p_v = \frac{1}{T}\int_0^T ED2\pi f(\sin\delta_\varepsilon + \sin(4\pi f t - \delta_\varepsilon))\,\mathrm{d}\,t. \tag{3.13}$$

Weil das Integral einer sinusförmigen Größe über die volle Periode null ist, ergibt sich:

$$p_v = \frac{1}{T}\int_0^T ED2\pi f\sin\delta_\varepsilon\,\mathrm{d}\,t. \tag{3.14}$$

Eine Substitution der Integrationsgrenzen mit $\omega = 2\pi f$ ergibt schließlich:

$$p_v = \frac{1}{T}\int_0^{2\pi} ED\sin\delta_\varepsilon\,\mathrm{d}(\omega t). \tag{3.15}$$

Das bestimmte Integral ist nun leicht auszuwerten und ergibt unter Berücksichtigung von $2\pi/T = 2\pi f = \omega$:

$$p_v = ED\omega\sin\delta_\varepsilon. \tag{3.16}$$

Diese Beziehung zeigt, dass der Winkel δ_ε aus der Verlustleistung p_v und dem Effektivwert D eindeutig bestimmbar ist. Die oben genannte Forderung ist somit erfüllt. Wird der Ausdruck

$$s_v = ED\omega \tag{3.17}$$

als die auf das Volumen bezogene Scheinleistung gedeutet, so ergibt sich mit dem bekannten Zusammenhang von Wirk-, Blind- und Scheinleistung

$$(s_v)^2 = (p_v)^2 + (q_v)^2$$

für die auf das Volumen bezogene Blindleistung

$$q_v = ED\omega\cos\delta_\varepsilon. \tag{3.18}$$

Die vorgenommene Linearisierung gestattet, zur komplexen Rechnung überzugehen. Hier ist zu beachten, dass damit zwar die dielektrischen Verluste weiterhin richtig, die Blind- und Scheinleistung näherungsweise und die vorhandenen Oberwellen gar nicht erfasst werden.
Es wird hier vereinbart, die auf das Volumen bezogene Wirk-, Blind- und Scheinleistung p_v , q_v und s_v kurz als volumenspezifische Wirk-, Blind- und Scheinleistung zu bezeichnen.

Komplexe Permittivität

Es werden weiterhin die komplexen Effektivwertzeiger $\underline{E}$ und $\underline{D}$ verwendet, die mit der komplexen Permittivität verknüpft sind.

$$\underline{D} = \underline{\varepsilon} \cdot \underline{E} \tag{3.19}$$

Die komplexe Permittivität kann vom Effektivwert der elektrischen Feldstärke E und der Frequenz f abhängig sein $\underline{\varepsilon} = f(E, f)$. Auch die mögliche Abhängigkeit vom Zustand des Materials, wie Temperatur und Feuchtigkeitsgehalt, ist gegebenenfalls zu beachten. Die komplexe Permittivität $\underline{\varepsilon}$ wird in verschiedenen Formen geschrieben:

$$\underline{\varepsilon} = \mathsf{Re}\{\underline{\varepsilon}\} - \mathrm{j}\,\mathsf{Im}\{\underline{\varepsilon}\} = \varepsilon' - \mathrm{j}\,\varepsilon'' = \varepsilon_0(\varepsilon_r{}' - \mathrm{j}\,\varepsilon_r{}''). \tag{3.20}$$

Darin bezeichnet ε_0 die elektrische Feldkonstante

$$\varepsilon_0 = 8{,}855 \cdot 10^{-12}\,\mathrm{A\,s\,V^{-1}\,m^{-1}}. \tag{3.21}$$

Das Symbol $\varepsilon_r{}'$ wird als Permittivitätszahl (engl. *relative dielectric constant*) und das Symbol $\varepsilon_r{}''$ als Permittivitäts-Verlustzahl (engl. *relative dielectric loss factor*) bezeichnet. Die komplexe Permittivität beschreibt eine aus zwei Teilen bestehende Eigenschaft eines Stoffes. Eine Stoffeigenschaft im strengen physikalischem Sinne ist die komplexe Permittivität jedoch nicht, weil sie aus einer Näherungsbetrachtung gewonnen wird.

Frequenzabhängigkeit

Mit der in Abschnitt 3.1 skizzierten Messanordnung zur zeitlichen Aufzeichnung der Flussdichte bei einer sprunghaften Feldstärke-Beaufschlagung kann man ebenso direkt den Aufladeverlauf $Q(t)$, wie im **Bild 3.8** dargestellt, messen. Es wird hierzu vorausgesetzt, dass der Verlauf $Q(t)$ als idealer Sprung von

0 bis Q_0 und anschließend als e-Funktion mit der Zeitkonstante τ approximiert werden kann

$$Q(t) = Q_0 + (Q_\infty - Q_0)(1 - \exp(t/\tau)). \tag{3.22}$$

Auf diese Weise können aus den Messwerten die Elemente der in Bild 3.8 b gezeigten Ersatzschaltung gewonnen werden. Aus dieser Ersatzschaltung kann nach [37, S. 89-94] die komplexe Permittivität in ihrer Frequenzabhängigkeit bestimmt werden. Um ein Verständnis für die Frequenzabhängigkeit der komplexen Permittivität zu gewinnen, wird dies nachfolgend gezeigt.

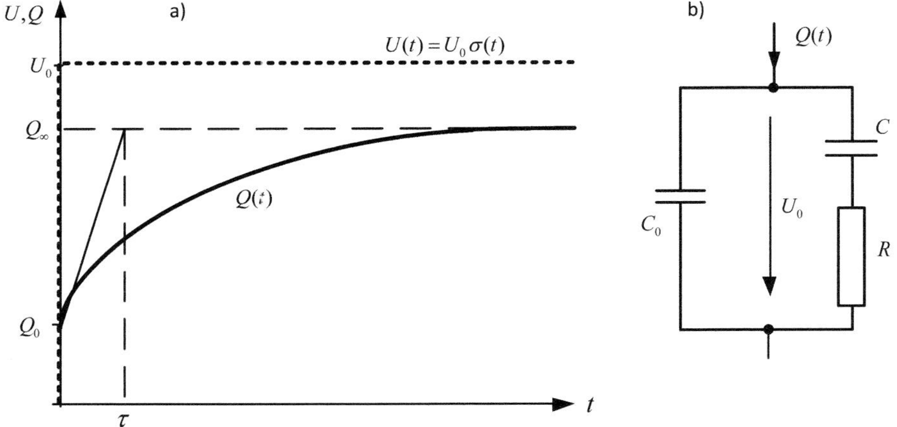

Bild 3.8: Aufladung eines idealen Kondensators und das Ersatzschaltbild

Der Kondensator C_0 sei ein idealer Kondensator, der als Dielektrikums nur Vakuum zwischen seinen Platten hat.

$$C_0 = U_0/Q_0 \tag{3.23}$$

Der zweite Kondensator habe eine Füllung mit einem verlustbehafteten Dielektrikum. Seine Permittivität bei Gleichspannung betrage:

$$\varepsilon^* = \varepsilon_0 \cdot (\varepsilon_r - 1). \tag{3.24}$$

Mit der Verminderung von ε_r um den Wert eins ist gesichert, dass dieser Kondensator nur die polarisierende Wirkung der Materie ausdrückt, denn ohne Füllung mit einem Dielektrikum verschwindet seine Kapazität. Der Widerstand R entspricht den Verlusten durch Umladung. Aus dem Aufladevorgang nach Bild 3.8 a ergibt sich:

$$C = \frac{Q_\infty - Q_0}{U_0} \tag{3.25}$$

$$R = \tau / C. \tag{3.26}$$

Es wird angenommen, dass zwischen den beiden Platten der Kondensatoren homogene Felder existieren, denen je eine Permittivität und im verlustbehafteten Fall eine fiktive Leitfähigkeit zugeordnet werden kann. Damit lassen sich einfache Ausdrücke für die Parameter der Ersatzschaltung aufschreiben.

$$C_0 = \frac{\varepsilon_0 A}{a} \tag{3.27}$$

$$C = \frac{\varepsilon^* A}{a} \tag{3.28}$$

$$R = \frac{a}{\kappa A} \tag{3.29}$$

Daraus folgt außerdem:

$$\tau = R \cdot C = \varepsilon^* / \kappa. \tag{3.30}$$

Man stellt fest, dass die geometrischen und stofflichen Bestimmungsgrößen in (3.27) bis (3.29) aus einer einzigen Messung bestimmbar sind. Aus (3.23) folgt C_0 und damit der Quotient A/a. Weiterhin folgt aus (3.25) die verlustbehaftete Kapazität C und damit die fiktive Permittivität ε^*. Und schließlich folgt aus (3.30) die fiktive Leitfähigkeit κ. Die mit (3.30) definierte Zeitkonstante τ wird auch als Ralaxationszeit bezeichnet, weil in dieser Zeit eine zufällig an einem bestimmten Punkt des Feldes vorhandene Ladung durch Stromleitung verschwindet [40, S. 106]. Die einzelnen Elemente der Ersatzschaltung nach Bild 3.8 b sind nun bekannt. Damit ist man in der Lage, das Verhalten bei Wechselstrom zu untersuchen. Bei vorgegebener Spannung U und Kreisfrequenz ω kann der Verschiebestrom $\underline{I}_d$ berechnet werden.

$$\underline{I}_d = \underline{U} \left[\mathrm{j}\,\omega C_0 + \frac{1}{R + 1/\mathrm{j}\,\omega C} \right] \tag{3.31}$$

Wird diese Gleichung durch die aktive Plattenfläche A auf beiden Seiten geteilt, so ergibt sich die Verschiebestromdichte bzw. die elektrische Flussdichte.

$$\underline{I}_d / A = \mathrm{j}\,\omega \underline{D} = \frac{1}{A} \underline{U} \left[\mathrm{j}\,\omega C_0 + \frac{1}{R + 1/\mathrm{j}\,\omega C} \right] \tag{3.32}$$

Nun werden die oben definierten Gleichungen (3.27), (3.28) und (3.29) eingesetzt. Wenn $\underline{U} = a\underline{E}$ gesetzt wird, kürzen sich die Geometriegrößen a und A heraus.

$$\mathrm{j}\,\omega\underline{D} = \left[\mathrm{j}\,\omega\varepsilon_0 + \frac{1}{1/\kappa + 1/(\mathrm{j}\,\omega\varepsilon^*)}\right]\underline{E} \tag{3.33}$$

Jetzt werden das oben definierte τ mit (3.30) ersetzt und beide Seiten von (3.33) durch $\mathrm{j}\,\omega$ geteilt. Die von der Frequenz abhängige komplexe Permittivität kann nun bestimmt werden.

$$\underline{\varepsilon} = \varepsilon_0 + \frac{\varepsilon^*}{1 + \mathrm{j}\,\omega\tau} \tag{3.34}$$

Man erkennt, dass sich für $\omega = 0$ die für Gleichspannung bestimmbare Permittivität mit $\varepsilon = \varepsilon_0 + \varepsilon^* = \varepsilon_0\varepsilon_r$ ergibt. Und für $\omega \to \infty$ folgt daraus die Permittivität des Vakuums, denn selbst das sehr leichte Elektron kann ab einer bestimmten Frequenz dem Feldwechsel nicht folgen. Der Frequenzgang von $\underline{\varepsilon}$ kann leicht konstruiert werden. Hier ist zu bedenken, dass eine zur imaginären Achse parallele und durch den Punkt $1/\varepsilon^*$ gehende Gerade zu invertieren ist. Es ergibt sich ein Halbkreis im vierten Quadranten mit den Punkten 0 und ε^* auf der reellen Achse. Dieser muss noch um den Wert von ε_0 nach rechts verschoben werden, um den Frequenzgang der komplexen Permittivität nach **Bild 3.9** darzustellen.

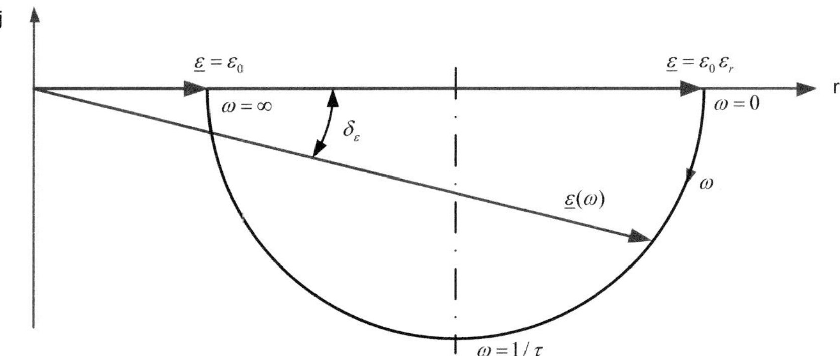

Bild 3.9: Frequenzgang der komplexen Permittivität

Um die gewohnte Form der komplexen Permittivität zu erhalten, wird die Bestimmungsgleichung (3.24) für ε^* eingesetzt. Es ergibt sich nach einigen

Umformungen:

$$\underline{\varepsilon} = \varepsilon_0(\varepsilon_r' - \mathrm{j}\ \varepsilon_r'') = \varepsilon_0 \frac{\varepsilon_r + (\omega\tau)^2 - \mathrm{j}\ \omega\tau(\varepsilon_r - 1)}{1 + (\omega\tau)^2}. \tag{3.35}$$

Der Permittiviäts-Verlustfaktor bestimmt sich daraus zu:

$$\tan\delta_\varepsilon = \frac{\omega\tau(\varepsilon_r - 1)}{\varepsilon_r + (\omega\tau)^2}. \tag{3.36}$$

Es ist zu erkennen, dass der Verlustwinkel δ_ε und die Permittivitätszahl ε_r', die weiterhin für die Berechnung der Wirkleistung benötigt werden, von der Frequenz abhängen. So aussagefähig wie die aus einer einfachen Ersatzschaltung abgeleitete Frequenzabhängigkeit der komplexen Permittivität auch ist, so wenig eignet sich dieses Verfahren zur Bestimmung der dielektrischen Stoffeigenschaften. Die Approximation der Aufladung $Q(t)$ mit einer e-Funktion ist nicht exakt zutreffend, denn in der Materie finden gleichzeitig unterschiedlichste Polarisationen statt. Hier bleibt nichts anderes übrig, als den Verschiebestrom $\underline{I}_d$ und damit die Flussdichte $\underline{D}$ bei einer vorgegebenen Frequenz in Abhängigkeit von der am idealen Kondensator anliegenden Spannung $\underline{U}$ und damit der Feldstärke $\underline{E}$ nach Betrag und Phase zu messen. Damit kann die komplexe Permittivität in Abhängigkeit der Frequenz und der elektrischen Feldstärke bestimmt werden.

Oftmals findet man für ein Material nur die Permittivitätszahl für sehr niedrige Frequenzen oder für Gleichspannung, die als ε_r angegeben ist. Hier soll deshalb überlegt werden, welcher Fehler bei der Verwendung dieser Größe an Stelle von ε_r' entsteht. Nach Bild 3.9 gilt offensichtlich $\varepsilon_r = \varepsilon_r'(\omega = 0)$ und $\varepsilon_r' = \varepsilon_r cos\delta_\varepsilon$, was bedeutet, dass bei einem kleinen Verlustwinkel δ_ε auch ein kleiner Fehler zu erwarten ist. Der relative Fehler wird definiert als

$$\Delta = \frac{\varepsilon_r - \varepsilon_r'}{\varepsilon_r}, \tag{3.37}$$

woraus durch Einsetzen folgt:

$$\Delta = 1 - \cos\delta_\varepsilon = 1 - \frac{1}{\sqrt{1 + \tan{\delta_\varepsilon}^2}}. \tag{3.38}$$

Eine Umstellung nach $\tan\delta_\varepsilon$ zeigt an, wie groß der Verlustfaktor bei einem vorgegebenen Fehler sein darf.

$$\tan\delta_\varepsilon = \sqrt{\left(\frac{1}{1-\Delta}\right)^2 - 1} \tag{3.39}$$

Beispielsweise ergibt sich hieraus für einen vorgegebenen relativen Fehler von $\Delta = 0{,}01$, dass der Verlustfaktor $\tan\delta_\varepsilon \leq 0{,}1$ sein sollte, um die Fehlervorgabe zu erfüllen. Das ist oftmals erfüllt, jedoch nicht immer, wie ein Blick auf **Tabelle 3.1** in Abschnitt 3.1.5 zeigt.

3.1.5 Wirk- und Blindleistung

Im **Bild 3.10** ist die von der komplexen Permittivität beschriebene Relation zwischen $\underline{E}$ und $\underline{D}$ dargestellt.

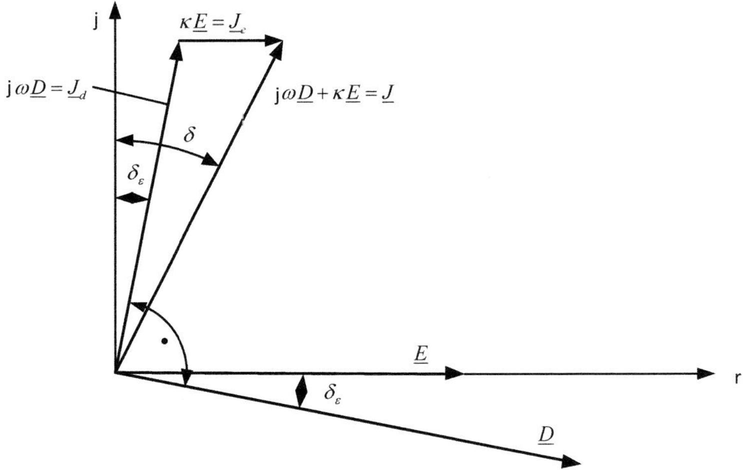

Bild 3.10: Phasenlage von Verschiebe- und Leitungsstrom zur elektrischen Feldstärke

Volumenspezifische Leistungen

Mit der Verschiebestromdichte $\underline{J}_d = \mathrm{j}\,\omega\underline{D}$ kann die spezifische Wirk- und Blindleistung bestimmt werden. Wie bei der Leistungsberechnung mit Spannung und

Strom ist der zweite Faktor als konjugiert komplexe Größe zu schreiben.

$$p_v + \mathrm{j}\; q_v = \underline{E} \cdot \underline{J}_d^* = \underline{E}(\mathrm{j}\,\omega \underline{D})^* \tag{3.40}$$

$$= \underline{E}(\mathrm{j}\,\omega \underline{\varepsilon} \cdot \underline{E})^* \tag{3.41}$$

$$= \underline{E}(\mathrm{j}\,\omega(\varepsilon' - \mathrm{j}\,\varepsilon'')\underline{E})^* \tag{3.42}$$

Ohne Einschränkung der Allgemeinheit kann man einen der Zeiger in eine beliebige Phasenlage drehen. Es wird der Zeiger $\underline{E}$ gewählt und auf die reelle Achse gelegt. Das erleichtert die weitere Leistungsberechnung wesentlich.

$$p_v + \mathrm{j}\; q_v = E^2 \omega(\varepsilon'' - \mathrm{j}\,\varepsilon') \tag{3.43}$$

Die beiden Leistungsanteile sind nun darstellbar als:

$$p_v + \mathrm{j}\, q_v = E^2 \omega \varepsilon'' - \mathrm{j}\, E^2 \omega \varepsilon'. \tag{3.44}$$

Wenn man bedenkt, dass der Betrag der komplexen Permittivität $\underline{\varepsilon}$ zwischen den Effektivwerten von E und D vermittelt, so folgt mit $\varepsilon = \sqrt{(\varepsilon'')^2 + (\varepsilon')^2}$ und $D = \varepsilon E$:

$$\varepsilon'' = \sin \delta_\varepsilon \cdot \varepsilon \tag{3.45}$$

$$\varepsilon' = \cos \delta_\varepsilon \cdot \varepsilon. \tag{3.46}$$

Setzt man diese Ausdrücke in (3.44) ein, so folgen genau die weiter oben im Zeitbereich abgeleiteten Ausdrücke nach den Gleichungen (3.16) und (3.18) für die spezifische Wirk- und Blindleistung. Lediglich das negative Vorzeichen der kapazitiven Blindleistung kann von der Berechnung im Zeitbereich nicht geliefert werden, weil die kennzeichnende Eigenschaft der Blindleistung gerade ein Richtungswechsel innerhalb einer Periode ist und folglich nicht mit einer positiven oder negativen Richtung versehen werden kann.

Verlustfaktor und Verlustwert

Nun wird die Wirkleistung etwas allgemeiner darstellt, wobei zu bedenken ist, dass bei einigen Stoffen neben der Umpolarisation auch Stromleitung mit Elektronen und/oder Ionen auftreten kann. Das bedeutet, man hat es mit dielektrischen Verlusten und Joule'scher Wärme bzw. mit der Verschiebestromdichte J_d und der Leitungsstromdichte J_c gleichzeitig zu tun. Tatsächlich sind in der

Praxis diese beiden Ströme oft nicht zu trennen. Deshalb definiert man die spezifischen Leistungen mit der komplexen Rechnung etwas allgemeiner.

$$p_v + \mathrm{j}\, q_v = \underline{E}\,[\mathrm{j}\,\omega \underline{D} + \kappa \underline{E}]^* \tag{3.47}$$

Mit (3.19) und (3.20) ergibt sich:

$$p_v + \mathrm{j}\, q_v = \underline{E}\,\left[(\mathrm{j}\,\omega(\varepsilon' - \mathrm{j}\,\varepsilon'')\underline{E}) + \kappa \underline{E}\right]^* . \tag{3.48}$$

Nach Definition von $\underline{E}$ als reellen Zeiger und Einführung von $\tan\delta_\epsilon = \varepsilon''/\varepsilon'$ ergibt sich weiter:

$$p_v + \mathrm{j}\, q_v = E^2(\omega\varepsilon' \tan\delta_\epsilon + \kappa - \mathrm{j}\,\omega\varepsilon'). \tag{3.49}$$

Nach wenigen Umstellungen folgt hieraus schließlich die griffige Formel für die spezifische Wirk- und Blindleistung, bei der man nicht mehr nach den einzelnen Verlustanteilen explizit fragen muss.

$$p_v + \mathrm{j}\, q_v = E^2\omega\varepsilon'(\tan\delta - \mathrm{j}) \tag{3.50}$$

oder

$$p_v + \mathrm{j}\, q_v = E^2\omega\varepsilon_0\varepsilon_r'(\tan\delta - \mathrm{j}) \tag{3.51}$$

Darin ist

$$\tan\delta = \frac{\omega\varepsilon'' + \kappa}{\omega\varepsilon'} = \frac{\omega\varepsilon_0\varepsilon_r'' + \kappa}{\omega\varepsilon_0\varepsilon_r'} \tag{3.52}$$

der auch die Joule´schen Verluste berücksichtigende verallgemeinerte Verlustfaktor (engl. *loss tangents*) mit dem Verlustwinkel δ. Die für die volumenspezifische Wirkleistung maßgebende Stoffeigenschaft $\varepsilon_r' \tan\delta$ wird weiterhin als Verlustwert (engl. *loss factor*) bezeichnet (s. dazu [20, S. 26]).

Aus (3.50) lässt sich die resultierende Stromdichte ablesen. Sie steht darin als konjugiert komplexe Größe und $\underline{E}$ wurde als Zeiger auf der reellen Achse vereinbart.

$$\underline{J} = \underline{J}_d + \underline{J}_c = \omega\varepsilon_0\varepsilon_r'(\tan\delta + \mathrm{j})\underline{E} \tag{3.53}$$

Der hier eingeführte Verlustfaktors $\tan\delta$, der sowohl die Verluste durch Umpolarisation als auch durch Stromleitung beinhaltet, ist in der einschlägigen

Fachliteratur zu dielektrischen Stoffwerten nicht einheitlich so definiert. Vor Verwendung diesbezüglicher Zahlenwerte ist deshalb zu hinterfragen, ob die Definition nach (3.52) gültig ist.
Für den Fall $\kappa = 0$ gilt $\tan\delta = \tan\delta_\varepsilon$. Der Winkel δ wird als Verlustwinkel und der Winkel δ_ε als Permittivitäts-Verlustwinkel bezeichnet. Die zugehörigen Funktionswerte $\tan\delta$ und $\tan\delta_\varepsilon$ werden als Verlustfaktor bzw. Permittivitäts-Verlustfaktor bezeichnet.

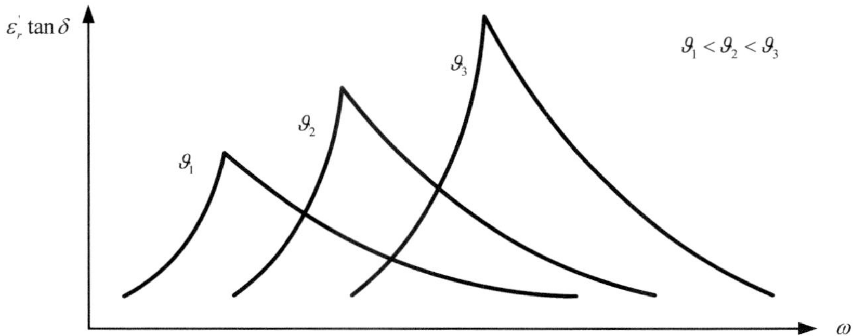

Bild 3.11: Typische Abhängigkeit des Verlustwertes $\varepsilon_r' \tan\delta$ von der Frequenz bei verschiedenen Temperaturen; viele Stoffe zeigen ähnliche Maxima (Resonanzen) mit besonders hoher Energieabsorption

Tabelle 3.1: Dielektrische Eigenschaften von Wasser; die Frequenzen sind nahe den ISM Frequenzen von 27,12 MHz bzw. 2,45 GHz

Zustand	ϑ	30 MHz		3 GHz		Quelle
	°C	ε_r'	$\tan\delta$	ε_r'	$\tan\delta$	
Eis, rein	−12	3,7	0,0189	3,2	0,0009	[20]
Wasser, destilliert	25			76,7	0,1565	[20]
Wasser, mit 39 g/l NaCl	25			67	0,6249	[20]
Wasser, destilliert	95			52	0,0469	[20]

Bei gut leitenden Materialien ist $\tan\delta = (\kappa + \omega\varepsilon'')/(\omega\varepsilon')$ ein großer Zahlenwert, was jedoch nicht auf eine dielektrische Erwärmung hinweist. Hier ist zu bedenken, dass sich die Verluste aus einem Joule´schen und einem dielektrischen Verlustanteil zusammensetzen. Welcher Teil überwiegt, wird durch die beiden dimensionslosen Summanden in (3.52) bestimmt. Im Falle $\kappa/(\omega\varepsilon') >> \omega\varepsilon''/(\omega\varepsilon')$

ist der Leitungsanteil viel größer. Kehrt sich dagegen die Ungleichheit um, so ist der Anteil durch Umpolarisation und somit die dielektrische Erwärmung dominant.
Aus (3.50) folgt, dass man die spezifische Leistung p_v für einen vorgegebenen Stoff mit dem Quadrat der elektrischen Feldstärke und der Frequenz beeinflussen kann. Bei der Frequenz ist man an die verfügbaren Speisequellen und gesetzlich vorgegebenen ISM-Frequenzen (engl. *industrial, scientific and medical frequencies*) gebunden. Die Feldstärke wird von der Durchschlagsfeldstärke begrenzt. Dabei muss man nicht nur die Feldstärke in dem zu erwärmenden Gut, sondern vor allem auch in dessen Umgebung beachten. Die Durchschlagsfeldstärke von trockener Luft unter Normaldruck von 0,1 MPa beträgt etwa 30 kV/cm. Hierbei ist jedoch zu bedenken, dass für diese Messungen eine spezielle Elektrodenanordnung, z. B. Kugel und unendliche ausgedehnte Platte, verwendet wird, die keine scharfen Kanten oder Spitzen aufweist. Da bei einer technologischen Anwendung diese idealen Bedingungen selten vorliegen, muss die zulässige Feldstärke zur Vermeidung von Durchschlägen und möglicherweise schwerwiegenden Beschädigungen auf etwa 3 kV cm^{-1} reduziert werden.

Thermische Instabilität

Eine weitere Begrenzung der spezifischen Leistung ist bei Materialien mit einem starken Anstieg des Verlustwertes $\varepsilon_r' \tan\delta$ mit der Temperatur (s. **Bild 3.12**) zu beachten.

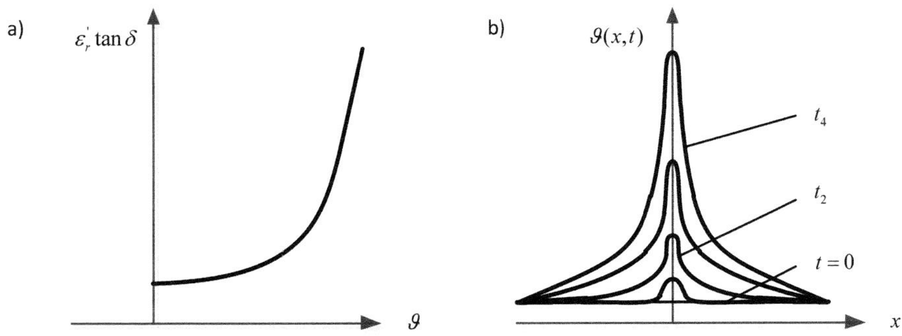

Bild 3.12: Verlustwert $\varepsilon_r' \tan\delta$ und Temperatur: a) mögliche Temperaturabhängigkeit, b) lokale Temperaturentwicklung bei einer thermischen Instabilität

Wenn hier die lokale Wärmeabfuhr geringer als die spezifische Leistung p_v ist, kommt es zu einem fortwährenden lokalen Temperaturanstieg. Die eindimensionale Fourier-Kirchhoff´sche Wärmeleitungsgleichung beschreibt diesen Vorgang.

$$p_v + \lambda \,\mathrm{d}^2 \vartheta / \,\mathrm{d}\, x^2 = c\rho \frac{\mathrm{d}\,\vartheta}{\mathrm{d}\,t} \tag{3.54}$$

Aus Bild 3.12 b ist zu erkennen, dass unmittelbar links und rechts der maximalen Temperatur die zweite Ableitung negativ ist. Das ist die Wärmeableitung. Wenn dennoch die linke Seite dieser Gleichung positiv bleibt, kommt es zu einer fortwährenden Temperaturerhöhung, da p_v wegen der mit Bild 3.12 a gezeigten Eigenschaft zunimmt. Dieser Mitkopplungseffekt ist ein typisches Beispiel für eine thermische Instabilität (engl. *runaway*).

$$\frac{\mathrm{d}(\varepsilon_r' \tan \delta)}{\mathrm{d}\,\vartheta} > 0 \tag{3.55}$$

Die geschilderten Eigenschaften können bei polykristallinen Polymeren, wie z. B. synthetischem Kautschuk, und einigen Keramiken auftreten, sobald diese Materialien beginnen zu erweichen [20, S. 26]. Auch gefrorene Lebensmittel können eine ähnliche Eigenschaft beim dielektrischen Auftauen aufweisen, wenn sich lokal Wasser bildet, das einen viel größeren Verlustwert als das umgebende Eis hat. Derartige Erscheinungen müssen durch eine Reduktion der spezifischen Leistung vermieden werden, weil diese zu lokalen und auch größeren Zerstörungen (Zerplatzen) des zu erwärmenden Gutes führen können.

3.2 Einrichtungen

In diesem Abschnitt werden der Aufbau und die Berechnung von Einrichtungen der Kondensatorfelderwärmung betrachtet. Von einer Kondensatorfelderwärmung spricht man, wenn das zu erwärmende Material sich im elektrischen Feld zweier oder mehrerer Elektroden befindet. Die größte Längenausdehnung l_{max} der Elektroden soll dabei deutlich kleiner als die Freiraumwellenlänge sein.

$$l_{max} << \lambda_0 / 4 = \frac{c_0}{4f} \tag{3.56}$$

Diese Bedingung nach (3.56) ist typisch für die Kondensatorfelderwärmung und gestattet, die Elektrodenoberfläche als Fläche gleichen Potenzials aufzufassen.

Das elektrische Feld in der Umgebung dieser Elektroden kann man als Potenzialfeld behandeln. Später wird auch der Fall $l_{max} > \lambda_0/4$ untersucht, um zu zeigen, welche Probleme in diesem Fall entstehen können.

3.2.1 Arbeitskondensator

Die Elektrodenanordnung zur dielektrischen Erwärmung wird Arbeitskondensator genannt. In **Bild 3.13** sind zwei typische Arbeitskondensatoren dargestellt. Die als Strichlinien eingetragenen typischen Flusslinien zeigen, dass sich im Fall von Bild 3.13 b auch eine tangentiale Komponente im bandförmigen Material ausbilden kann. Die Elektroden des Streufeldkondensators müssen an den Stirnseiten durch Halbkugelschalen abgeschlossen werden, um Feldstärkespitzen zu vermeiden. Der Streufeldkondensator weist seinem Namen gemäß ein wesentlich größeres Streufeld auf. Wegen der allseits abgerundeten Elektroden kann jedoch mit ihm bei bestimmten Konstellationen (z. B. durchlaufendes dünnes bandförmiges Material) eine höhere Feldstärke im Material als beim Plattenkondensator aufgebaut werden. Damit sind nach [37] höhere Erwärmungsgeschwindigkeiten zu erreichen.

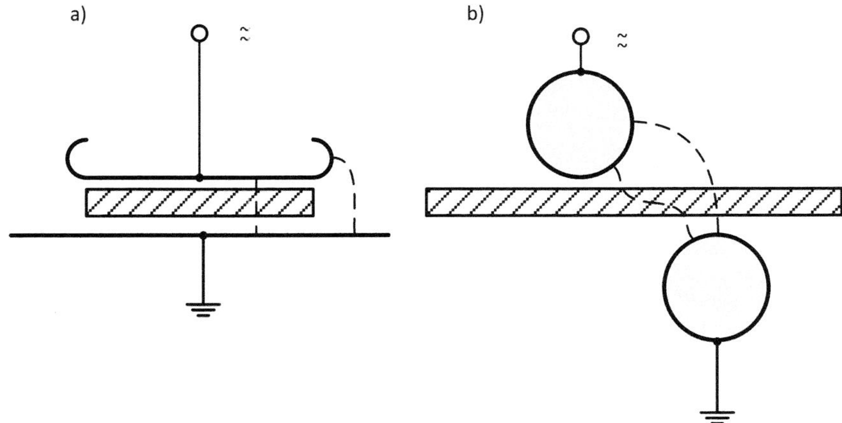

Bild 3.13: Arbeitskondensatoren: a) Plattenkondensator, b) Streufeldkondensator

Feldverteilung

Um die Erwärmungsgeschwindigkeit des in einem Arbeitskondensator befindlichen Materials/Gutes bestimmen zu können, benötigt man die Verteilung der spezifischen Leistung im zu erwärmenden Material bei vorgegebener Spannung und Frequenz. Dies erfordert wiederum die Kenntnis der elektrischen Feldstärkeverteilung. Dazu ist im allgemeinen Fall eine spezielle Modifikation der Maxwell'schen Gleichungen zu lösen. Es wird angenommen, dass die Stromdichten J_d und J_c so klein sind, dass die daraus resultierenden magnetischen Felder vernachlässigbar sind. D. h., es handelt sich um ein wirbelfreies Feld und es genügt, trotz relativ hoher Frequenzen im MHz-Bereich ein stationäres Strömungsfeld zu lösen. Dieses Strömungsfeld ist quellenfrei, woraus sich aus (3.53) folgende Differentialgleichung ergibt:

$$\operatorname{div} \underline{\vec{J}} = \operatorname{div}(\underline{\kappa}(-\operatorname{grad} \varphi)) = 0. \tag{3.57}$$

Darin bedeutet nach (3.53) $\underline{\kappa}$ eine komplexe Leitfähigkeit mit nachfolgender Zuordnung:

$$\underline{\kappa} = \begin{cases} \omega\varepsilon_0\varepsilon_r'(\tan\delta + \mathrm{j}) & \text{für jegliches Material im Lösungsgebiet} \\ \mathrm{j}\,\omega\varepsilon_0 & \text{für Luft bzw. Vakuum im Lösungsgebiet.} \end{cases}$$

Falls $\tan\delta << 1$ im gesamten Lösungsgebiet gilt, so hat dieser Term nur vernachlässigbaren Einfluss auf die Feldverteilung und kann entfallen. Dann enthält die Differentialgleichung keine komplexen Zahlen mehr. Das Lösungsgebiet ist dennoch stofflich inhomogen. Eine Lösung dieser Differentialgleichung (3.57) für die Kondensatoranordnungen nach Bild 3.13 ist nur numerisch, z. B. mit der Finite-Elemente-Methode (FEM), möglich. Wenn hierbei alle Streuungen berücksichtigt werden sollen, ist ein dreidimensionales Feldproblem numerisch zu lösen. Kann man dagegen annehmen, dass die Kondensatoren nach Bild 3.13 in der Bildtiefe eine sehr große Länge aufweisen, so sind möglicherweise die Randeffekte an den Stirnflächen vernachlässigbar. D. h. dann, dass es lediglich ein zweidimensionales Feldproblem zu berechnen ist. Jede eindeutige Lösung erfordert die Festlegung der Randbedingungen. Die Ränder des Lösungsgebietes bestehen im dreidimensionalen Fall aus den beiden Elektrodenoberflächen und einer künstlichen äußeren Hüllfläche. Im zweidimensionalen Fall werden die genannten Ränder zu Linien. Einer Elektrode, z. B. der oberen im Bild 3.13 a oder b, ordnet man das Potenzial $\varphi = U$ und der jeweils anderen das Potenzial $\varphi = 0$ zu. Die äußere Hüllfläche bzw. Hülllinie muss so weit von den Elektroden angeordnet werden, dass auf allen diesen Randpunkten $\partial\varphi/\partial n = 0$ gilt.

Dies bedeutet physikalisch, dass es keine Normalenkomponente der elektrischen Feldstärke auf diesem Rand gibt.
Es wurde bisher so getan, als ob die Stoffwerte ε_r', $\tan\delta$ in ihrer räumlichen Verteilung bekannt wären. Allerdings ist bekannt, dass diese von der lokalen elektrischen Feldstärke, der lokalen Temperatur und der lokalen Feuchte abhängen können. Falls diese Abhängigkeiten wichtig für das Ergebnis sind, so hat man mit der numerischen Berechnung ein leistungsfähiges Werkzeug zur Hand, mit dem iterativ die Stoffwerte an die lokale elektrische Feldstärke angepasst werden können. Man muss das elektrische Feld so oft berechnen, bis eine befriedigende Übereinstimmung von lokaler Feldstärke und lokalen Stoffwerten hergestellt ist. Im Falle der Abhängigkeit von der Temperatur muss die Berechnung der elektrischen Feldstärke und die aus ihr bestimmbare spezifische Leistung in eine numerische Berechnung der instationären Temperaturverteilung eingebunden werden. Hier werden in vorgebbaren Zeitintervallen die Stoffwerte der lokalen Temperatur nachgeführt. Ist sogar die lokale Feuchte von Bedeutung, so muss die instationäre Diffusionsgleichung gelöst werden, in die die beiden vorgenannten numerischen Feldberechnungen einzubinden sind.

Leistungsberechnung

Für die Auslegung und Anpassung der Arbeitskondensatoren ist die Gesamtleistung eine wichtige Größe. Bei bekannter Feldstärkeverteilung kann diese durch Integration über das gesamte Volumen V mit von null abweichender elektrischer Feldstärke (in der Regel gleich Lösungsgebiet) ermittelt werden.

$$P + \mathrm{j}\,Q = \int_V (p_v + \mathrm{j}\,q_v)\,\mathrm{d}\,V \tag{3.58}$$

Unter der Voraussetzung linearer Stoffwerte ist es praktisch, die Wirk- und Blindleistung mit der Spannung U sowie einer Parallelschaltung eines Widerstandes und einer Kapazität darzustellen.

$$P + \mathrm{j}\,Q = U^2(\frac{1}{R} + \mathrm{j}\,\omega C) \tag{3.59}$$

Leistung des idealen Plattenkondensators: Die Eigenschaften des idealen Plattenkondensators wurden bereits in Abschnitt 3.1.4 genannt. Er zeichnet sich dadurch aus, dass mit der elektrischen Feldstärke $E = U/a$ die Leistung einfach nach (3.50) zu bestimmen ist.

$$P + \mathrm{j}\,Q = (p_v + \mathrm{j}\,q_v)Aa \tag{3.60}$$

$$= E^2\omega\varepsilon_0\varepsilon_r'(\tan\delta - \mathrm{j})Aa \tag{3.61}$$

$$= U^2(\omega\varepsilon_0\varepsilon_r'\tan\delta\,\frac{A}{a} - \mathrm{j}\,\omega\varepsilon_0\varepsilon_r'\,\frac{A}{a}) \tag{3.62}$$

In diesem Falle bestimmt sich der Ersatzwiderstand zu

$$R = \frac{a}{\omega\varepsilon_0\varepsilon_r'\tan\delta\;A}. \tag{3.63}$$

Worin der Ausdruck $\omega\varepsilon_0\varepsilon_r'\tan\delta$ formell als Leitfähigkeit gedeutet werden kann. Die Kapazität kann mit

$$C = \varepsilon_0\varepsilon_r'\frac{A}{a} \tag{3.64}$$

herausgelesen werden. Bezüglich des negativen Vorzeichens in (3.62) wurde dabei berücksichtigt, dass eine kapazitive Blindleistung stets negativ ist.

Spannungsfestigkeit: An dieser Stelle wird der ideale Plattenkondensator noch etwas allgemeiner auffasst und angenommen, dass er stückweise aus idealen Teilkondensatoren besteht. Die Verteilung des elektrischen Feldes soll dabei nur durch die Permittivitäten der einzelnen Teilkondensatoren und nicht durch deren Verlustfaktoren bestimmt sein. Diese Annahme ist gleichwertig zu der Forderung $\tan\delta << 1$ für alle Teilkondensatoren und nicht zwingend, jedoch erspart sie Rechenaufwand in einer ohnehin genäherten Betrachtungsweise. Zunächst soll der Plattenkondensator nach Bild 3.14 a betrachtet werden, der zwischen den Platten nicht vollständig mit einem verlustbehafteten Dielektrikum ausgefüllt ist.

Hier unterscheidet sich die Feldstärke in Luft E_0 von der im Dielektrikum E_d, was bezüglich der Durchschlagsfeldstärke E_b bzw. E_{bd} zu beachten ist.

$$E_0 < E_b \quad \text{und} \quad E_d < E_{bd}$$

Da die Normalenkomponente der Flussdichte stetig an der Grenzfläche von Luft und Dielektrikum übergeht, muss mit der Permittivitätszahl ε_r' für das Dielektrikum gelten:

$$E_0 = \varepsilon_r' E_d. \tag{3.65}$$

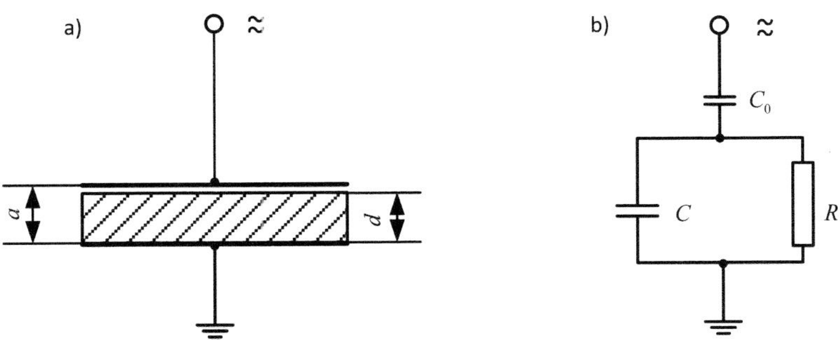

Bild 3.14: Teilweise gefüllter idealer Plattenkondensator: a) Anordnung, b) Ersatzschaltung

Die Feldstärke in der Luft ist größer als jene im Dielektrikum, weshalb diese zu bestimmen ist. Für die Spannungsabfälle über beiden Abschnitte bedeutet dies:

$$U = (a - d)E_0 + dE_d. \tag{3.66}$$

Man ersetzt nun E_d mit (3.65).

$$E_0 = U \frac{1}{a - d(1 - 1/\varepsilon_r')} \tag{3.67}$$

Für die Spannungswahl ist es wichtig, dass die Feldstärke in der Luft kleiner als die Durchschlagsfeldstärke bleibt.

$$U < E_b(a - d(1 - 1/\varepsilon_r')) \tag{3.68}$$

Interessant ist hier der Grenzfall $d \to a$, denn es gelingt bei industrieller Anwendung praktisch nicht, Luftspalte zu vermeiden. Setzt man nun $d = a$ in (3.68) ein, so ergibt sich die Feldstärke in dem Restluftspalt, die kleiner als die Durchschlagfeldstärke in Luft E_b sein muss.

$$E_0 = U \frac{\varepsilon_r'}{d} < E_b$$

Ersatzschaltungen

Den inhomogen gefüllten Plattenkondensator kann man unter den oben genannten vereinfachenden Annahmen in einzelne Sektionen unterteilen. Beispielgebend ist in **Bild 3.15** eine Füllung gezeigt, die neben dem eigentlichen

Erwärmungsgut ein verlustloses Dielektrikum (z. B. PTFE) zur Isolation der Elektroden enthält. Die einzelnen Sektionen können teilweise zusammenfasst und umgeordnet werden (s. Bild 3.15 b), womit die zugehörige Ersatzschaltung übersichtlicher wird. Bei der Konstruktion der Ersatzschaltung gibt es bei unregelmäßiger Verteilung des verlustbehafteten Dielektrikums (Erwärmungsgut) Schwierigkeiten, denn die Äquipotentiallinien und die Flusslinien verlaufen nicht mehr durchgängig parallel bzw. senkrecht zu den Elektroden.

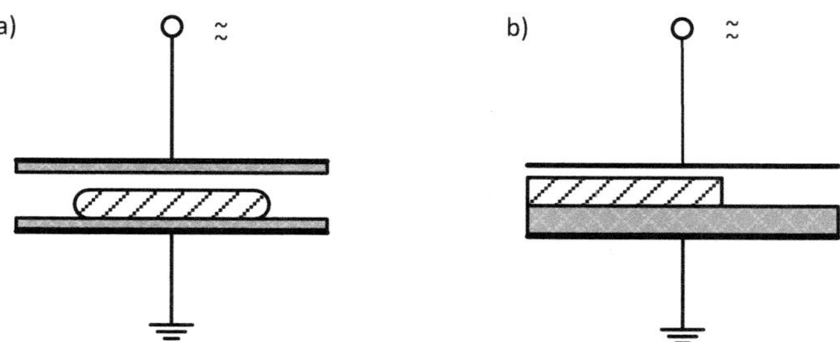

Bild 3.15: Sektionierung eines: a) gegebene Anordnung; b) nach Umverteilung und Zusammenfassung bei Gleichheit der Volumina identischer Stoffeigenschaften

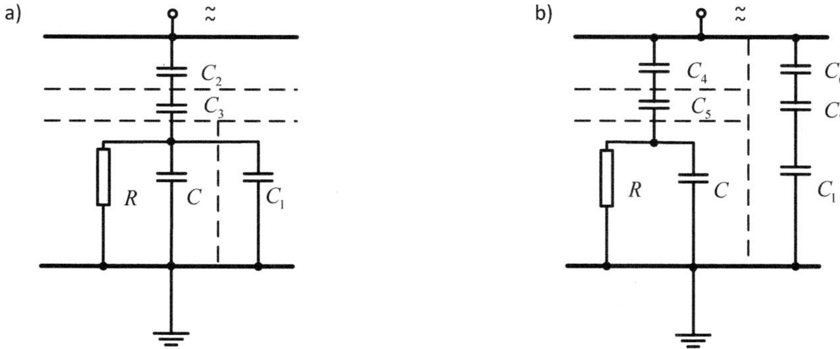

Bild 3.16: Ersatzschaltungen zu den Bildern 3.15 a und b

Es bieten sich beispielsweise die als Strichlinien in **Bild 3.16** eingetragenen idealisierten Äquipotentiallinien und Flusslinien an, die unterschiedliche Ersatzschaltungen zur Folge haben. Tatsächlich verlaufen diese Linien zwischen den beiden Elektroden gekrümmt. Daher sind weitere verfeinerte Einteilungen und Ersatzschaltungen denkbar, die immer noch einer relativ groben Näherung entsprechen. Mit der oben erwähnten numerischen Feldberechnung in Abschnitt 3.2.1 gibt es allerdings ein Werkzeug, mit dem eine nahezu perfekte Näherung erreicht werden kann.

Geschichtetes Erwärmungsgut

Bei geschichtetem Erwärmungsgut (z. B. Sperrholz) ist es für die Verteilung der spezifischen Wirkleistung auf die verschiedenen Materialien nicht gleichgültig, ob die Flusslinien senkrecht oder parallel zur Schichtung verlaufen. Oftmals ist es möglich, die Feldrichtung zu beeinflussen und manchmal kann sogar Einfluss auf die Auswahl bestimmter Materialien (z. B. bei der Verleimung von Sperrholz) genommen werden. Es wird deshalb das Verhältnis der spezifischen Leistung nach (3.50) aufgeschrieben und dazu **Bild 3.17** betrachtet.

$$\frac{p_{v1}}{p_{v2}} = \frac{{E_1}^2 \varepsilon'_{r1} \tan\delta_1}{{E_2}^2 \varepsilon'_{r2} \tan\delta_2} \tag{3.69}$$

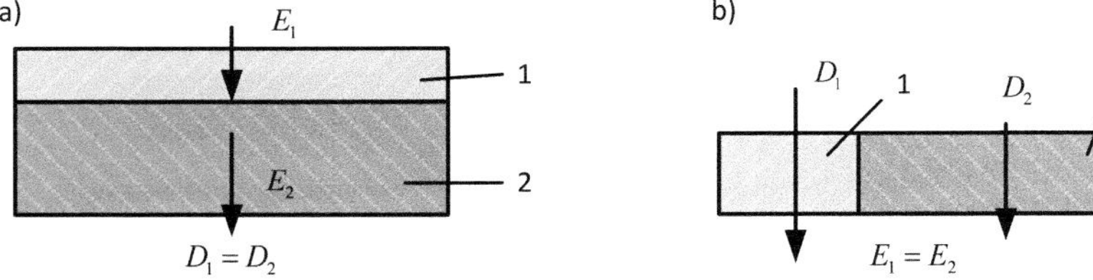

Bild 3.17: Geschichtetes Erwärmungsgut: a) Spalt senkrecht zu den Flusslinien, b) Spalt parallel zu den Flusslinien

Wenn das elektrische Feld, wie im Bild 3.17 a gezeigt, senkrecht auf der Schichtung steht, ist die Flussdichte in jeder Schicht gleich ($D_1 = D_2$) und für die elektrische Feldstärke gilt folglich $E_1\varepsilon'_{r1} = E_2\varepsilon'_{r2}$. Wird dies in (3.69) eingesetzt, so folgt nach Kürzung von E die Verteilung der spezifischen Leistung:

$$\frac{p_{v1}}{p_{v2}} = \frac{\varepsilon'_{r2} \tan\delta_1}{\varepsilon'_{r1} \tan\delta_2.} \tag{3.70}$$

Im Falle von Bild 3.17 b verläuft die Flussdichte parallel zur Schichtung, weshalb die Feldstärke in jeder Schicht gleich ist. Man kann deshalb (3.69) direkt übernehmen und erhält nach Kürzung der Feldstärke:

$$\frac{p_{v1}}{p_{v2}} = \frac{\varepsilon'_{r1} \tan\delta_1}{\varepsilon'_{r2} \tan\delta_2.} \tag{3.71}$$

3.2.2 Speisequellen

Neben den Arbeitskondensatoren sind für die Kondensatorfelderwärmung spezielle Quellen (Speisequellen der notwendigen Frequenz) und dazugehörige Anpasselemente erforderlich.

Einteilung

Als Speisequellen werden hier Röhrengeneratoren (Sendetrioden, Sendetetroden) sowie Frequenzumrichter auf Halbleiterbasis (z. B. Transistoren) bezeichnet. Eine genaue Betrachtung der Frequenzen zeigt, dass die höheren Frequenzen ganze Vielfache der Basisfrequenz von 13,560 MHz sind. Dies ist der Tatsache geschuldet, dass die Speisequellen wegen vorhandener Nichtlinearitäten unerwünschte höhere Harmonische generieren. Auf diese Weise sind wenigstens einige der Harmonischen noch im zulässigem Frequenzband. Die Basisfrequenz von 27,120 MHz hat das größte Toleranzband und wird am häufigsten für die Kondensatorfelderwärmung eingesetzt. Im oben angegebenen Frequenzbereich werden Speisequellen im Leistungsbereich von einigen 100 W bis zu mehreren 100 kW gebaut. In vielen, heute noch verwendeten Speisequellen finden Elektronenröhren (Trioden, Tetroden) Anwendung, welche wegen ihrer ursprünglichen Verwendung auch als Senderöhren bezeichnet werden und eine beheizte Kathode besitzen. Letzteres ist ein Grund für den relativ schlechten Wirkungsgrad dieser Quellen, der im Bereich von 50-70 % liegt. Deshalb werden zunehmend auch im höheren Leistungsbereich Speisequellen auf Basis von Halbleiterbauelementen (z. B. Transistoren) angeboten. In [20, S. 118] werden für beide Verstärkerelemente Schaltungen angegeben und diskutiert. Unabhängig von den verwendeten verstärkenden Bauelementen können die Speisequellen noch hinsichtlich der Art der Frequenzstabilisierung unterschieden werden:

1. Variante: Ein Schwingkreis hoher Güte, der sogenannte Tankkreis (engl. *tank circuit*), wird durch den Arbeitskondensator belastet und kann dadurch verstimmt werden. Das Verstärkerelement (z. B. die Sendetriode) wird durch induktive Rückkopplung phasenrichtig angesteuert. Die sich dabei einstellende Frequenz wird durch den Tankkreis und den Arbeitskondensator nebst Anpasselementen bestimmt.

2. Variante: Mit einem Oszillator (z. B. Schwingquarz) wird die Frequenz vorgegeben und ein nachgeschalteter Leistungsverstärker speist den Arbeitskondensator. Die Frequenz kann hier relativ einfach im vorgegebenen Frequenzband gehalten werden. Eine Anpassung ist trotzdem erforderlich, um auf die Parameteränderungen des Arbeitskondensators während des Erwärmungsprozesses reagieren zu können.

Schaltung mit variabler Frequenz

Eine Schaltung, die eine geringe Abweichung der Resonanzfrequenz zulässt, zeigt **Bild 3.18**. Die Arbeitsfrequenz wird hier durch den Tankkreis und seine ohmsch-kapazitiven Last bestimmt. Deshalb gibt es eine gewisse Beeinflussung der Resonanzfrequenz durch den Arbeitskondensator an den Klemmen 0-2. Diese oder eine ganz ähnliche Anpassschaltung ist insbesondere bei kurzen Entfernungen zwischen Arbeitskondensator und Speisequelle energetisch vorteilhaft.

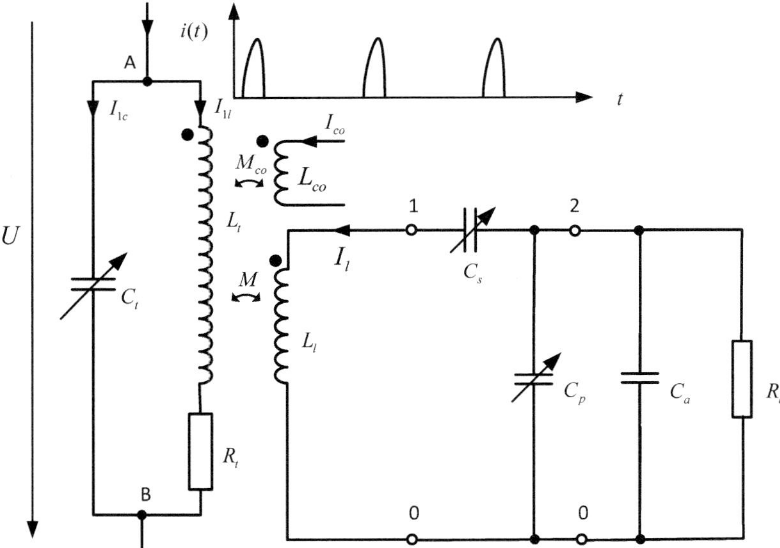

Bild 3.18: Typische Schaltung zur verlustarmen Generierung von Schwingungen für die dielektrische Erwärmung

Der Arbeitskreis (engl. *applicator*) ist vom Tankkreis und somit der gesamten Stromversorgung durch die induktive Kopplung mit der Gegeninduktivität M galvanisch getrennt, was für die industrielle und medizinische Anwendung sehr vorteilhaft bzw. zwingend sein kann. Der Tankkreis wird nur mit Stromspitzen, die einen Stromflusswinkel von ca. 60-70 ° haben, angeregt. Das Verstärkerelement, z. B. ein Transistor oder eine Senderöhre, wird dazu mit einer geeigneten Vorspannung in den nichtlinearen Arbeitsbereich verschoben. Dadurch entstehen die pulsförmigen Stromsignale $i(t)$. Die phasenrichtige Ansteuerung des Verstärkerelementes erfolgt über die Rückkopplungsspule mit der Induktivität L_{co}. Diese energieeffiziente Betriebsweise mit nichtlinearer Verstärkung wird C-Betrieb genannt. Dies kann man sehr gut mit einer Schaukel vergleichen, die viel leichter durch Antippen im rechten Moment als durch permanentes Schieben verbunden mit ständigem Hin- und Hergehen in Bewegung gehalten werden kann. Der Tankkreis soll wegen der Frequenzstabilität und des gewünschten hohen Wirkungsgrades eine sehr hohe Güte $Q_t = \omega L_t / R_t > 400$ haben. Deshalb wird die Induktivität L_t nicht als herkömmliche Spule mit relativ kleinem stromtragenden Leiterquerschnitt, sondern als Blechkasten (engl. *tank*) ausgelegt. Die Bleche dieses Kastens ergeben wesentlich größere stromtragende Querschnittsflächen als bei einer herkömmlichen Spule. Sie sind wegen der geringen Stromeindringtiefe im µm-Bereich mit einer elektrisch sehr gut leitenden Schicht (z. B. Silber) überzogen. Der Blechkasten entspricht einer Induktivität mit verteilten Parametern, die bereits kapazitive Anteile enthält. Der Kondensator C_t ist in der Regel trimmbar und kann in den Tank integriert werden. Die Induktivität des Tanks kann nicht während des Betriebes, sondern nur relativ aufwendig durch Umbau von Wandblechen verändert werden. Die Kopplungsinduktivität M kann ebenfalls im stromlosen Zustand durch örtliche Verschiebung verändert werden.

Schaltung mit fester Frequenz

Bei diesen Schaltungen ist die Arbeitsfrequenz durch einen Taktgeber (z. B. Schwingquarz) vorgegeben. Ein nachgeschalteter Verstärker bietet einen Nennstrom I_s und eine Nennspannung U_s bei einer fest vorgegebenen Frequenz an. Hier muss die Last als ohmscher Widerstand, der sich aus U_s/I_s ergibt, auf den Verstärker geschaltet werden. Eine beispielhafte Schaltung ist mit **Bild 3.19** gezeigt. Sie findet insbesondere Anwendung, wenn eine relativ große Entfernung zwischen Arbeitskondensator und Quelle durch ein Kabel zu überbrücken ist. Dies kann beispielsweise notwendig werden, wenn der Arbeitskondensator technologisch bedingt während des Betriebes etwas bewegt werden soll.

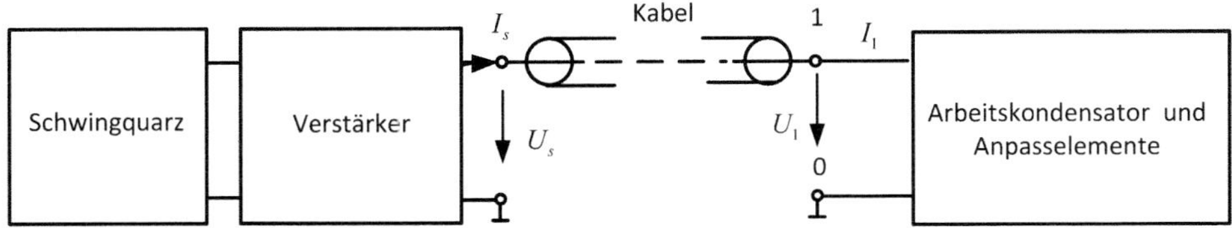

Bild 3.19: Energieversorgung des Arbeitskondensators über ein Kabel vom Verstärker fester Frequenz

3.2.3 Anpassung

Die Anpassung des Arbeitskondensators soll anhand der beiden Schaltungsvarianten nach Bild 3.18 und Bild 3.19 diskutiert werden, weil dies für die Auslegung und den Betrieb der Kondensatorfelderwärmung wesentlich ist.
Mit einer geeigneten Anpassung sind folgende Bedingungen zu erfüllen:

- Die Arbeitsfrequenz muss innerhalb der in Abschnitt 3.3 angegebenen Grenzen verbleiben. Es sind Vorkehrungen notwendig, damit die Speisequelle anderenfalls automatisch abgeschaltet wird.
- Die Eingangsimpedanz, mit der die Speisequelle belastet wird, muss ihren Nennwerten von Strom und Spannung entsprechen. In der Regel soll die Belastung rein ohmsch sein.
- Eine galvanische Trennung des Arbeitskondensators von der Speisequelle kann gefordert sein (Arbeitssicherheit).
- Die Energieübertragung von der Speisequelle zum Arbeitskondensator soll möglichst verlustarm sein. Anpassungen mit ohmschen Widerständen verbieten sich generell.

Anpassung bei schwebender Frequenz

Mit den beiden Kondensatoren C_s und C_p nach **Bild 3.18** soll eine Anpassung des Arbeitskondensators mit den technologisch bedingt variablen Parametern C_a und R_a erfolgen.

Zunächst formt man die Schaltung nach Bild 3.18 etwas um und trifft einige vereinfachende Annahmen, die aus **Bild 3.20** ersichtlich werden. Es wird angenommen, dass an den Klemmen A-B nicht gepulste Stromspitzen, son-

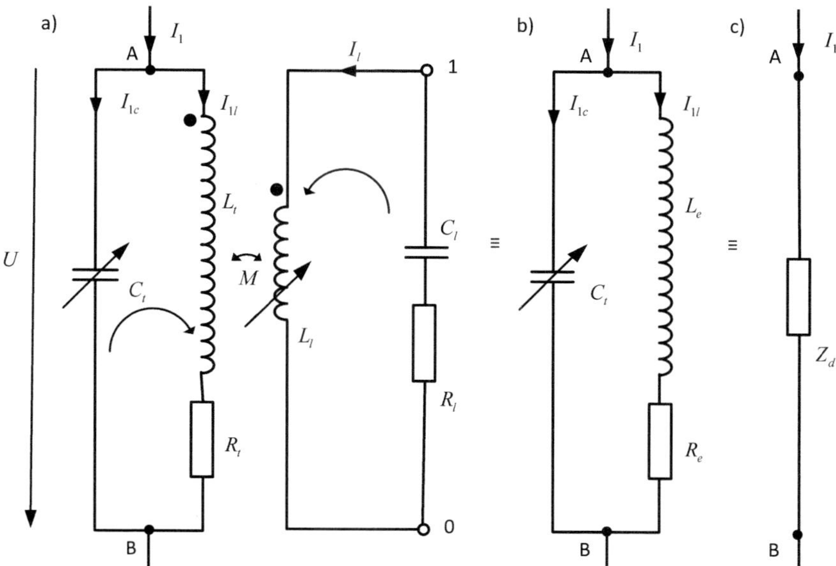

Bild 3.20: Ersatzschaltung nach Bild 3.18: a) Vereinfachung, b) Zusammenfassung, c) dynamischen Impedanz Z_d bei Resonanz

dern deren 1. Harmonische, in Form des sinusförmigen Stromes I_1, fließen. Da alle anderen Elemente (auch der Arbeitskondensator) als linear angenommen werden, ist auch die über A-B anliegende Spannung U sinusförmig. Außerdem sei die Rückkopplung rückwirkungsfrei, d. h. der Strom I_{co} habe keinen nennenswerten Einfluss auf den Strom im Tankkreis I_{1l} und kann außer Betracht bleiben. Schließlich fasst man alle Elemente hinter den Klemmen 1-0 zusammen und erhält so die Impedanz mit den in Reihe liegenden Elementen R_l und C_l.

$$R_l - \mathrm{j}\,\frac{1}{\omega C_l} = -\,\mathrm{j}\,\frac{1}{\omega C_s} + \frac{1}{\mathrm{j}\,\omega(C_a + C_p) + 1/R_a} \tag{3.72}$$

Nach Umformung folgt daraus:

$$R_l = \frac{R_a}{1 + \omega^2 R_a^2 (C_a + C_p)^2} \tag{3.73}$$

$$C_l = C_s \frac{1 + 1/[\omega R_a (C_a + C_p)]^2}{1 + 1/[\omega R_a (C_a + C_p)]^2 + C_s/(C_a + C_p)}\,. \tag{3.74}$$

In diesen beiden Gleichungen (3.73) und (3.74) ist der Ausdruck $\omega R_a(C_a + C_p)$ enthalten. Mit Blick auf (3.63) und (3.64) gilt.

$$\omega R_a(C_a + C_p) > 1/\tan\delta, \tag{3.75}$$

Wenn nun der sehr häufige Fall $\tan\delta < 1$ zutrifft, können wegen der Quadratbildung dieses Ausdruckes die beiden Gleichungen wesentlich vereinfacht werden.

$$R_l = \frac{1}{\omega^2 R_a(C_a + C_p)^2} \tag{3.76}$$

$$C_l = C_s \frac{C_a + C_p}{C_a + C_p + C_s} \tag{3.77}$$

Wenn das Ziel der dynamischen Anpassung darin besteht, trotz prozessbedingter Veränderungen von R_a und C_a die den Tankkreis beeinflussenden Größen R_l und C_l möglichst konstant zu halten, so gibt es folglich mit C_p bezüglich R_a und mit C_s bezüglich C_a gute Möglichkeiten.
Um die Resonanzfrequenz ω_0 und die die Speisequelle belastende dynamische Impedanz Z_d bestimmen zu können, werden nachfolgend die magnetisch über M gekoppelten Kreise zu einem äquivalenten Schwingkreis umgeformt. Die Maschengleichung für den Lastkreis lautet

$$\mathrm{j}\,\omega M \underline{I}_{1l} + (\mathrm{j}\,\omega L_l + R_l - \frac{\mathrm{j}}{\omega C_l})\underline{I}_l = 0 \tag{3.78}$$

und der Spannungsabfall über der Tankinduktivität beträgt:

$$\underline{U} = \mathrm{j}\,\omega M \underline{I}_l + (\mathrm{j}\,\omega L_t + R_t)\underline{I}_{1l}. \tag{3.79}$$

In dieser Gleichung wird $\underline{I}_l$ mit (3.78) ersetzt. Damit ergibt sich:

$$\underline{U} = \left[R_t + \mathrm{j}\,\omega L_t + u^2(R_l - \mathrm{j}\,\omega L_l + \frac{\mathrm{j}}{\omega C_l})\right]\underline{I}_{1l}. \tag{3.80}$$

Darin bezeichnet man mit

$$u^2 = \frac{(\omega M)^2}{R_l^2 + (\omega L_l - \frac{1}{\omega C_l})^2} \tag{3.81}$$

das Quadrat eines äquivalenten Übersetzungsverhältnisses. Diese Bezeichnung wird verständlich, wenn Zähler und Nenner mit I_l^2 multipliziert werden. Dann erscheinen die Quadrate der Primär- und Sekundärspannungen des Übertragers im Zähler und Nenner von u^2. Bei dieser Ersatzschaltung werden die Reaktanzen mit negativen Vorzeichen übertragen. Das ist bei den üblichen Ersatzschaltungen für den Transformator nicht üblich. Hier ist zu bedenken, dass die Ersatzschaltung keinen Querzweig mit der Gegeninduktivität M aufweist. Die Impedanz diese Querzweiges ist um so kleiner, je geringer die magnetische Kopplung zwischen Primär- und Sekundärspule ist. Dies bedeutet, dass bei geringer Kopplung ein großer Magnetisierungsstrom erforderlich ist, der bei den üblichen Ersatzschaltungen für den Transformator durch den Querzweig fließt. Nur bei idealer Kopplung wird die Reaktanz des Querzweiges unendlich groß und der Querzweig kann entfallen (stromidealer Transformator). Im vorliegenden Fall sind die beiden Spulen des Übertragers nur über die Luft und nicht über gute magnetische Leiter (z. B. Ferrite) gekoppelt. Die ideale Kopplung mit $k = 1$ wird zu

$$k^2 = \frac{M^2}{L_l L_t} \approx 0,01.$$

Es würde in Folge dessen über den Querzweig des klassischen Ersatzschaltbildes ein erheblicher Magnetisierungsstrom fließen. Das ist der Grund, weshalb bei dieser Art des Ersatzschaltbildes ohne Querzweig negativ übertragene Reaktanzen auftreten. Das ist etwas gewöhnungsbedürftig, jedoch für das Ziel, der Berechnung von Resonanzfrequenz und dynamischer Impedanz nützlich. Aus (3.79) kann man die Bestimmungsgleichungen für R_e und L_e ablesen:

$$R_e = R_t + u^2 R_l \tag{3.82}$$

$$\omega L_e = \omega L_t + u^2(1/\omega C_l - \omega L_l). \tag{3.83}$$

Der äquivalente Schwingkreis nach Bild 3.20 b hat die Elemente C_t, R_e und L_e. Seine Resonanzfrequenz ergibt sich aus der Forderung, dass sich im Knotenpunkt A die Blindströme kompensieren.

$$\mathsf{Im}\{\underline{I}_{1c} + \underline{I}_{1l}\} = 0 \tag{3.84}$$

Am Knotenpunkt A gilt

$$\underline{I}_1 = \underline{U}(\mathrm{j}\,\omega C_t + \frac{1}{R_e + \mathrm{j}\,\omega L_e})$$

bzw.

$$\underline{I}_1 = \underline{U}(\mathrm{j}\,\omega C_t + \frac{R_e - \mathrm{j}\,\omega L_e}{R_e^2 + (\omega L_e)^2}). \tag{3.85}$$

Mit dieser Beziehung kann die Bedingung nach (3.84) als

$$C_t = \frac{L_e}{R_e^2 + (\omega L_e)^2} \tag{3.86}$$

geschrieben werden. Unter der für derartige Schwingkreise gültigen Voraussetzung $L_e/C_t > R_e^2$ folgt daraus die Resonanzfrequenz zu

$$\omega_0 = \frac{1}{\sqrt{C_t L_e}} \sqrt{1 - \frac{R_e^2 C_t}{L_e}}. \tag{3.87}$$

Im Resonanzfall folgt aus (3.85) die dynamische Impedanz als

$$Z_d = R_e + \frac{(\omega_0 L_e)^2}{R_e}. \tag{3.88}$$

Die Güte des belasteten Tankkreises ist mit $Q_e = \omega_0 L_e / R_e$ zu bestimmen. Dieser Ausdruck wird in (3.87) eingebaut, damit der Einfluss der Last auf die Resonanzfrequenz abschätzbar wird. Es wird angenommen, dass

$$\omega_0 L_e \omega_0 C_t \approx 1 \tag{3.89}$$

gilt. Der zweite Wurzelausdruck von (3.87) wird eingesetzt. Damit ergibt sich:

$$\omega_0 = \frac{1}{\sqrt{C_t L_e}} \sqrt{1 - \frac{1}{Q_e^2}}. \tag{3.90}$$

Da die Güte des belasteten Tankkreises im Bereich $10 < Q_e < 100$ liegen sollte, wird klar, dass hauptsächlich L_e mithilfe von C_s und C_p stabilisiert werden muss.

Wenn man den Arbeitskondensator mit den möglichen Wertebereichen von C_a und R_a abschätzt, so kann mit den Vorgaben von Z_d und ω_0 die Dimensionierung der Schaltung erfolgen.

Anpassung mit fester Frequenz

Auf eine galvanische Trennung von Verstärker und Arbeitskondensator, die natürlich auch hier möglich ist, soll verzichtet werden, um das Wesentliche zu verdeutlichen. Die Anpassaufgabe besteht darin, den Verstärker nach **Bild 3.21** mit dem für ihn vorgegebenen Widerstand zu belasten. Aus den Nenndaten des

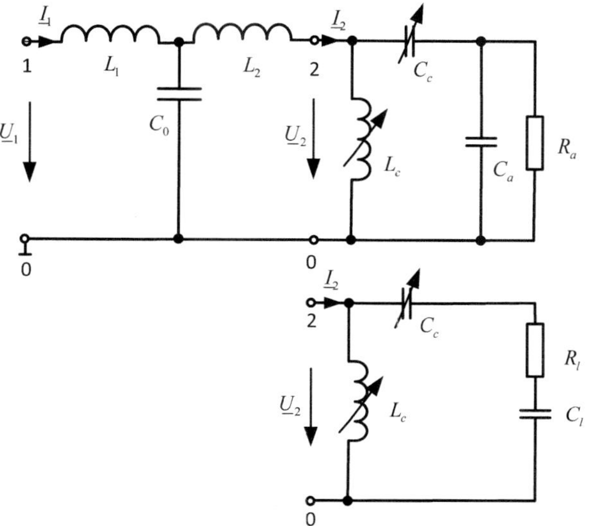

Bild 3.21: Energieversorgung des Arbeitskondensators über ein Kabel vom Verstärker fester Frequenz

Verstärkers kann die ideale Belastung $Z_q = U_q/I_q$ bestimmt werden. Weiterhin soll davon ausgegangen werden, dass das Kabel länger als $\lambda_w/4$ ist und einen Wellenwiderstand Z_w hat.

Damit keine stehenden Wellen bzw. Reflexionen am Kabel entstehen, soll es mit einem Abschlusswiderstand Z_1 abgeschlossen werden, der gleich seinem Wellenwiderstand ist. Es soll erreicht werden, dass gilt:

$$Z_q = Z_w = Z_1 = U_1/I_1. \tag{3.91}$$

Untersetzt bedeutet dies, dass die gesamte Blindleistung am Arbeitskondensator zu kompensieren und der verbleibende ohmsche Widerstand der Last R_2 auf einen konstanten Wert zu halten ist. Dazu dienen die Anpasselemente L_c und C_c. Da es wegen der Übertragungsverluste des Kabels besser ist, mit höheren Spannungen als höheren Strömen zu arbeiten, ist es günstig, den verbleibenden Widerstand R_2 hoch zu transformieren. Diese Widerstandstransformation kann beispielsweise mit einem passiven Vierpol nach **Bild 3.22** erfolgen.
Es wird hier der Vierpol in T-Schaltung verwendet. Für die nachfolgenden Betrachtungen wird davon ausgegangen, dass der Verstärker eine sinusförmige Spannung bzw. einen sinusförmigen Strom liefert und alle Schaltungselemente linear sind. Damit ist die komplexe Rechnung möglich.

Die Induktivität L_c soll stetig während des Betriebes stellbar sein. Dies gelingt beispielsweise dadurch, dass zu ihr eine Kapazität parallel geschaltet wird. Eine einfache Rechnung zeigt, dass so die Induktivität ausgehend von einem Wert L_{c0} mit wachsender Kapazität vergrößert werden kann.

$$\frac{1}{\mathrm{j}\,\omega L_c} = \frac{1}{\mathrm{j}\,\omega L_{c0}} + \mathrm{j}\,\omega C \tag{3.92}$$

$$L_c = \frac{1}{1/L_{c0} - \omega^2 C} \tag{3.93}$$

Um die Kompensationsbedingung übersichtlicher zu gestalten, wird die Parallelschaltung des Arbeitskondensators in eine Reihenschaltung umgewandelt.

$$R_l + \frac{1}{\mathrm{j}\,\omega C_l} = \frac{1}{1/R_a + \mathrm{j}\,\omega C_a} \tag{3.94}$$

$$R_l = \frac{R_a}{1 + (\omega C_a R_a)^2} \tag{3.95}$$

$$C_l = C_a + \frac{1}{C_a (\omega R_a)^2} \tag{3.96}$$

Die parallelgeschalteten Admittanzen an den Klemmen 2-0 entsprechen den abgehenden Strömen an der Klemme 2. Für die vorgegebene Arbeitsfrequenz ω muss L_c so eingestellt werden, damit sich die Blindströme kompensieren.

$$\frac{1}{\mathrm{j}\,\omega L_c} + \frac{1}{R_l + 1/(\mathrm{j}\,\omega C_l) + 1/(\mathrm{j}\,\omega C_c)} = \frac{1}{R_2} \tag{3.97}$$

Nach konjugiert komplexer Erweiterung

$$\frac{-\mathrm{j}}{\omega L_c} + \frac{R_l + \mathrm{j}\,/(1/C_c + 1/C_l)/\omega}{R_l^2 + (1/C_c + 1/C_l)^2/\omega^2} = \frac{1}{R_2} \tag{3.98}$$

können daraus die Bedingung zur Kompensation und der Widerstand R_2 abgelesen werden. Der Widerstand R_2 sei durch Kabel und Verstärker vorgegeben. Es ergibt sich aus dem verbleibenden Realteil eine Bestimmungsgleichung für den stellbaren Kondensator C_c.

$$C_c = \frac{1}{\omega\sqrt{R_l(R_2 - R_l)} - 1/C_l} \tag{3.99}$$

Diese Bestimmungsgleichung erlaubt auf mögliche Veränderungen von R_l mit C_c zu reagieren. Sie ist zwar nicht von der noch zu bestimmenden Induktivität L_c abhängig, zeigt jedoch, dass R_2 nicht beliebig gewählt werden kann. Aus (3.98) kann man die notwendige Bedingung für den Fall $C_c \to \infty$ ablesen.

$$R_2 \geq R_l + \frac{1}{(\omega C_l)^2 R_l} \tag{3.100}$$

Die Kompensationsbedingung folgt aus den Imaginärteilen von (3.98) und kann mit L_c erfüllt werden.

$$L_c = \frac{R_l^2}{1/C_c + 1/C_l} + 1/\omega^2(1/C_c + 1/C_l) \tag{3.101}$$

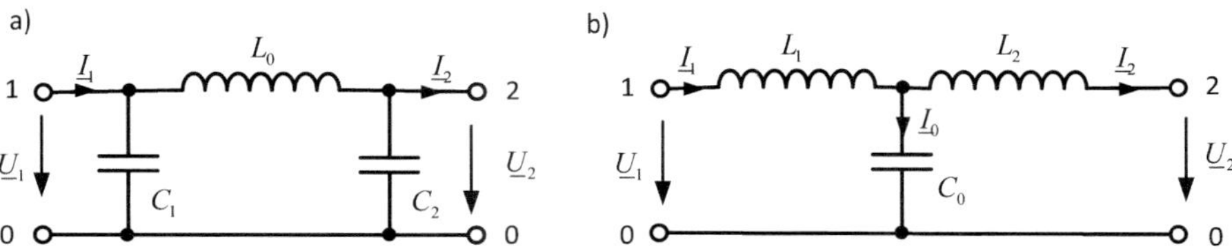

Bild 3.22: Anpassvierpol; a) Π-Schaltung, b) T-Schaltung

Auf diese Weise ist man in der Lage, auf prozessbedingte Veränderungen von R_l und C_l so mit den Korrekturgliedern C_c und L_c zu reagieren, damit einerseits eine Kompensation von Blindleistung nahe am Arbeitskondensator erfolgt und andererseits ein vorgegebener Abschlusswiderstand R_2 konstant gehalten wird. Wie bereits erwähnt, kann dieser noch um einen bestimmten Faktor, dem Übersetzungsverhältnis u^2, transformiert werden. Voraussetzung für das Funktionieren dieser Anpassung ist natürlich, dass der Wertebereich der stellbaren Größen C_c und L_c und deren Spannungs- und Stromfestigkeit ausreichen. Weiterhin sind geeignete Messgrößen erforderlich, um eine Regelung zu ermöglichen.
Ob die Kompensationsbedingung erfüllt ist, kann am Strom I_2 erkannt werden. Bei Kompensation muss dieser Strom für eine bestimmte Spannung U_2 minimal sein. Weiterhin erlaubt eine Strom- und Spannungsmessung an den Klemmen 1-0 oder 2-0 wegen der erfolgten Kompensation (kein Imaginärteil) $R_1 = \underline{U}_1/\underline{I}_1$ oder $R_2 = \underline{U}_2/\underline{I}_2$ mit $R_1 = u^2 R_2$ zu bestimmen.

Die Widerstandstransformation kann mit einem passiven Vierpol nach Bild 3.22 erfolgen. Der Vierpol muss so dimensioniert werden, damit er eine ohmsche

Last an den Klemmen 2-0 mit einem reellen Übersetzungsverhältnis u^2 auf die Seite mit den Klemmen 1-0 transformiert. Dabei ist es unwichtig, ob es zu einer Phasenverschiebung zwischen U_1 und U_2 kommt. Es wird der Vierpol nach Bild 3.22 b in T-Schaltung betrachtet. Man notiert zunächst zwei Maschengleichungen.

$$\underline{U}_1 - \underline{U}_2 - \mathrm{j}\,\omega L_2 \underline{I}_2 - \mathrm{j}\,\omega L_1 \underline{I}_1 = 0 \tag{3.102}$$

$$\underline{I}_0 \frac{1}{\mathrm{j}\,\omega C_0} - \underline{U}_2 - \mathrm{j}\,\omega L_2 \underline{I}_2 = 0 \tag{3.103}$$

In der letzten Gleichung kann $\underline{I}_0$ mit der Knotenpunktgleichung $\underline{I}_1 = \underline{I}_2 + \underline{I}_0$ eliminiert werden.

$$\underline{I}_1 - \underline{I}_2 = (\underline{U}_2 + \mathrm{j}\,\omega L_2 \underline{I}_2)\,\mathrm{j}\,\omega C_0 \tag{3.104}$$

Mit $R_1 = \underline{U}_1/\underline{I}_1$ und $R_2 = \underline{U}_2/\underline{I}_2$ folgt aus (3.102):

$$R_1 = R_2 \frac{\underline{I}_2}{\underline{I}_1} + \mathrm{j}\,\omega L_2 \frac{\underline{I}_2}{\underline{I}_1} + \mathrm{j}\,\omega L_1. \tag{3.105}$$

Der darin enthaltene Quotient $\underline{I}_2/\underline{I}_1$ kann mit (3.104) bestimmt werden.

$$\frac{\underline{I}_1}{\underline{I}_2} = 1 + R_2\,\mathrm{j}\,\omega C_0 + \mathrm{j}\,\omega L_2\,\mathrm{j}\,\omega C_0 \tag{3.106}$$

Dieser Ausdruck wird in (3.105) eingesetzt. Auf diese Weise wird eine Beziehung erhalten, die zwischen dem Eingangswiderstand R_1 und dem Ausgangswiderstand R_2 des Vierpols vermittelt.

$$R_1 = \frac{R_2 + \mathrm{j}\,\omega L_2}{1 + \mathrm{j}\,\omega C_0 (R_2 + \mathrm{j}\,\omega L_2)} + \mathrm{j}\,\omega L_1 \tag{3.107}$$

Diese Gleichung kann man ohne Bruch schreiben und auflösen, womit eine Trennung von Real- und Imaginärteil möglich wird. Für den Imaginärteil ergibt sich:

$$C_0 R_1 R_2 + \omega^2 C_0 L_1 L_2 = L_1 + L_2. \tag{3.108}$$

Für den Realteil folgt:

$$\omega^2 C_0 (L_1 R_2 - L_2 R_1) = R_2 - R_1. \tag{3.109}$$

Man kann (3.108) nach C_0 umstellen.

$$C_0 = \frac{L_1 + L_2}{R_1 R_2 + \omega^2 L_1 L_2} \tag{3.110}$$

Wird (3.109) durch R_2 geteilt, so ergibt sich das gesuchte Übersetzungsverhältnis u^2.

$$u^2 = \frac{R_1}{R_2} = \frac{1 - \omega^2 C_0 L_1}{1 - \omega^2 C_0 L_2} \tag{3.111}$$

Durch Probieren ist eine solche Kombination der freien Variablen C_0, L_1 und L_2 zu finden, die zum gewünschten Übersetzungsverhältnis führt. In [8] sind dazu parametrische Darstellungen gegeben, die das Auffinden einer Lösung erleichtern.

3.3 Gesundheitsschutz

Werden die Toleranzen der ISM-Frequenzbänder (engl. *industrial scientific medical*) nach **Tabelle 3.2** eingehalten, dürfen die Anlagen ungeschirmt betrieben werden. Um den Gesundheitsschutz zu gewährleisten, darf dabei nach DIN VDE 0848 Teil 2 die abgestrahlte Leistungsdichte im möglichen Aufenthaltsbereich von Personen die gesetzlich vorgeschriebenen Grenzwerte nicht übersteigen. Dabei wird zwischen Wohnbereichen mit angenommenem dauerhaftem Aufenthalt (Bereich A in Tabelle 3.2) und Arbeitsstätten mit einer Expositionsdauer von $\leq 6\,\text{h}$ pro Arbeitstag (Bereich B) unterschieden. Die Berufsgenossenschaften unterteilen die Arbeitsstätten noch weiter in Bereiche erhöhter Exposition (Expositionszeit $< 6\,\text{min}$) sowie in die Expositionsbereiche A (kontrollierte Bereiche, Betriebsstätten) und B (Büro- und Sozialräume). Neben den Grenzwerten zur abgestrahlten Leistungsdichte werden auch Grenzwerte zum elektrischen und magnetischen Feld vorgegeben. Es sei vermerkt, dass bei diesen Grenzwerten schädliche thermische Wirkungen durch unerwünschte dielektrische Erwärmung berücksichtigt werden. Sie basieren auf medizinisch wissenschaftlichen Untersuchungen, sind jedoch weltweit noch nicht einheitlich, weil Sicherheitszuschläge subjektiv bedingten Schwankungen unterliegen. Daneben wird noch über nichtthermische (z. B. sensibilisierende) Gefahren diskutiert, wozu es bei den hier diskutierten Frequenzen noch keine belastbaren Untersuchungsergebnisse gibt. Da die Festlegung der Grenzwerte insbesondere in der internationalen Abstimmung noch diskutiert werden, muss sich der

Betreiber derartiger Anlagen unbedingt mit den lokalen und zur Zeit gültigen Standards vertraut machen.

Tabelle 3.2: ISM-Frequenzen, zulässige Toleranzen und zulässige Abstrahlung (zul. Abstr.) für die Expositionsbereiche A und B

Frequenz MHz	Wellenlänge m	zul. Toleranz %	zul. Abstr. A W/m^2	zul. Abstr. B W/m^2
13,56	22,12	± 0,06	10	50
27,12	11,06	± 0,6	10	50
40,68	7,37	± 0,05	10	50
433,92	0,69	± 0,02	10	50

3.4 Anwendungen

Elektrisch nicht oder schwach leitende Materialien, wie z. B. Kunststoffe, können bekanntlich nicht oder nur sehr schlecht durch Stromleitung direkt erwärmt werden. Die dielektrische Erwärmung ist in diesen Fällen oft eine effektive Alternative.

3.4.1 Kennzahlen

Die Feldstärke ist durch den Spannungsdurchschlag in Luft mit 30 kV/cm und einen Sicherheitsfaktor von 10 begrenzt. Danach sollte die Feldstärke in der die Elektroden umgebenden Luft nicht höher als 3 kV/cm sein. Es wird deshalb in (3.50) die Feldstärke im Gut durch die der umgebenden Luft mit $E = E_0/\varepsilon_r'$ ersetzt. Somit ergibt sich bei einer Elektrodenanordnung, die eine Normalkomponente der elektrischen Feldstärke auf der Gutoberfläche erzeugt, für die maximale volumenspezifische Leistung

$$p_v = E_{0,max}^2 \, \omega \varepsilon_0 \tan \delta / \varepsilon_r'. \tag{3.112}$$

Nach [37, S. 259] können bei 27,12 MHz volumenspezifische Leistungen von 0,2 für Porzellan bis 3 W/cm^3 für PVC erreicht werden. Für das dielektrische Folienschweißen wird ein zeitlicher Temperaturanstieg von 200 K/s erreicht [37, S. 27].

3.4.2 Anwendungsbeispiele

Die dielektrische Erwärmung ist energetisch zweckmäßig, wenn eine gleichmäßige Erwärmung des Gutes für einen technologischen Zeitgewinn genutzt werden kann und nicht die verzögernde Wärmediffusion dominiert.

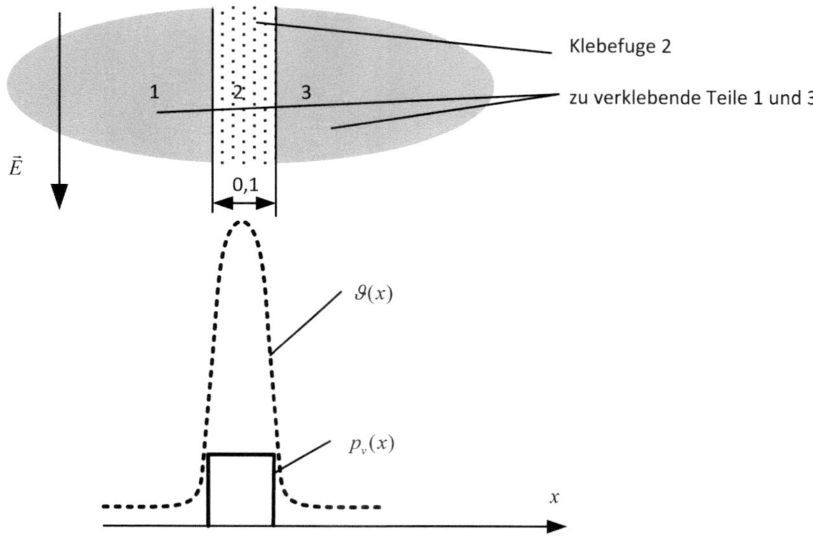

Bild 3.23: Verteilung der auf das Volumen bezogenen Leistung p_v und der Temperatur ϑ über einen Klebespalt

Bei der Trocknung wird in den noch feuchten Zonen des Gutes mehr Energie eingekoppelt als in den trockeneren. Dieser selektiv wirkende Effekt kann in gewissen Grenzen zur automatischen Leistungsbegrenzung eines Prozesses genutzt werden, der mit fortschreitender Trocknung die Energieeinkopplung von sich aus begrenzt.

Im Inneren des zu trocknenden Körpers, z. B. einer Garnrolle, entsteht i. d. R. eine höhere Temperatur als auf der Oberfläche. Dies ist auch mit einem höheren Dampfdruck verbunden. Dieser höhere Dampfdruck könnte die Flüssigkeit (z. B. Wasser) wesentlich schneller austreiben als dies durch Diffusion (Durchmischung) der Fall wäre. Hier ist jedoch Vorsicht geboten, denn dieser höhere Dampfdruck kann auch das Gut (z. B. ein Keramikteil) zerstören (Rissbildung). Damit wird der zulässige innere Dampfdruck zu einer die Leistung begrenzenden Größe. Bei der Trocknung von Garnrollen, z. B. nach dem Einfärben, kann dieser Effekt jedoch genutzt werden. Manchmal ist es möglich, die Materialien mit Blick auf die dielektrische Erwärmung auszuwählen. Wenn es beispielsweise gelingt, einen Klebstoff auszuwählen, der einen wesentlich höheren Verlustwert als die zu verklebenden Materialien aufweist, so ist nur die relativ geringe Menge an Klebstoff und nicht die Masse der zu verbindenden Materialien zu erwärmen. Gegenüber der Kleber-Aushärtung mit Heißluft ist dies ein wesentlicher Zeitgewinn, der auch energetisch vorteilhaft sein kann. Das **Bild 3.23** zeigt eine mögliche Temperatur- und Leistungs-Verteilung für den Fall, dass die zu verklebenden Materialien (Gebiete 1 und 3) einen viel kleineren Verlustwert als der Kleber (Gebiet 2) haben und die elektrischen Feldlinien parallel zum Klebespalt verlaufen. Dann gilt (3.71) und der Kleber mit Index 2 sollte so eingestellt werden, damit für die Verlustwerte $\varepsilon'_{r1}\ \tan\delta_1 \ll \varepsilon'_{r2}\ \tan\delta_2$ gilt.

Zusammenfassend können als Anwendungen der Kondensatorfelderwärmung genannt werden:

- Trocknung z. B. von Holz, Garnrollen, Textil- und Papierbahnen, keramischen Massen und Gusskernen, mit dem Vorteil einer Selbstregulierung
- Aushärten von Klebern, z. B. in Holzschichtungen und Spanplatten, mit ausgeprägter selektiver Erwärmung
- Auftauen, z. B. von Lebensmitteln, Erde, Klärschlamm
- Verschweißen, z. B. von Kunststoffbahnen und Kunststoffpressmassen
- Vorwärmung, z. B. von Gummi und Kunstharzen
- Plasmaerzeugung.

3.5 Wellenbildung am Arbeitskondensator

Wenn der Arbeitskondensator Abmessungen im Bereich der Leitungswellenlänge annimmt, können seine Elektroden in der Regel nicht mehr als Flächen gleichen Potentials aufgefasst werden, weil sich stehende Wellen auf den Elektroden ausbilden können. Diese unerwünschte Erscheinung kann durch eine Verkürzung der Elektroden, z. B. einer mehrfach Einspeisung, vermieden werden. Dessen ungeachtet sollen diese Zustände behandelt werden, denn in der Elektroenergetik treten solche Erscheinungen auch an anderer Stelle (z. B. bei Störfällen in Übertragungsleitungen) auf und sollten verstanden werden.
Das **Bild 3.24** zeigt einen nur in x-Richtung ausgedehnten Arbeitskondensator. Nachfolgend soll es bei der eindimensionalen Ausdehnung bleiben, obwohl natürlich auch in die Fläche gehende Ausdehnungen, wie z. B. in Form großer

kreisförmiger Platten, denkbar sind. In diesem Falle würden die Leitungsparameter vom Radius abhängen und die Behandlung erheblich erschweren.

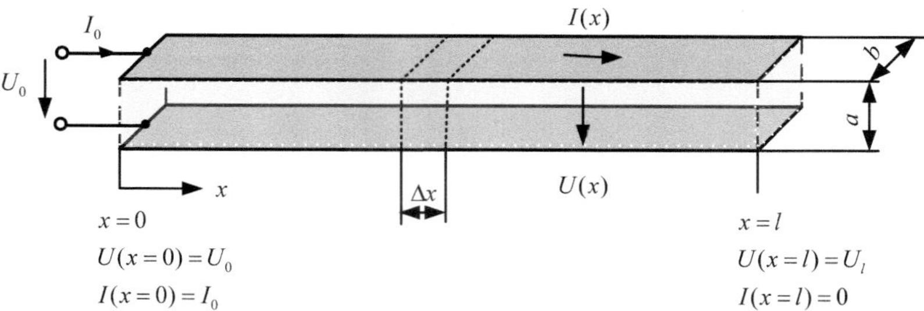

Bild 3.24: Eindimensional ausgedehnter Arbeitskondensator

3.5.1 Leitungsbeläge

Es wird ein kurzes Stück der Länge Δx des ausgedehnten Arbeitskondensators nach Bild 3.24 betrachtet. Dafür kann die in **Bild 3.25** dargestellte Ersatzschaltung aufstellt werden.

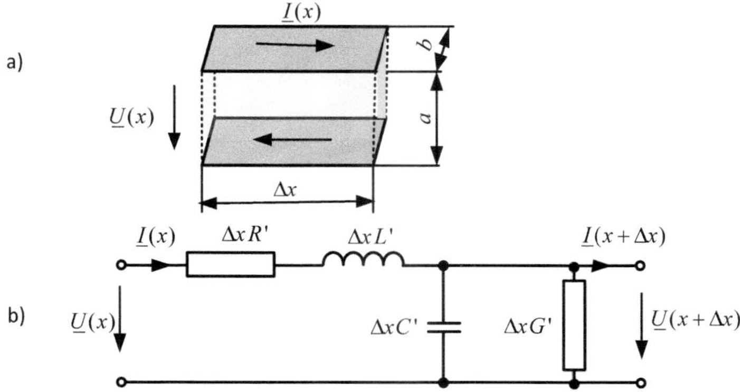

Bild 3.25: Leitungselement der Länge Δx: a) Geometrie, b) Ersatzschaltung

Der ohmsche Leitungswiderstand ΔR besitzt eine Leitungslänge von $2\Delta x$ und die ihm zugeordnete Querschnittsfläche wird durch die Breite der Elektroden b und die äquivalente Stromeindringtiefe $\delta = \sqrt{2/(\omega\mu\kappa)}$ bestimmt. Die elektrische Leitfähigkeit des Elektrodenmaterials bis zur Tiefe der äquivalenten Eindringtiefe sei κ. Da die Eindringtiefe in der Größenordnung von einigen µm liegt, ist bei galvanisch bezogenen Elektroden die Leitfähigkeit des Bezugs für den ohmschen Leitungswiderstand maßgebend.

$$\Delta R = \frac{2\Delta x}{b\delta\kappa} \tag{3.113}$$

Die Induktivität ΔL kann man abschätzen, indem angenommen wird, dass im Außenraum der Elektroden ein Gebiet mit unendlich hoher Permittivität existiert. Dies ist insofern gerechtfertigt, weil im Außenraum sich die magnetischen Flusslinien unendlich weit ausbreiten können und so nur ein geringer magnetischer Widerstand zu überwinden ist. Der magnetische Widerstand, den der magnetische Fluss, hervorgerufen durch den Hin-und Rückstrom, überwinden muss, ist folglich mit $R_m = b/(\mu a \Delta x)$ bestimmbar. Ausgehend von der Definition der Induktivität einer einwindigen Spule $L = 1/R_m$ folgt damit die Leitungsinduktivität zu

$$\Delta L = \frac{\mu a \Delta x}{b}. \tag{3.114}$$

Die Kapazität ΔC und der elektrische Leitwert ΔG können mit (3.63) und (3.64) bestimmt werden. Es ist lediglich die Elektrodenfläche A durch $\Delta x b$ zu ersetzen.

$$\Delta G = \omega \varepsilon_0 \varepsilon_r' \tan\delta \, \frac{b\Delta x}{a} \tag{3.115}$$

$$\Delta C = \varepsilon_0 \varepsilon_r' \frac{b\Delta x}{a}. \tag{3.116}$$

Man stellt fest, dass alle vier Leitungsparameter proportional zu Δx sind. Das erleichtert die Bildung der nachstehenden Differentialquotienten, die die Leitungsparameter oder Leitungsbeläge beschreiben.

$$\text{Widerstandsbelag:} \quad R' = \lim_{\Delta x \to 0} \frac{\Delta R}{\Delta x} = \frac{2}{\kappa b \delta} \tag{3.117}$$

$$\text{Induktivitätsbelag:} \quad L' = \lim_{\Delta x \to 0} \frac{\Delta L}{\Delta x} = \frac{\mu a}{b} \tag{3.118}$$

$$\text{Leitwertbelag:} \quad G' = \lim_{\Delta x \to 0} \frac{\Delta G}{\Delta x} = \omega \varepsilon_0 \varepsilon_r' \tan\delta \, \frac{b}{a} \tag{3.119}$$

$$\text{Kapazitätsbelag:} \quad C' = \lim_{\Delta x \to 0} \frac{\Delta C}{\Delta x} = \varepsilon_0 \varepsilon_r' \frac{b}{a} \tag{3.120}$$

Es wird nochmals betont, dass diese Gleichungen (3.117)-(3.120) zwar einerseits für das inhaltliche Verständnis der Leitungsparameter wichtig sind, jedoch andererseits nur zu Näherungswerten führen. Wesentlich genauer lassen sich diese Leitungsparameter durch Messungen oder numerische Feldberechnungen, z. B. mit der Finite-Elemente-Methode, bestimmen.

3.5.2 Differentialgleichungen

Nun können zu der Ersatzschaltung nach Bild 3.25 b die folgenden Maschen- und Knotenpunktgleichungen aufgestellt werden. Da alle Elemente konstant sind und eine sinusförmige Quellenspannung vorausgesetzt wird, ist die komplexe Rechnung zulässig.

$$\underline{U}(x+\Delta x) - \underline{U}(x) = -\underline{I}(x)(\Delta x R' + \mathrm{j}\,\omega \Delta x L') \tag{3.121}$$

$$\underline{I}(x+\Delta x) - \underline{I}(x) = -\underline{U}(x+\Delta x)(\Delta x G' + \mathrm{j}\,\omega \Delta x C') \tag{3.122}$$

Bei aufmerksamer Betrachtung des Bildes 3.25 b stellt man fest, dass in der Ersatzschaltung ebenso gut der Querzweig mit G' und C' nach links vor die $R'L'$-Kombination angeordnet werden könnte. Auf den rechten Seiten der ersten Gleichung würde dann $\underline{I}(x+\Delta x)$ statt $\underline{I}(x)$ und in der zweiten Gleichung $\underline{U}(x)$ statt $\underline{U}(x+\Delta x)$ stehen. Da nachfolgend aus den Differenzen-Gleichungen Differential-Gleichungen gewonnen werden, indem beide Gleichungen durch Δx geteilt und der Übergang $\Delta x \to 0$ vollzogen wird, ist es gleichgültig, ob das Ortsargument x oder $(x+\Delta x)$ lautet, denn $\underline{U}$ und $\underline{I}$ sind auf der rechten Seite nicht Bestandteil von Differentialquotienten.

$$\lim_{\Delta x \to 0} \frac{\underline{U}(x+\Delta x) - \underline{U}(x)}{\Delta x} = \frac{\mathrm{d}\,\underline{U}}{\mathrm{d}\,x} = -\underline{I}(x)(R' + \mathrm{j}\,\omega L') \tag{3.123}$$

$$\lim_{\Delta x \to 0} \frac{\underline{I}(x+\Delta x) - \underline{I}(x)}{\Delta x} = \frac{\mathrm{d}\,\underline{I}}{\mathrm{d}\,x} = -\underline{U}(x)(G' + \mathrm{j}\,\omega C') \tag{3.124}$$

Durch nochmaliges Differenzieren von (3.123) und Einsetzen in (3.124) wird eine gewöhnliche lineare Differentialgleichung zweiter Ordnung erhalten. Sie entspricht der Telegrafengleichung für zeitlich sinusförmige Zeitfunktionen von Strom und Spannung [30, S. 670 ff].

$$\frac{\mathrm{d}^2\,\underline{U}(x)}{\mathrm{d}\,x^2} - \underline{U}(x)(R' + \mathrm{j}\,\omega L')(G' + \mathrm{j}\,\omega C') = 0 \tag{3.125}$$

3.5.3 Allgemeine Lösung

Die allgemeine Lösung ergibt sich aus der charakteristischen Gleichung von (3.125) mit den Lösungen

$$\gamma = \pm\sqrt{(R' + \mathrm{j}\,\omega L')(G' + \mathrm{j}\,\omega C')} = \pm(\alpha + \mathrm{j}\,\beta) \tag{3.126}$$

als Linearkombination in der Form:

$$\underline{U}(x) = \underline{U}_1 e^{-\gamma x} + \underline{U}_2 e^{+\gamma x}, \tag{3.127}$$

worin für γ nur das positive Vorzeichen von (3.126) gilt.

Der Exponent γ wird komplexer Ausbreitungskoeffizient genannt. Man kann sich leicht mit einer Zeigerdarstellung davon überzeugen, dass die Wurzel in (3.126) aus einem positiven Realteil $\alpha > 0$ und einem positiven Imaginärteil $\beta > 0$ besteht. Der Realteil α wird Dämpfungskoeffizient und der Imaginärteil β wird Phasenkoeffizient genannt. Da der erste Summand in (3.127) mit wachsendem x abnimmt, nennt man diesen Teil mit $\underline{U}_1$ die hinlaufende Welle und den zweiten Teil mit $\underline{U}_2$ die rücklaufende oder reflektierte Welle. Aus (3.124) und (3.127) ergibt sich eine Lösung für die Stromverteilung über der Leitung.

$$\underline{I}(x) = (\underline{U}_1 e^{-\gamma x} - \underline{U}_2 e^{+\gamma x})/\underline{Z}_w \tag{3.128}$$

Darin wird mit

$$\underline{Z}_w = \sqrt{(R' + \mathrm{j}\,\omega L')/(G' + \mathrm{j}\,\omega C')} \tag{3.129}$$

der komplexe Wellenwiderstand der Leitung bezeichnet. Die beiden Koeffizienten $\underline{U}_1$ und $\underline{U}_2$ werden aus den Bedingungen am Anfang $x = 0$ und am Ende $x = l$ der Leitung bestimmt.

Man erkennt, dass für eine verlustfreie Leitung mit $\omega L' >> R'$ und $\omega C' >> G'$ der Leitungswiderstand reell wird. In der Hochfrequenztechnik werden Übertragungsleitungen oft als verlustfrei angenommen und der Wellenwiderstand mit $Z_w = \sqrt{L'/C'}$ als eine für die Anpassung wichtige Größe der Leitung angegeben.

Aus dem Phasenkoeffizienten kann außerdem die Leitungswellenlänge λ_w bestimmt werden. Es wird dazu einfach gefragt, welcher Weg Δx zurückzulegen ist, damit sich eine Phasendrehung um den Wert $2\pi = \beta\Delta x$ ergibt. Dieser Weg entspricht der Wellenlänge λ_w.

$$\lambda_w = 2\pi/\beta \tag{3.130}$$

Für die verlustfreie Leitung folgt mit (3.126) eine aus den Leitungsbelägen bestimmbare Leitungswellenlänge:

$$\lambda_w = \frac{2\pi}{\omega\sqrt{L'C'}} \tag{3.131}$$

3.5.4 Unendliche Länge

Der unendlich lange Arbeitskondensator ist, wörtlich genommen, ohne technische Relevanz. Der Begriff „unendlich" ist hier vielmehr in Verbindung mit dem Dämpfungskoeffizienten α zu sehen. Bei starker Dämpfung, wenn z. B. das Dielektrikum viel Wasser enthält, kann die elektromagnetische Welle bereits nach wenigen Zentimetern auf einen vernachlässigbaren Wert abgeklungen sein. Dagegen würde bei sehr geringer Dämpfung und gleicher Minderung der elektromagnetischen Welle ein sehr viel längerer Weg zurückzulegen sein. Man definiert deshalb eine solche Länge l bereits als unendlich, bei der die Amplituden von elektrischer und magnetischer Feldstärke vernachlässigbar sind (z. B. kleiner als 1 %). Damit ist der Wert von $\underline{U}_2 = \underline{U}(x = l) = 0$ bereits bestimmt. Und der Koeffizient $\underline{U}_1$ ist leicht als die Eingangsspannung U_0 zu identifizieren. Eine Rücktransformation in den Zeitbereich erleichtert die Vorstellung einer fortschreitenden Spannungswelle auf der Leitung.

$$\mathsf{Re}\left\{\sqrt{2}\underline{U}(x)e^{\mathrm{j}\,\omega t}\right\} = \sqrt{2}\,\mathsf{Re}\left\{U_0 e^{-(\alpha+\mathrm{j}\,\beta)x}e^{\mathrm{j}\,\omega t}\right\} = \sqrt{2}U_0 e^{-\alpha x}\,\mathsf{Re}\left\{e^{\mathrm{j}(\omega t-\beta x)}\right\} \tag{3.132}$$

Der Faktor $\sqrt{2}$ ist notwendig, weil es in der Elektroenergetik üblich ist, in der komplexen Rechnung Effektivwertzeiger zu verwenden. Der zeitlich räumliche Verlauf der Spannung kann aus (3.132) abgelesen werde. Er ist durch einen stetigen Abfall der Amplitude bzw. des Effektivwertes und einen von Raum und Zeit abhängigen Phasenwinkel gekennzeichnet.

$$u(x,t) = \sqrt{2}U_0 e^{-\alpha x}\cos(\omega t - \beta x) \tag{3.133}$$

Ein Blick auf (3.128) zeigt, dass der Strom sich ganz ähnlich verhält und bei einer verlustfreien Leitung in Phase mit der Spannung ist. Man kann (3.124) etwas anschaulicher darstellen, falls die Phasengeschwindigkeit v_{ph} zusammen mit (3.130) eingeführt wird.

$$v_{ph} = \omega/\beta = \omega\lambda_w/(2\pi) \tag{3.134}$$

Der von Raum und Zeit abhängige Phasenwinkel ergibt sich aus:

$$\omega t - \beta x = \omega(t - x/v_{ph}). \tag{3.135}$$

Um zu verdeutlichen, dass v_{ph} tatsächlich eine Geschwindigkeit ist, wird eine Phase zum Zeitpunkt t_0 an der Stelle x_0 herausgegriffen und gefragt, zu welcher Zeit und an welchem Ort sich die gleiche Phase wiederfindet. Es muss gelten:

$$\omega(t_0 - x_0/v_{ph}) = \omega(t - x/v_{ph}). \tag{3.136}$$

Aus dieser Gleichung folgt

$$v_{ph} = \frac{x - x_0}{t - t_0}, \tag{3.137}$$

was nichts anderes bedeutet, als dass sich die Phase der Welle, z. B. der Nulldurchgang der Spannung, mit $v_{ph} = \omega/\beta$ fortpflanzt. Für (3.124) ergibt sich schließlich.

$$u(x,t) = \sqrt{2}U_0 e^{-\alpha x} \cos\omega(t - x/v_{ph}) \tag{3.138}$$

Falls die Dämpfung vernachlässigt wird, hat die Spannungswelle und somit auch die Stromwelle sowohl für einen festen Ort x_0 einen zeitlich sinusförmigen Verlauf als auch für eine feste Zeit t_0 einen räumlich sinusförmigen Verlauf. Dies bedeutet, dass die Effektivwerte über x konstant sind. Mit der Bestimmungsgleichung für die Leitungswellenlänge (3.131) und der Phasengeschwindigkeit (3.134) ergibt sich für die verlustfreie Leitung mit den Abschätzungen (3.118) und (3.120)

$$v_{ph} = \frac{1}{\sqrt{L'C'}}, \tag{3.139}$$

$$v_{ph} = c = \frac{c_0}{\sqrt{\epsilon_r \mu_r}} \tag{3.140}$$

3.5.5 Endliche Länge

Um die Wellengleichungen für den endlich langen Arbeitskondensator mit der Länge l bestimmen zu können, müssen die Randbedingungen formuliert werden. Diese Randbedingungen ergeben sich aus der am Leitungsanfang aufgeprägten Spannung U_0 und daraus, dass am Ende der Leitung bei $x = l$ idealerweise kein Strom fließen soll. Das setzt hier allerdings einschneidende Annahmen voraus. Der Außenraum des Arbeitskondensators soll weder elektrisch leitfähig ($\kappa = 0$) noch dielektrisch leitfähig ($\varepsilon = 0$) sein. Letzteres ist praktisch wegen $\varepsilon > 0$ nicht erfüllbar. Es wird somit stets eine x-Komponente des Verschiebestromes existieren, die hier vernachlässigt wird. Die Randbedingungen lauten mit diesen Annahmen:

$$\underline{U}(x = 0) = U_0 \tag{3.141}$$

$$\underline{I}(x = l) = 0. \tag{3.142}$$

Diese idealisierten Bedingungen werden in die Gleichungen für die Spannung (3.126) und für den Strom (3.128) eingesetzt. Die beiden Bestimmungsgleichungen für die Koeffizienten $\underline{U}_1$ und $\underline{U}_2$ lauten somit:

$$U_0 = \underline{U}_1 + \underline{U}_2 \tag{3.143}$$

$$0 = \underline{U}_1 e^{-\gamma l} - \underline{U}_2 e^{+\gamma l}. \tag{3.144}$$

Aus einer einfachen Nebenrechnung folgt:

$$\underline{U}_1 = U_0 \frac{1}{1 + e^{-2\gamma l}} \tag{3.145}$$

$$\underline{U}_2 = U_0 \frac{1}{1 + e^{+2\gamma l}}. \tag{3.146}$$

Diese Koeffizienten können nun in die Wellengleichungen für die Spannung (3.126) und den Strom (3.128) eingesetzt werden. Nach einer Umformung werden die zeitlichen und räumlichen Verteilungen von Spannung und Strom erhalten.

$$\underline{U}(x) = U_0 \frac{e^{-\gamma x} + e^{+\gamma x} e^{-2\gamma l}}{1 + e^{-2\gamma l}} \tag{3.147}$$

$$\underline{I}(x) = \frac{U_0}{\underline{Z}_w} \frac{e^{-\gamma x} - e^{+\gamma x} e^{-2\gamma l}}{1 + e^{-2\gamma l}} \tag{3.148}$$

Auch bei einer verlustfreien Leitung mit $\alpha = 0$ stellt sich im Gegensatz zur unendlich langen Leitung kein konstanter Effektivwert entlang der Leitung ein, weil sich durch die Reflexion am Leitungsende die Spannungswellen überlagern. Da jedoch auch bei einem langgestreckten Arbeitskondensator eine möglichst gleichmäßige Erwärmung des Dielektrikums entlang der Elektroden gewünscht wird, ist die Frage zu stellen, wie stark sich der Spannungseffektivwert über der

Elektrodenlänge ändert. Zunächst ist mithilfe von (3.131) die Leitungswellenlänge λ_w zu bestimmen. Dazu werden die Leitungsbeläge L' nach (3.118) und C' nach (3.120) benötigt.

$$\lambda_w = \frac{2\pi}{\beta} = \frac{2\pi}{\omega\sqrt{L'C'}} = \frac{2\pi}{\omega\sqrt{\mu\epsilon}} = \frac{1}{f\sqrt{\mu\epsilon}} = \frac{c_0}{f\sqrt{\varepsilon_r\mu_r}} \tag{3.149}$$

Der langgestreckte verlustfreie Kondensator hat mit der genäherten Berechnung von L' und C' eine Leitungswellenlänge, die in diesem speziellen Fall gleich der Wellenlänge im unbegrenztem Medium ist. Tatsächlich sind wegen der Streufelder L' und C' etwas kleiner, was auch zu einer größeren Leitungswellenlänge führen würde. Weiterhin wird zusätzlich zur Abschätzung der Wellenlänge angenommen, dass nur Luft oder Vakuum den Arbeitskondensator füllt. Das ergibt für die am häufigsten benutzte Industriefrequenz von 27,12 MHz eine Wellenlänge von 11,06 m. Um die eingangs gestellte Frage zu beantworten, muss (3.147) für den verlustfreien Fall mit $\gamma = \mathrm{j}\,\beta = \mathrm{j}\,2\pi/\lambda_w$ ausgewertet werden.

$$\frac{\underline{U}(x)}{U_0} = \frac{e^{-\mathrm{j}\,2\pi x/\lambda_w} + e^{+\mathrm{j}\,2\pi x/\lambda_w} e^{-\mathrm{j}\,4\pi l/\lambda_w}}{1 + e^{-\mathrm{j}\,4\pi l/\lambda_w}} \tag{3.150}$$

Zunächst wird ein sehr kurzer Arbeitskondensator betrachtet, für diesen gilt $l/\lambda_w = 1/32$. Damit ist $4\pi l/\lambda_w = \pi/8$ und der variable Exponent bewegt sich im Bereich $0 \leq 2\pi x/\lambda_w \leq \pi/16$. Mit der Euler´schen Formel kann man (3.150) umschreiben:

$$\frac{\underline{U}(x)}{U_0} = \frac{\cos(\frac{2\pi x}{\lambda_w}) - \mathrm{j}\sin(\frac{2\pi x}{\lambda_w}) + [\cos(\frac{2\pi x}{\lambda_w}) + \mathrm{j}\sin(\frac{2\pi x}{\lambda_w})][\cos(\frac{\pi}{8}) - \mathrm{j}\sin(\frac{\pi}{8})]}{1 + \cos(\frac{\pi}{8}) - \mathrm{j}\sin(\frac{\pi}{8})}. \tag{3.151}$$

Wegen der kleinen Argumente in den trigonometrischen Funktionen können diese nach einer Taylor-Reihe entwickelt und nach dem zweiten Glied abgebrochen werden.

$$\cos(\frac{2\pi x}{\lambda_w}) \approx 1 \tag{3.152}$$

$$\cos(\frac{\pi}{8}) \approx 1 \tag{3.153}$$

$$\sin(\frac{2\pi x}{\lambda_w}) \approx \frac{2\pi x}{\lambda_w} \tag{3.154}$$

$$\sin(\frac{\pi}{8}) \approx \frac{\pi}{8} \tag{3.155}$$

Mit diesen Approximationen, eingesetzt in (3.151), ergibt sich nach einigen Umformungen eine einfache Funktion für die normierte Spannung in Abhängigkeit vom Abstand von der Einspeisestelle.

$$\frac{\underline{U}(x)}{U_0} = 1 + \frac{2\pi^2}{16 - \mathrm{j}\,\pi}\,\frac{x}{\lambda_w} \tag{3.156}$$

Das bedeutet, dass beginnend mit $\underline{U}(x = 0)/U_0 = 1$ die Spannung linear mit x ansteigt. Diese mit dem Abstand vom Einspeisepunkt zunehmende Spannung ist in der Elektroenergetik ungewohnt. Dieser Spannungsanstieg hat zur Folge, dass die Temperatur quadratisch ansteigt, denn es sei hier daran erinnert, dass die spezifische Leistung proportional zum Quadrat der lokalen Elektrodenspannung ist.

Es sollen noch die Spannung am Ende der Elektroden $x = l$ für verschiedene Elektrodenlängen l bestimmt werden. Aus (3.150) folgt die normierte Spannung am Leitungsende als Funktion von l/λ_w.

$$\frac{\underline{U}(x = l)}{U_0} = \frac{e^{-\mathrm{j}\,2\pi l/\lambda_w} + e^{+\mathrm{j}\,2\pi l/\lambda_w} e^{-\mathrm{j}\,4\pi l/\lambda_w}}{1 + e^{-\mathrm{j}\,4\pi l/\lambda_w}} \tag{3.157}$$

$$= \frac{2}{e^{\mathrm{j}\,2\pi l/\lambda_w} + e^{-\mathrm{j}\,2\pi l/\lambda_w}} \tag{3.158}$$

$$= 1/\cos(\frac{2\pi l}{\lambda_w}) \tag{3.159}$$

Um zu veranschaulichen wie sich die Leistungsdichte und damit der Temperaturanstieg bei vernachlässigbarer Wärmeübertragung verändert, wurde in **Bild 3.26** das Quadrat dieser Funktion dargestellt.

$$(\frac{U(x = l)}{U_0})^2 = (\frac{p(x = l)}{p_0})^2 = (\frac{1}{\cos(2\pi l/\lambda_w)})^2 \tag{3.160}$$

Mit p_0 ist darin die Leistungsdichte am Einspeisepunkt ($x = 0$) bezeichnet. Bild 3.26 zeigt, dass bereits bei einer Elektrodenlänge von 1,4 m und einer Arbeitsfrequenz von 27,12 MHz mit λ_w =11 m und l/λ_w=1/8 sich die Leistungsdichte verdoppeln bzw. die Temperatur doppelt so schnell wie am Einspeisepunkt ansteigen würde. Es sei jedoch an dieser Stelle daran erinnert, dass die hier vorgestellten Rechnungen nur für Vakuum bzw. trockene Luft als Dielektrikum sowie für die angenommenen und vereinfachenden Randbedingungen zutreffen. Letzteres ist dem Übergang der Funktion nach dem Unendlichen geschuldet. Bei realer Randbedingung am Ende der Elektroden würde die Spannung natürlich endlich bleiben. Denn man kann sich gut vorstellen, dass die um 90° aufgeklappten Elektroden der Leitung mit $l = \lambda_w/4$ eine $\lambda/2$- Antenne ergeben würden.

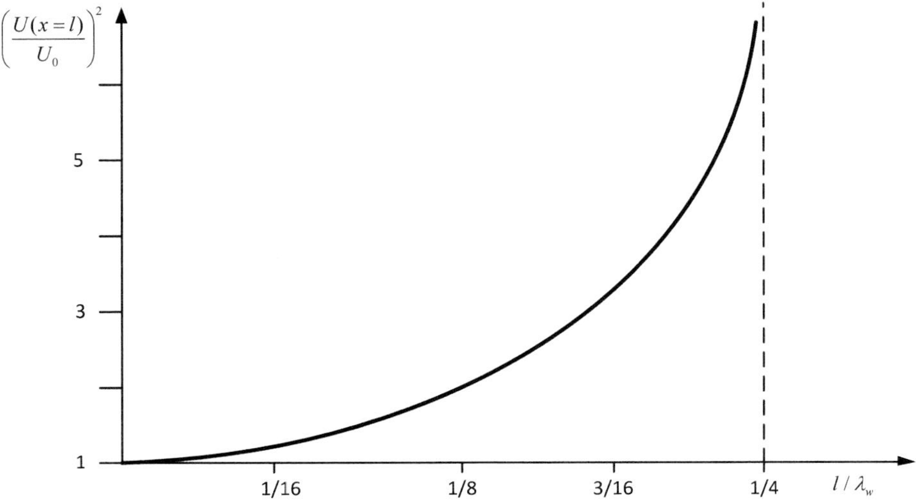

Bild 3.26: Erhöhung der spezifischen Leistung am Ende des Arbeitskondensators

Die Füllung des Arbeitskondensators mit einem verlustbehafteten Dielektrikum wirkt sich auf die mögliche Spannungsüberhöhung in zwei entgegengesetzten Richtungen aus. Die Füllung mit einem verlustarmen Dielektrikum hoher relativer Permittivität würde die Leitungswellenlänge verkürzen, denn es gilt gemäß (3.147) $\lambda_w \propto 1/\sqrt{\varepsilon_r}$. Der obige Wert von 1,4 m könnte damit sehr schnell in den Bereich von unter 1 m gelangen. Dagegen bewirkt ein verlustbehaftetes Dielektrikum mit dem Dämpfungskoeffizienten $\alpha > 0$, dass die Spannung mit x abnimmt und die Spannungserhöhung durch Reflexion durch die Dämpfung vermindert wird. Eine genauere Berechnungen erfordert reale Stoff- und Geometriedaten.

Es ist auch konstruktiv denkbar, den Elektrodenabstand mit x etwas ansteigen zu lassen, um den Spannungsanstieg durch Reflexion zu kompensieren. Praktisch scheitert diese Vorgehensweise jedoch an von Temperatur und Feuchtigkeit abhängigen Stoffeigenschaften. Am wirksamsten ist es, die effektive Elektrodenlänge zu verkürzen, wie dies im **Bild 3.27** in Anlehnung an [37, S. 266] gezeigt ist. Eine Einspeisung in der Mitte der Elektroden ist in der Regel unproblematisch und kann fast immer praktiziert werden. Bei den mehrfachen

Einspeisungen ist daran zu denken, dass es zu ungleichen Phasenlagen an den Einspeisepunkten kommen kann. Die Leitungen sollten daher entweder gleich lang sein oder ihre Längen sollten sich um diskrete Werte von $\lambda_{cab}/2$ mit passender Leitungsverdrehung unterscheiden.

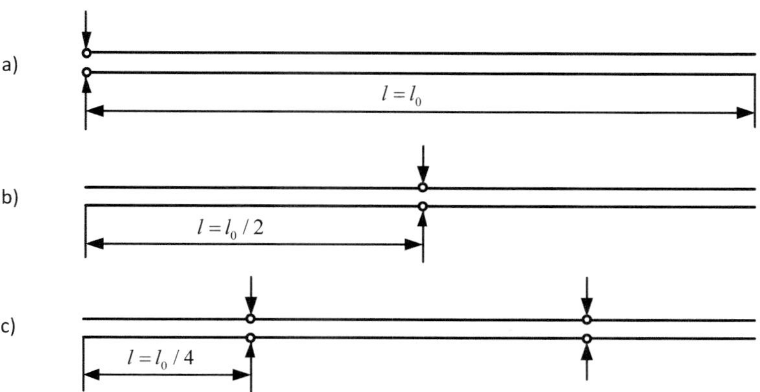

Bild 3.27: Unterschiedliche effektive Längen des Arbeitskondensators: a) Einspeisung an einem Ende, b) Mitteneinspeisung, c) Mehrfacheinspeisung

4 Mikrowellenerwärmung

Von der Informationstechnik (Nachrichtentechnik, Radar) sind die wissenschaftlich und technischen Entwicklungen ausgegangen, die zum Fachgebiet der Mikrowellentechnik führten. Die Elektroprozesstechnik hat mit der Mikrowellenerwärmung von den hier hervorgebrachten technischen und wissenschaftlichen Erkenntnissen profitiert. Mit Bezug auf dieses Fachgebiet der Mikrowellentechnik wird hier die diesbezügliche Theorie und Technik nur oberflächlich behandelt. Es sei deshalb auf die wesentlich tiefgründiger behandelten Grundlagen zur Mikrowellentechnik in [18], [21] und [33] verwiesen, auf die sich die Autoren vielfach gestützt haben.

4.1 Besonderheiten

Das physikalische Prinzip, das zur Erwärmung von Stoffen führt, ist bei der Mikrowellenerwärmung das gleiche wie bei der Kondensatorfelderwärmung. Der verwendete Frequenzbereich ist um etwa zwei Zehnerpotenzen höher als bei der Kondensatorfelderwärmung. Dies hat zur Folge, dass die Leistungsdichte, die proportional zur Frequenz f ist, vergrößert wird. Die Abmessungen der Leitungen, Bauelemente und Applikatoren (weitgehend abgeschirmter Raum, in dem die Erwärmung gewünscht wird) haben die Größenordnung der Wellenlänge $\lambda = 1/(cf)$ mit der Lichtgeschwindigkeit $c = \sqrt{\mu\varepsilon}$. Deshalb spricht man allgemein von Wellenfeldern.
Die an der Übertragung der Mikrowellenergie beteiligen Stoffe sind Leiter (Metalle) und Nichtleiter (Dielektrika), deren Leitfähigkeiten κ und $\omega\varepsilon$ durch die hohe Frequenz vergleichbar werden. Kupfer hat eine elektrische Leitfähigkeit von $\kappa_{cu} = 57 \cdot 10^6\,/(\Omega\mathrm{m})$. Die Verschiebestromdichte ist proportional zu $\omega\varepsilon$ wofür sich für 2,45 GHz und Luft mit $\varepsilon_0 = 8{,}85 \cdot 10^{-12}\,\mathrm{As/(Vm)}$ die Größe $\omega\varepsilon_0 = 0{,}14\,/(\Omega\mathrm{m})$ ergibt. Das ist zunächst ein großer Unterschied von mehr als acht Zehnerpotenzen, der jedoch durch die sehr geringe Stromeindringtiefe im µm-Bereich einerseits und die den Verschiebestrom tragenden Querschnitts-Flächen im cm-Bereich andererseits ausgeglichen wird. Deshalb darf weder

Verschiebestrom noch Leitungsstrom vernachlässigt werden und für die Berechnung der diesbezüglichen elektromagnetischen Felder ist der vollständige Satz der Maxwell´schen Gleichungen erforderlich.
Die im Kapitel 2 eingeführte Eindringtiefe $\delta = \sqrt{2/(\omega\mu\kappa)}$ gilt auch hier für die metallischen Bereiche. Jedoch hat diese nun Werte im µm-Bereich, was der Rauhigkeit geschliffener metallischer Oberflächen entspricht. Wenn die Rauhigkeit einer metallischen Oberfläche in die Größenordnung der Stromeindringtiefe gelangt, folgen die Stromlinien den Oberflächenprofilen. Das führt zu einer wesentlichen Verlängerung ihrer Wege und damit Vergrößerung der Verluste. Um möglichst geringe Leitungsverluste in Form von Joule´scher Wärme an metallischen Flächen zu haben, muss für einen elektrisch gut leitenden und möglichst glatten Überzug (z. B. polierter Silberauftrag) gesorgt werden.

4.2 TEM-Wellenleiter

In Vorbereitung auf die Hohlwellenleiter, die in der Mikrowellenerwärmung eine dominante Rolle spielen, soll die wellenförmige Ausbreitung elektromagnetischer Energie entlang des ausgedehnten Arbeitskondensators nach Abschnitt 3.5 etwas allgemeiner als Ausbreitung entlang einer Zweidrahtleitung betrachtet werden. Diese Zweidrahtleitung, auch Lecherleitung genannt, erzeugt ein transversales elektromagnetisches Feld (TEM-Feld), das keine Feldkomponente in Ausbreitungsrichtung besitzt. Ansonsten hat die Lecherleitung viele Gemeinsamkeiten mit den in der Mikrowellentechnik vorherrschenden Hohlwellenleitern. Beide transportieren elektromagnetische Energie, beide haben Verluste und bei beiden hängen die Übertragungseigenschaften sehr stark von der Länge der Leitung ab. Wenn man Spannung und Strom der Lecherleitung durch die transversalen Komponenten von elektrischer und magnetische Feldstärke des Hohlleiters ersetzt, können beide Leitungstypen als passive Vierpole mit den Ein- und Ausgängen am Leitungsanfang und Leitungsende aufgefasst werden. Die Anpassungsprobleme bei Hohlwellenleitern kann man deshalb mit den relativ leicht überschaubaren Zweidrahtleitungen studieren.

Es wird von linearen Verhältnissen mit konstanten Leitungsparametern und einer zeitlich sinusförmigen Speisespannung $\underline{U}_0$ ausgegangen, weshalb die komplexe Rechnung erlaubt ist. Der Koordinatenursprung sei im Gegensatz zu den bisherigen Darstellungen an das Leitungsende verlegt, wo ganz allgemein eine Lastimpedanz $\underline{Z}_l$ angeschlossen ist (s. **Bild 4.1**). Diese Lastimpedanz darf alle

Werte in der komplexen Ebene annehmen. Sie darf z. B. gleich null sein, was einem kurzgeschlossenen Wellenleiter entspricht. Oder sie darf unendlich groß sein, was einem theoretisch unbelasteten oder am Ende offenen Wellenleiter im Leerlauf entspricht. Das gewählte Koordinatensystem erleichtert die Formulierung der Randbedingungen und wird in der einschlägigen Fachliteratur so verwendet. Ebenso ist es üblich, die z-Koordinate in Ausbreitungsrichtung der elektromagnetischen Energie zu verwenden.

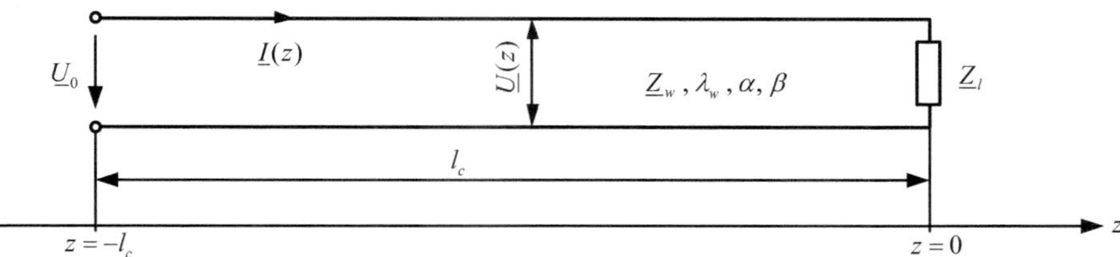

Bild 4.1: Belasteter Wellenleiter; die Größen Feldwellenwiderstand der Leitung $\underline{Z}_w$, Leitungswellenlänge λ_w sowie Dämpfungskoeffizient α und Phasenkoeffizient β wurden bereits im Kapitel 3 eingeführt

4.2.1 Wellengleichungen

Die allgemeinen Wellengleichungen für die Spannung (3.127) und den Strom (3.128) wird mit diesen Vereinbarungen aufgeschrieben.

$$\underline{U}(z) = \underline{U}_1 e^{-\gamma z} + \underline{U}_2 e^{+\gamma z} \tag{4.1}$$

$$\underline{I}(z) = (\underline{U}_1 e^{-\gamma z} - \underline{U}_2 e^{+\gamma z})/\underline{Z}_w \tag{4.2}$$

Darin ist nach (3.126) mit $\gamma = \alpha + \mathrm{j}\,\beta$ der komplexe Ausbreitungskoeffizient bezeichnet, der sich aus dem Dämpfungskoeffizienten α und den Phasenkoeffizienten β zusammensetzt. An der Zuordnung des Koeffizienten $\underline{U}_1$ zur hinlaufenden Welle, die bei vorhandener Dämpfung mit wachsendem z kleiner wird, und des Koeffizienten $\underline{U}_2$ zur rücklaufenden oder reflektierten Welle, die bei vorhandener Dämpfung mit wachsendem z größer wird, ändert sich mit den neuen Koordinaten nichts. Der Quotient der Koeffizienten von rücklaufender und hinlaufender Welle wird als Reflexionsfaktor (engl. *reflection factor*) bezeichnet.

$$\underline{\rho} = \frac{\underline{U}_2}{\underline{U}_1} \tag{4.3}$$

Damit kann bereits der Koeffizient $\underline{U}_2$ in (4.1) und (4.2) ersetzt werden.

$$\underline{U}(z) = \underline{U}_1(e^{-\gamma z} + \underline{\rho}\, e^{+\gamma z}) \tag{4.4}$$

$$\underline{I}(z) = \frac{\underline{U}_1}{\underline{Z}_w}(e^{-\gamma z} - \underline{\rho}\, e^{+\gamma z}) \tag{4.5}$$

Am Ende der Leitung bei $z = 0$ gilt:

$$\underline{Z}_l = \frac{\underline{U}(z=0)}{\underline{I}(z=0)} = \underline{Z}_w \frac{1+\underline{\rho}}{1-\underline{\rho}}. \tag{4.6}$$

Eine Umstellung nach dem Reflexionsfaktor $\underline{\varrho}$ ergibt:

$$\underline{\rho} = \frac{\underline{Z}_l - \underline{Z}_w}{\underline{Z}_l + \underline{Z}_w}, \tag{4.7}$$

worin $\underline{Z}_l$ die Lastimpedanz darstellt. Der Reflexionsfaktor ist eine für die später zu behandelnde Anpassung sehr wichtige Größe. Er ist nur von den längenbezogenen Leitungseigenschaften $\underline{Z}_w$ und der Lastimpedanz $\underline{Z}_l$, jedoch nicht vom Ort z auf der Leitung oder der Leitungslänge l_c abhängig. Am Leitungsanfang bei $z = -l_c$ gilt mit der Eingangsspannung $\underline{U}_0$

$$\underline{U}_0 = \underline{U}_1(e^{+\gamma l_c} + \underline{\rho} e^{-\gamma l_c}), \tag{4.8}$$

womit $\underline{U}_1$ bestimmt ist. Für den Fall einer aufgeprägten Spannung am Eingang und einer beliebigen Lastimpedanz $\underline{Z}_l$ am Leitungsende ergeben sich die Gleichungen für die Verteilung von Spannung und Strom.

$$\underline{U}(z) = \underline{U}_0 \frac{e^{-\gamma z} + \underline{\rho}\, e^{+\gamma z}}{e^{+\gamma l_c} + \underline{\rho}\, e^{-\gamma l_c}} \tag{4.9}$$

$$\underline{I}(z) = \frac{\underline{U}_0}{\underline{Z}_w} \frac{e^{-\gamma z} - \underline{\rho}\, e^{+\gamma z}}{e^{+\gamma l_c} + \underline{\rho}\, e^{-\gamma l_c}} \tag{4.10}$$

Die Eingangsimpedanz ergibt sich aus dem Quotienten von Spannung und Strom an der Stelle $z = -l_c$.

$$\underline{Z}_0 = \underline{Z}_w \frac{e^{+\gamma l_c} + \underline{\rho}\, e^{-\gamma l_c}}{e^{+\gamma l_c} - \underline{\rho}\, e^{-\gamma l_c}} \tag{4.11}$$

$$= \underline{Z}_w \frac{1 + \underline{\rho}\, e^{-2\gamma l_c}}{1 - \underline{\rho}\, e^{-2\gamma l_c}} \tag{4.12}$$

Die Lastimpedanz ist hier im Reflexionsfaktor enthalten. Der entscheidende Unterschied zu Nichtwellenleitern mit $l_c << \lambda_w$ besteht darin, dass die Eingangsimpedanz wesentlich von der Leitungslänge l_c bestimmt wird.

Offener Wellenleiter

Der langgestreckte Arbeitskondensator nach Abschnitt 3.5.4 ist ein verlustbehafteter Wellenleiter mit einer unendlich großen Lastimpedanz. Es ist bereits bekannt, dass diese Bedingung $1/\underline{Z}_l = 0$ technisch nicht sauber realisierbar ist, weil es ein Streufeld am offenen Ende gibt. Das ist auch der Grund, weshalb der offene Wellenleiter nicht so gut wie der nachfolgend zu behandelnde kurzgeschlossene Wellenleiter als Bauelement für die Anpassung zu gebrauchen ist.

Verlustfreier kurzgeschlossener Wellenleiter

Eine kurzgeschlossene Wellenleitung ist durch einen metallischen Kurzschluss am Leitungsende nahezu perfekt zu realisieren. Die Randbedingungen lauten:

$$\underline{U}(z = 0) = 0 \tag{4.13}$$

$$\underline{U}(z = -l_s) = \underline{U}_0. \tag{4.14}$$

Wegen $\underline{Z}_l = 0$ gilt nach (4.7) $\underline{\rho} = -1$.
Es wird weiter vereinfacht, indem ein verlustfreier Wellenleiter mit $R' = 0$ und $G' = 0$ angenommen wird. Nach (3.126) wird damit der komplexe Ausbreitungskoeffizient rein imaginär.

$$\gamma = \mathrm{j}\,\beta = \mathrm{j}\,2\pi/\lambda_w \tag{4.15}$$

Und der Wellenwiderstand der Leitung wird im Falle der angenommenen Verlustfreiheit nach (3.129) reell.

$$\underline{Z}_w = \sqrt{L'/C'} = Z_w \tag{4.16}$$

Es bleibt bei der Symbolik mit Z_w (ohne Unterstrich), weil dies in der Fachliteratur so gebräuchlich ist. Wenn man diese Bedingungen in die Wellengleichungen (4.9) und (4.10) mit der konkreten Koordinate für den Leitungsanfang $z = -l_s$ einsetzt, ist für diese Stelle die Eingangsimpedanz des kurzgeschlossenen Leitungsstücks angebbar.

$$\underline{Z}_s(l_s) = \frac{\underline{U}(z = -l_s)}{\underline{I}(z = -l_s)} = Z_w \frac{e^{+\mathrm{j}\,\beta l_s} - e^{-\mathrm{j}\,\beta l_s}}{e^{+\mathrm{j}\,\beta l_s} + e^{-\mathrm{j}\,\beta l_s}} \tag{4.17}$$

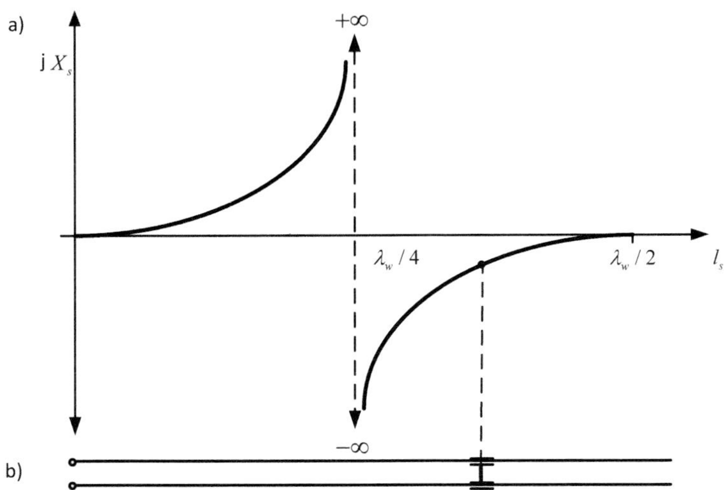

Bild 4.2: Verlustfreie kurzgeschlossene Leitung als variable Reaktanz: a) Reaktanzbereich, b) Leitung mit Kurzschlussschieber

Eine Umformung mit der Euler´schen Formel ergibt schließlich:

$$\underline{Z}_s(l_s) = \mathrm{j}\,X_s = Z_w \frac{\mathrm{j}\sin(\beta l_s)}{\cos(\beta l_s)} = \mathrm{j}\,Z_w \tan(\beta l_s) = \mathrm{j}\,Z_w \tan(2\pi \frac{l_s}{\lambda_w}). \quad (4.18)$$

Nach **Bild 4.2** hat diese Funktion für $l_s = \lambda_w/2$ eine Nullstelle und für $l_s = \lambda_w/4$ eine Polstelle mit $\pm\mathrm{j}\,\infty$. Die Eingangsimpedanz $\underline{Z}_s$ bzw. die Eingangsadmittanz $1/\underline{Z}_s$ einer kurzgeschlossenen verlustfreien Leitung ist rein imaginär und es wirken nur Blindwiderstände X_s oder Suszeptanzen $1/X_s$. Praktisch bedeutet dies, dass mit einer kurzgeschlossenen Leitung variabler Länge der gesamte Reaktanzbereich $-\infty < X_s < +\infty$ abgedeckt ist:

$$0 < l_s < \lambda_w/4 \text{ mit } \underline{Z}_s = +\mathrm{j}\,X_s \qquad \text{ist induktiv} \quad (4.19)$$

$$l_s = \lambda_w/4 - 0 \text{ mit } \underline{Z}_s = +\mathrm{j}\,\infty \qquad \text{ist induktiv} \quad (4.20)$$

$$l_s = \lambda_w/4 + 0 \text{ mit } \underline{Z}_s = -\mathrm{j}\,\infty \qquad \text{ist kapazitv} \quad (4.21)$$

$$\lambda_w/4 < l_s < \lambda_w/2 \text{ mit } \underline{Z}_s = -\mathrm{j}\,X_s \qquad \text{ist kapazitv} \quad (4.22)$$

$$l_s = \lambda_w/2 \text{ mit } \underline{Z}_s = 0 \qquad \text{entspricht Kurzschluss.} \quad (4.23)$$

Für die typische Frequenz der dielektrischen Erwärmung von 27,12 MHz ist eine Leitungslänge von $\lambda_w/2 = 5{,}5\,\mathrm{m}$ relativ unhandlich. Aber im Mikrowellenbereich mit beispielsweise 2,45 GHz ist ein kurzgeschlossener Hohlwellenleiter mit

Luftfüllung und einer Leitungslänge von $\lambda_w/2 = 6{,}1\,\mathrm{cm}$ ein geeignetes Bauelement, das beispielsweise zur Kompensation von Blindleistungen verwendet werden kann.

4.2.2 Reflexionsfaktor

Für die Anpassung spielt die messtechnische Erfassung des Reflexionsfaktors eine zentrale Rolle.

Anpassungsfaktor

Es wird hier davon ausgegangen, dass der Spannungseffektivwert oder der Spannungsspitzenwert entlang der Leitung gemessen werden kann. Da sich wegen der Reflexion stehende Wellen ausbilden, wird über z ein sinusförmiger Spannungsverlauf mit der Periode $\lambda_w/2$ gemessen (s. **Bild 4.3**).

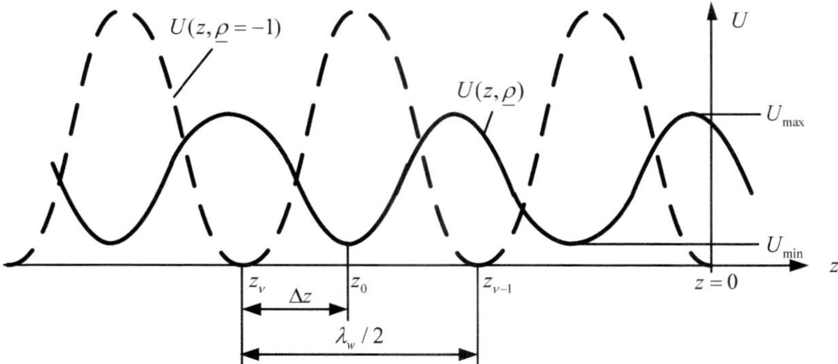

Bild 4.3: Bestimmung des Phasenwinkels vom komplexen Reflexionsfaktor aus Spannungsmessungen

Der Quotient von Minimal- und Maximalwert dieser Spannungsverteilung wird Anpassungsfaktor m genannt.[1]

$$m = \frac{U_{min}}{U_{max}} \tag{4.24}$$

[1] In der englischsprachigen Fachliteratur wird der Kehrwert $s = 1/m$ verwendet und als Stehwellenverhältnis (engl. *voltage standing wave ratio*) bezeichnet.

Es wird nochmals die Wellengleichung nach (4.1) mit der Einschränkung benutzt, dass die Leitung verlustfrei sei.

$$\underline{U}(z) = \underline{U}_1 e^{-\mathrm{j}\,\beta z} + \underline{U}_2 e^{+\mathrm{j}\,\beta z} \tag{4.25}$$

Wenn man in der komplexen Ebene die Ortskurven der beiden Teilspannungen dieser Gleichung mit der Variablen z aufträgt, so werden zwei gegenläufig verlaufende Kreise erhalten (s. **Bild 4.4**).

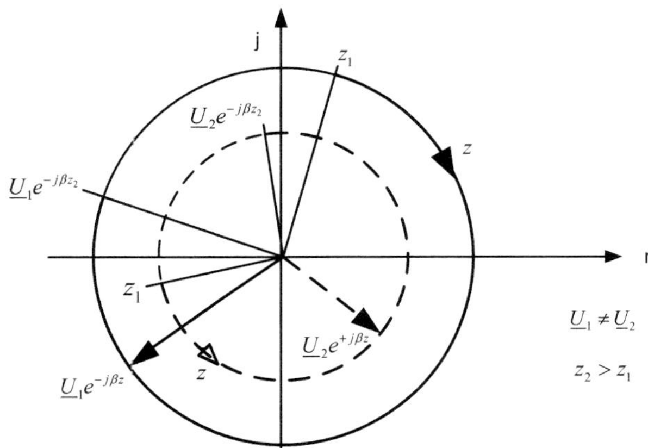

Bild 4.4: Ortskurven der hin- und der rücklaufenden Welle

Wegen

$$\gamma z = \mathrm{j}\,\beta z = \mathrm{j}\,2\pi z/\lambda_w \tag{4.26}$$

wird jeder Kreisbogen nach einer Strecke von $z_2 - z_1 = \lambda_w$ ab dem beliebigen Ausgangspunkt z_1 zu einem Kreis geschlossen. Da sich die beiden Zeiger mit z gegenläufig bewegen, zeigen sie bei einem Umlauf einmal in die gleiche Richtung und einmal, um den Winkel π versetzt, in die entgegengesetzte Richtung. Dies bedeutet, dass sich im ersten Fall die Spannungen addieren und im zweiten Fall subtrahieren, was dem Maximal- bzw. dem Minimalwert der Spannungsverteilung über z entspricht.

$$m = \frac{|\underline{U}_1| - |\underline{U}_2|}{|\underline{U}_1| + |\underline{U}_2|} = \frac{U_{min}}{U_{max}} \tag{4.27}$$

Falls $\underline{U}_2 = 0$ ist, wird $\underline{\rho} = 0$ und es liegt der Fall einer idealen Anpassung ohne Reflexion mit $m = 1$ vor.

Betrag des Reflexionsfaktors

Mit (4.3) und (4.27) kann wegen der Identität von $|\underline{a}/\underline{b}| = |\underline{a}|/|\underline{b}|$ der Anpassungsfaktor auch als Funktion vom Betrag des Reflexionsfaktors geschrieben werden.

$$m = \frac{1 - \left|\underline{\rho}\right|}{1 + \left|\underline{\rho}\right|} \tag{4.28}$$

Eine Umstellung nach $\left|\underline{\rho}\right|$ ergibt

$$\left|\underline{\rho}\right| = \frac{1-m}{1+m}, \tag{4.29}$$

womit der Betrag des Reflexionsfaktors aus dem Anpassungsfaktor bestimmbar ist.
Da der Leistungsumsatz proportional zum Quadrat der Spannung ist, kann im Falle einer verlustfreien Leitung der reflektierte Anteil $\left|\underline{\rho}\right|^2 P_s$ bestimmt werden. Das ist der Anteil, der von der Quelle ursprünglich abgegebenen Leistung P_s, welcher zur Quelle zurückkehrt und Verluste oder sogar Schäden verursacht. Die von der Last aufgenommene Leistung P_l beträgt nur noch

$$P_l = (1 - \left|\underline{\rho}\right|^2) P_s. \tag{4.30}$$

Phase des Reflexionsfaktors

Aus der Messung der Spannungsverteilung kann neben dem Betrag des Reflexionsfaktors auch dessen Phase bestimmt werden. Die Gleichung (4.4) lautet für die verlustfreie Leitung:

$$\underline{U}(z) = \underline{U}_1(\mathrm{e}^{-\mathrm{j}\beta z} + \underline{\rho}\,\mathrm{e}^{+\mathrm{j}\beta z}). \tag{4.31}$$

Der Betrag $|\underline{U}(z)|$ soll dem Messwert entsprechen[2].

$$U(z) = |\underline{U}(z)| = \left|\underline{U}_1(\mathrm{e}^{-\mathrm{j}\beta z} + \underline{\rho}\,\mathrm{e}^{+\mathrm{j}\beta z})\right| \tag{4.32}$$

Wegen $|\underline{a}\,\underline{b}| = |\underline{a}|\,|\underline{b}|$ gilt:

$$U(z) = |\underline{U}_1| \left|(\mathrm{e}^{-\mathrm{j}\beta z} + \underline{\rho}\,\mathrm{e}^{+\mathrm{j}\beta z})\right| = U_1 \left|(\mathrm{e}^{-\mathrm{j}\beta z} + \underline{\rho}\,\mathrm{e}^{+\mathrm{j}\beta z})\right|. \tag{4.33}$$

[2] Es werden Effektivwertzeiger verwendet.

Darin ist U_1 ein konstanter Faktor, der für die Bestimmung der Phase bedeutungslos ist. Im zweiten Faktor steckt die interessierende Abhängigkeit von z, die in der Form $\sqrt{u(z)}$ geschrieben wird.

$$U(z) = U_0\sqrt{u(z)} \tag{4.34}$$

Weil allgemein $|\underline{a}|^2 = \underline{a}\,\underline{a}^*$ und $(\underline{a}\,\underline{b})^* = \underline{a}^*\underline{b}^*$ gilt, erhält man:

$$u(z) = (\mathrm{e}^{-\mathrm{j}\,\beta z} + \underline{\rho}\;\mathrm{e}^{+\mathrm{j}\,\beta z})(\mathrm{e}^{+\mathrm{j}\,\beta z} + \underline{\rho}^*\;\mathrm{e}^{-\mathrm{j}\,\beta z}) \tag{4.35}$$

$$= 1 + \underline{\rho}^*\,\mathrm{e}^{-2\,\mathrm{j}\,\beta z} + \underline{\rho}\;\mathrm{e}^{+2\,\mathrm{j}\,\beta z} + \left|\underline{\rho}\right|^2. \tag{4.36}$$

Mit $\underline{\rho} = |\underline{\rho}|\,\mathrm{e}^{\mathrm{j}\,\varphi}$ folgt schließlich:

$$u(z) = 1 + \left|\underline{\rho}\right|^2 + \left|\underline{\rho}\right|(\mathrm{e}^{-\,\mathrm{j}(\varphi+2\beta z)} + \mathrm{e}^{+\,\mathrm{j}(\varphi+2\beta z)}) \tag{4.37}$$

$$= 1 + \left|\underline{\rho}\right|^2 + 2\left|\underline{\rho}\right|\cos(\varphi + 2\beta z). \tag{4.38}$$

Darin ist φ der gesuchte Phasenwinkel des Reflexionsfaktors.
Da die cos-Funktion beim Winkel π den Wert -1 hat, muss die Funktion $u(z)$ nach (4.38) an dieser Stelle ein Minimum aufweisen. Für diese Stelle z_0 gilt

$$\varphi + 2\beta z_0 = \pi \tag{4.39}$$

mit dem Phasenkoeffizienten

$$\beta = 2\pi/\lambda_w. \tag{4.40}$$

Nach (4.15) ergibt sich damit für den Phasenwinkel des Reflexionsfaktors:

$$\varphi = \pi - 4\pi z_0/\lambda_w \tag{4.41}$$

Ein um $\lambda_w/2$ versetzter Ort von z_0 ergibt eine Addition oder Subtraktion von 2π zur rechten Seite von (4.41), was am wirksamen Phasenwinkel nichts ändert. Mit Blick auf Bild 4.3 erkennt man, dass bei einer verlustfreien kurzgeschlossenen Leitung die Spannung $U(z)$ im ganzzahligen Abstand von $\lambda_w/2$ von $z = 0$ an gerechnet null ist. Das ist übrigens auch eine Methode, um die Leitungswellenlänge λ_w zu bestimmen. Die Nullstellen der Spannung bei Kurzschluss liegen damit bei:

$$z_\nu = -\nu\lambda_w/2 \text{ mit } \nu = 1, 2, 3, ... \tag{4.42}$$

Zur messtechnischen Bestimmung des Phasenwinkels wird eine beliebige Nullstelle z_ν nach (4.42) ausgewählt. Diese Stelle wird weiterhin als Bezugsebene bezeichnet. Damit kann die absolute Koordinate z_0 des Spannungsminimums durch die gewählte Koordinate der Bezugsebene z_ν und den Abstand zum am nächsten gelegenen Spannungsminimum (in positiver z-Richtung von der Quelle zur Last) ersetzt werden.

$$\Delta z = z_0 - z_\nu \tag{4.43}$$

Zunächst setzt man (4.42) in (4.43) ein.

$$z_0 = \Delta z - \nu\lambda_w/2 \tag{4.44}$$

Schließlich wird z_0 in (4.41) eingesetzt, womit sich für den Phasenwinkel ergibt:

$$\varphi = \pi - 4\pi/\lambda_w(\Delta z - \nu\lambda_w/2). \tag{4.45}$$

Da die ganzen Vielfachen von 2π entfernt werden können, verbleibt nur noch:

$$\varphi = \pi - 4\pi\Delta z/\lambda_w. \tag{4.46}$$

Zusammenfassend ist festzustellen, dass der komplexe Reflexionsfaktor aus der Ausmessung des Effektivwertes der Spannung über dem Wellenleiter bestimmt werden kann. Dazu sind einmal bei Kurzschluss die Nullstellen z_ν der Spannung zu bestimmen. Zum anderen sind bei Anschluss der anzupassenden Last die Extremwerte U_{min} und U_{max} (ergibt $\left|\underline{\varrho}\right|$) und eine Stelle des Spannungsminimums z_0 zu bestimmen. Dabei ist von den Orten der Spannungsnullpunkte im Kurzschluss z_ν stets der zu wählen, welcher auf der negativen z-Achse links von z_0 liegt, weshalb nach (4.43) stets $\Delta z > 0$ gilt.
Weil Vielfache von $n2\pi$ mit n = 1,2,... den Phasenwinkel nicht beeinflussen, kann Δz durch eine Ersatzleitungslänge l ersetzt werden. Für den Subtrahend in (4.46) gilt folglich $4\pi\Delta z/\lambda_w = 4\pi l/\lambda_w - n2\pi$, woraus die Gleichwertigkeit deutlich wird.

$$\varphi = \pi - 4\pi l/\lambda_w \tag{4.47}$$

Die sogenannte Ersatzleitungslänge l ist ein Parameter der Lastimpedanz $\underline{Z}_l$, denn diese bestimmt nach Bild 4.1 den Reflexionsfaktor $\underline{\varrho}$ auf der Leitung mit. Aus praktischen Gründen wird deshalb oft mit (4.47), anstatt mit (4.46) zur Darstellung des Phasenwinkels gearbeitet.

4.2.3 Anpassung

Da sich die Anpassungen mit Lecher- und Hohlwellenleitern prinzipiell nicht unterscheiden, wird hier die verlustfreie Lecherleitung nach **Bild 4.5** hinsichtlich einer Leistungsanpassung untersucht. Der Begriff Leistungsanpassung bedeutet, dass bei richtiger Anpassung, die Quelle ihre volle Leistung abgeben kann.
Das Ziel ist zu zeigen, wie mit den variablen Längen der kurzgeschlossenen Leitung l_s und der um Δl korrigierten Leitungslänge zur Last $l_c = l_l + \Delta l$ eine Anpassung erfolgen kann.
Die Quellen für Mikrowellen sind für einen bestimmten Wellenwiderstand ausgelegt. Es wird davon ausgegangen, dass dies der Wellenwiderstand der verlustfreien Leitung Z_w ist. Die zu erfüllende Bedingung lautet:

$$\underline{Z}_0 = \frac{\underline{U}_0}{\underline{I}(z = -l_c)} = Z_w. \tag{4.48}$$

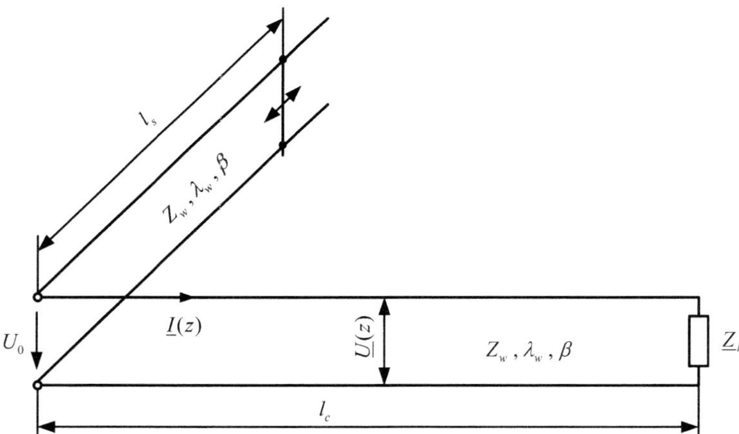

Bild 4.5: Anpassung mit den Längen l_c und l_s

Durch den zur Last führenden Wellenleiter der Länge l_c wird die Lastimpedanz $\underline{Z_l}$ auf den Einspeisepunkt transformiert. Diese Transformation kann so erfolgen, dass an den Eingangsklemmen der ohmsche Widerstand mit dem Wert Z_w anliegt. Diesem ohmschen Widerstand ist allerdings ein Blindwiderstand (induktive oder kapazitive Reaktanz) parallel geschaltet. Deshalb muss

mit der Stichleitung diese Reaktanz kompensiert werden.
Mit den Wellengleichungen (4.9) und (4.10) sowie den getroffenen Voraussetzungen eines verlustfreien Wellenleiters können Strom und Spannung am Einspeisepunkt $z = -l_c$ bestimmt werden.

$$\underline{U}(z=-l_c) = \underline{U}_0 \frac{e^{+\mathrm{j}\,\beta l_c} + \underline{\rho}\, e^{-\mathrm{j}\,\beta l_c}}{e^{+\mathrm{j}\,\beta l_c} + \underline{\rho}\, e^{-\mathrm{j}\,\beta l_c}} = \underline{U}_0 \tag{4.49}$$

$$\underline{I}(z=-l_c) = \frac{\underline{U}_0}{Z_w} \frac{e^{+\mathrm{j}\,\beta l_c} - \underline{\rho}\, e^{-\mathrm{j}\,\beta l_c}}{e^{+\mathrm{j}\,\beta l_c} + \underline{\rho}\, e^{-\mathrm{j}\,\beta l_c}} \tag{4.50}$$

Darin ist $\underline{\rho}$ der von der Last abhängige Reflexionsfaktor.

$$\underline{\rho} = \frac{\underline{Z}_l - Z_w}{\underline{Z}_l + Z_w} \tag{4.51}$$

Die transformierte Lastimpedanz $\underline{Z}_c$ am Einspeisepunkt $z = -l_c$ kann aus (4.49) und (4.50) bestimmt werden.

$$\underline{Z}_c(l_c) = \frac{\underline{U}_0}{\underline{I}(z=-l_c)} = Z_w \frac{e^{+\mathrm{j}\,\beta l_c} + \underline{\rho} e^{-\mathrm{j}\,\beta l_c}}{e^{+\mathrm{j}\,\beta l_c} - \underline{\rho} e^{-\mathrm{j}\,\beta l_c}} \tag{4.52}$$

Mit der Euler´schen Formel ergibt sich:

$$\underline{Z}_c = Z_w \frac{(1+\underline{\rho}) \cos \beta l_c + \mathrm{j}(1-\underline{\rho}) \sin \beta l_c}{(1-\underline{\rho}) \cos \beta l_c + \mathrm{j}(1+\underline{\rho}) \sin \beta l_c}. \tag{4.53}$$

Die darin enthaltenen Faktoren mit dem Reflexionsfaktor lassen sich nach (4.7) schreiben als

$$1 - \underline{\rho} = \frac{2Z_w}{\underline{Z}_l + Z_w} \tag{4.54}$$

$$1 + \underline{\rho} = \frac{2\underline{Z}_l}{\underline{Z}_l + Z_w}, \tag{4.55}$$

womit sich für die Impedanz am Einspeisepunkt $z = -l_c$ ergibt:

$$\underline{Z}_c = Z_w \frac{\underline{Z}_l \cos \beta l_c + Z_w \mathrm{j} \sin \beta l_c}{Z_w \cos \beta l_c + \underline{Z}_l \mathrm{j} \sin \beta l_c}. \tag{4.56}$$

Mit $\beta = 2\pi/\lambda_w$ ergibt sich schließlich:

$$\underline{Z}_c = Z_w \frac{\underline{Z}_l + \mathrm{j}\, Z_w \tan(2\pi l_c/\lambda_w)}{Z_w + \mathrm{j}\, \underline{Z}_l \tan(2\pi l_c/\lambda_w)}. \tag{4.57}$$

Die tan-Funktion in (4.57) kann nun als eine Transformations-Funktion $\xi(l_c)$ mit der Variablen l_c aufgefasst werden.

$$-\infty < \xi = \tan(2\pi \frac{l_c}{\lambda_w}) < +\infty \tag{4.58}$$

Diese Funktion ist eindeutig, während die Umkehrfunktion

$$l_c(\xi) = \lambda_w/(2\pi) \arctan(\xi) \tag{4.59}$$

unendlich viele Werte hat, die sich durch die stets gleiche Differenz $\lambda_w/2$ benachbarter Werte unterscheiden. In der Praxis wählt man l_c so kurz wie möglich, um unnötige Verluste mit der nur theoretisch als verlustfrei angenommenen Leitung und eine unnötige Summation von Fehlern zu vermeiden.
Schließlich soll der Reflexionsfaktor $\underline{\rho}_c$ bestimmt werden. Dieser ergibt sich, wenn die verlustfreie Leitung mit der Länge l_c als Bestandteil der Lastimpedanz aufgefasst wird. Mit der Definition nach (4.7) ergibt sich mit dieser Vereinbarung:

$$\underline{\rho}_c = \frac{\underline{Z}_c - Z_w}{\underline{Z}_c + Z_w}. \tag{4.60}$$

In dieser Beziehung wird (4.52) eingesetzt und Z_w gekürzt. Nach Streichung der sich gegenseitig aufhebenden Ausdrücke ergibt sich:

$$\underline{\rho}_c = \underline{\rho} e^{-\mathrm{j}\,2\beta l_c} = \underline{\rho} e^{-\mathrm{j}\,4\pi l_c/\lambda_w}. \tag{4.61}$$

Man stellt fest, dass der Reflexionsfaktor $\underline{\rho}_c$ unter Einbezug der verlustfreien Leitung mit der Länge l_c sich lediglich in der Phase jedoch nicht im Betrag vom Reflexionsfaktor $\underline{\rho}$ unterscheidet.
Mit Rücksicht auf die Parallelschaltung von Last mit variabler Anschlussleitung und kurzgeschlossener Stichleitung variabler Länge soll nachfolgend nur noch mit Admittanzen (Scheinleitwerten) Y, Konduktanzen (Leitwerten) G und Suszeptanzen (Blindleitwerten) B gearbeitet werden. Mit der Variablen ξ an Stelle der tan-Funktion nach (4.58) wird damit für (4.57) folgende Form erhalten:

$$\underline{Y}_c = G_c + \mathrm{j}\, B_c = 1/\underline{Z}_c \tag{4.62}$$

$$= 1/Z_w \frac{Z_w + \mathrm{j}\, \underline{Z}_l \xi}{\underline{Z}_l + \mathrm{j}\, Z_w \xi} \tag{4.63}$$

$$= Y_w \frac{1/Y_w + \mathrm{j}\, /\underline{Y}_l\, \xi}{1/\underline{Y}_l + \mathrm{j}\, /Y_w\, \xi} \tag{4.64}$$

$$= Y_w \frac{\underline{Y}_l + \mathrm{j}\, Y_w \xi}{Y_w + \mathrm{j}\, \underline{Y}_l \xi}. \tag{4.65}$$

Darin bezeichnet Y_w die Admittanzen des Wellenwiderstandes, die wegen der angenommenen Verlustfreiheit nur eine Konduktanz enthält. Wie bei der Impedanz Z_w wird auch hier weiterhin die in der Fachliteratur übliche Bezeichnung von Y_w ohne Unterstrich (weil reell) verwendet.
Der weitere Schreibaufwand kann erheblich vereinfacht werden, wenn man auf diese Admittanz Y_w normiert und die normierten Größen als Kleinbuchstaben schreibt.

$$\underline{Y}_c/Y_w = G_c/Y_w + \mathrm{j}\, B_c/Y_w = \underline{y}_c = g_c + \mathrm{j}\, b_c \tag{4.66}$$

Für die Last ergibt sich damit:

$$\underline{Y}_l/Y_w = Z_w/\underline{Z}_l = G_l/Y_w + \mathrm{j}\, B_l/Y_w = \underline{y}_l = g_l + \mathrm{j}\, b_l. \tag{4.67}$$

Die Gleichung (4.65) nimmt mit dieser Normierung folgende Form an:

$$\underline{y_c} = g_c + \mathrm{j}\ b_c = \frac{\underline{y}_l + \jmath\,\xi}{1 + \mathrm{j}\ \underline{y}_l\,\xi}. \tag{4.68}$$

Für die Stichleitung erhält man:

$$\underline{Y}_s/Y_w = Z_w/\underline{Z}_s = G_s/Y_w + \mathrm{j}\, B_s/Y_w = \underline{y}_s = g_s + \mathrm{j}\, b_s. \tag{4.69}$$

Um die Übersicht zu behalten, werden hier die neuen auf $Y_w = 1/Z_w$ normierten Größen nochmals zusammenfasst:

- Die normierte Admittanz der Stichleitung $\underline{y}_s$ besteht aus Konduktanz g_s und Suszeptanz b_s.
- Die normierte Admittanz der Last $\underline{y}_l$ besteht aus Konduktanz g_l und Suszeptanz b_l.
- Die normierte Admittanz der Last mit Anschlussleitung $\underline{y}_c$ besteht aus Konduktanz g_c und Suszeptanz b_c.

Die Anpassungsaufgabe nach (4.48) besteht nun darin, ξ und damit l_c so zu bestimmen, damit $g_c = 1$ gilt. Der Blindanteil b_c wird schließlich durch die Stichleitung kompensiert.
Die Suszeptanz der Stichleitung ergibt sich aus (4.18) zu:

$$\mathrm{j}\, B_s = 1/(\mathrm{j}\, X_s) = \frac{1}{\mathrm{j}\, Z_w \tan(2\pi \frac{l_s}{\lambda_w})}. \tag{4.70}$$

Nach Normierung erhält man:

$$\mathrm{j}\, b_s = -\mathrm{j}\, \frac{1}{\tan(2\pi \frac{l_s}{\lambda_w})}. \tag{4.71}$$

Mit der Bedingung

$$\mathrm{j}\, b_c + \mathrm{j}\, b_s = 0 \tag{4.72}$$

ergibt sich die von l_s zu erfüllend Bedingung

$$b_c = 1/\tan\,(2\pi \frac{l_s}{\lambda_w}). \tag{4.73}$$

Durch die variable Länge der Stichleitung l_s kann diese Gleichung immer erfüllt werden.
Die Bestimmung von ξ und damit von l_c kann über zwei unterschiedliche Wege erfolgen. Mit dem ersten Weg kann man rechnerisch die Gleichung (4.70) nach den Real- und Imaginärteil auflösen und danach für $g_c = 1$ den zugehörigen Wert für ξ bestimmen. Der zweite Weg ist ein anschaulicher grafischer Weg, der allerdings ein Verständnis im Umgang mit dem Smith-Diagramm erfordert.

Berechnung

Die Berechnung ist einfacher aber weniger übersichtlich. Mit den Identitäten $a = ((a + \mathrm{j}\, b) + (a + \mathrm{j}\, b)^*)/2$ und $(\underline{a}/\underline{b})^* = (\underline{a})^*/(\underline{b})^*$ kann man aus (4.68) den Realteil für den geforderten Anpassungsfall $g_c = 1$ herauslösen:

$$g_c = \frac{1}{2}[\frac{\underline{y}_l + \mathrm{j}\,\xi}{1 + \mathrm{j}\,\underline{y}_l\,\xi} + \frac{\underline{y}_l^* - \mathrm{j}\,\xi}{1 - \mathrm{j}\,\underline{y}_l^*\,\xi}] = 1 \tag{4.74}$$

$$= \frac{1}{2}\frac{\underline{y}_l + \underline{y}_l^*\xi^2 + \underline{y}_l^* + \underline{y}_l\xi^2}{1 - \mathrm{j}\,\underline{y}_l^*\,\xi + \mathrm{j}\,\underline{y}_l\xi + |\underline{y}_l|^2\xi^2} = 1. \tag{4.75}$$

Dies führt zu einer quadratischen Gleichung mit der Variablen ξ.

$$(\underline{y}_l + \underline{y}_l^*)(1 + \xi^2) = 2(1 + (\mathrm{j}\,\underline{y}_l - \mathrm{j}\,\underline{y}_l^*)\xi + |\underline{y}_l|^2\xi^2) \tag{4.76}$$

$$2g_l(1 + \xi^2) = 2(1 - 2b_l\xi + |\underline{y}_l|^2\xi^2) \tag{4.77}$$

$$(g_l - |\underline{y}_l|^2)\xi^2 + 2b_l\xi + g_l - 1 = 0 \tag{4.78}$$

Deren Lösung lautet unter der Voraussetzung $g_l - |\underline{y}_l|^2 \neq 0$:

$$\xi = \tan(2\pi \frac{l_c}{\lambda_w}) = -\frac{b_l}{g_l - |\underline{y}_l|^2} \pm \sqrt{(\frac{b_l}{g_l - |\underline{y}_l|^2})^2 + \frac{1 - g_l}{g_l - |\underline{y}_l|^2}}. \qquad (4.79)$$

Für einige Sonderfälle lassen sich die Lösungen sofort angeben.
1. Für $g_l - |\underline{y}_l|^2 = 0$ und $b_l \neq 0$ folgt mit (4.78):

$$\xi = \frac{1 - g_l}{2b_l}. \qquad (4.80)$$

2. Für $g_l = 1$ und $b_l = 0$ ist die Last bereits angepasst:

$$\xi = 0. \qquad (4.81)$$

3. Für $b_l = 0$ und $g_l \neq 1$ folgt aus (4.79):

$$\xi = \pm\sqrt{\frac{1}{g_l}}. \qquad (4.82)$$

Ganz allgemein gilt in der Praxis $g_l \neq 0$. Damit verlustfreie Leitungen angenommen werden können, muss weiter gefordert werden, dass die Last eine Mindestdämpfung aufweist:

$$0,1 \leq g_l \leq 10. \qquad (4.83)$$

Nur unter dieser Bedingung kann die Last angepasst werden, ohne dass sich die geringen Verluste der Leitungen, die bei der Berechnung vernachlässigt wurden, bemerkbar machen.

Smith-Diagramm

Wenn häufig Anpassungsaufgaben zu lösen sind, lohnt sich eine Einarbeitung in das Smith-Diagramm.

Prinzip des Smith-Diagramms: Es soll hier das Prinzip zum Smith-Diagramm allgemein, d. h. ohne Indizes für die Last- und die Stichleitung nach Bild 4.5 erläutert werden. Sowohl die Stichleitung mit der Impedanz $\underline{Z}_s = \mathrm{j}\, X_s$ als auch die Lastimpedanz $\underline{Z}_l$ nach (4.7) und die mit einer variablen Leitungslänge korrigierten Last $\underline{Z}_c$ nach (4.51) können mit Z_w normiert werden. Allgemein, ohne die spezifischen Indizes, ergibt sich damit für den Reflexionsfaktor der Ausdruck

$$\underline{\rho} = \frac{\underline{z} - 1}{\underline{z} + 1}. \tag{4.84}$$

Die normierte Impedanz $\underline{z}$ und somit der Reflexionsfaktor $\underline{\rho}$ sind folglich mit dem entsprechenden Index für die Stichleitung (Index s), die Last (Index l) oder für die mit der Zuleitung korrigierten Last (Index c) ausgewiesen. Nach Teilung von Zähler und Nenner durch $\underline{z}$ erhält man die Darstellung mit der normierte Lastadmittanz $\underline{y}$.

$$\underline{\rho} = \frac{1 - \underline{y}}{1 + \underline{y}} \tag{4.85}$$

Der Reflexionsfaktor $\underline{\rho}$ ist eindeutig durch die Admittanz $\underline{y}$ bestimmt, was auch umgekehrt gilt. Die Gleichung (4.85) ist eine für das Smith-Diagramm wichtige Beziehung, denn sie beschreibt eine konforme Abbildung, die zwischen Admittanz und Reflexionsfaktor vermittelt.
Weiterhin soll der Reflexionsfaktor und die Admittanz in der nach Real- und Imaginärteil aufgelösten Form verwendet werden.

$$\underline{\rho} = u + \mathrm{j}\ v \tag{4.86}$$

$$\underline{y} = g + \mathrm{j}\ b \tag{4.87}$$

Damit ergibt sich für (4.85):

$$u + \mathrm{j}\ v = \frac{1 - g - \mathrm{j}\ b}{1 + g + \mathrm{j}\ b}. \tag{4.88}$$

Eine Auflösung dieser Gleichung ergibt:

$$u + ug + u\mathrm{j}\ b + \mathrm{j}\ v + \mathrm{j}\ vg - vb - 1 + g + \mathrm{j}\ b = 0. \tag{4.89}$$

Aus der Trennung nach Real-und Imaginärteil ergeben sich zwei Gleichungen mit nur reellen Größen:

$$u + ug - vb - 1 + g = 0 \tag{4.90}$$

$$ub + v + vg + b = 0 \tag{4.91}$$

Diese beiden Gleichungen werden nun so umgeformt, dass eine nur die Konduktanz g und die andere nur die Suszeptanz b enthält. Dazu ersetzt man b in

(4.90) durch (4.91) wodurch die gewünschte Abhängigkeit nur von g erhalten wird.

$$u + ug + v\frac{v + vg}{1 + u} - 1 + g = 0 \tag{4.92}$$

In gleicher Weise verfährt man mit (4.91). Hier wird g durch (4.90) ersetzt.

$$ub + v + v\frac{1 - u + vb}{1 + u} + b = 0 \tag{4.93}$$

Eine Multiplikation dieser beiden Gleichungen (4.92) und (4.93) mit $(1 + u)$ ergibt:

$$u + ug + u^2 + u^2g + v^2 + v^2g - 1 - u + g + ug = 0 \tag{4.94}$$

$$ub + v + u^2b + uv + v - uv + v^2b + b + ub = 0. \tag{4.95}$$

Mit einer geeigneten Erweiterung und Zusammenfassung können diese beiden Gleichungen in folgende Formen gebracht werden:

$$(u + \frac{g}{1+g})^2 + v^2 = (\frac{1}{1+g})^2 \tag{4.96}$$

$$(u+1)^2 + (v + \frac{1}{b})^2 = (\frac{1}{b})^2. \tag{4.97}$$

Diese beiden Gleichungen beschreiben Kreise in der Gauß´schen Zahlenebene, in der u auf der reellen und v auf der imaginären Achse aufgetragen werden. Weil u und v die Komponenten des Reflexionsfaktors sind, wird diese Ebene auch Reflexionsfaktorebene genannt. Da die Admittanz eindeutig den Reflexionsfaktor bestimmt, spricht man auch davon, dass die Admittanz konform auf die Reflexionsfaktorebene abgebildet wird. In **Bild 4.6** sind diese Abhängigkeiten für ausgewählte Parameter $g = 0\ +0,25\ +0,5....$ und $b = 0\ \pm 0,25\ \pm 0,5....$ dargestellt.
Die Kreise für $g =$ const. nach (4.96) haben den Radius $1/(1+g)$ und sind in Bild 4.6 a dargestellt. Da g nicht negativ werden kann, reicht der Wertebereich der Kreisradien von 0 mit $g = \infty$ bei $\underline{\rho} = u = -1$ bis $+1$ mit $g = 0$ bei $\underline{\rho} = u = +1$. Der Mittelpunkt der Kreise liegt auf der reellen Achse bei $u = -g/(1+g)$. Bei $g = 0$ fällt der Mittelpunkt des Kreises mit dem Ursprung der Gauß´schen Koordinaten zusammen. Da der Radius für $g = 0$ gleich eins ist, ergibt sich für diesen Fall der Einheitskreis. Alle Kreise mit dem Parameter $0 \leq g \leq \infty$ gehen durch den Punkt $u = -1$ der reellen Achse.

Bei der Darstellung eines bestimmten Kreises muss man den Radius im Zirkel einstellen und ab dem Punkt $u = -1$ mit dem Mittelpunkt auf der u-Achse den Kreis zeichnen. Die Kreise für $b = \text{const.}$ nach (4.97) haben den Radius $1/b$ und sind in Bild 4.6 b dargestellt. Der Wertebereich reicht von $b = 0$ bis $b = \pm\infty$. Da b auch negativ sein kann, ergeben sich zwei Kreisscharen, deren Kreise sich alle auf der reellen Achse bei $u = -1$ berühren. Auch hier genügt es, den Radius $1/b$ im Zirkel einzustellen, auf der Parallelen zur Ordinate, die durch $u = -1$ geht, einzustechen und ab $u = -1$ die Teilkreise zu zeichnen. Die Teile der Kreise, die über den Einheitskreis hinausgehen, werden nicht benötigt und sind deshalb nicht dargestellt.
Der komplexe Reflexionsfaktor kann wie gewohnt in der komplexen Ebene nach Betrag und Winkel oder als Realteil u und Imaginärteil v abgelesen werden. Die roten Linien in Bild 4.6 beziehen sich auf das weiter unten gegebene Beispiel.

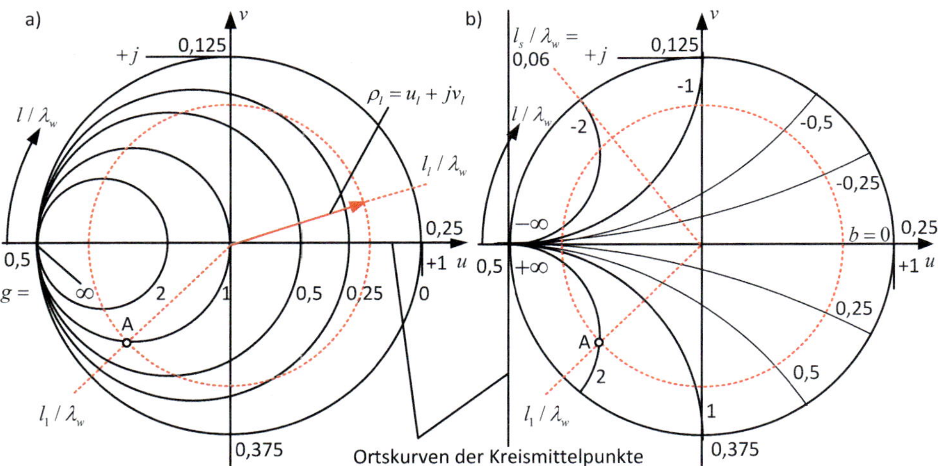

Bild 4.6: Abbildung der Admittanz auf die Reflexionsfaktorebene: a) Konduktanzen g, b) Suszeptanzen b

Um sich die Zustände Leerlauf und Kurzschluss besser vorstellen zu können, ist es vorteilhaft, die Ersatzbilder nach **Bild 4.7** heranzuziehen. Für die Umrechnung von einer Impedanz in eine Admittanz gilt:

$$g = \frac{r}{r^2 + x^2} \tag{4.98}$$

$$b = \frac{-x}{r^2 + x^2} \tag{4.99}$$

Bedeutsam ist der ohmsche Kurzschluss mit $r = 0$ und $g = 0$, der sich mit einem metallischen Kurzschluss praktisch recht gut realisieren lässt. Er ist der Kreis für $g = 0$ und ist mit dem Einheitskreis identisch. Der Fall $b = 0$ entspricht einem Kreis mit unendlichem Durchmesser und wird durch die reelle u-Achse abgebildet. Dieser Fall ist praktisch nur annähernd zu realisieren, weil stets eine kleine Streuinduktivität oder Streukapazität verbleibt. Die Fälle $g = \infty$ oder $b = \infty$ sind nur einstellbar, wenn sowohl r als auch x gegen Null gehen, was praktisch für x nicht möglich ist.

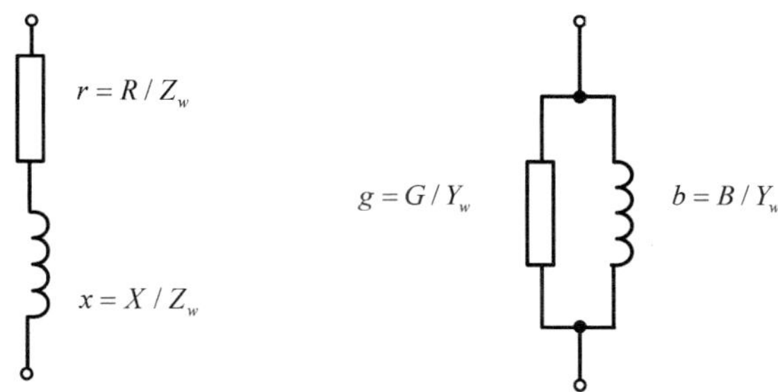

Bild 4.7: Ersatzbilder für Impedanz und Admittanz

Die Ortskurven von g und b in Bild 4.6 werden üblicherweise in einem gemeinsamen Diagramm dargestellt. Dies erlaubt, an den Schnittpunkten von g und b den Reflexionsfaktor sofort abzulesen. Sein Betrag entspricht dem Abstand zum Koordinatenursprung der Gauß'schen Ebene und sein Phasenwinkel kann ausgehend von der reellen u-Achse im mathematisch positiven Drehsinn abgelesen werden. Allerdings hat es sich bei der Arbeit mit dem Smith-Diagramm als praktikabel erwiesen, den Maßstab für den Phasenwinkel φ nicht im mathematisch positiven Drehsinn aufzutragen, sondern die Umrechnung nach (4.47) mit $\Delta z/\lambda_w = l/\lambda_w$ zu verwenden.

$$\varphi = \pi - 4\pi l/\lambda_w \tag{4.100}$$

Dies hat den Vorteil, dass mit äquivalenten Leitungslängen gearbeitet werden kann. Die l/λ_w-Skala ist in den Bildern 4.6 a und b eingetragen. Sie beginnt auf der negativen reellen Achse und dreht in Richtung des Uhrzeigers. Die Umrechnung ist eindeutig: Für $\varphi = 0$ gilt $l/\lambda_w = 0,25$ und für $\varphi = \pi$ gilt

$l/\lambda_w = 0$ usw. Wegen des Faktors 4π wird bei $l/\lambda_w = 0,5$ ein voller Umlauf erreicht.

Beispiel zur Anwendung des Smith-Diagramms

1. Beispiel: Es soll zunächst eine Anpassung zu der Schaltung nach Bild 4.5 mithilfe der Admittanzen in Bild 4.6 diskutiert werden. Von der Last sei der Reflexionsfaktor $\underline{\rho}_l$ bekannt. Zu ihm gehört ein Phasenwinkel φ_l, der mit der fiktiven Leitungslänge l_l ausgewiesen wird. Das Ziel besteht darin, die Leitungslängen l_c der Anschlussleitung und l_s der Stichleitung für eine korrekte Anpassung zu bestimmen. Da sich bei einer verlustfreien Leitung der Betrag des Reflexionsfaktors mit der Leitungslänge nicht ändert, kann man in Bild 4.6 a den Zeiger des Reflexionsfaktors so weit drehen, bis seine Spitze den $g = 1$-Kreis mit dem Radius berührt. Das ist der Punkt A in Bild 4.6 a. Diesem Punkt ist die fiktive Leitungslänge l_1 zugeordnet. Die notwendige Länge der Anschlussleitung ergibt sich damit aus $l_c = l_1 - l_l$. Die Anpassung für die Konduktanz ist mit $g_c = 1$ erfüllt.
Mit dem durch die Zuleitung gedrehten Reflexionsfaktor kann in Bild 4.6 b die zugehörige Suszeptanz $b_c = 2$ abgelesen werden, indem der Punkt A in Bild 4.6 a mit identischen Koordinaten ins Bild 4.6 b übertragen wird. Die Stichleitung soll diese Suszeptanz mit $b_s = -b_c$ kompensieren. Den zugehörigen Teilkreis für b findet man in der oberen Hälfte von Bild 4.6 b. Für die kurzgeschlossene Stichleitung gilt $g_s = 0$, was dem Einheitskreis entspricht. Die Länge der Stichleitung kann am Schnittpunkt des Kreises zu b_s mit dem Einheitskreis abgelesen werden. Man liest ca. 0,06 λ_w ab. Es ist natürlich viel effektiver, wenn man sowohl die Kreise für g als auch die Teilkreise für b in ein gemeinsames Diagramm zeichnet. Das wird im zweiten Beispiel gezeigt.

2. Beispiel: Es wird hier von einem konkretem Zahlenbeispiel zur Lastimpedanz ausgegangen:

$$\underline{z}_l = r_l + \mathrm{j}\ x_l = 1 + \mathrm{j}\,. \tag{4.101}$$

Das könnte ein Applikator nach Abschnitt 4.3.7 mit konstanten Parametern sein, der angepasst werden soll.
Aus der normierten Lastimpedanz ergibt sich die normierte Lastadmittanz.

$$\underline{y}_l = \frac{1}{\underline{z}_l} = g_l + \mathrm{j}\ b_l = 0,5 - \mathrm{j}\ 0,5 \tag{4.102}$$

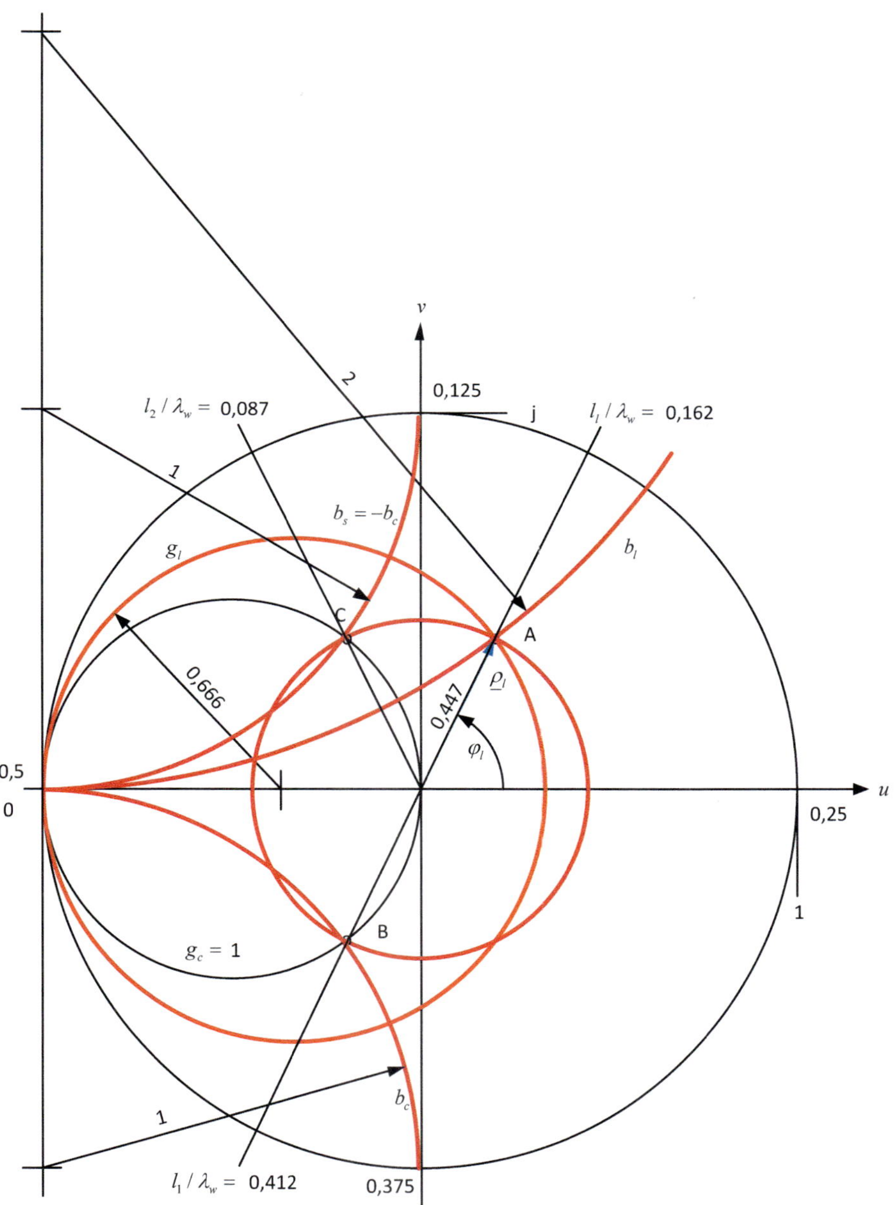

Bild 4.8: Anpassung mit dem Smith-Diagramm; die beiden möglichen Anpassungsfälle sind mit Index 1 und 2 bezeichnet

Bei der nachfolgenden Erläuterung wird angenommen, dass keine Vorlage zum Smith-Diagramm in der Admittanzebene verfügbar ist.[3] In Bild 4.8 sind mit roten Linien die nachfolgend skizzierten Schritte eingetragen. Zuerst zeichnet man den Kreis zu g_l mit dem Radius $1/(g_l+1) = 0{,}666$, der durch den Punkt -1 der reellen Achse geht und dessen Mittelpunkt ebenfalls auf der reellen Achse liegt. Danach wird der Kreisbogen zu b_l mit dem Radius $1/b_l = 2$ gezeichnet. Sein Mittelpunkt liegt auf einer Parallelen zur imaginären Achse, die durch den Punkt -1 der reellen Achse läuft. Der Kreis zu g_l und der Kreisbogen zu b_l schneiden sich im Punkt A. Zu diesem Punkt A kann auf der Skala zum Phasenwinkel der Wert $l_l/\lambda_w = 0,162$ abgelesen werden. Zur fiktiven Länge l_l ist zu bemerken, dass es sich nicht um eine messbare Leitungslänge handelt, sondern l_l ersatzweise für den Phasenwinkel der Last verwendet wird. Mit dem Punkt A ist der Kreis mit dem Radius $|\underline{\varrho}| = 0{,}447$ und seinem Mittelpunkt im Koordinatenursprung bestimmt. In der einschlägigen Fachliteratur wird dieser Kreis auch m-Kreis genannt, weil nach (4.28) aus dem Betrag des Reflexionsfaktors der Anpassungsfaktor zu $m = 0{,}382$ eindeutig bestimmt werden kann. Eine Drehung des Zeigers $\underline{\varrho}$ entspricht einer Längenänderung der Zuleitung mit der Länge l_c. Diese Drehung bedeutet, dass die Phase vom Reflexionsfaktor, jedoch nicht sein Betrag verändert wird. Der Kreis von $\underline{\varrho}$ schneidet den Kreis für $g = 1$ in den Punkten B und C. In diesen Punkten ist die Admittanz mit $g_c = 1$ an der Quelle wirksam. Die entsprechenden Leitungslängen ergeben sich aus den zum Punkt A gehörigen Differenzen des Phasenwinkels bei Drehung im Uhrzeigersinn.

$$l_{c1}/\lambda_w = (l_1 - l_l)/\lambda_w = 0,412 - 0,162 = 0,25 \tag{4.103}$$

$$l_{c2}/\lambda_w = (l_2 - l_l)/\lambda_w = 0,5 + 0,087 - 0,162 = 0,42 \tag{4.104}$$

Bei der Differenzbildung nach (4.104) ist zu beachten, dass ein Vollkreis durchlaufen wird, weshalb der Betrag 0,5 zu addieren ist. Die Leitung müsste entweder um den Betrag $0,25\lambda_w$ oder $0,42\lambda_w$ verlängert werden. In der Praxis wird aus bereits genannten Gründen die kürzere Leitung gewählt. Denkbar ist jedoch auch, dass zur Lastimpedanz bereits ein Leitungsstück gehört, das verkürzt werden kann. In diesem Falle wäre eine Verkürzung der vorhandenen Leitungslänge um

$$l_{c3} = (0,087 - 0,162)\lambda_w = -0,075\,\lambda_w \tag{4.105}$$

[3] Wer häufig derartige Aufgaben zu lösen hat, wird sich eine Vorlage zur Admittanzebene mit bereits eingetragenen g- und b-Kreisen beschaffen.

erforderlich.
Nun ist noch die Länge der kurzgeschlossenen Stichleitung zu bestimmen. Dies wird hier nur für den Punkt B gezeigt. Um die zu diesem Punkt gehörige normierte Suszeptanz bestimmen zu können, muss ohne Vorlage zur Admittanzebene etwas mit dem Zirkel probiert werden. Es gilt, den Nullpunkt und den Radius für einen Kreis zu finden, der sowohl durch den Punkt −1 auf der reellen Achse als auch durch den Punkt B geht. Da der Nullpunkt dieses Kreises auf einer Parallelen zur imaginären Achse liegen muss, die durch den Punkt −1 der reellen Achse geht, ist die Suche relativ schnell erledigt. Man findet den Radius mit dem Wert 1. Dies bedeutet, dass die Quelle ohne Stichleitung mit der Admittanz

$$\underline{y}_c = g_c + \jmath b_c = 1 + \mathrm{j} \tag{4.106}$$

belastet wird. Die zur Kompensation notwendige Suszeptanz der Stichleitung muss der Bedingung

$$b_s = -b_c \tag{4.107}$$

genügen. Der Kreisbogen mit dem Parameter $b_s = -1$ ist der an der reellen Achse gespiegelte Kreisbogen. Die Stichleitung ist am Ende kurzgeschlossen, weshalb der Kreis für $g = 0$ bzw. der Einheitskreis zu ihr gehört. Der Schnittpunkt mit dem Einheitskreis zeigt auf der Skala zum Phasenwinkel den Wert

$$l_s/\lambda_w = 1/8 = 0,125 \tag{4.108}$$

an, woraus die Länge der Stichleitung bestimmt werden kann. Damit ist die Anpassungsaufgabe erfüllt, denn die Quelle wird mit

$$\underline{y}_c + \underline{y}_s = (1 + \mathrm{j}) + (0 - \mathrm{j}) = 1, \tag{4.109}$$

also gleich Z_w, belastet.

4.3 Komponenten

Die wesentlichen Komponenten einer Mikrowellenanlage zeigt **Bild 4.9**. Der angedeutete Energiefluss als Hin- und teilweise Rückfluss zeigt ein bereits aus dem Abschnitt 4.2 bekanntes Problem. Ein Teil der von der Quelle ausgesandten Mikrowellenenergie wird an Unstetigkeiten (Impedanz weicht von Z_w ab) im Übertragungssystem inklusive Applikator reflektiert, d.h. zurückgeschickt, was nicht nur einen energetischen Verlust, sondern auch eine Gefährdung der Quelle und sogar deren Stromversorgung durch Überhitzung zur Folge haben kann. Die zwischen den Flanschen A und C angeordneten Komponenten sind i. d. R. auf den Wellenwiderstand der Hohlwellenleiter abgestimmt, sodass durch diese nahezu keine Reflexionen auftreten. Diese Komponenten können deshalb wie verlustfreie Hohleiter mit einer ganzen vielfachen Länge von $\lambda_w/2$ aufgefasst werden. Da sich das Gut im Applikator bei Erwärmung ändert bzw. der Applikator unterschiedlich beladen wird, sind hier Reflexionen unvermeidbar. Mit dem Tuner kann am Flansch B eine ideale Anpassung eingestellt werden, die sich wegen der oben genannten Eigenschaft der vorgelagerten Komponenten ebenfalls am Flansch A einstellt. Die Reflexion der Mikrowellenenergie am Flansch C wird durch einen richtig eingestellten Tuner zurück zum Applikator geschickt. Damit sind theoretisch am Flansch B keine Reflexionen vorhanden. Praktisch ändert jedoch der Applikator seine Anschlusseigenschaften, weil sich beispielsweise die dielektrischen Eigenschaften des Gutes bei Erwärmung ändern. Mit dem Zirkulator wird deshalb die noch verbleibende Reflexion an den Absorber abgeleitet. Auch hier gibt es immer noch eine geringfügige Reflexion, deren Intensität i.d.R. von der Quelle (Magnetron) verkraftet wird. Mit dem Richtkoppler kann schließlich die Intensität der zum Applikator gesendeten Energie und die zur Quelle zurückkehrende gemessen werden.

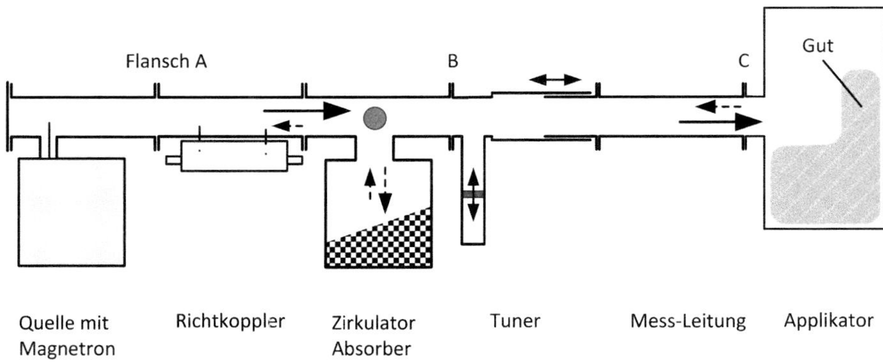

Bild 4.9: Komponenten einer Mikrowellenanlage

Nicht immer werden alle dargestellten Komponenten benötigt. Beispielsweise genügt es, bei einem Applikator mit sehr geringer Reflexion und konstanten Parametern, wie dies bei einem durchlaufenden Gut der Fall ist, diesen ein-

malig mit einer geeigneten Leitungslänge und Kurzschlussleitung anzupassen. Die Anpassung und Reflexion kann einmalig mit dem Richtkoppler überprüft werden. Danach kann die Anlage ohne Richtkoppler, Zirkulator und Tuner betrieben werden. Dies ist beispielsweise bei Mikrowellengeräten für den Hausgebrauch so gelöst.
Die genannten Komponenten sind wissenschaftlich und experimentell ausgiebig untersuchte und erprobte Bauelemente. Obwohl einige Komponenten sehr einfach aussehen, ist deren Nachbau nicht zu empfehlen. Wichtige Einzelheiten könnten dabei leicht übersehen werden, wodurch die Funktionstüchtigkeit nicht mehr gewährleistet ist und beispielsweise fatale Leckstrahlungen auftreten.

4.3.1 Mikrowellenquelle

Als Quellen für die Erzeugung hochfrequenter elektromagnetischer Wellen im GHz-Bereich kommen sogenannte Laufzeitröhren, wie Magnetrons oder seltener Gyrotrons, zur Anwendung.

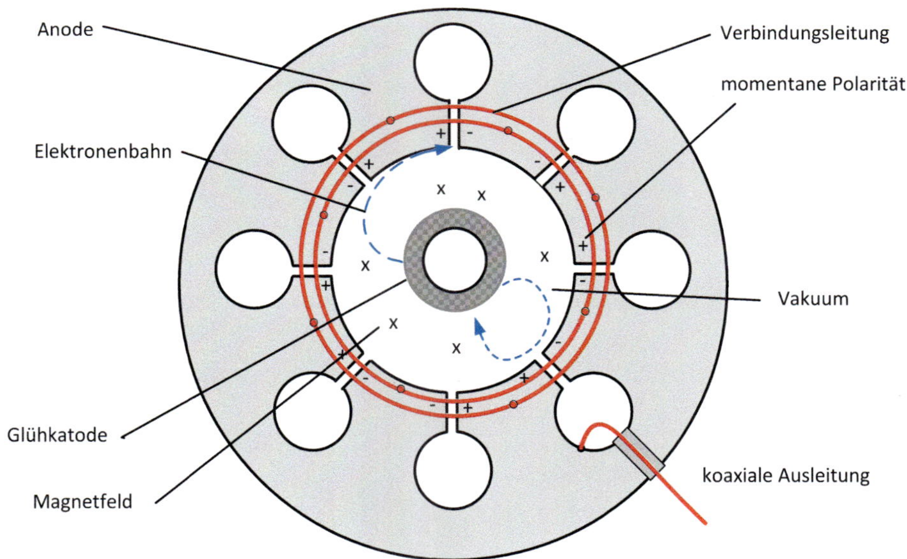

Bild 4.10: Wirkprinzip des Magnetrons; Darstellung nicht maßstäblich

Das Magnetron gehört zur Untergruppe der Kreuzfeldröhren (engl. *crossfield amplifier*), weil zu seiner Funktion ein magnetisches Querfeld benötigt wird. Das Magnetron ist für Leistungen im kW-Bereich auch im Dauer-Betrieb geeignet. Beim Impulsbetrieb im ns-Bereich werden Leistungen im MW-Bereich erzielt, die jedoch für thermische Anwendungen unbedeutend sind. Das Magnetron hat in der Mikrowellenerwärmung eine dominante Anwendung gefunden. Sein Wirkungsgrad zur Wandlung elektrischer Energie mit 50 Hz in solche mit 2,45 GHz erreicht bei idealer Anpassung fast 60 %. Auch Generatoren auf Halbleiterbasis sind im genannten Frequenzbereich in der Informationstechnik bereits eingeführt. Wegen der in der Mikrowellenerwärmung gewünschten Leistungen von einigen kW im Dauerbetrieb und ansonsten weniger anspruchsvollen Parametern (Impulse, Bandbreite und Frequenzstabilität) ist das Magnetron von seiner dominanten Stellung bisher noch nicht verdrängt worden. Deshalb soll hier nur auf die Funktionsweise des Magnetrons eingegangen werden.

Anhand von **Bild 4.10** soll die Laufzeitsteuerung des Magnetrons erläutert werden. Zwischen Anode und Kathode liegt ein elektrisches Gleichfeld an, wobei die Anode wegen deren größeren Abmessungen und erforderlichen Kühlung auf Masse gelegt wird. Senkrecht zur dargestellten Ebene wirkt ein magnetisches Gleichfeld, das von Permanentmagneten erzeugt werden kann, weil vom magnetischen Feld keine Energie eingebracht wird. Die Kathode wird indirekt beheizt (ca. 1000 °C). Die von ihr emittierten Elektronen werden durch das elektrische Gleichfeld von ca. 4 kV (für Haushaltsgeräte 1 bis 1,5 kV) zwischen Anode und Kathode beschleunigt. Durch das Magnetfeld wirkt auf diese Elektronen eine zusätzliche Lorentzkraft $\vec{F_L} = -e\vec{v} \times \vec{B}$, wodurch eine radiale Ablenkung entsteht. Eine ideale Bahn wäre die, die einen geringfügig geringeren Krümmungsradius als die Anodenoberfläche hat. Da Geschwindigkeit und Richtung der Elektronen beim Start von der Kathoden-Oberfläche nicht gleich, sondern statistisch verteilt sind, wird selbst bei idealer Abstimmung von Geometrie sowie elektrischer und magnetischer Feldstärke diese ideale Bahn nicht von allen Elektronen erreicht. So gibt es Elektronen, die auf die Kathode zurückfliegen und mit ihrer kinetischen Energie die Kathode unter energetischen Verlusten aufheizen, und solche, die auf die Anode auftreffen und hierbei ebenfalls Verluste verursachen. Eine gute Abstimmung von magnetischem und elektrischem Gleichfeld ist notwendig, damit möglichst viel Elektronen lange radiale Bahnen absolvieren und nicht zu früh auf die Anode oder Kathode treffen. Damit wird auch deutlich, dass eine Leistungssteuerung durch beispielsweise einseitige Änderung der Gleichspannung nicht möglich ist. Es müssten in diesem Falle das Magnetfeld und das elektrische Feld gleichzeitig und abgestimmt verändert werden, womit sich Permanentmagnete verbieten. Diese bis hierher geschilderte Darstellung gilt ohne jegliches Wechselfeld, das nun in die weiteren

Betrachtungen einbezogen werden soll.
Die geschlitzten Bohrungen in der Anode ergeben elektrische Schwingkreise, die auf die Resonanzfrequenz des Magnetrons abgestimmt sind. Obwohl Kapazität und Induktivität dieser geschlitzten Bohrungen ineinander übergehen und nicht eindeutig lokalisierbar sind, können die acht Bohrungen als acht Spulen und die acht Schlitze als acht Kondensatoren gedeutet werden. Durch die starre Kopplung mittels der dargestellten Verbindungen können diese Schwingkreise nur gegenphasig im sogenannten Π-Mode schwingen. Es wird nun angenommen, dass die Schwingungen irgendwie angestoßen werden, so wirkt auf die Elektronen neben dem elektrischen Gleichfeld noch ein weiteres elektrisches Wechselfeld in Form des Streufeldes der Kondensatoren. Eine ausgewählte Gruppe von Elektronen, die momentan auf dem Weg zur Anode ist, richtet ihren Weg auf die momentan positiven Platte eines Kondensators aus. Doch beim weiteren Annähern ändert sich die Polarität dieser Platte. Deshalb werden die Elektronen im elektrischen Streufeld der Kondensatoren abgebremst und geben damit einen Teil ihrer kinetischen Energie an die Schwingkreise ab. Dieses Wechselspiel von stärkerer Abbremsung und auch geringerer Beschleunigung der an den Schlitzen vorbeifliegenden Elektronen führt den gekoppelten Schwingkreisen beständig Energie zu, die über die kinetische Energie der Elektronen aus dem elektrischen Gleichfeld bezogen wird. Die Mikrowellenergie kann aus einer Bohrung mithilfe einer Drahtschleife am Ende eines Koaxialleiters induktiv ausgekoppelt werden kann. Die eingangs erwähnte Laufzeitsteuerung kommt folglich von den Schwingkreisen selbst und ist eine in der Physik häufig zu beobachtende Mitkopplung. Die Dämpfung durch Energieauskopplung eines Schwingkreises bewirkt eine gleichmäßige Dämpfung aller acht Schwingkreise.

4.3.2 Richtkoppler

Richtkoppler sind klassische Bauelemente der Hochfrequenztechnik, die aus einem Wellenleiter einen Teil des Energieflusses einer bestimmten Richtung (hin oder zurück), z. B. für Messzwecke, abzweigen können. Bei den Hohlwellenleitern ist die Konstruktion relativ einfach. Der Haupthohlleiter wird an zwei Stellen im Abstand von $\lambda_w/4$ durchbohrt (s. **Bild 4.11**). Die durch diese Bohrungen ausgestrahlte Energie regt im Nebenhohlleiter elektromagnetische Wellen an, die sich überlagern. Für je eine Richtung des Energieflusses kommt es an einer Bohrung zu einer konstruktiven und an der anderen zu einer destruktiven (auslöschenden) Interferenz. Auf diese Weise kann an einem Ende des Nebenhohlleiters ein zur hinlaufenden Welle proportionales Signal und am anderen ein zur rücklaufenden (reflektierten) Welle proportionales Signal abgegriffen werden.

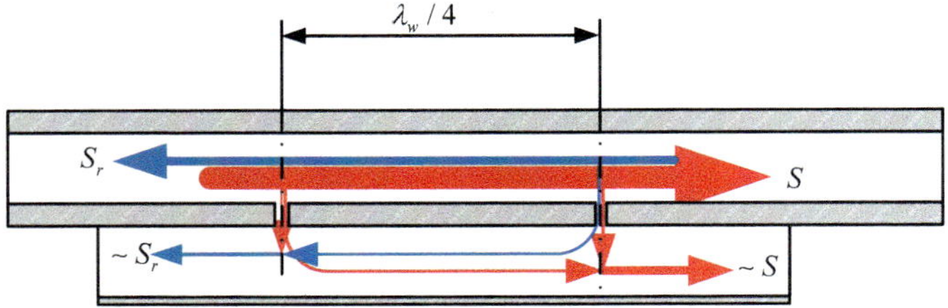

Bild 4.11: Prinzip des Richtkopplers am Hohlleiter

4.3.3 Zirkulator

Zirkulatoren nach **Bild 4.12** sind 120 °-Verzweiger (Y-Zirkulator), welche die an einem Tor eingeleitete Mikrowellenergie in einer vorgegebenen Drehrichtung leiten und am nächsten Tor ausleiten (wie im Kreisverkehr mit dem Zusatzgebot, stets die nächste Ausfahrt zu benutzen).

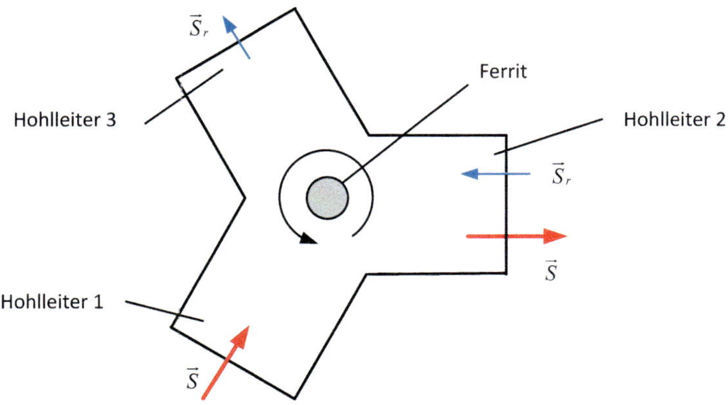

Bild 4.12: Zirkulator mit drei Hohlleitern

Zu ihrer technischen Realisierung werden in einem magnetischen Gleichfeld vormagnetisierte Ferrite (gyromagnetische Stoffe mit hoher Permeabilität, niedrigem Hystereseverlust und hohem spezifischen Widerstand) als Resonatoren und Erzeuger von Drehfeldern eingesetzt. Eine mathematische Beschreibung ist nicht einfach, insbesondere weil das anisotrope Verhalten dieses Materials zu berücksichtigen ist. Daher ist der Zusammenhang zwischen $\vec{B}$ und $\vec{H}$ mit einem antisymmetrischen Tensor zu beschreiben, der sich durch die gesamte Feldberechnung zieht.

4.3.4 Absorber

Die Aufgabe des Absorbers ist es, unvermeidlich reflektierte Mikrowellenenergie aufzunehmen und die dadurch in ihm umgesetzte Wärme für den vorgesehenen Betriebsfall bei zulässigen Temperaturen abzuleiten. Er wird so konstruiert, dass er selbst wenig Reflexionen verursacht. Ein spitzer Einfallwinkel der elektromagnetischen Welle auf das absorbierende Material deutet eine konstruktive Lösung dazu an. Bei kleinen Leistungen genügt feuchtes Holz, das vor Austrocknung zu schützen ist und seine Wärme über das Gehäuse an die Umgebung abgibt. Bei größeren Leistungen muss dagegen ein Wärmetauscher mit einem externen Kühlwasserkreislauf vorgesehen werden.

4.3.5 Tuner

Der Tuner ist eine Abstimmeinheit, mit der die Lastimpedanz auf den Wellenwiderstand transformiert werden kann. Wie im Abschnitt 4.2 bereits gezeigt wurde, genügt dazu ein verlustfreies Leitungsstück variabler Länge l_c und eine Kurzschluss-Stichleitung variabler Länge l_s.

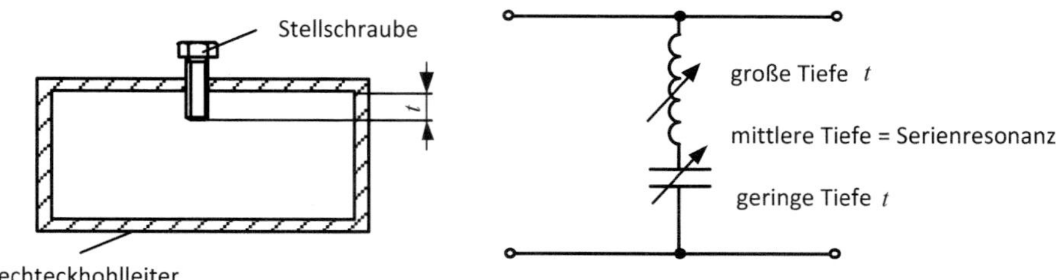

Bild 4.13: Anpassungsblende mit Ersatzschaltung

Beide Elemente sind als Hohlleiter verfügbar. Manchmal genügt auch eine einfache Anpassungsblende nach **Bild 4.13**, mit der geringe Abweichungen von einer vollständigen Anpassung korrigiert werden können. Mit der relativ dicken Schraube wird des Feld des Hohleiters verändert. Man kann sich gut vorstellen, dass bei großen Eindrehtiefen der Schraube diese wie eine variable Induktivität wirkt. Bei mittleren Eindrehtiefen ergibt sich Serienresonanz.

4.3.6 Leitungsstück

Für die Mikrowellenerwärmung werden zur Energiezufuhr zum Applikator in der Regel Rechteckhohlleiter vom Typ R 26 verwendet. Wenn von einer geradlinigen Führung des Hohlleiters abgewichen werden muss, müssen Krümmer eingesetzt werden. Deren Krümmungsradius darf mit Rücksicht auf Reflexionen nicht beliebig klein gewählt werden. Diese und andere Bauteile müssen so miteinander verbunden werden, damit an den Verbindungsstellen keine Reflexionen und Ausstrahlungen von Mikrowellenenergie erfolgt. Hier ist zu bedenken, dass auch eine feste Schraubverbindung nur punktuelle elektrische Kontakte hat. Die Wandströme im Inneren des Hohlleiters sind, wie später gezeigt wird, dagegen auf der gesamten inneren Fläche des Hohlleiters verteilt. Deshalb würde eine partielle Unterbrechung der Wandströme zu Feldstörungen führen. Mit den $\lambda/2$-Taschen nach **Bild 4.14** kann dies weitestgehend unterbunden werden, weil damit der Kurzschluss auf die elektrisch nicht ideale Verbindungsstelle transformiert wird.

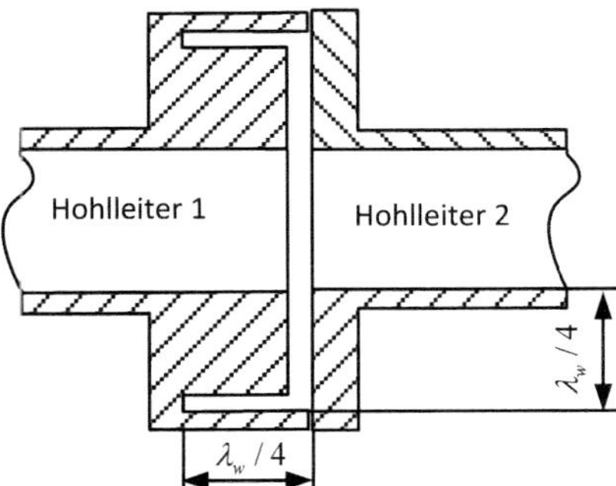

Bild 4.14: Reflexionsfreie Verbindung zweier Hohlleiter mittels Flansch mit $\lambda/2$-Sperrfilter

In den Hohlwellenleiter kann an geeigneter Stelle ein dünner Schlitz eingebracht werden, ohne dass es zu einer Leckstrahlung kommt (s. folgender Abschnitt 4.4.1). Damit wird es möglich, mit einer Sonde die elektrische Feld-

stärke in Abhängigkeit des Weges mit der Koordinate z zu messen. Da nach Abschnitt 4.2.2 die für eine Anpassung wichtigen Größen, wie Anpassungsfaktor m und Abstand des Spannungsminimums zur Bezugsebene Δz, nicht als absolute Spannungswerte, sondern nur als relative Größen eingehen, kann anstelle der Spannung die elektrische Feldstärke problemlos verwendet werden. Geradlinige Leitungsstücke und Krümmer haben eine effektive Länge, die ein Vielfaches von $\lambda_w/2$ beträgt, damit verändern sich die Anpassungsverhältnisse bei ihrem Ein- oder Ausbau nicht.
Da die Hohlwellenleiter auch als Applikatoren Verwendung finden, werden im Abschnitt 4.4 einige spezielle Leitungstypen etwas genauer behandelt.

4.3.7 Applikator

Ein Applikator ist der Teil einer Mikrowellen-Erwärmungs-Anlage, in dem die Mikrowellenenergie in technologisch nutzbare Wärme umgewandelt wird. Er sollte idealerweise so konstruiert sein, dass er möglichst wenig Mikrowellenergie reflektiert und von ihm keine unzulässige Abstrahlung ausgeht. Eine Reflexion lässt sich jedoch nur selten vermeiden. Eine störende Leckstrahlung ist bei Sichtfenstern, Türen und vor allem Durchführungen (beispielsweise für ein Förderband) nicht vollständig vermeidbar. Es werden einmodige (engl. *single mode*) und mehrmodige (engl. *multi mode*) Applikatoren sowie Strahler unterschieden, die im Abschnitt 4.5 ausführlicher behandelt werden.

4.4 Hohlwellenleiter

Hohlwellenleiter werden zur Übertragung der elektromagnetischen Energie und als Ein-Moden-Applikatoren (engl. *single mode applicator*) sowie seltener als Multi-Mode-Applikatoren eingesetzt. Man unterscheidet Hohlleiter mit einem rechteckigem Querschnitt und solche mit einem kreisförmigen Querschnitt. Ihre Querschnittsabmessungen sind so gewählt, dass sich in einem vorgegebenen Frequenzbereich nur eine bestimmte Feldverteilung (Mode) ergibt. Diese Wellen passen exakt wie die Streichhölzer in eine Schachtel. Wellen niedriger Frequenz und größerer Wellenlänge passen nicht hinein und werden folglich reflektiert. Sie können im Hohlwellenleiter nicht transportiert werden. Wellen mit kürzeren Wellenlängen fallen, wie die Streichhölzer in einer zu großen Schachtel, in eine Unordnung und können nur unter erheblichen Verlusten transportiert werden.

Im vorherigen Abschnitt wurde die Zweidrahtleitung ausführlich untersucht, weil damit auch die wesentlichen Eigenschaften des Hohlwellenleiters beschrieben werden, ohne die komplizierteren Felder in diesem zu kennen. Mit Blick auf eine Klassifizierung von Wellenleitern ist die Zweidrahtleitung eine Lecherleitung oder ein L-Wellentyp. Dieser Wellentyp ist dadurch gekennzeichnet, dass sowohl die elektrische als auch die magnetische Feldstärke keine Raumkomponente in Ausbreitungsrichtung des Energieflusses (z-Richtung hier vereinbart) haben. Es gilt folglich $E_z = H_z = 0$. Beim Hohlleiter gibt es keine konstruktive Unterscheidung von Hin- und Rückleiter. Dass damit trotzdem elektromagnetische Energie übertragen werden kann, zeigte sich bereits bei der Lecherleitung, bei der auf jedem der beiden Leiter zu einem bestimmten Zeitpunkt der Strom und die Spannung im Abstand $\lambda_w/2$ eine entgegengesetzte Richtung aufweisen. Die Hohlleiter werden danach unterschieden, welche Komponente des elektromagnetischen Feldes in Ausbreitungsrichtung zeigt. Existiert die z-Komponente der elektrischen Feldstärke mit $E_z > 0$ und es gilt $H_z = 0$, so spricht man vom E-Feldtyp. Beim H-Feldtyp muss demnach $H_z > 0$ und $E_z = 0$ gelten. Zu den transversalen Komponenten E_x, E_y, H_x und H_y kommt je nach Feldtyp noch eine Komponente in Ausbreitungsrichtung hinzu. Die Feldverteilung zu $\overrightarrow{E}(x, y, z)$ und $\overrightarrow{H}(x, y, z)$ ist komplizierter als bei der Lecherleitung.
Zur Gewinnung dieser Feldfunktionen ist vom vollständigen Satz der Maxwell´schen Gleichungen auszugehen. Der Lösungsweg führt über eine zweidimensionale, skalare Wellengleichung für eine Potenzialfunktion in der Ebene senkrecht zur Ausbreitungsrichtung (x,y- oder r,$\varphi-$Koordinate) und eine harmonische skalare Differentialgleichung für die Ausbreitungsrichtung z sowie eine Separationsgleichung, die über die Wellenzahl $k^2 = \omega^2 \mu \varepsilon$ beide Differentialgleichungen miteinander verknüpft. Für eine bestimmte Form (Rechteckhohlleiter oder kreiszylindrischer Hohlleiter) ergeben sich aus den Randbedingungen zunächst unendlich viele Lösungsfunktionen mit dazugehörigen Eigenfunktionen und Eigenwerten. Erst wenn die konkreten Abmessungen des Hohlleiters in einem bestimmten Verhältnis zur Freiraumwellenlänge λ_f stehen, wird die Anzahl der Lösungsfunktionen auf eine überschaubare Anzahl begrenzt. Meist bleibt nur noch ein Feldtyp und damit eine Lösungsfunktion übrig. Die Lösungswege sind in [18, S. 54 ff] ausführlich dargestellt. Hohlleiter werden prinzipiell im zugehörigen Grundmode betrieben. Es sollen die wichtigsten Eigenschaften von zwei Hohlleitertypen, den H_{10}- und den E_{01}-Typ, behandelt werden, weil diese auch als Applikatoren dienen. Dabei ist die Verteilung des elektrischen Feldes von Interesse, weil sich daraus die Wärmequellenverteilung ableitet.

Für die Beschreibung der Eigenschaften des Hohlleiters sind die Wellenlänge λ_f und der Feldwellenwiderstand $Z_f = E/H$ des unbegrenzten Raumes wichtige Parameter, die hier vorab im Zusammenhang mit dem speziellen Medium Luft bzw. Vakuum (Index 0) nochmals genannt werden.

$$\lambda_f = \frac{c}{f} = \frac{1}{f}\frac{1}{\sqrt{\mu\varepsilon}} = \frac{c_0}{f}\frac{1}{\sqrt{\mu_r\varepsilon_r}} = \lambda_0\frac{1}{\sqrt{\mu_r\varepsilon_r}} \tag{4.110}$$

$$Z_f = \sqrt{\frac{\mu}{\varepsilon}} = \sqrt{\frac{\mu_0}{\varepsilon_0}}\sqrt{\frac{\mu_r}{\varepsilon_r}} = Z_0\sqrt{\frac{\mu_r}{\varepsilon_r}} \tag{4.111}$$

4.4.1 Rechteckhohlleiter

Der Rechteckhohlleiter nach **Bild 4.15** wird zum Transport der Mikrowellenenergie vom Generator zum Applikator und als Applikator selbst verwendet. Für die genormte ISM-Frequenz von 2,45 GHz hat er die inneren Abmessungen von a = 86,36 mm und b = 43,18 mm, was nach der IEC-Norm dem Typ R 26 entspricht. Er kann elektromagnetische Wellen der H_{10}-Mode im Frequenzbereich von 2,17-3,30 GHz leiten, ohne dass dabei eine zu große Dämpfung entsteht oder sich unerwünschte andere Wellentypen ausbilden. Man sieht hier, dass sich der Hohlleiter von der Lecherleitung noch in einer zweiten Eigenschaft unterscheidet. Er kann nur bis zu einer unteren Grenzfrequenz elektromagnetische Energie transportieren. Die Lecherleitung kann dagegen prinzipiell Energie bis zu niedrigsten Frequenzen und auch $f = 0$ (Gleichstrom) transportieren.

Grenzwellenlänge

Die Grenzfrequenz des R26-Hohlleiters beträgt f_c =1,737 GHz. Das bedeutet, dass Wellen dieser oder kleinerer Frequenzen nicht mehr durchgelassen werden. Die Grenzwellenlänge für den Rechteckhohlleiter nach Bild 4.15 ergibt sich zu

$$\lambda_c = 2a. \tag{4.112}$$

Es wird angenommen, das der Hohlleiter nur mit Luft gefüllt ist. Damit ergibt sich für die Grenzfrequenz

$$f_c = \frac{c_0}{2a}. \tag{4.113}$$

Mit der Grenzwellenlänge und Grenzfrequenz kann man auch abschätzen, welcher Grenzwert für die Maschenweite a eines Gitters mindestens notwendig ist. Diese Gitter werden beispielsweise im Glas einer Tür eingebettet, um die Streustrahlung zu vermindern. Der Grenzwert der Maschenweite beträgt demnach $a = c_0/(2f)$. Das ist ein oberer Wert, denn wenn die Gittertiefe sehr klein ist (Drahtgitter), muss $a << c_0/(2f)$ gelten, weil sonst das Feld noch zu stark „durchgreift".

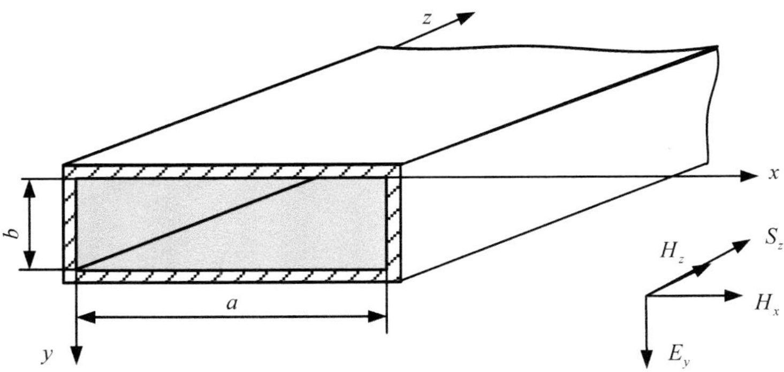

Bild 4.15: Abmessungen und Koordinaten des Rechteck-Hohlwellenleiters

Feldverteilung

Nach Bild 4.15 bildet sich bei Anregung mit der z-Komponente der magnetischen Feldstärke eine H_{10}-Welle aus, falls die Frequenz zu den Abmessungen a und b passt. Es verbleibt nur ein Feldtyp bzw. nur eine Lösungsfunktion übrig. Im Falle einer verlustfreien Leitung mit $\alpha = 0$, die frei von Reflexionen ist, ergeben sich nach [18, S.73] folgende Feldverteilungen (s. auch **Bild 4.16**):

$$\underline{E}_x = 0 \tag{4.114}$$

$$\underline{E}_y = -\mathrm{j}\, Z_f A_{10} \frac{\lambda_c}{\lambda_f} \sin(\pi \frac{x}{a})\, \mathrm{e}^{-\mathrm{j}\,\beta z} \tag{4.115}$$

$$\underline{E}_z = 0 \tag{4.116}$$

$$\underline{H}_x = -\frac{\underline{E}_y}{Z_w} \tag{4.117}$$

$$\underline{H}_y = 0 \tag{4.118}$$

$$\underline{H}_z = A_{10} \cos(\pi \frac{x}{a})\, \mathrm{e}^{-\mathrm{j}\,\beta z}\,. \tag{4.119}$$

Darin ist β der Phasenkoeffizient. A_{10} ist ein Koeffizient mit der Maßeinheit A/m, der sich aus der Aufprägung einer z-Komponente der magnetischen Feldstärke ergibt. Der Feldwellenwiderstand des Hohlleiters (engl. *characteristic wave impedance of a transmission line*) Z_w berechnet sich nun nicht mehr aus Spannung und Strom, wie bei der Lecherleitung, sondern aus den Komponenten von elektrischer und magnetischer Feldstärke, die senkrecht zur Ausbreitungsrichtung ausgerichtet sind.

$$Z_w = \frac{-\underline{E}_y}{\underline{H}_x} = Z_f \frac{1}{\sqrt{1-(\lambda_f/\lambda_c)^2}} \tag{4.120}$$

Das negative Vorzeichen vor $\underline{E}_y$ in dieser Gleichung ist dem gültigen Koordinatensystem nach Bild 4.15 geschuldet. Man kann sich das mit einem um 90° (gegen Uhrzeigersinn) gedrehten Koordinatensystem erklären. In diesem Falle würden sich $\underline{E}_y$ mit Vorzeichenwechsel zu $\underline{E}_x$ und $\underline{H}_x$ ohne Vorzeichenwechsel zu $\underline{H}_y$ wandeln. Eine Drehung von $\underline{E}_x$ auf $\underline{H}_y$ entspricht dann einer Rechtsschraube, die in Ausbreitungsrichtung (z-Koordinate) weist.

Der Feldwellenwiderstand könnte wie gewohnt aus $\underline{E}_x/\underline{H}_y$ gebildet werden. Beim Poynting-Vektor mit $\underline{S}_z = -\underline{E}_y \underline{H}_x^*$ ist mit dem Kreuzprodukt die Vorzeichenfrage eindeutig.

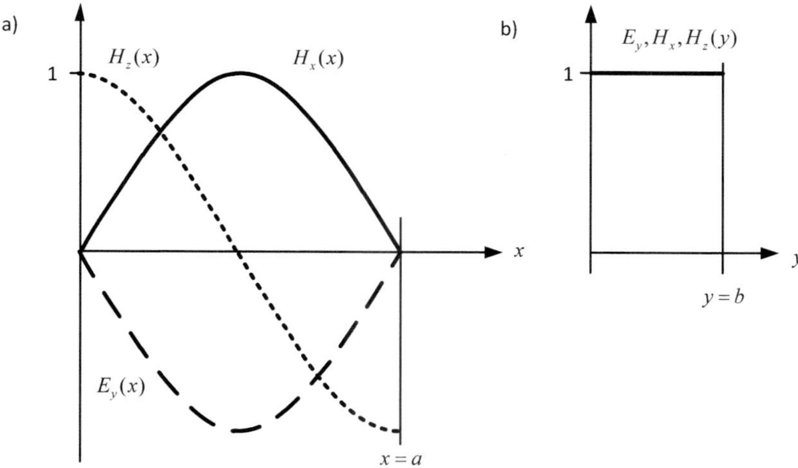

Bild 4.16: Verteilung der Effektivwerte, bezogen auf den jeweils höchsten Wert im Rechteckhohlleiter

Die Feldbeschreibung nach (4.114) bis (4.119) ist der denkbar einfachste Feldtyp, dessen Bezeichnung als H_{10}-Welle erläutert werden soll. H wird gewählt, weil nur das magnetische Feld eine Komponente in Ausbreitungsrichtung hat, das ist $\underline{H}_z$. Die Indizes in der Bezeichnung der Wellen-Mode entsprechen den Nummern der Lösungsfunktionen (Winkelfunktionen). Der erste Index (hier 1) steht für die x-Richtung und der zweite (hier 0) für die y-Richtung. Dies bedeutet im konkreten Fall, dass in y-Richtung die Feldkomponenten konstant sind. Nur in x-Richtung ist eine Verteilung als sin- oder cos-Funktion gegeben, die zu einem Extremwert innerhalb $0 \leq x \leq a$ führt. Es gibt folglich auch Leitungsabmessungen, bei denen sich ein H_{11}- oder H_{01}- oder E_{11}-Feldtyp ausbildet. Der H_{10}-Feldtyp ist für die Übertragung von Mikrowellenenergie der gebräuchlichste, insbesondere auch deshalb, weil relativ hohe Frequenzabweichung möglich sind, ohne dass sich andere Feldtypen störend ausbreiten. Für die Mikrowellenerwärmung ist dieser Feldtyp dominant.

Durchführungen

Anhand der Verteilung der elektrischen Feldstärke kann man sich die Verteilung der Verschiebestromdichte und der Leitungsstromdichte gut vorstellen. Das gelingt insbesondere mit der Feststellung, dass wegen der Quellenfreiheit der Ströme $\operatorname{div}(\vec{J}) = \operatorname{div}(\vec{J_c} + \vec{J_d}) = 0$ an der Grenzfläche Luft-Metall die Verschiebeströme in Leitungsströme übergehen müssen.

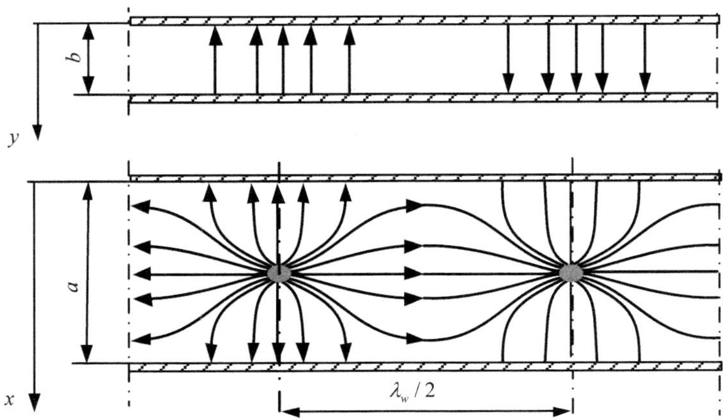

Bild 4.17: Leitungsstromlinien im Rechteck-Hohlwellenleiter; Darstellung ist zusammen mit Bild 4.16 und Bild 4.15 zu betrachten

Man erkennt anhand von **Bild 4.17**, dass die Stromlinien in der Mitte der Wand mit der Breite a parallel zur z-Achse verlaufen. Wenn nun der Hohlleiter entlang dieser Linien geschlitzt wird (s. **Bild 4.18**), werden die Stromlinien sehr wenig gestört. Und falls der Schlitz unendlich dünn wäre, gäbe es gar keine Störung. Praktisch kann die Schlitzbreite so gewählt werden, dass eine Drahtsonde oder beim Applikator eine Materialbahn (Kunststoff- Papier- oder Textilbahn) hindurch passt. Im Zweifelsfalle sind Messungen der möglichen Störstrahlungen notwendig. Eine weiterer Schlitz wäre auch in der Schmalseite mit der Breite b möglich. Hier müsste der Schlitz allerdings senkrecht zur z-Achse verlaufen, wo er nur eine geringe praktische Bedeutung hat. Zur Messung des Anpassungsfaktors m nach Abschnitt 4.2.2 und des Abstandes des Minimums der elektrischen Feldstärke von der Bezugsebene Δz nach Abschnitt 4.2.2 ist der Schlitz auf der Breitseite dagegen von großer Bedeutung. Durch diesen wird mit einer dünnen isolierten Drahtspitze, die mit einer Schottky-Diode und einem auf Resonanz abgestimmter Topfkreis verbunden ist, eine zur elektrischen Feldstärke proportionale Gleichspannung gemessen [18, S. 299 und S. 371]. Diese Gleichspannung ist proportional zur y-Komponente des Effektivwertes der elektrischen Feldstärke im Hohlwellenleiter. Indem nun die Drahtsonde entlang des Schlitzes über eine Mindestlänge von $\lambda_w/2$ verschoben wird, kann entlang der z-Koordinate die Verteilung der elektrischen Feldstärke bis auf einen konstanten Faktor bestimmt werden. Beispielsweise ist so der Anpassungsfaktor mit $m = U_{min}/U_{max} = E_{min}/E_{max}$ nach (4.24) bestimmbar.

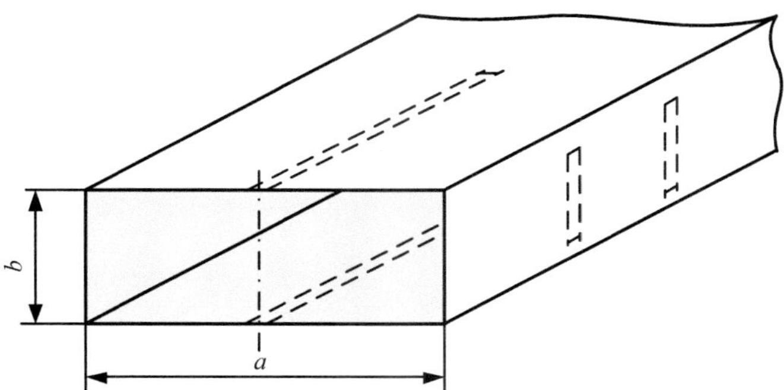

Bild 4.18: Hohlleiter mit möglichen Durchführungen (Schlitzen)

Leitungswellenlänge

Die Leitungswellenlänge λ_w ist die Wegstrecke, bei der eine Phasendrehung um 2π erfolgt.

$$\beta\lambda_w = 2\pi \tag{4.121}$$

Sie wird aus der Freiraumwellenlänge λ_f und der Grenzwellenlänge λ_c bestimmt.

$$\lambda_w = \lambda_f \frac{1}{\sqrt{1-(\lambda_f/\lambda_c)^2}} \tag{4.122}$$

Bei 2,45 GHz und Luft als Dielektrikum im H_{10}-Hohlleiter ergibt sich eine Wellenlänge von λ_w =12,2 cm. Falls man annehmen kann, dass $\lambda_f << \lambda_c$ gilt, so ist die Leitungswellenlänge etwa gleich der Freiraumwellenlänge $\lambda_w \approx \lambda_f$. Nähert sich dagegen die Freiraumwellenlänge der Grenzwellenlänge $\lambda_f \to \lambda_c$, wird die Leitungswellenlänge unendlich groß $\lambda_w \to \infty$. Es ist bereits bekannt, dass diese große Leitungswellenlänge zu einer Phasengeschwindigkeit führt, die größer als die Lichtgeschwindigkeit ist, und dass dies jedoch kein Widerspruch zur Relativitätstheorie ist.

Energiefluss

Der Energiefluss wird mit dem Poynting´schen Vektor beschrieben, der hier nur eine z-Komponente besitzt. Mit (4.120) zeigt sich, dass im Falle einer verlustfreien Leitung nur ein Realteil verbleibt:

$$S_z = -\underline{E}_y\underline{H}_x{}^* = \underline{E}_y(\underline{E}_y/Z_w)^* = |\underline{E}_y|^2/Z_w. \tag{4.123}$$

Das ist der sogenannte Ausbreitungsfall. Er gilt unter den Annahmen, dass neben einem verlustfreiem Dielektrikum mit $\tan\delta = 0$ auch keine Leitungsverluste mit $\kappa < \infty$ vorhanden sind. Mit (4.115) kann die Energieflussverteilung als Funktion von x dargestellt werden.

$$S_z = p_a(x) = \frac{1}{Z_w}[Z_f A_{10}\frac{\lambda_c}{\lambda_f}\sin(\pi\frac{x}{a})]^2 = \frac{1}{Z_w}[E_m \sin(\pi\frac{x}{a})]^2 \tag{4.124}$$

Nach (4.115) kann man darin mit $E_m = Z_f A_{10}\lambda_c/\lambda_f$ die maximale elektrische Feldstärke (y-Komponente) in der Mitte des Hohlwellenleiters bezeichnen [4].

[4] Es werden generell Effektivwertzeiger verwendet.

Nach Integration über die Querschnittfläche des Hohlleiters $A_w = a \cdot b$ wird die insgesamt transportierte Mikrowellenenergie bestimmt.

$$P = {E_m}^2/Z_w b \int_0^a \sin(\pi \frac{x}{a})]^2 \,\mathrm{d}\,x = \frac{{E_m}^2}{Z_w}\frac{ba}{2} \tag{4.125}$$

Der Leistungsfluss ist begrenzt, weil die elektrische Feldstärke kleiner als die Durchschlagfeldstärke bleiben muss ($E_m < E_b$) und weil die Querschnittfläche nicht beliebig groß gewählt werden darf, damit sich kein weiterer Wellentyp ausbreitet. Damit beispielsweise keine H_{11}-Welle entsteht, muss $b < \lambda_c/2$ erfüllt sein.

Beispiel

Damit man eine Vorstellung von der übertragbaren Leistung erhält, wird diese für einen R 26-Hohlleiter mit den Querabmessungen $a = 86{,}36\,\mathrm{mm}$ und $b = 47{,}18\,\mathrm{mm}$ für die Frequenz $f = 2{,}45\,\mathrm{GHz}$ berechnet. Der Hohleiter sei mit Luft gefüllt, weshalb $Z_f = Z_0 = 377\,\Omega$ und $\lambda_f = \lambda_0 = c_0/f = 0{,}173\,\mathrm{m}$ gilt. Mit der Grenzwellenlänge von $\lambda_c = 2a$ ergibt sich der Feldwellenwiderstand der Leitung zu $Z_w = 536\,\Omega$. Die übertragbare Leistung bei einer maximalen elektrischen Feldstärke von $E_m = 3\,\mathrm{kV/cm}$ beträgt damit nach Gleichung (4.125) $P = 312\,\mathrm{kW}$. Die Durchschlagfeldstärke für trockene Luft bei Normaldruck und einer idealisierten Kugel-Platte-Elektrodenanordnung beträgt etwa $E_b = 30\,\mathrm{kV/cm}$. Dieser Wert kann jedoch wegen Abweichungen von den Idealbedingungen, z. B. durch Feldspitzen bei der Einkopplung mit dem Koaxialleiter, nicht umgesetzt werden. Wie nachfolgend gezeigt wird, kann die maximale Feldstärke der Kugel-Platte-Elektrodenanordnung auch im Applikator nicht ausgeschöpft werden, weil die elektrische Festigkeit des Gutes zu beachten ist.

4.4.2 Kreishohlleiter

Kreishohlleiter in Form eines Rohres nach **Bild 4.19** kommen hauptsächlich als Applikator und seltener als Leiter zur Anwendung. Auch hier können sich bei kleinen Wellenlängen im Vergleich zum Durchmesser D sehr viele Feldtypen ausbilden. Wenn man jedoch die Frequenz auf den Durchmesser richtig abstimmt, kann sich gerade noch ein Wellentyp ausbilden. Der häufig benutzte E_{01}-Feldtyp hat eine z-Komponente der elektrischen Feldstärke, die in Ausbreitungsrichtung zeigt. Die Lösungsfunktionen sind wegen der Zylindersymmetrie

Besselfunktionen. Deshalb haben die Indizes eine andere Bedeutung als beim Rechteckhohlleiter. Der erste Index (hier 0) bezieht sich auf die Ordnung der Besselfunktion. Der zweite Index bezieht sich auf die Nummer der Nullstelle. Hier ist es die erste, die bei $x_{01} = 2,405$ liegt ($x = r/R$ - eine relative Koordinate).

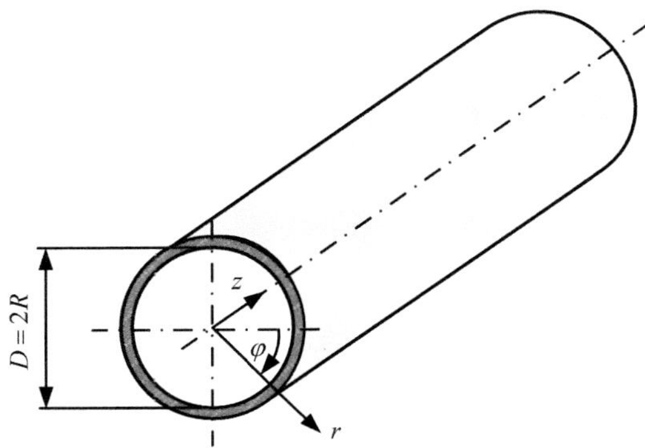

Bild 4.19: Kreishohlleiter

Die Feldgleichungen lauten nach [18, S. 79]:

$$\underline{E}_r = -\mathrm{j}\, B_{01} \frac{\lambda_c}{\lambda_f} \sqrt{1 - (\lambda_f/\lambda_c)^2} \mathrm{J}_0'(2,405\, r/R)\, \mathrm{e}^{-\mathrm{j}\,\beta z} \tag{4.126}$$

$$\underline{E}_\varphi = 0 \tag{4.127}$$

$$\underline{E}_z = B_{01} \mathrm{J}_0(2,405\, r/R)\, \mathrm{e}^{-\mathrm{j}\,\beta z} \tag{4.128}$$

$$\underline{H}_r = 0 \tag{4.129}$$

$$\underline{H}_\varphi = \frac{\underline{E}_r}{Z_w} \tag{4.130}$$

$$\underline{H}_z = 0. \tag{4.131}$$

In diesen Gleichungen sind mit J_0 die Besselfunktion nullter Ordnung und mit J_0' die erste Ableitung der Besselfunktion nullter Ordnung nach der Koordinate r bezeichnet. Die Bedeutung des Koeffizienten B_{01} lässt sich aus (4.128) ablesen. Da die Besselfunktion für das Argument $r = 0$ den Wert 1 annimmt, ist B_{01} gleich der z-Komponente der elektrischen Feldstärke in der Achse des Hohlleiters an der Stelle $z = 0$.

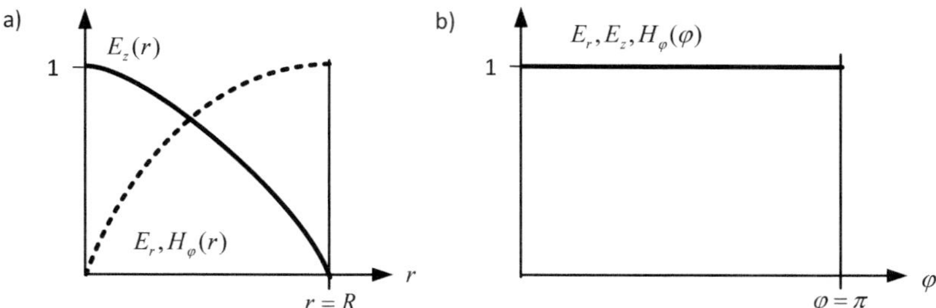

Bild 4.20: Verteilung der Effektivwerte bezogen auf den jeweils höchsten Wert im Kreishohlleiter

Die Grenzwellenlänge für diesen Hohlleiter bestimmt sich zu

$$\lambda_c = \frac{2\pi R}{x_{01}} = 2,61R. \tag{4.132}$$

Damit ergibt sich der Feldwellenwiderstand der E_{01}-Welle des verlustlosen Hohleiters zu

$$Z_w = Z_f\sqrt{1 - (\lambda_f/\lambda_c)^2}. \tag{4.133}$$

Die Beträge der in den (4.126), (4.128) und (4.130) dargestellten Funktionen sind in **Bild 4.20** dargestellt. Die Linien des dazugehörigen Verschiebestromes zeigt **Bild 4.21**. Daraus ist zu erkennen, dass die Leitungsströme parallel zur z-Achse auf der Rohrinnenwand verlaufen. Ein Schlitz parallel zur z-Achse wäre also ohne wesentliche Störungen möglich. Eine Ausmessung des Anpassungsfaktors und des Abstandes des Minimums der elektrischen Feldstärke von der Bezugsebene Δz ist deshalb so wie beim Rechteckhohlleiter möglich.

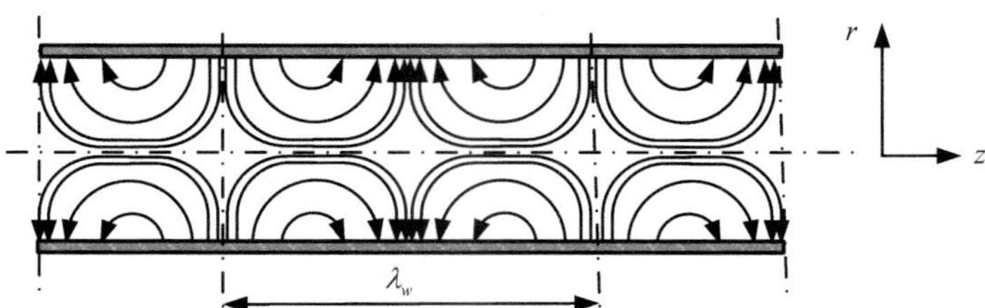

Bild 4.21: Linien des Verschiebestromes im kreiszylindrischen Hohlleiter

4.5 Applikatoren

4.5.1 Einmodige Applikatoren

Mit den Hohlleitern nach Abschnitt 4.4 wurden bereits einmodige Wellenleiter vorgestellt, die durch ein in geeigneter Weise eingebrachtes Gut mit $\tan\delta > 0$ zum Applikator werden.

Rechteck-Applikator

Zur Erwärmung von bandförmigem Gut, wie z. B. Kunststoff-, Papier- oder Textilbahnen, im Durchlauf kann der Rechteck-Applikator eingesetzt werden. Dazu wird ein H_{10}- Hohlwellenleiter auf den breiten Seiten mit der Abmessung a in Längsrichtung geschlitzt (s. Bild 4.18). Wird der Hohleiter als Mäander geformt, so kann das Gut mehrfach durch den Hohlleiter geführt werden (s. Bild 4.22). Um stehende Wellen zu vermeiden, die in ungünstigen Fällen zu Spuren unterschiedlicher Temperatur im bandförmigen Gut führen können, ist der Applikator entsprechend lang zu gestalten oder am Ende mit einem Absorber auszustatten, in dem die verbleibende Restwelle aufgezehrt wird. Eine geringe Reflexion am Eingang des Applikators ist generell durch das Gut vorhanden. Dies kann möglicherweise dadurch vermindert werden, dass die Durchlaufrichtung des Gutes so gewählt wird, dass am elektrischen Eingang der kleinere Verlustwert $\varepsilon_r' \tan\delta$ im Gut existiert.
Wird ein Hohlleiter mit einem verlustbehafteten Dielektrikum gefüllt, so spricht man von einer Verlustdämpfung[5]. Die in den Feldgleichungen zum Rechteckhohlleiter aufgeführte Funktion $\mathrm{e}^{-\mathrm{j}\beta z}$ müsste nun durch $\mathrm{e}^{-\gamma z} = \mathrm{e}^{-(\alpha+\mathrm{j}\beta)z}$ ersetzt werden. Die Leistung der sich in z-Richtung ausbreitenden elektromagnetischen Welle nimmt so wie bei der Lecherleitung gemäß

$$P(z) = P_0\,\mathrm{e}^{-2\alpha z} \tag{4.134}$$

ab. Für den Koordinatenursprung wird die Stelle ausgewählt, bei der die Verlustdämpfung beginnt. Am Eingang des Applikators bei $z = 0$ gelte deshalb $P(z = 0) = P_0$. Die von der Quelle gelieferte Leistung wird näherungsweise gleich der Eingangsleistung $P_s = P_0$ gesetzt. Dabei werden die Leitungsverluste und, was schwerwiegender ist, die vom Applikator ausgehenden Reflexionen

[5]Eine andere Dämpfungsform wäre die Sperrdämpfung für den Fall $\lambda_f \geq \lambda_c$.

vernachlässigt. Der Dämpfungskoeffizient α in (4.134) soll abgeschätzt werden. Damit ist man in der Lage, die im Gut umgesetzte Leistung entlang der z-Koordinate zu bestimmen. Es wird dazu die Ableitung von (4.134) an der Stelle $z = 0$ bestimmt.

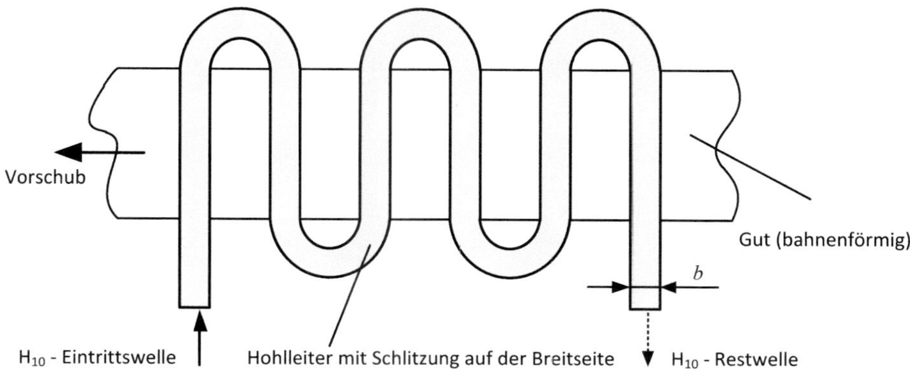

Bild 4.22: Rechteckhohlleiter als einmodiger Applikator

$$\frac{\mathrm{d}\,P(z)}{\mathrm{d}\,z} = -2P_0\alpha \tag{4.135}$$

Andererseits kann man die Verluste im infiniten Längenabschnitt $\mathrm{d}\,z$ abschätzen. Es wird dazu angenommen, dass der Hohleiter gleichmäßig mit einem verlustbehafteten Dielektrikum ausgefüllt ist und die Leitungsverluste durch Oberflächenströme vernachlässigt werden. Die im Volumen $A_w\,\mathrm{d}\,z$ umgesetzte Leistung kann durch Integration von (3.50) bestimmt werden. Das negative Vorzeichen wird gesetzt, weil bekannt ist, dass die Leistung in z-Richtung durch die Verluste nur abnehmen kann.

$$\mathrm{d}\,P(z) = -\,\omega\varepsilon'\tan\delta \int_0^a E(x)^2 b\,\mathrm{d}\,x\,\mathrm{d}\,z \tag{4.136}$$

$$= -\,\omega\varepsilon'\tan\delta \quad bE_m^2 \int_0^a (\sin(\pi x/a))^2\,\mathrm{d}\,x\,\mathrm{d}\,z \tag{4.137}$$

$$= -\,\omega\varepsilon'\tan\delta \quad bE_m^2 \quad a/2\,\mathrm{d}\,z \tag{4.138}$$

Schließlich wird das Quadrat des Maximalwertes der elektrischen Feldstärke mit (4.125) und $P = P_0$ ersetzt.

$$\mathrm{d}\,P(z) = -\omega\varepsilon'\tan\delta \quad 2b\frac{P_0 Z_w}{ab} \quad a/2\,\mathrm{d}\,z \tag{4.139}$$

Damit ergibt sich der Dämpfungskoeffizient nach (4.135) zu

$$\alpha = \frac{Z_w}{2}\omega\varepsilon' \tan\delta. \tag{4.140}$$

Mit dieser Beziehung kann beispielsweise die notwendige Länge des mäanderförmigen Applikators zur Aufnahme einer bestimmten Leistung bzw. zur Vermeidung zu starker Reflexionen ermittelt werden.

Kreishohlleiter

Wenn das Gut eine Strang- oder Faserform hat, wie z. B. Garne, Glasfasern, Kunststoffprofile, kann eine E_{01}-Welle vorteilhaft sein, denn die z-Komponente der elektrischen Feldstärke hat ihren maximalen Wert bei $r = 0$.

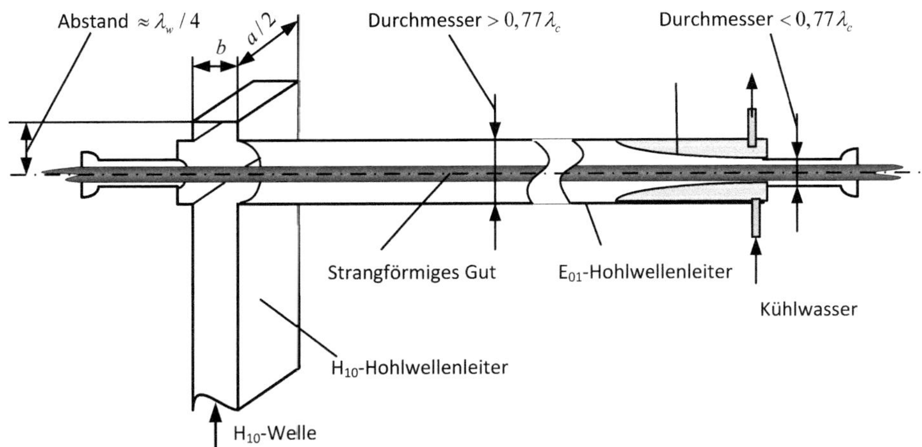

Bild 4.23: Kreishohlleiter als Applikator für strangförmiges Gut

In **Bild 4.23** ist eine mögliche Konstruktionsvariante dargestellt. Diese zeigt auch, wie durch einen H_{10}-Rechteckhohlleiter und dessen y-Komponente der elektrischen Feldstärke die Anregung einer z-Komponente der elektrischen Feldstärke im Kreishohlleiter erfolgen kann. Das strangförmige Gut wird durch metallische Rohrstücke ein- und ausgeführt, deren Durchmesser kleiner als die Grenzwellenlänge für Kreishohlleiter ist. Eine Wasserlast sorgt dafür, dass die Reflexion am Ende des Applikators gering bleibt.

4.5.2 Mehrmodige Applikatoren

Jedes durch elektrisch leitende (metallische) Wände begrenzte Volumen kann zu einem Applikator werden, wenn bei vorgegebener Frequenz mindestens eine Ausdehnungsrichtung größer als die Grenzwellenlänge λ_c ist. Ein besonders einfacher Applikatortyp wird erhalten, wenn der H_{10}-Hohlleiter an seinen Enden metallisch abgeschlossen und nur eine kleine Öffnung zur Einkopplung der Mikrowellenenergie belassen wird (s. **Bild 4.24**).

Dieser Applikator wird zum Hohlraumresonator, wenn seine Länge l_r ein ganzes Vielfaches der halben Leitungswellenlänge λ_w beträgt.

$$l_r = p\frac{\lambda_w}{2} \text{ mit } p = 1, 2, 3 \ldots \tag{4.141}$$

Mit der Leitungswellenlänge des Rechteckhohlleiters nach (4.122) ergeben sich die Längen

$$l_r = \frac{p}{2\sqrt{(1/\lambda_f)^2 - (1/\lambda_c)^2}} \text{ mit } p = 1, 2, 3, \ldots \tag{4.142}$$

Für eine Frequenz von 2,45 GHz wären dies bei Füllung mit Luft und somit $\lambda_f = \lambda_0 = 123\,\text{mm}$ sowie der Grenzwellenlänge $\lambda_c = 2a = 172\,\text{mm}$ Vielfache von 0,088 m.

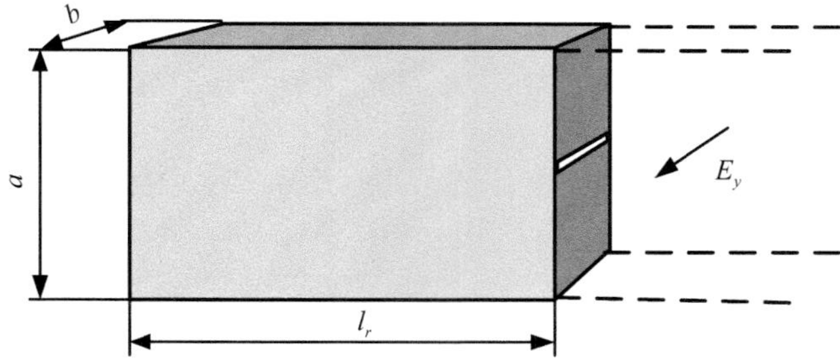

Bild 4.24: Einfacher mehrmodiger Applikator

Obwohl dieser Applikatortyp energetisch vorteilhaft wäre, ist er wegen des Feldstärkeprofils durch stehende Wellen nach **Bild 4.25** nur sehr speziellen Anwendungen (Erwärmung von Fluiden) vorbehalten.

Um eine räumlich gleichmäßige Temperaturverteilung im Gut zu erzielen, werden stehende Wellen zumindest im zeitlichen Mittel vermieden. Es werden metallisch begrenzte Hohlräume genutzt, die in allen drei Raumrichtungen größere Abmessungen als die Grenzwellenlänge aufweisen. Dies hat zur Folge, dass sich sehr viele Moden ausbilden können. Die sich dennoch teilweise ausbildenden stehende Wellen werden durch zyklische Veränderung der Randbedingungen immerzu gestört. Das kann sowohl durch stetige Bewegung des Gutes als auch durch ständige Veränderung der Randgeometrie für das elektromagnetische Feld, z. B. mittels eines rotierenden metallischen Flügelpaares, erfolgen (s. **Bild 4.26**).

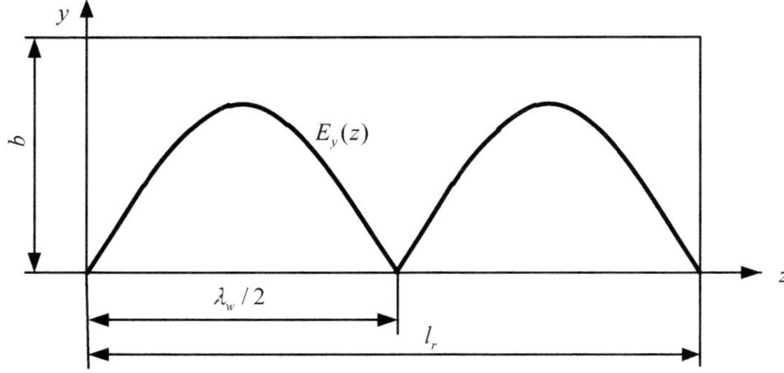

Bild 4.25: Profil der elektrischen Feldstärke im Hohlraumresonator für $p = 2$

Damit können auch Heißpunkte (engl. *hot spots*) durch thermische Mitkopplung (s. Abschnitt 3.1.5) vermieden werden. Die Feldverteilung für derartige mehrmodige Applikatoren (engl. *multimode applicator*) kann i. d. R. nur mithilfe numerischer Methoden, z. B. der Finite-Elemente-Methode (FEM), berechnet werden. Damit ist es möglich, sowohl die Wärmequellenverteilung als auch die Diffusions-Gleichung zur Temperatur zu berechnen. Obwohl dies ebenfalls Näherungsverfahren sind, ist die Leistungsfähigkeit derartiger Programme in Verbindung mit der aktuellen Rechentechnik so hoch, dass mittlerweile die größten Fehler auf Unsicherheiten der Stoffwerte und ihre Abhängigkeiten von der Temperatur und anderen Größen (z. B. dem Feuchtigkeitsgehalt) zurückzuführen sind.

Im Bild 4.26 sind Möglichkeiten angedeutet, wie eine Leckstrahlung durch die für den Durchlass des Gutes notwendigen Öffnungen unterdrückt werden kann. Dazu werden Sperrfilter und absorbierende Materialien eingesetzt. Aus Abschnitt 4.2.1 ist bekannt, dass sich ein Kurzschluss nach $\lambda_w/2$ wiederholt. In der näheren Umgebung des metallischen Kurzschlusses ist die elektrische Feldstärke gering und das ist sie auch in der näheren Umgebung des transformierten

Kurzschlusses. Eine geringe elektrische Feldstärke bedeutet auch eine geringe Abstrahlung. Die Sperrfilter bestehen aus sogenannten $\lambda/2$-Taschen, die so dimensioniert sind, dass der transformierte Kurzschluss genau in der Mitte der Durchführung liegt. Sie werden mehrfach hintereinander angeordnet. Danach kann noch ein sogenannter Absorbertunnel angeordnet werden, der mit einem Material mit hohen Verlustwerten $\varepsilon_r' \tan\delta$ ausgekleidet ist. Dieses Material soll die restliche Mikrowellenstrahlung aufnehmen. Letztlich müssen so viele $\lambda/2$-Taschen und Absorbertunnel hintereinander angeordnet werden, bis die austretende Strahlung unter den ungünstigsten Bedingungen (z. B. volle Mikrowellenleistung und kein Gut im Applikator) den gesetzlich vorgegebenen Grenzwert nicht übersteigt. Bei der Berechnung von λ_w ist zu beachten, dass sich aus den Querabmessungen der Taschen eventuell eine andere Leitungswellenlänge als für den verwendeten Standardhohlleiter ergeben kann.

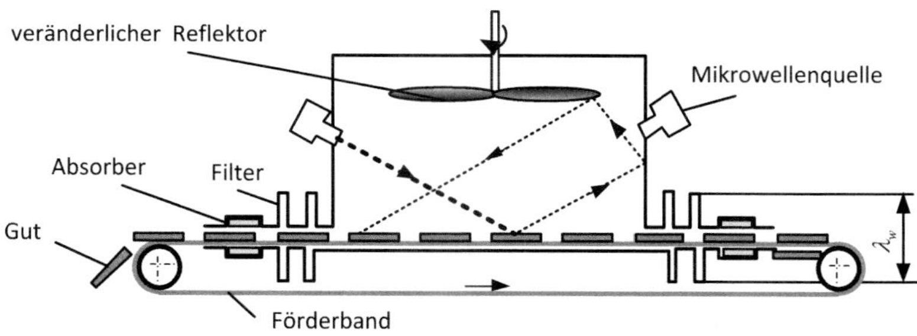

Bild 4.26: Mehrmodiger Applikator mit Durchlauf-Erwärmung des Gutes

Ein wesentlicher Vorteil der mehrmodigen Applikatoren besteht darin, dass die Bereitstellung der Leistung modular erfolgen kann. D. h., je nach Leistungsbedarf werden mehr oder weniger Mikrowellenquellen (Magnetrons) nebst Kopplungselement an den Applikator angebracht. Eine Beeinflussung durch gegenseitige Bestrahlung muss durch entsprechende Ausrichtung minimiert werden. Wenn das Förderband in Bild 4.26 aus einem Material besteht, dass für Mikrowellenstrahlung transparent ist (z. B. Teflon), so kann die Einstrahlung auch von der Unterseite her erfolgen. So gibt es beispielsweise Durchlauf-Anlagen, bei denen die Magnetrons spiralförmig angeordnet sind.

4.5.3 Mikrowellenstrahler

Bei der Einkopplung der Mikrowellenergie in einen mehrmodigen Applikator oder bei der Bestrahlung von Gut außerhalb eines Applikators kann ein Mikrowellenstrahler eingesetzt werden. Eine mögliche Bauform dafür ist der Hornstrahler nach **Bild 4.27**. Er muss so gestaltet sein, damit der Übergang vom Wellentyp des Hohleiters zur Freiraumwelle möglichst reflexionsfrei erfolgt. Beispielsweise muss die bei der H_{10}-Welle noch vorhandene z-Komponente der magnetischen Feldstärke verschwinden, denn diese gibt es bei der Welle im unbegrenztem Raum nicht. Die Geometrie seiner trichterförmigen Aufweitung muss dementsprechend optimiert werden. Hornstrahler sind erprobte Standardbauelemente, die beispielsweise für den H_{10}-Hohlwellenleiter ausgelegt sind.

Bei der oben erwähnten Freistrahlung außerhalb eines abschirmenden Applikators ist durch geeignete Absperrungen und/oder Abschirmungen dafür zu sorgen, dass keine unzulässig hohe Bestrahlung von Menschen und Tieren erfolgt. Begleitende Messungen sind notwendig, wenn das Gut seine dielektrischen Eigenschaften stark ändert. Reflexionen können außerdem durch metallische Einschlüsse im bestrahltem Gut ausgelöst werden.

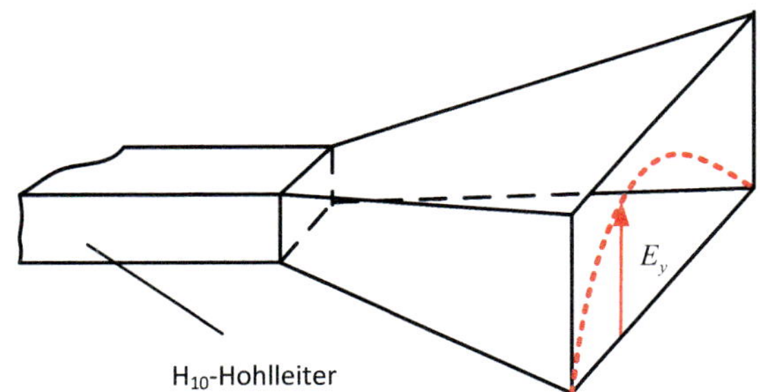

Bild 4.27: Hornstrahler am H_{10}- Hohlleiter

4.6 Anpassung

Mit der Anpassung werden die Eingangsparameter des Applikators auf die von der Mikrowellenquelle bestimmten Anforderungen eingestellt. Deshalb besteht die konkrete Aufgabe darin, den nicht angepassten Applikator mithilfe des Tuners z. B. nach Bild 4.29 so anzupassen, dass es auf der Strecke von der

Quelle bis zum Tuner keine Reflexionen mehr gibt. Das bedeutet, dass bei richtiger Anpassung am Eingang des Tuners (Flansch B) der Wellenwiderstand Z_w wirksam sein sollte. Dies gelingt nicht durchgängig, weil sich die Parameter des Applikators während der Erwärmung des Gutes (Abhängigkeit der dielektrischen Eigenschaften des Gutes von Temperatur und Feuchte) ändern oder der Applikator unterschiedlich befüllt wird (z. B. bei Haushaltsgeräten).

4.6.1 Voraussetzungen

Es wird davon ausgegangen, dass der Applikator einen Reflexionsfaktor von $< 0,81$ hat, denn nur unter dieser Voraussetzung können die Standardbauelemente, wie Richtkoppler, Messleitung und Zirkulator, als verlustfrei angenommen werden. Der Ankopplungfaktor hat danach die Eigenschaft $m > 0,1$. Weiterhin wird angenommen, dass Standardbauelemente, wie Richtkoppler, Messleitung, Zirkulator und Absorber, an ihren Flanschen auf den Wellenwiderstand Z_w abgestimmt sind. Beispielsweise sind für die Anpassung des Magnetrons mit der koaxialen Ausleitung und dem Übergang zum H_{10}-Hohlleiter nach **Bild 4.28** mehrere Stellgrößen gegeben. Dies sind beispielsweise der Durchmesser d_a und die Länge des Antennenstiftes l_a als auch der Versatz zur Mitte (nicht im Bild dargestellt). Das Leitungsstück bis zum Ende des Hohlleiters wirkt wie eine Kurzschlussleitung, weshalb $a_s \approx \lambda_w/4$ gilt. Normalerweise wird ein Magnetron vom Hersteller in den richtigen Abmessungen bzw. mit einer entsprechenden Anleitung zum Anbau an einen Hohlwellenleiter geliefert, weshalb man sich mit der Anpassung des Magnetrons an den Hohlwellenleiter nicht näher auseinandersetzen muss. Schließlich geht man davon aus, dass alle verwendeten Standardbauelemente eine ganze vielfache Länge von $\lambda_w/2$ aufweisen und folglich problemlos durch ein Hohlwellenleiterstück mit eben dieser Längenrasterung ersetzt werden können.

4.6.2 Anpassungsbeispiele

Nachfolgend werden einige Anordnungen zur Anpassung diskutiert, wobei viele weitere Varianten möglich sind.

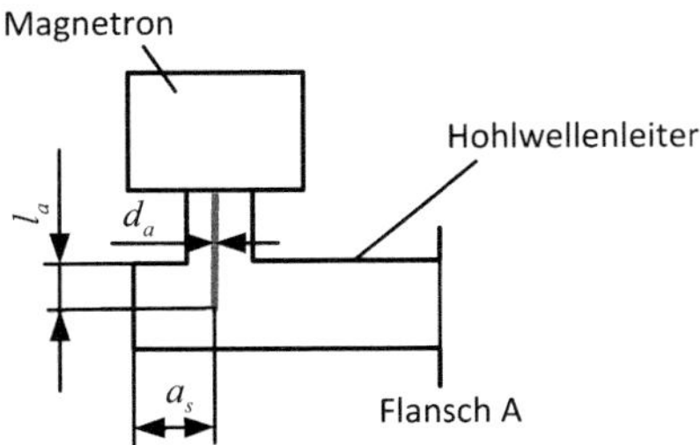

Bild 4.28: Schaltungstechnische Anpassmöglichkeiten

Anpassung mittels Tuner und Messleitung

Hier wird von einer Anordnung nach **Bild 4.29** ausgegangen. Der Applikator soll im Taktbetrieb arbeiten, d. h. er wird vor jedem Zyklus mit dem gleichen Gut beladen, das sich jedoch im Laufe der Erwärmung in seinen dielektrischen Eigenschaften wegen der sich verändernden Temperatur, Feuchte usw. ändert. Die Anschlussbedingungen in Form der Lastimpedanz verändern sich folglich ebenfalls im Verlaufe eines Arbeitstaktes. Deshalb soll die Anpassung zunächst für einen ausgewählten mittleren Betriebsfall betrachtet werden. Alle Abweichungen davon führen zu Reflexionen, weshalb noch ein Zirkulator mit Absorber zum Schutz der Quelle eingeschaltet wurde.

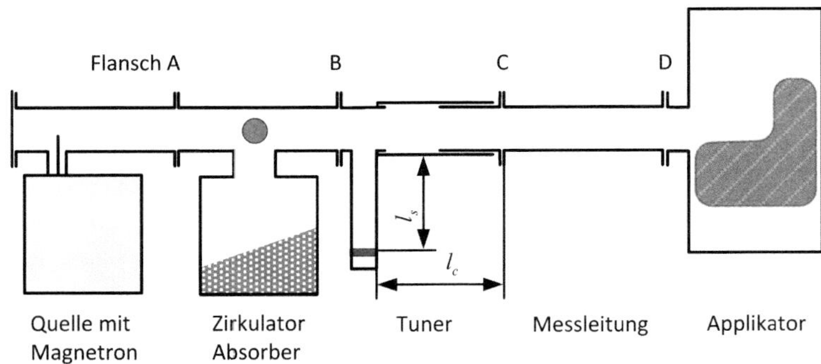

Bild 4.29: Anordnung zur Anpassung mit Tuner und Messleitung

Es wird wie bei der in Abschnitt 4.2.3 behandelten Anpassung der Lastimpedanz $\underline{Z}_l$ vorgegangen. Der Applikator ist nunmehr die Last. Es wird jedoch weiter der Index l für den Reflexionsfaktor $\underline{\rho}_l$ und die Ersatzleitungslänge l_l des Applikators verwendet. Im Abschnitt 4.3.6 wurden bereits die Messungen am geschlitzten Hohlwellenleiter diskutiert. Sie liefern nach **Bild 4.30** den Anpassungsfaktor $m = E_{min}/E_{max}$ und den Abstand des ersten Feldstärkeminimums von der Bezugsebene $\Delta z = l_l$. Damit ist der Reflexionsfaktor der Last nach Betrag und Phase gemäß Abschnitt 4.2.2 bestimmt.

$$\underline{\rho}_l = |\underline{\rho}_l|\, \mathrm{e}^{\mathrm{j}(\pi - 4\pi l_l/\lambda_w)} = |\underline{\rho}_l|\, \mathrm{e}^{\mathrm{j}\,\varphi_l} \tag{4.143}$$

Der Tuner ist ein Bauelement, mit dem die variablen Leitungslängen der Kurzschlussleitung l_s und einer Änderung der Leitungslänge zum Applikator l_c eingestellt werden können. Auch andere und im Aufbau einfachere Anpassungs-Mechanismen sind möglich. Die Anpassungsblende nach Bild 4.13 ist ein solches relativ einfaches Bauelement, mit einem allerdings eingeschränktem Stellbereich.

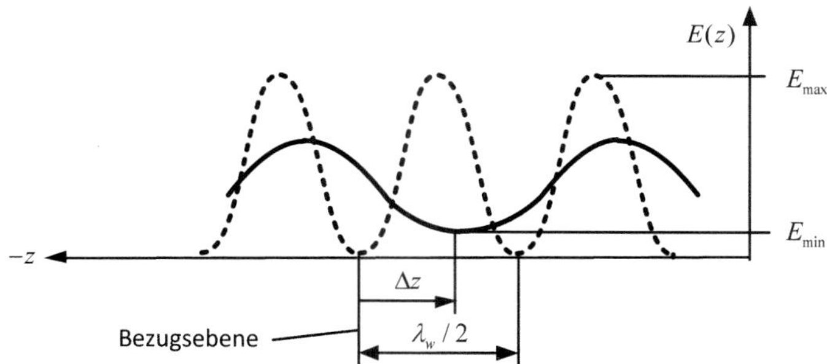

Bild 4.30: Messung des Abstandes Δz und der Extremwerte der elektrischen Feldstärke

Für die konkreten Messwerte $m = 0,15$ und $l_l/\lambda_w = 0,2$ sollen nun mit dem Smith-Diagramm nach **Bild 4.31** die Länge der Kurzschlussleitung l_s und die Längenänderung der Zuleitung zum Applikator l_c bestimmt werden.

Die normierte Ersatzlänge l_l/λ_w kann sofort in das Smith-Diagramm eingetragen werden. Es ist zu sehen, dass die Arbeit mit der l/λ_w-Skala einfacher ist als mit dem Phasenwinkel, der nach (4.143) zu φ_l= 0,628 rad = 36 ° berechnet wird. Der Betrag des Reflexionsfaktors wurde mit $|\underline{\rho}_l| = 0,739$ aus dem gemessenen Anpassungsfaktor nach (4.29) berechnet. Der Punkt A ist damit bestimmt. Durch Variation der Leitungslänge l_c gelangt man zum Punkt B, dem Schnittpunkt mit dem Kreis für $g_c = 1$. Damit ist die Längenänderung der Zuleitung zum Applikator mit $l/\lambda_w - l_l/\lambda_w = l_c/\lambda_w = 0,23$ bestimmt. Den durch Punkt B gehenden Kreisbogen zu b_c bestimmt man wieder durch

Probieren. Es ergibt sich der normierte Radius zu 0,56. Dies entspricht einer normierten kapazitiven Suszeptanz von $b_c = 1,79$. Zur Kompensation mit der Stichleitung ist eine normierte induktive Suszeptanz $b_s = -1,79$ erforderlich. Die dazu notwendige normierte Leitungslänge der Stichleitung wird durch einen an der reellen Achse gespiegelten Kreisbogen bestimmt. Dessen Schnittpunkt mit dem Kreis zu $g = 0$ ergibt die normierte Länge $l_s/\lambda_w = 0,081$ der Stichleitung.

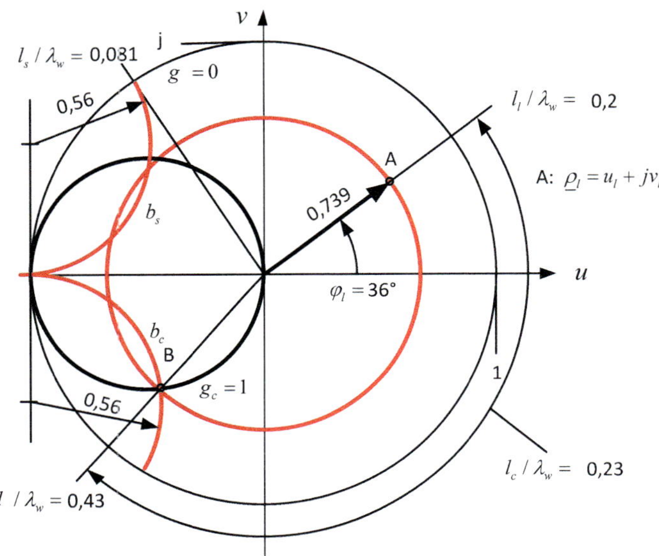

Bild 4.31: Beispiel zur Anpassung mit dem Smith-Diagramm

Anpassung mittels Richtkoppler und Blende

Die Anordnung nach **Bild 4.32** habe den gleichen im Taktbetrieb arbeitenden Applikator wie in Bild 4.29. Mit dem Tuner kann eine Abstimmung für einen mittleren Betriebszustand mittels der Stellschraube in der Blende erfolgen. Durch die eingebauten Komponenten Blende und Richtkoppler ist nun eine automatisierbare Regelung für die Zustände um den mittleren Betriebszustand des Applikators herum möglich. Die Regelgröße ist P_r/P, die auf ein Minimum geregelt werden soll. Die Stellgröße ist die Eintauchtiefe der Stellschraube in der Blende, mit der der Anpassungsfaktor und die Länge der Zuleitung in einem begrenzten Variationsbereich verändert werden können.

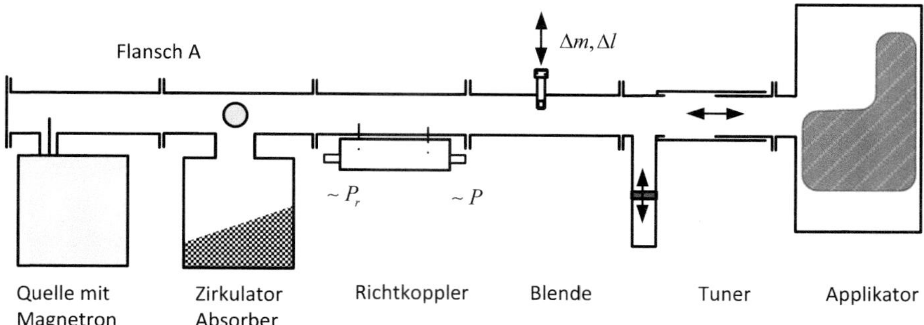

Bild 4.32: Komponenten zur Anpassung mit einem Richtkoppler

Anpassung mit dem Rieke-Diagramm

Bei diesem Anpassungsbeispiel ist es zunächst erforderlich, dass man sich mit dem Betriebskennlinienfeld eines Magnetrons vertraut macht. Zu einem an einen Hohlwellenleiter angeschlossenen Magnetron ist i. d. R. ein Betriebskennlinienfeld in Form des Rieke-Diagramms nach **Bild 4.33** verfügbar. Die vom Magnetron bei unterschiedlichen Anpassungen abgegebene Wirkleistung P und die sich dabei einstellende Frequenz f werden in der komplexen Ebene des Reflexionsfaktors $\underline{\rho}$ aufgetragen. Bei den Messungen von P und f wird der Anodenstrom des Magnetrons I_a konstant gehalten. Werden nun die Messpunkte gleicher Leistung und die Messpunkte gleicher Frequenz miteinander verbunden, entsteht das Rieke-Diagramm, das in seiner prinzipiellen Form im Bild 4.33 dargestellt ist.

Die durchgehenden Linien sind Linien konstanter Leistung. Die gepunkteten Linien sind Linien konstanter Frequenz. Der vollständig angepasste Betriebspunkt $m = 1$ bzw. $\underline{\rho} = 0$ im Koordinatenursprung entspricht der Nennfrequenz von f_n und der Nennleistung P_n des Magnetrons. Bei einem idealen Anpassungsfaktor m=1 wird in jeder Phasenlage die Nennleistung P_n erreicht. Bei einem geringeren Anpassungsfaktor $m = 0,2$ kann noch die Nennleistung vom Magnetron abgegeben werden, falls eine Phasenlage im kleinen Segment um $l/\lambda_w \approx 0,43$ erreicht wird. Eine weitere Leistungssteigerung bis zu 15 % über die Nennleistung ist bei einer ganz bestimmten „Fehlanpassung“ möglich. In Bild 4.33 ist dies die nähere Umgebung zum Punkt mit $|\underline{\rho}_0|$= 0,44 und l_0/λ_w = 0,43. Eine wesentliche Voraussetzung für eine derartige punktgenaue Anpassung ist allerdings, dass die Lastimpedanz konstant bleibt.

Für jedes Magnetron gibt es einen vom Phasenwinkel abhängigen unteren Grenzwert des Anpassungsfaktors, der nicht unterschritten werden darf (Kreis mit dem Radius $|\underline{\rho}| \approx 0{,}65$ in Bild 4.33). Unter anderem kann ein zu hoher Reflexionsfaktor dazu führen, dass aufgrund einer falschen Phasenlage zu viele Elektronen zurück auf die Kathode gelenkt werden und diese überhitzen. Bei einer anderen Fehlanpassung mit einem zu großen Reflexionsfaktor kann es zu Frequenzsprüngen und zur Aussetzung der Π-Mode kommen.

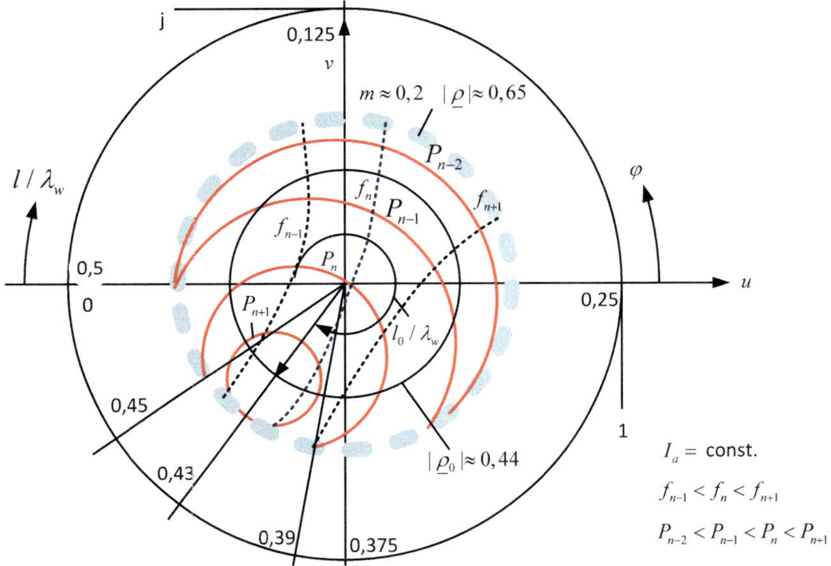

Bild 4.33: Rieke-Diagramm; Diagramm zeigt nur Prinzip, nicht als Betriebskennlinienfeld eines konkreten Magnetrons verwendbar

Damit derartige Zustände nicht eintreten, wird in der Regel das Magnetron durch den vorgeschalteten Zirkulator geschützt.

Beispielgebend soll die Anordnung nach **Bild 4.34** mit einem Applikator betrachtet werden, der im stationären Betrieb eine konstante Impedanz aufweist. Das ist beispielsweise bei einem von einem Fluid durchströmten Applikator der Fall, weil sich hier ein stationäres Temperaturfeld einstellen kann. Die Stoffwerte bleiben dann konstant. Ein derartiger Applikator ist ideal für eine punktgenaue Anpassung mit einer Leistungssteigerung, die über die Nennleistung des Magnetrons hinausgeht.

Die Anpassung des Applikators an den Arbeitspunkt des Magnetrons mit maximaler Leistung $P > P_n$ soll anhand von **Bild 4.35** mit der grafischen Methode des Smith-Diagramms erläutert werden. Für die Last (Applikator) wurde ein Reflexionsfaktor von $\left|\underline{\rho}_l\right| = 0,27$ und einer Phase in Form der normierten Ersatzleitungslänge von $l_l/\lambda_w = 0,2$ ermittelt. Das ergibt den Punkt C. Das Magnetron hat seine maximale Leistung in der näheren Umgebung des Punktes A, mit dem Zielradius 0,58 und der Zielphase $l_0/\lambda_w = 0,44$. Das Ziel der Anpassung besteht darin, die Länge der Zuleitung l_c und die Länge der Stichleitung l_s nach Bild 4.34 anzupassen.

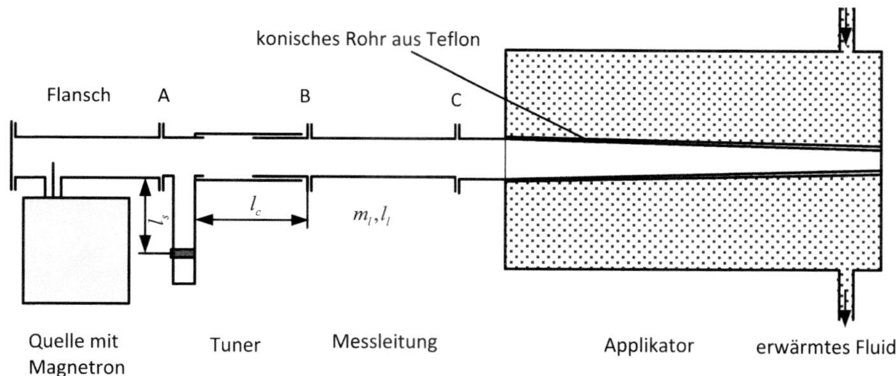

Bild 4.34: Komponenten zur maximalen Leistungsanpassung nach dem Rieke-Diagramm; das konische Rohr aus Teflon lässt Mikrowellen ungehindert durch

Durch den Arbeitspunkt des Magnetrons A gehen der Kreis der Konduktanz g_0 und der Teilkreis der Suszeptanz b_0. Die Radien beider Kreise werden durch Probieren ermittelt. Es ergibt sich der normierte Radius 0,4 für g_0 und 0,72 für b_0. Aus diesen Radien folgen die Werte $g_0 = 1/0,4 - 1 = 1,5$ nach (4.96) und $b_0 = 1/0,72 = 1,389$ nach (4.97). Mit der Zuleitung kann der Reflexionsfaktor der Last auf den Punkt B des Zielkreises transformiert werden. Zu diesem Punkt B gehört der Teilkreis für die Suszeptanz b_c, dessen Radius man durch Probieren zu 2,68 ermittelt. Daraus folgt nach (4.97) der Wert für $b_c = 1/2,68 = 0,373$. Der Reflexionsfaktor der Last hat nun die Konduktanz g_0, die der Anpassung entspricht. Im Gegensatz zu den bisherigen Anpassungsbeispielen ist die Konduktanz nicht gleich eins, sondern hat den Wert $g_0 = 1,5$. Um die Länge der Zuleitung zu ermitteln, wird zunächst der Schnittpunkt des Teilkreises zu b_c mit dem Einheitskreis zu $l/\lambda_w = 0,304$ bestimmt. Daraus folgt schließlich $l_c/\lambda_w = (l/\lambda_w - l_l/\lambda_w) = 0,304 - 0,2 = 0,104\lambda_w$. Nun muss nur noch die von der Stichleitung zu liefernde Suszeptanz b_s gefunden werden. Ihr Wert ergibt sich aus $b_s = b_0 - b_c = 1,389 - 0,373 = 1,016$. Zu dieser Suszeptanz gehört ein Teilkreis mit dem Radius $1/1,016 = 0,984$, der den Einheitskreis bei $l_s/\lambda_w = 0,375$ schneidet. Damit ist auch die Länge der Stichleitung bestimmt.

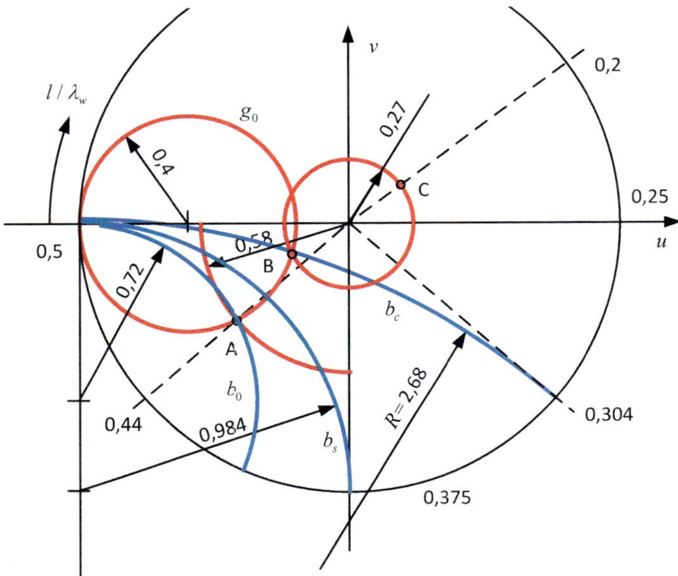

Bild 4.35: Smith-Diagramm zur gezielten Anpassung mit Leistungssteigerung $P > P_n$ nach dem Rieke-Diagramm

Kalorimetrische Prüfung

Bei einigen Applikatoren, z. B. solchen im Durchlaufbetrieb, kann eine kalorimetrische Messung der im Applikator umgesetzten Mikrowellenenergie P_a erfolgen. Bei der Anordnung nach **Bild 4.36** wird vorausgesetzt, dass sowohl die Temperatur als auch die Feuchte des Bandes am Ein- und Auslauf gemessen werden können. Da der Applikator als Rechteck-Hohlwellenleiter gestaltet ist und die Wandlung der Mikrowellenenergie über eine relativ lange Wegstrecke erfolgt, wird davon ausgegangen, dass keine Veränderung des Wellenmodus erfolgt und eine hohe Ankopplungsgüte mit $m \approx 1$ erreicht wird. Es wird daher sowohl auf Tuner als auch Zirkulator verzichtet. Sicherheitshalber soll bei gedrosselter Leistung die Anpassung überprüft werden. Ist die Leistung der Quelle anhand der Nenndaten und des Ein-Aus-Takt-Verhältnisses mit $P_s = t_{ein}/(t_{ein} + t_{aus})P_{s0}$ bekannt, so zeigt sich die Anpassungsgüte als:

$$\Delta P/P_s = (P_s - P_a)/P_s \to \text{min.} \tag{4.144}$$

Mit (4.28) und (4.29) kann schließlich über

$$P_a = (1 - |\underline{\rho_a}|^2)P_s \tag{4.145}$$

der Anpassungsfaktor

$$m = \frac{1 - \sqrt{\Delta P/P_s}}{1 + \sqrt{\Delta P/P_s}} \tag{4.146}$$

bestimmt werden.

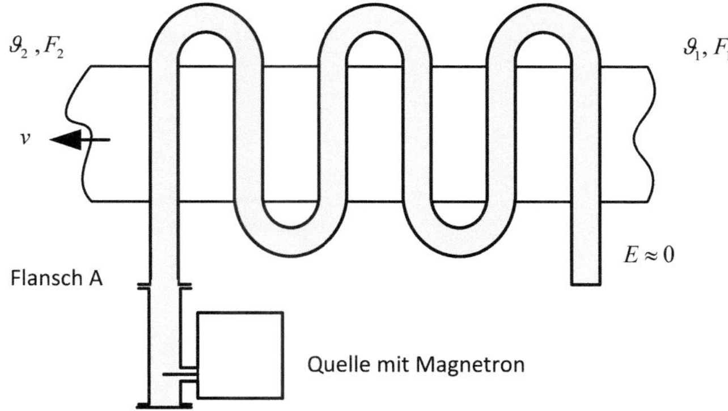

Bild 4.36: Komponenten zur kalorimetrischen Überprüfung

4.7 Dielektrischer Halbraum

In diesem Abschnitt soll eine quantitative Vorstellung vom Auftreffen einer Mikrowelle (= elektromagnetische Welle) auf Materie erlangt werden. Von den Lichtwellen ist bekannt, dass diese von der Materie zu bestimmten Anteilen absorbiert, reflektiert und durchgelassen werden. Dies ist bei den Mikrowellen ebenfalls so. Beide Wellen unterscheiden sich lediglich in der Wellenlänge, die bei der Mikrowelle um etwa den Faktor 10^5 größer ist. Außerdem gibt es bei den industriellen Mikrowellen nur wenige schmale Frequenzbänder und kein breites Frequenzspektrum wie beim Sonnenlicht.

Wenn die Intensität des Feldes an einer Stelle, z. B. auf der Oberfläche des Gutes, bekannt ist, können daraus die Verteilung der elektrischen Feldstärke und damit die Wärmequellen im Gut bestimmt werden. Außerdem soll die Reflexion quantitativ bestimmt werden, weil dies wesentlich für eine quantitative Beurteilung der Energieaufnahme durch das Gut ist.
Als eine sehr einfache Anordnung, die gut einer Berechnung zugänglich ist, gilt der dielektrische Halbraum. Der Begriff Halbraum steht dabei für eine Aufteilung des Raumes in zwei Hälften mit unterschiedlichen Stoffwerten und eine Idealisierung des elektromagnetischen Feldes, das sich nur in einer Richtung (z. B. die z-Richtung) des kartesischen Koordinatensystems ändert und in den anderen beiden Richtungen konstant bleibt.

4.7.1 Annahmen

Es soll angenommen werden, dass eine Konstellation, wie in **Bild 4.37** dargestellt, vorliegt. Auf der linken Seite mit $z < 0$ befinde sich ein verlustfreies Dielektrikum, zum Beispiel Luft. Dieses Medium ist durch die elektrische Feldkonstante ε_0 und die magnetische Feldkonstante μ_0 gekennzeichnet. Auf der rechten Seite mit $z > 0$ befinde sich ein homogenes, verlustbehaftetes Dielektrikum mit konstanten Stoffwerten $\tan\delta$, ε und μ.

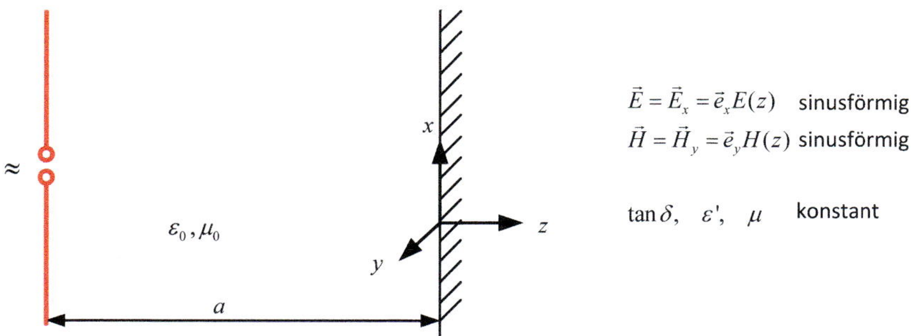

Bild 4.37: Dielektrischer Halbraum

Der im Abstand $z = -a$ angeordnete Mikrowellenstrahler oder Dipol sei so groß und so weit entfernt, dass ebene sinusförmige elektromagnetische Wellen bei $z = 0$ angenommen werden können. Das bedeutet, dass auf der gesamten, unendlich ausgedehnten Oberfläche des Halbraum mit $z = 0$ ein nach Betrag und Phase gleiches elektromagnetisches Feld vorhanden ist. Da auch alle Stoffwerte als konstant angenommen werden, kann man davon ausgehen, dass im gesamten Raum alle Feldgrößen sinusförmig sind.

4.7.2 Differentialgleichung

Zur Lösung dieses Feldproblems werden die ersten beiden Maxwell´schen Gleichungen und die Materialgleichungen für die magnetische und elektrische Flussdichte benötigt.

$$\operatorname{rot}\vec{H} = \vec{J}_c + \vec{J}_d = \kappa\vec{E} + \frac{\mathrm{d}\,\vec{D}}{\mathrm{d}\,t} = \vec{J} \tag{4.147}$$

$$\operatorname{rot}\vec{E} = -\frac{\mathrm{d}\,\vec{B}}{\mathrm{d}\,t} \tag{4.148}$$

$$\vec{B} = \mu\vec{H} \tag{4.149}$$

$$\vec{D} = \varepsilon\vec{E} \tag{4.150}$$

Wegen der getroffenen Vereinbarung nach Bild 4.37 hinsichtlich der Existenz je nur einer Raumkomponente von $\vec{E}$ und $\vec{H}$ kann man die vektorielle Schreibweise verlassen und die Vektoroperatoren durch die ausgeschriebenen Formen ersetzen. Außerdem werden die Indizes x und y weggelassen, weil die Zuordnung eindeutig ist und der Schreibaufwand geringer wird.

$$-\frac{\partial H}{\partial z} = J_c + J_d = \kappa E + \varepsilon\frac{\mathrm{d}\,E}{\mathrm{d}\,t} = J \tag{4.151}$$

$$\frac{\partial E}{\partial z} = \mu\frac{\mathrm{d}\,H}{\mathrm{d}\,t} \tag{4.152}$$

Die sinusförmige Felderregung und die konstanten Stoffwerte erlauben die komplexe Rechnung.

$$-\frac{\partial \underline{H}}{\partial z} = \omega\varepsilon'(\tan\delta + \mathrm{j})\underline{E} = \underline{J} \tag{4.153}$$

$$\frac{\partial \underline{E}}{\partial z} = -\,\mathrm{j}\,\omega\mu\underline{H} \tag{4.154}$$

Eine nochmalige Differentiation der zweiten Gleichung und Einsetzen dieser in die erste ergibt:

$$\frac{\partial^2 \underline{E}}{\partial z^2} - \mathrm{j}\,\omega^2\mu\varepsilon'(\tan\delta + \mathrm{j})\underline{E} = 0 \tag{4.155}$$

Hierin bedeuten $\varepsilon' = \varepsilon_0\varepsilon_r'$ und $\mu = \mu_0\mu_r$.

4.7.3 Feldgleichung

Die gewöhnliche Differentialgleichung (4.155) zweiter Ordnung ist linear und homogen. Ihre Lösung besteht aus einer Linearkombination von e-Funktionen der Art

$$\underline{E}(z) = \underline{E}_n \, \mathrm{e}^{\gamma_n z} \quad \text{mit } n = 1,\ 2. \tag{4.156}$$

Aus der Lösung der dazugehörigen charakteristischen Gleichung wird der komplexe Fortpflanzungskoeffizient erhalten, dessen Realteil der Dämpfungskoeffizient α und dessen Imaginärteil der Phasenkoeffizient β ist.

$$\gamma_{1,2} = \pm\omega\sqrt{\mathrm{j}\,\mu\varepsilon'(\tan\delta + \mathrm{j})} = \pm(\alpha + \mathrm{j}\,\beta) \tag{4.157}$$

$$\alpha = \omega\sqrt{\frac{\mu\varepsilon'}{2}(\sqrt{1+\tan^2\delta} - 1)} \tag{4.158}$$

$$\beta = \omega\sqrt{\frac{\mu\varepsilon'}{2}(\sqrt{1+\tan^2\delta} + 1)} \tag{4.159}$$

Man kann sich leicht überzeugen, dass die komplexe Zahl $\sqrt{\mathrm{j}\,\mu\varepsilon'(\tan\delta + \mathrm{j})}$ im ersten Quadranten der Gauß´schen Zahlenebene liegt und α sowie β positiv sind.
Für einen elektrischen Leiter mit $\omega\varepsilon'' < \kappa$ und $\tan\delta \approx \kappa/(\omega\varepsilon') >> 1$ können wegen $\sqrt{1+\tan^2\delta} \approx \tan\delta$ folgende Näherungen aufgeschrieben werden:

$$\alpha = \beta \approx \sqrt{\frac{\omega\mu\kappa}{2}} = \frac{1}{\delta}. \tag{4.160}$$

Dabei hat das Symbol δ in der letzten Gleichung eine völlig andere Bedeutung als der ebenso bezeichnete Verlustwinkel δ oder Verlustfaktor $\tan\delta$. Es ist hier die äquivalente Stromeindringtiefe, die bereits im Kapitel 2 eingeführt wurde. Für verlustbehaftete Dielektrika mit $\tan\delta << 1$ kann mit einer binomischen Reihenentwicklung in der Form

$$(1+x)^n = 1 + nx + \frac{n(n-1)}{2!}x^2 + \ldots\ldots\ldots\ldots \tag{4.161}$$

mit $x = \tan^2\delta$ und $n = 1/2$, die nach dem zweiten Glied abgebrochen wird, die Näherung

$$\sqrt{1+\tan^2\delta} \approx 1 + \frac{1}{2}\tan^2\delta \tag{4.162}$$

geschrieben werden. Damit ergibt sich für den Dämpfungskoeffizienten:

$$\alpha \approx \omega\sqrt{\varepsilon'\mu}\frac{1}{2}\tan\delta \tag{4.163}$$

Auch der Phasenkoeffizient nach (4.159) wird zunächst mit der Näherung nach (4.162) umgewandelt.

$$\beta \approx \omega\sqrt{\frac{\varepsilon'\mu}{2}}\sqrt{1+\frac{1}{2}\tan^2\delta+1} \tag{4.164}$$

$$\approx \omega\sqrt{\varepsilon'\mu}\sqrt{1+\frac{1}{4}\tan^2\delta} \tag{4.165}$$

Mit einer nochmaligen Anwendung der Näherung nach (4.161) ergibt sich schließlich:

$$\beta \approx \omega\sqrt{\varepsilon'\mu}(1+\frac{1}{8}\tan^2\delta). \tag{4.166}$$

Die allgemeine Lösung der Differentialgleichung (4.155) lautet mit $\gamma_1 = -\gamma$ und $\gamma_2 = +\gamma$ schließlich:

$$\underline{E}(z) = \underline{E}_1\,\mathrm{e}^{-\gamma z} + \underline{E}_2\,\mathrm{e}^{+\gamma z}\,. \tag{4.167}$$

Man erkennt in Analogie dieser Gleichung zu der in Abschnitt 4.2 behandelten, dass der Teil mit dem negativen Exponenten die hinlaufende Welle (von Quelle zu Applikator) und der andere die rücklaufende Welle darstellt. Die beiden Koeffizienten $\underline{E}_1$ und $\underline{E}_2$ sind durch die Randbedingungen der konkreten Feldkonstellation zu bestimmen.

4.7.4 Feldverteilung im Halbraum

Wie beim Wellenleiter ist auch der Halbraum mit seiner unendlichen Ausdehnung in z-Richtung eine Feldkonstellation mit besonders einfach zu formulierenden Randbedingungen. Hier wird angenommen, dass auf der Oberfläche mit $z = 0$ die elektrische Feldstärke als $\underline{E}(z = 0) = E_0$ vorgegeben ist. Im Unendlichen mit $z \to \infty$ muss die Feldstärke verschwinden, weil ansonsten im rechten Halbraum eine unendlich große Energie vorhanden wäre, was mit den realen Erfahrungen nicht übereinstimmt. Dies bedeutet, dass $\underline{E}_2 = 0$ und folglich $\underline{E}_1 = E_0$ gelten muss. Die konkrete Feldverteilung ist somit als

$$\underline{E}(z) = E_0\,\mathrm{e}^{-\gamma z} = E_0\,\mathrm{e}^{-(\alpha+\mathrm{j}\,\beta)z} \tag{4.168}$$

beschreibbar.Man kann daraus den abklingenden Verlauf des Effektivwertes der elektrischen Feldstärke ablesen und die Bedeutung des Dämpfungskoeffizienten α erkennen.

$$E(z) = E_0\,\mathrm{e}^{-\alpha z} \tag{4.169}$$

Die auf das Volumen bezogene spezifische Wirkleistung nach (3.50) ist proportional zu E^2, weshalb diese doppelt stark gedämpft wird.

$$p_v(z) = E_0^2\,\mathrm{e}^{-2\alpha z}\,\omega\varepsilon'\tan\delta \tag{4.170}$$

Mit dem Produkt aus komplexer elektrischer Feldstärke und konjugiert komplexer Stromdichte wird die spezifische Wirk- und Blindleistung in Abhängigkeit vom Ort z erhalten.

$$p_v(z) + \mathrm{j}\,q_v(z) = \underline{E}(z)\underline{J}^*(z) \tag{4.171}$$

Die Stromdichte wird nach (4.153) eingesetzt.

$$\underline{J}^*(z) = \left[\omega\varepsilon'(\tan\delta + \mathrm{j})E_0\,\mathrm{e}^{-(\alpha+\mathrm{j}\,\beta)z}\right]^* \tag{4.172}$$

$$= \omega\varepsilon'(\tan\delta - \mathrm{j})E_0\,\mathrm{e}^{-\alpha z}\,\mathrm{e}^{\mathrm{j}\,\beta z} \tag{4.173}$$

Für die komplexe Leistung nach (4.171) ergibt sich:

$$p_v(z) + \mathrm{j}\,q_v(z) = E_0^2\omega\varepsilon'\,\mathrm{e}^{-(\alpha+\mathrm{j}\,\beta)z}\,\mathrm{e}^{-\alpha z}\,\mathrm{e}^{\mathrm{j}\,\beta z}(\tan\delta - \mathrm{j}) \tag{4.174}$$

$$= E_0^2\omega\varepsilon'\,\mathrm{e}^{-2\alpha z}(\tan\delta - \mathrm{j}). \tag{4.175}$$

Der Realteil stimmt mit dem Ausdruck in (4.170) überein. Eine Integration des Realteils dieser Leistungsdichten von $z = 0$ bis $z \longrightarrow \infty$ ergibt die auf der Oberfläche bei $z = 0$ eingetragene Wirkleistung p_a.

$$p_a = \int_{z=0}^{\infty} p_v(z)\,\mathrm{d}\,z = \int_{z=0}^{\infty} E_0^2\omega\varepsilon'\,\mathrm{e}^{-2\alpha z}\tan\delta\,\mathrm{d}\,z = \frac{E_0^2\omega\varepsilon'\tan\delta}{2\alpha} \tag{4.176}$$

Die Integration des Imaginärteils (Blindleistung) macht bei Wellenfeldern keinen Sinn, weil die Phasenlage beispielsweise zu $\underline{E}(z = 0)$ in jedem Raumpunkt unterschiedlich ist. Auf der Oberfläche des dielektrischen Halbraumes kann der Poynting´schen Vektor $\vec{S_p} = \vec{E} \times \vec{H}$ aus der vorliegenden Lösung der Feldgleichungen bestimmt werden. Da nur eine Raumkomponente von $\vec{E} = \vec{e_x}E$ und von $\vec{H} = \vec{e_y}H$ existiert, ergibt sich auch nur eine Raumkomponente von

$\vec{S_p} = \vec{e_z} S_p$, die in den dielektrischen Halbraum hinein zeigt. Die magnetische Feldstärke ist mit (4.154) und dem Ansatz (4.168) bestimmbar.

$$\underline{H}(z) = -\frac{1}{\mathrm{j}\,\omega\mu}\frac{\partial \underline{E}}{\partial z} = \frac{(\beta - \mathrm{j}\,\alpha)}{\omega\mu} E_0\,\mathrm{e}^{-(\alpha+\mathrm{j}\,\beta)z} \tag{4.177}$$

Mit der konjugiert komplexen Form für den Punkt $z = 0$ und nach Multiplikation mit $\underline{E} = E_0$ erhält man

$$\underline{S}_p = \underline{E}\underline{H}^* = \frac{E_0^2}{\omega\mu}(\beta + \mathrm{j}\,\alpha). \tag{4.178}$$

Der Realteil davon ist die pro Flächeneinheit eingetragene Wirkleistung p_a. Mit dem Produkt aus Dämpfungs- und Phasenkoeffizienten $\alpha\beta$ ist es möglich, β in (4.178) durch α auszudrücken. Für das Produkt $\alpha\beta$ ergibt sich mit (4.158) und (4.159):

$$\alpha\beta = \omega\sqrt{\frac{\mu\varepsilon'}{2}(\sqrt{1+\tan^2\delta}-1)}\;\omega\sqrt{\frac{\mu\varepsilon'}{2}(\sqrt{1+\tan^2\delta})+1} \tag{4.179}$$

$$= \frac{\omega^2\mu\varepsilon'}{2}\sqrt{(\sqrt{1+\tan^2\delta}+1)(\sqrt{1+\tan^2\delta}-1)} \tag{4.180}$$

$$= \frac{\omega^2\mu\varepsilon'}{2}\tan\delta. \tag{4.181}$$

Wenn dieser Zusammenhang in den Realteil von $\underline{S}_p$ nach (4.178) einsetzt wird, ergibt sich eine zu (4.176) identische Leistungsdichte auf der Oberfläche des dielektrischen Halbraums.

$$p_a = \mathsf{Re}\left\{\underline{S}_p\right\} = \frac{E_0^2}{\omega\mu}\beta = \frac{E_0^2\omega\varepsilon'\tan\delta}{2\alpha} \tag{4.182}$$

Es ist wichtig, die hier gewonnenen Erkenntnisse zum Halbraum richtig einzuordnen und anzuwenden. Der Kehrwert des Dämpfungskoeffizienten $1/\alpha$ hat die Maßeinheit einer Länge. Er zeigt beispielsweise an, dass in einer Tiefe $z = 1/\alpha$ das elektromagnetische Feld auf den Wert $1/\mathrm{e}= 0{,}368$ abgeklungen ist. Die spezifische Wirkleistung ist an gleicher Stelle bereits auf den Wert $(1/\mathrm{e})^2 = 0{,}135$ abgeklungen. Damit ergibt sich auch ein Maß, ab dem eine bestimmte Materialstärke als Halbraum auffasst werden kann. Aus dieser Sicht kann für viele technische Aufgabenstellungen bereits eine Materialstärke von $s = 1/\alpha$ als Halbraum aufgefasst werden. Ganz ähnlich verhält es sich mit den Querabmessungen (in dem hier verwendeten Koordinatensystem die x- und y-Richtung),

die ebenso ein Mehrfaches von $1/\alpha$ ausmachen sollten, falls ein Oberflächenabschnitt des Gutes als Halbraum aufgefasst werden soll. Auf keinen Fall darf hier die Wellenlänge zur Abschätzung der Gültigkeit des Halbraumes herangezogen werden.
Der Faktor β in (4.182) bestimmt die Wirkleistung, was auf den ersten Blick seltsam anmutet. Hier ist zu bedenken, dass in den verlustfreien Halbraum ebenfalls eine Wirkleistung gestrahlt wird. Man setzt $\alpha, \delta = 0$ und $\mu = \mu_0$ sowie $\varepsilon' = \varepsilon_0$, so ergibt sich mit (4.159)

$$p_a = S_p = E_0^2 \sqrt{\frac{\varepsilon_0}{\mu_0}} = E_0^2 / Z_0, \tag{4.183}$$

worin Z_0 der Feldwellenwiderstand des leeren Raumes ist.

4.7.5 Reflexion

Wenn eine elektromagnetische Welle auf eine Grenzfläche trifft, die eine Grenze veränderter dielektrischer Materialeigenschaften darstellt, wird ein Teil der elektromagnetischen Welle reflektiert. In Bild 4.37 befindet sich diese Grenzfläche an der Stelle $z = 0$. Der Halbraum vor der Grenzfläche mit $z < 0$ ist verlustfrei, z. B. Luft. Dahinter mit $z > 0$ befindet sich der zweite Halbraum mit einem verlustbehaftetem Dielektrikum. Der Reflexionsfaktor soll an der Stelle $z = 0$ bestimmt werden. Dazu wird angenommen, dass an der Grenzfläche eine tangentiale Komponente der elektrischen Feldstärke mit dem Effektivwert $\vec{E_0}$ anliegt. Das kartesische Koordinatensystem wird so gedreht, dass $\vec{E_0} = \vec{e}_x E_0$ gilt. Mit diesen Voraussetzungen können für die rechte Seite die bestimmenden Feldgleichungen für $\underline{E}(z)$ und $\underline{H}(z)$ nach (4.168) und (4.177) des oben behandelten Halbraumes übernommen werden.

$$\underline{E}(z) = E_0 \, \mathrm{e}^{-\gamma z} \tag{4.184}$$

$$\underline{H}(z) = \frac{\mathrm{j}}{\omega\mu} \frac{\partial \underline{E}(z)}{\partial z} = -\frac{\mathrm{j}\,\gamma}{\omega\mu} E_0 \, \mathrm{e}^{-\gamma z} \tag{4.185}$$

Auf der linken Seite existieren die Stoffeigenschaften des Vakuums mit γ_0, wofür man natürlich auch die Stoffeigenschaften eines beliebig anderen Dielektrikums einsetzen könnte. Hier gilt der allgemeine Lösungsansatz für $\underline{\mathrm{E}}(\mathrm{z})$, wofür mit (4.185) der allgemeine Lösungsansatz für $\underline{\mathrm{H}}(\mathrm{z})$ aufgeschrieben werden kann.

$$\underline{E}(z) = \underline{E}_1 \, \mathrm{e}^{-\gamma_0 z} + \underline{E}_2 \, \mathrm{e}^{+\gamma_0 z} \tag{4.186}$$

$$\underline{H}(z) = -\frac{\jmath\gamma_0}{\omega\mu}\underline{E}_1\,\mathrm{e}^{-\gamma_0 z} + \frac{\jmath\gamma_0}{\omega\mu}\underline{E}_2\,\mathrm{e}^{+\gamma_0 z} \tag{4.187}$$

An der Grenzfläche bei $z = 0$ gehen die tangentialen Komponenten sowohl der elektrischen als auch der magnetischen Feldstärke stetig über. Daraus folgen die Bestimmungsgleichungen für die beiden Koeffizienten $\underline{E}_1$ und $\underline{E}_2$.

$$\underline{E}_1 + \quad \underline{E}_2 = E_0 \tag{4.188}$$

$$-\gamma_0\underline{E}_1 + \gamma_0\underline{E}_2 = -\gamma E_0 \tag{4.189}$$

Die Lösungen dieses linearen Gleichungssystems lauten:

$$\underline{E}_1 = E_0\frac{\gamma_0 + \gamma}{2\gamma_0} \tag{4.190}$$

$$\underline{E}_2 = E_0\frac{\gamma_0 - \gamma}{2\gamma_0}. \tag{4.191}$$

Wie bereits weiter oben festgestellt wurde, steht der Summand mit dem negativen Exponenten in (4.186) und (4.187) für die hinlaufende Welle und der Summand mit dem positiven Exponenten für die rücklaufende bzw. reflektierte Welle. Damit kann man den Reflexionsfaktor aus dem Quotienten dieser beiden Effektivwerte an der Stelle $z = 0$ bestimmen.

$$\underline{\rho} = \frac{\underline{E}_2}{\underline{E}_1} = \frac{\gamma_0 - \gamma}{\gamma_0 + \gamma} = \frac{1 - \gamma/\gamma_0}{1 + \gamma/\gamma_0} \tag{4.192}$$

Für γ/γ_0 werden mit (4.158) und (4.159) die Stoffwerte eingesetzt.

$$\frac{\gamma}{\gamma_0} = \frac{\omega\sqrt{\mathrm{j}\,\mu_0\varepsilon'(\tan\delta + \mathrm{j})}}{\omega\sqrt{\mathrm{j}\,\mu_0\varepsilon_0\,\mathrm{j}}} = \sqrt{\varepsilon_r'(1 - \mathrm{j}\tan\delta)} \tag{4.193}$$

Darin sind ε_r' die Permittivitätszahl und $\tan\delta$ der Verlustfaktor der rechten Seite des Halbraumes nach Bild 4.37. Der Reflexionsfaktor lautet damit:

$$\underline{\rho} = \frac{1 - \sqrt{\varepsilon_r'(1 - \mathrm{j}\tan\delta)}}{1 + \sqrt{\varepsilon_r'(1 - \mathrm{j}\tan\delta)}}. \tag{4.194}$$

Es kommt somit bereits zu einer Reflexion, wenn sich nur eine dieser Stoffeigenschaften von denen des vorgelagerten Halbraumes unterscheidet. Bei $\varepsilon_r' = 1$ und $\tan\delta = 0$ ist der Reflexionsgrad identisch null. In der **Tabelle 4.1** sind von einigen Stoffen die aus der Literatur zugänglichen Stoffwerte ε_r' und $\tan\delta$ aufgeführt.

Tabelle 4.1: Stoffeigenschaften für ca. 3 GHz (Richtwerte)

Stoff	ϑ °C	ε'_r	$\tan\delta$	$1/\alpha$ m	$\lvert\varrho\rvert$	Lit.
Wasser, rein	95	52	0,047	0,094	0,76	[20]
Wasser, rein	25	77	0,16	0,023	0,80	[33]
Wasser mit 29 g/l $NaCl$	25	67	0,63	0,0065	0,80	[20]
Eis, rein	−12	3,2	0,000 09	19	0,28	[20]
Kartoffel, roh	25	54	0,29	0,015	0,77	[20]
Schinken, fett	25	2,5	0,052	0,39	0,23	[20]
Rindfleisch, roh, gehackt		40	0,35	0,15	0,73	[20]
Papier, trocken	82	2,9	0,079	0,24	0,26	[20]
Papier mit 7 % H_2O	22	3,2	0,16	0,11	0,29	[20]
Glas mit 96 % SiO_2	25	3,8	0,000 07	24	0,32	[20]
Holz, E, H parallel zur Faser	22	2,7	0,11	0,18	0,25	[20]
Bienenwachs	25	2,3	0,0048	4,4	0,21	[20]
Kabelisolieröl	25	2,2	0,0020	11	0,19	[20]
Polyamid (Nylon)	25	2,8	0,012	1,6	0,45	[33]
Plexiglas	25	2,6	0,0058	3,5	0,23	[33]
Gummi, Naturkautschuk	25	2,2	0,0039	5,6	0,19	[33]
Gummi, Synthesekautschuk	25	3,8	0,075	0,22	0,32	[33]
Keramik (A-35)	25	5,6	0,0041	3,3	0,41	[33]
Bariumtitanat ($BaTiO_3$)	25	600	0,3	0,0044	0,92	[20]
Styropor (1037)	25	1,0	0,0001	310	0,007	[33]
Natrium-Bor-Silikat-Glas	25	4,8	0,0054	2,7	0,37	[33]
Metall				0	1	
Luft		1	0	∞	0	

Der Betrag des Reflexionsgrades $|\underline{\rho}|$ wurde mit (4.194) und die Eindringtiefe $1/\alpha$ mit (4.158) berechnet. Da die Stoffwerte teilweise stark von der exakten Zusammensetzung der Stoffe (z. B. Wassergehalt) und auch von der Richtung des Feldes (anisotrope Stoffe, wie z. B. Holz) abhängen, dürfen die Zahlenangaben lediglich als Richtwerte, jedoch nicht für wichtige Berechnungen verwendet werden. Weitere Stoffwerte sind in der angegebenen Literatur der Tabelle 4.1 zu finden. Bei sehr hohen Werten von $\tan\delta$, wie z. B. bei Metallen, oder auch sehr hohen Werten von ε_r' mit $\tan\delta = 0$ wird der Reflexionsgrad zu $\underline{\rho} = -1$. Das bedeutet nach (4.192) $\underline{E_1} = -\underline{E_2}$ und $E_0 = 0$. Mit (4.186) kann schließlich geschrieben werden:

$$\underline{E}(z) = \underline{E}_1(\mathrm{e}^{-\gamma_0 z} - \mathrm{e}^{+\gamma_0 z}) \tag{4.195}$$

$$= \underline{E}_1(\mathrm{e}^{-\mathrm{j}\,\beta_0 z} - \mathrm{e}^{+\mathrm{j}\,\beta_0 z}) \tag{4.196}$$

$$= \underline{E}_1(-\mathrm{j}\sin(\beta_0 z) - \mathrm{j}\sin(\beta_0 z)) \tag{4.197}$$

$$= -\underline{E}_1 2\,\mathrm{j}\sin(\beta_0 z) \tag{4.198}$$

$$= \underline{E}_1\,\mathrm{e}^{-\mathrm{j}\,\pi/2}\,2\sin(2\pi z/\lambda_0). \tag{4.199}$$

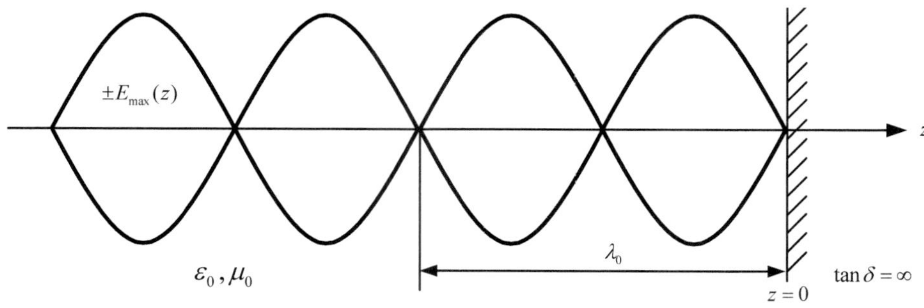

Bild 4.38: Einhüllende der stehenden Welle am total reflektierenden Halbraum

Darin bedeutet λ_0 die Wellenlänge im Vakuum. Wenn die komplexe Form von $\underline{E}(z)$ in den Zeitbereich transformiert wird, erhält man eine anschauliche Darstellung einer vor dem Halbraum sich ausbildenden stehenden Welle (s. **Bild 4.38**).

$$E(z,t) = 2\sqrt{2}E_1\cos(\omega t + \varphi_1 - \pi/2)\sin(2\pi z/\lambda_0) \tag{4.200}$$

$$E(z,t) = 2e_1(t)\sin(2\pi z/\lambda_0) \tag{4.201}$$

Die stehende Welle hat die doppelte Amplitude zur erregenden Welle mit dem Effektivwert E_1. An ganzen vielfachen Abständen von $z = -n\lambda_0/2$ mit $n = 1, 2, ...$ gibt es Nulldurchgänge, die zur Bestimmung der Wellenlänge genutzt werden können.

Das Quadrat des Reflexionsgrades gibt an, welcher Teil der von der Quelle eingestrahlten Leistung reflektiert wird. Von der Oberfläche des Gutes wird für den Fall, dass für seine Dicke $s >> 1/\alpha$ gilt, der Anteil

$$P_a = (1 - |\underline{\rho}|^2) P_s \tag{4.202}$$

absorbiert und der Rest

$$P_r = |\underline{\rho}|^2 P_s \tag{4.203}$$

zurückgestrahlt.

4.8 Anwendungen

Wesentliche Vorteile der Mikrowellenerwärmung sind durch den relativ hohen spezifischen Energieeintrag gegeben. Daraus ergeben sich oftmals Zeitgewinn, geringer Platzbedarf und eine bessere Qualität des behandelnden Gutes. Der berührungslose Energieeintrag (keine Kontakte, keine Elektroden) kann manchmal bestimmend sein, wenn es um die Reinheit der zu erwärmenden Stoffe (gasförmig, flüssig und fest) geht. Die möglichen energetischen Gewinne sind eher nachrangig.

4.8.1 Kennwerte

Frequenzen: In **Tabelle 4.2** sind einige ISM-Frequenzbänder (engl. *industrial, scientific, medical*) aufgeführt, die für wissenschaftliche, medizinische und industrielle Anwendungen zugelassen sind. Hauptsächlich wird für Mikrowellenerwärmungen die Frequenz 2,45 GHz angewandt, weshalb hierfür die Bauelemente, wie Hohlleiter, Magnetrons, Zirkulatoren u. s. w., wesentlich kostengünstiger sind. Die Toleranzbänder sind relativ groß, weil nur geringe Leckstrahlungen zulässig sind (s. Abschnitt 4.9.2).

Tabelle 4.2: Frequenzbänder der Mikrowellenerwärmung mit der Wellenlänge für Luft bzw. Vakuum

Frequenz GHz	Wellenlänge cm	zulässige Toleranz MHz
0,915	32,8	±13
2,450	12,2	±50
5,800	5,17	±75
29,4	1,02	

Wirkungsgrad: Die Mikrowellenquellen haben einen Wirkungsgrad von etwa 60 %. D. h., etwa 40 % der elektrischen Energie werden für die Erzeugung einer hohen Gleichspannung, die Kathodenheizung, das Pumpen des Kühlmittels und im Magnetron selbst auch bei bester reflexionsfreier Ankopplung ($m = 1$) in Verlustwärme umgesetzt. Da es ohne Reflexionen nicht geht, kann man dafür nochmals rund 10 % veranschlagen. Deshalb sollte bei energetischen Abschätzungen davon ausgegangen werden, dass höchstens 40-60% der zugeführten elektrischen Energie als Nutzenergie im Gut ankommt. Dennoch kann wegen der selektiven Erwärmung bei vielen Anwendungsfällen der spezifische Energiebedarf im Vergleich zu alternativen Verfahren günstiger ausfallen.

Feldstärken: Spannungsdurchschläge müssen vermieden werden, weil sich der in Folge des Durchschlages ausbildende Lichtbogen zerstörerisch auf das Gut und Teile der Anlage auswirkt. Hier soll für die Phasengrenze Luft-Wasser die zulässige elektrische Feldstärke abgeschätzt werden. Die Durchschlagsfeldstärke von Luft wird mit 30 kV/cm und die von Wasser mit etwa 2 kV/cm z. B. in [29, S. 334] angegeben. Wegen der realen technischen Gegebenheiten der Mikrowellenerwärmung (Dämpfe, Verunreinigungen usw.), die nicht den idealen Bedingungen der Versuchsanordnungen zur Bestimmung der Spannungsdurchschläge entsprechen, wird oft ein Sicherheitsfaktor von 10 angenommen. Dies bedeutet, dass obere Schranken für die Feldstärke in Luft $E_a = 3\,\mathrm{kV/cm}$ und von Wasser mit $E_w = 0{,}2\,\mathrm{kV/cm}$ einzuhalten sind. Aus den Übergangsbedingungen für die normalen und die der tangentialen Komponenten ergeben sich weitere Einschränkungen.

Für den Übergang der Normalkomponenten der elektrischen Feldstärke von

Luft E_a auf Wasser E_w ergibt sich wegen des stetigen Überganges der Normalkomponente der elektrischen Flussdichte das Verhältnis $E_a/E_w = \varepsilon_r'$, wobei $\varepsilon_r' = 78$ die relative Permittivität von Wasser bei 25 °C und 2,45 GHz ist. Hier ist die Feldstärke in Luft die begrenzende Größe, woraus sich die maximale Feldstärke in Wasser mit $E_{w,m} = E_a/\varepsilon_r' = 38\,\mathrm{V/cm}$ ergibt. Die aus der oberen Schranke von Wasser sich ergebende Normalkomponente in Luft wäre um den Faktor 200/38 mal höher und somit unzulässig.
Die tangentialen Komponenten der elektrischen Feldstärke gehen an der Phasengrenze stetig über, weshalb hier die begrenzende Feldstärke die obere Schranke des Wassers $E_w = 200\,\mathrm{V/cm}$ ist. Da bei realen Anwendungen stets beide Komponenten auftreten, die bei komplizierter Geometrie ihre Plätze wechseln können, wird als maximale elektrische Feldstärke der kleinsten Grenzwert $E_m = 38\,\mathrm{V/cm}$ festgelegt.

Spezifische Leistungen: Bei der Mikrowellenerwärmung ist die Frequenz etwa zwei Zehnerpotenzen höher als bei der Kondensatorfelderwärmung. Die spezifische Leistung kann jedoch nicht immer um zwei Zehnerpotenzen gesteigert werden. Deshalb soll die spezifische Leistung für Wasser abgeschätzt und mit anderen in der Literatur gegebenen Kennwerten verglichen werden.
Es wird von der Frequenz $f = 2{,}45\,\mathrm{GHz}$ und den bei dieser Frequenz für reines Wasser bei 25 °C gegebenen Stoffwerte $\varepsilon_r' = 77$ und $\tan\delta = 0,16$ ausgegangen. Unter Beachtung der oben begründeten Begrenzung der Feldstärke zu $E_m = 38\,\mathrm{V/cm}$ ergibt sich nach (4.174) eine maximale volumenspezifische Leistung von $p_{v,m} = 24{,}3\,\mathrm{W/cm^3}$. Das entspricht einem zeitlichen Temperaturanstieg des Wassers von 5,8 K/s. Der Dämpfungskoeffizient ergibt sich nach (4.158) mit den verwendeten Stoffwerten zu $\alpha = 35{,}9\,\mathrm{m^{-1}}$. Damit ergibt sich eine maximale flächenspezifische Leistung nach (4.182) zu $p_{a,m} = p_{v,m}/(2\alpha) = 33{,}8\,\mathrm{W/cm^2}$. Begrenzungen der elektrischen Feldstärke, die durch thermische Instabilitäten (vergleiche hierzu Abschnitt 3.1.5) oder Feldspitzen (z. B. Einkoppelstelle mit dem Koaxialleiter im Hohlleiter) begründet sind, wurden hier nicht betrachtet. In [37, S. 27] werden erreichbare flächenspezifische Leistungen der dielektrischen Erwärmung von $p_{a,m} = 10 - 100\,\mathrm{W/cm^2}$ angegeben.
Nicht alle Materialien sind effektiv mit Mikrowellenenergie erwärmbar. In Quarzglas und Teflon erfolgt nahezu kein Energieumsatz, weshalb diese Materialien vorteilhaft in den Applikatoren als Konstruktionswerkstoff oder zur Hälterung des Gutes eingesetzt werden. Bei Materialien mit einem ausreichend hohen Verlustwert ist gegenüber alternativen Erwärmungsverfahren (z. B. konvektive Erwärmung) die Prozesszeit wesentlich kürzer und/oder der Platzbedarf für

die Anlage ist bis um den Faktor 10 geringer.

Leistung: Es stehen Mikrowellenquellen (Magnetrons) zur Verfügung, die Mikrowellenleistungen von 0,8 bis 6 kW liefern, wobei für die Leistungen über 2 kW die Magnetrons wassergekühlt werden. Magnetrons erreichen eine Lebensdauer von 6000 bis 8000 Betriebsstunden. Für größere Leistungen werden im mehrmodigen Applikator mehrere Magnetrons parallel betrieben. Auf diese Weise sind Anlagenleistungen von mehr als 100 kW möglich.

Generelle Vorteile: Der wesentliche Vorteil besteht darin, dass die Wärme direkt im Gut entwickelt wird und nicht wie bei konventionellen Erwärmungsverfahren über die Oberfläche mittels Wärmeleitung in das Gut diffundiert. Oftmals kann bei Trocknungsprozessen die Selbstregulierung genutzt werden, die darin besteht, dass die Mikrowellenenergie dorthin gelenkt wird, wo noch die größte Feuchtigkeit vorhanden ist. Deshalb ist der entscheidende Vorteil der Zeitgewinn, der beispielsweise bei Trocknungsprozessen bis zu 50 % betragen kann. Weiterhin ist gegenüber den gasbeheizten Konvektionsöfen der wesentlich geringere Platzbedarf bis zum Faktor 10 zu nennen.

4.8.2 Anwendungsbeispiele

Vorteilhafte Anwendungsbeispiele für die Mikrowellenerwärmung findet man in der Nahrungsmittelindustrie, der Gummi-, Textil-, Kunststoff- sowie der pharmazeutischen und chemischen Industrie:

- Pasteurisieren und Sterilisieren von pharmazeutischen Erzeugnissen
- Erwärmen, Vorkochen, Vorbacken und Trocknen von Lebensmitteln
- Pasteurisieren und Sterilisieren von Lebensmitteln mit dem Vorteil eines geringeren Zusatzes an Konservierungsstoffen
- Auftauen tiefgefrorener Waren
- Gefriertrocknung
- Erwärmen von Kunststoffgranulat vor dem Extrudieren
- Erwärmen von Gummi vor dem Vulkanisieren
- Trocknen von Gießformen mit dem Vorteil, dass Wasser anstelle von Alkohol als Bindemittel nutzbar wird

- Aushärten von glasfaserverstärkten Kunststoffen und Epoxidharzen
- Sintern von Keramik und Entbindern von keramischen Massen beim Spritzgießen
- Erzeugung von Plasmen für Oberflächentechnologien
- Cracken giftiger und/oder umweltschädigender Aerosole.

4.9 Gesundheitsschutz

In breiten Kreisen der Bevölkerung werden die gesundheitlichen Wirkungen elektromagnetischer Felder von Mikrowellen im Allgemeinen und von Mikrowellengeräten im Besonderen intensiv diskutiert. Es soll hier versucht werden, diese Diskussionen zu versachlichen.

4.9.1 Biologische Wirkungen

Eine elektromagnetische Strahlung kann nach dem Dualismus von Teilchen und Welle sowohl als eine Vielzahl von Photonen als auch als elektromagnetische Welle ihre Energie auf einen Körper übertragen. Man kann somit die Normalkomponente des Poynting´schen Vektors in zweierlei Formen schreiben.

$$S_p = n_e(h \cdot f) \tag{4.204}$$

$$S_p = \overrightarrow{e_n} \quad \overrightarrow{E} \times \overrightarrow{H} \tag{4.205}$$

In (4.204) bedeutet $n_e \gg 1$ die Anzahl der Photonen, die pro Zeit- und Flächeneinheit auftreffen und h das Planck´sche Wirkungsquantum. Es wird deutlich, dass die Energie der Photonen quantenhaft absorbiert wird und die Frequenz ein Maß für die Energie eines einzelnen Photons ist.
Von sehr kurzwelligen elektromagnetischen Strahlen, wie den Röntgen- oder UV-Strahlen, ist eine ionisierende Wirkung auf Gewebe bekannt. Hier ist die Energie der zugehörigen Photonen so hoch, dass Erbinformationen (DNA) in Zellkernen beschädigt oder zerstört werden können. Deshalb warnen Dermatologen vor zu intensiver und/oder zu langer Sonneneinstrahlung oder deren Nachbildungen in Solarien. Das Spektrum der elektromagnetischen Strahlung zeigt **Bild 4.39**.

Wird die für die Mikrowellenerwärmung typische Frequenz von $f = 2{,}45 \cdot 10^9$ Hz mit der unteren Frequenz einer UV-Strahlung von ca. $8{,}2 \cdot 10^{14}$ Hz verglichen, so erkennt man, dass die Photonenenergie der UV-Strahlung um mehr als fünf Zehnerpotenzen höher ist. Eine Schädigung durch diese Quantenenergie der Mikrowellen ist daher eher unwahrscheinlich. Die Mikrowellenstrahlungen im Frequenzbereich 2 bis 300 GHz werden deshalb den nicht-ionisierenden Strahlen zugeordnet.

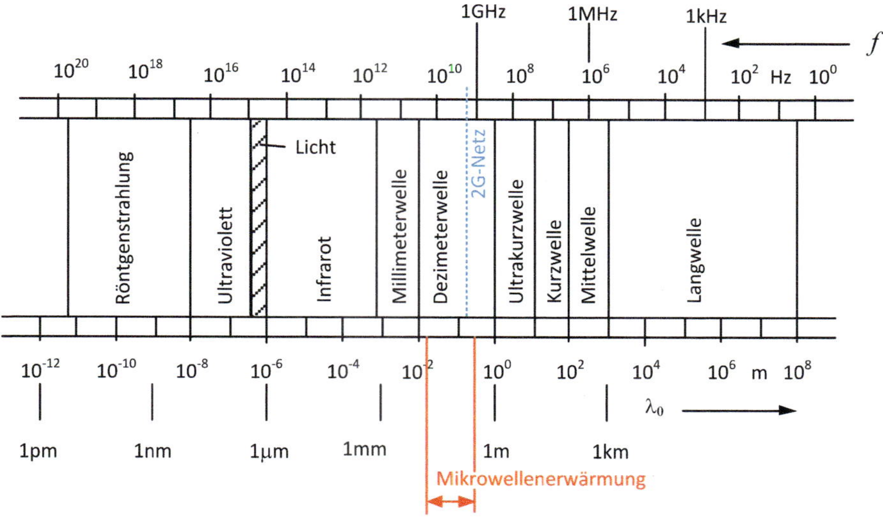

Bild 4.39: Einordnung der Mikrowellenerwärmung in das elektromagnetische Spektrum

Die Struktur von Molekülen kann durch kurzwellige elektromagnetische Wellen verändert werden. Die Photonen müssen dazu eine Energie haben, die in der Größenordnung der chemischen Bindungsenergie liegt. Diese Energie wird von Photonen des sichtbaren Lichtes erreicht, denn Lebewesen können Licht unterschiedlicher Wellenlänge bzw. Photonen unterschiedlicher Energie als Farbbilder wahrnehmen, was auf selektive chemischen Reaktion zurückzuführen ist. Auch hier beträgt der Frequenzabstand bei $2{,}45 \cdot 10^9$ Hz noch mehr als vier Zehnerpotenzen.
Auf die im Gewebe vorhandene elektrische Ladungen Q wirken außerdem Kräfte.

$$\vec{F} = Q \cdot (\vec{E} + \vec{v} \times \mu \vec{H}) \tag{4.206}$$

Diese setzen sich aus der Coulomb-Kraft (erster Summand) und der Lorentz-Kraft zusammen. Wegen der sehr geringen Geschwindigkeit der Ladungen v

kann in diesem Fall die Lorentz-Kraft im Vergleich zur Coulomb-Kraft vernachlässigt werden. Die Coulomb-Kräfte bewirken Ladungsverschiebungen, was zur Ionenwanderung (ionische Stromleitung) und zur Polarisierung (Entstehung von Dipolen) von einzelnen Molekülen und Atomen bis hin zu ganzen Gewebeabschnitten mit spezifischer Leitfähigkeit und Permittivität führt. Bei einem schnellen Vorzeichenwechsel der Feldstärke im MHz-Bereich geht der gerichtete Ionen-Trift im thermischen Rauschen unter, weshalb man bei diesen Frequenzen keine elektrolytische Zersetzung befürchten muss. Die Polarisation verändert jedoch die Potenziale bzw. Spannungen an Strukturgrenzen mit unterschiedlicher Permittivität, wie z. B. der Zellmembran. Makroskopisch sichtbar werden diese Kräfte beispielsweise, wenn sich Körperhaare in der Nähe von elektrostatisch aufgeladenen Gegenständen oder bei Gewitter aufstellen. Im Inneren des menschlichen Körpers führt dies nachweislich zu nichtthermischen Effekten, z. B. Membran-Effekten, Kraftwirkungen auf Zellen und andere molekulare Strukturen [35, S. 66]. Allerdings ist hierzu eine elektrische Mindestfeldstärke bzw. eine Mindestkraft erforderlich, um mechanische Widerstände oder thermische Schwingungen zu überwinden. Die elektrische Feldstärke bei einer bestimmten Strahlungsleistung S_p kann abgeschätzt werden. Dazu wird ein ebenes Strahlungsfeld in Luft bzw. Vakuum angenommen, bei dem die Vektoren $\vec{E}$ und $\vec{H}$ aufeinander senkrecht stehen. Unter dieser Voraussetzung kann man den Betrag des Poynting'schen Vektors nach (4.178) schreiben als

$$S_p = E \cdot H = E^2/Z_0, \tag{4.207}$$

worin $Z_0 = 377\,\Omega$ der Wellenwiderstand des Vakuums ist. Für eine Leistungsdichte von $S_p = 10\,\mathrm{W/m^2}$, als ein nachfolgend noch zu nennender wichtiger Grenzwert für den Gesundheitsschutz, ergibt dies eine elektrische Feldstärke von ca. $60\,\mathrm{V/m}$. Diese Feldstärke liegt in einer Größenordnung, der Menschen seit Nutzung der elektrischen Energie permanent in Gebäuden ausgesetzt sind. Und wegen $\varepsilon > \varepsilon_0$ des menschlichen Körpers ist die wirksame Feldstärke kleiner und auf keinen Fall größer als bei der oben angenommenen Leistungsdichte.
Es bleibt somit die Frage, ob es biologische Wirkungen gibt, die unterhalb der thermisch begründeten Leistungsdichte von $S_p = 10\,\mathrm{W/m^2}$ im GHz-Bereich auftreten. Nach [35] gibt es Hinweise dafür, dass Mikrowellenstrahlung beispielsweise folgende Auswirkungen haben könnte: Veränderung kognitiver (wahrnehmender) Funktionen; Einfluss auf Blutparameter, Hormone, Immunsystem; Krebsentstehung, Krebspromotion und noch einige mehr. Die Wissenschaft ist daher aufgerufen, diesen Hinweisen nachzugehen. Sie tut dies auch. Beispielsweise werden vom Bundesamt für Strahlenschutz (BfS) und vom Bundesum-

weltministerium (BMU) entsprechende Forschungen ausgeschrieben und/oder begleitet. Weil die Intensität der Mikrowellenstrahlung so klein sein muss, damit die thermischen Wirkungen mit Sicherheit ausgeschlossen werden können, gestalten sich diesbezügliche Untersuchungen an Menschen oder Tieren schwierig und vor allem langwierig.

Wie bei anderen von außen wirkenden Einflüssen, wie Nanoteilchen, Lärm und Feinstaub, stuft die Wissenschaft die Auswirkungen des Einflusses von Mikrowellenstrahlen auf die Gesundheit in den Stufen Nachweis, Verdacht oder Hinweis ein. Ein wissenschaftlicher **Nachweis** gilt als erbracht, wenn Studien voneinander unabhängiger Forschergruppen den Zusammenhang einer Einflussgröße (z. B. Nanoteilchen, Lärm, Mikrowellen) und einer gesundheitlichen Beeinträchtigung reproduzierbar nachweisen und mit einem kausalem Zusammenhang begründen. Ein wissenschaftlich begründeter **Verdacht** liegt vor, wenn die Untersuchungen einen Zusammenhang von Einfluss und Beeinträchtigungen der Gesundheit aufzeigen, der kausale Zusammenhang von der Gesamtheit der Untersuchungen jedoch nicht nachgewiesen wird. Von einem wissenschaftlichen **Hinweis** wird ausgegangen, wenn zwar einzelne Untersuchungen einen Zusammenhang zwischen Einfluss und Beeinträchtigung der Gesundheit zeigen, die jedoch nicht von weiteren wissenschaftlich unabhängigen Untersuchungen gestützt werden. Einige der oben genannten möglichen gesundheitlichen Risiken von Mikrowellenstrahlen befinden sich noch in der Kategorie „wissenschaftlicher Hinweis", andere sind als nicht zutreffend bereits abgelegt worden und neue sind vielleicht dazugekommen.

Das Phänomen des „Mikrowellenhörens" hat möglicherweise alle drei genannten Stufen vom Hinweis bis zum Nachweis durchlaufen: Es gibt Menschen, die Mikrowellenstrahlung hören, allerdings nur, wenn diese getaktet ist. Die Leistung eines Magnetrons wird am einfachsten mit einer Ein-Aus-Taktung gesteuert. Der weitgehend anerkannte kausale Zusammenhang besteht nun darin, dass die Mikrowellenstrahlung bis zu wenigen mm Tiefe des Kopfes in Wärme umgesetzt wird und dies eine lokale Temperaturerhöhung zu Folge hat. Diese etwas höhere Temperatur hat eine Druckerhöhung zur Folge, welche als unspezifische Reizung der Sinnesrezeptoren wahrgenommen wird [35, S. 66].

Gelegentlich ist zu hören, dass die in Mikrowellengeräten erwärmten Speisen gesundheitliche Risiken in sich bergen. Vergleichende wissenschaftliche Untersuchungen zu Veränderungen von Lebensmittelmerkmalen haben nach [1, Infoblatt 1/91] jedoch gezeigt, dass „eine Mikrowellenbehandlung von Lebensmitteln auf keinen Fall schädlicher ist als konventionelle Zubereitungsverfahren".

Allerdings müssen die etwas spezielleren Kochvorschriften eingehalten werden. Beispielsweise kann das Kochgut während der Behandlung in Mikrowellengeräten des Haushalts nicht wie bei der konventionellen Erhitzung gerührt werden, weshalb es bei ungenügender Felddurchmischung und Stoffeigenschaften, die zur thermischen Mitkopplung neigen (s. Abschnitt 3.1.5), zu lokalen Verbrennungen und damit Bildung gesundheitsschädlicher Stoffe im Inneren des Gutes kommen kann.

4.9.2 Grenzwerte

Für die thermischen Wirkungen elektromagnetischer Strahlen auf Gewebe gilt der Nachweis als erbracht. Wird Gewebe zu lange und/oder zu intensiver Mikrowellenstrahlung ausgesetzt, kann es zu irreversiblen Schädigungen kommen. Hier sind insbesondere die Organe gefährdet, die wasserhaltig und weniger stark durchblutet sind und infolgedessen über einen geringen Wärmeaustausch verfügen. Das sind z. B. die Augen, die Hoden und einige innere Organe. Die Gefährdung ist besonders deshalb hoch, weil dieses Gewebe nicht wie die Haut über neuronale Sensoren zur Temperaturwahrnehmung verfügt. Deshalb bleiben zu hohe lokale Temperaturen zunächst unbemerkt. Dabei ist auch hier die Dosis entscheidend, denn geringe, jedoch länger anhaltende Temperaturerhöhungen können ebenso Schädigungen hervorrufen wie kurzzeitig intensivere. Die gesundheitlichen Beeinträchtigungen beginnen nach [35, S. 66] damit, dass körpereigene Enzyme, die biologisch auf 37 °C optimiert sind, längere Temperaturabweichungen nicht tolerieren können. Der menschliche Körper ist allerdings in der Lage, eine eingestrahlte oder auf anderem Wege zugeführte Wärmeenergie bis zu einem bestimmten Grenzwert auszuregeln (Wärmeabfuhr durch Leitung und Konvektion). Der wissenschaftlich begründete Grenzwert, bis zu dem dies geschieht, liegt bei 4 W/kg oder bei 300 W bei einem 75 kg schweren Menschen. Dieser auf die Körpermasse bezogene Grenzwert wird als spezifische Absorptionsrate (SAR) bezeichnet. Neben der Absorptionsrate für den ganzen Körper, der Ganzkörper-Absorptionsrate, wurde noch die Teilkörper-Absorptionsrate definiert, um die Belastung einzelner Körperteile in inhomogenen Feldern zu erfassen.

Unter internationalen Institutionen, wie dem ICNIPR (engl. *International Commission on Non-Ionizing Radiation Protection*), dem Rat der EG (Europäische Gemeinschaft) und nationalen Einrichtungen, wie dem BfS (Bundesamt für

Strahlenschutz), herrscht weitgehender Konsens zu den SAR-Basisgrenzwerten.

- SAR-Grenzwert-Ganzkörper = 0,08 W/kg
- SAR - Grenzwert - Teilkörper - Kopf und Rumpf = 2 W/kg, gemittelt über 0,01 kg Gewebe
- SAR-Grenzwert-Teilkörper-Gliedmaßen = 4 W/kg, gemittelt über 0,01 kg Gewebe

Diese SAR-Basisgrenzwerte sind zeitliche Mittelwerte über einen Zeitraum von 6 min. Sie liegen deutlich unter dem thermoregulatorisch begründeten Wert von 4 W/kg. Im Falle der Ganzkörper-Absorptionsrate ist ein Sicherheitsfaktor von zehn für Arbeitsplätze und nochmals um fünf für die Allgemeinbevölkerung (Wohnung, Öffentlichkeit) eingebaut. Die Teilkörper-Absorptionsraten sind größer, weil der Wärmetransport in andere Körperteile die Temperaturregelung unterstützt.

Der Nachteil der Basisgrenzwerte in Form der Absorptionsraten ist, dass sie nur am menschlichen Körper oder einer sehr aufwendigen Nachbildung (inhomogene Verlustwerte und komplizierter Wärmetransport durch anisotrope Wärmeleitung und Konvektion) messbar sind. Deshalb wurden abgeleitete Grenzwerte festgelegt, die auch außerhalb des menschlichen Körpers gut messbar sind. Für die Allgemeinbevölkerung bei einer Frequenz von 2,45 GHz sind dies:

- $E = 61{,}4\,\mathrm{V/m}$
- $H = 0{,}16\,\mathrm{A/m}$
- $B = 0{,}2\,\mu\mathrm{T}$
- $S_p = 10\,\mathrm{W/m^2}$.

Für Hersteller von Mikrowellen-Geräten und -Anlagen sowie die Betreiber in Industrie und Handwerk sind die geltenden gesetzlichen Vorschriften bindend. Allerdings ist hier zu beachten, dass sich diese hinsichtlich des Ortes, wo sie gelten (Land, Erdteil), und der Zeit, in der sie gelten, unterscheiden können. Viele internationale und nationale Gremien sowie Berufsverbände von Industrie und Handwerk haben Grenzwerte aufgestellt, die nicht ganz einheitlich sind und von Zeit zu Zeit korrigiert werden. Die Ursachen hierfür werden in unterschiedlichen Auffassungen zu Restrisiko-Abschlägen gesehen. Beispielhaft sind in **Tabelle 4.3** einige abgeleitete Grenzwerte aufgeführt.

Bei allem Vertrauen in wissenschaftlich fundierte Grenzwerte dürfen die Sorgen von Menschen nicht unterschätzt werden, die beispielsweise in der Nähe einer Mikrowellenanlage ihren Arbeitsplatz haben. Permanente Bedenken, gesundheitliche Schäden durch Mikrowellenstrahlung am Arbeitsplatz zu erleiden, können zur permanenten Angst und letztlich zu einer psychischen Erkrankung führen. Regelmäßige Kontrollmessungen und Offenlegung der Messwerte sowie deren Vergleich mit den gesetzlichen Grenzwerten kann hier hilfreich sein. Andererseits ist die Akzeptanz des Mobiltelefons (Handy, Smartphon) in der Öffentlichkeit sehr ausgeprägt, obwohl es sich bei den digitalen D- und E-Netzen ebenfalls um Mikrowellen der Frequenzen 0,9 und 1,8 GHz mit Sendeleistungen von 1 bis 20 W handelt.[6] Damit hier der Teilkörper-SAR-Grenzwert für Kopf und Rumpf von 2 W/kg unterschritten wird, sind Mindestabstände bis zu 12 cm zwischen Gerät und Kopf einzuhalten [35, S. 47]. Menschen, die auf diese Weise telefonieren, sind jedoch selten zu beobachten. Weitgehend unbekannt scheint auch zu sein, dass die adaptiv ausgelegte Sendeleistung eines Mobiltelefons in Fahrzeugen ohne Dachantenne oft ihre Spitzenleistung erreicht, weil die Übertragungsverhältnisse durch die metallische Karosserie (Faraday´scher Käfig) sehr ungünstig sind. Bei neueren Fahrzeugen ist das Mobiltelefon mit der Außenantenne gekoppelt, wodurch die Strahlenbelastung erheblich reduziert wird.

Tabelle 4.3: Abgeleitete Grenzwerte für 2,45 GHz nach European Committee for Electrotechnical Standardization (CENELEC 50 166), der DIN-Norm 57 720 für Geräte und den Regeln der Berufsgenossenschaft von 1996; die Nummern zu den Expositions-Bereichen haben folgende Bedeutung: 1 = Arbeitsplatz, 2 = Öffentlichkeit, 3 = Haushalt, 4 = kontrollierte Betriebsräume, 5 = Büro- und Sozialräume

Institution/ Vorschrift	Expositions- Bereiche	E V/m	H A/m	p_a W/m²
CENELEC	1	133	0,35	50
CENELEC	2	61	0,16	10
DIN-Norm Geräte	3			50
Berufsgenossenschaft	4	61,4	0,16	10
Berufsgenossenschaft	5	137,2	0,36	50

[6] Leistung wird nach GSM-Standard mit 217 Hz gepulst; angegeben ist hier die mittlere Leistung, die 12,5 % der maximalen Leistung beträgt; geringe mittlere Leistung bei Sichtkontakt zum Sendemast, hohe mittlere Leistung in Betongebäuden, U-Bahn usw.

4.9.3 Messungen

Die Messung der Leistungsdichte erfolgt am einfachsten kalorimetrisch. Im Messkopf der Messgeräte befindet sich ein Material mit hohem, temperaturabhängigem Verlustwert, in das Heißleiter oder heißleitende Dioden eingebettet sind, deren Widerstand sich mit der Temperatur ändert. Wenn die Wärmekapazität dieser Anordnung klein genug ist, stellt sich nach kurzer Zeit (1-5 s) ein stationäres Temperaturfeld (wie bei der Glühlampe) ein. Damit ist die stationäre Temperatur zur Mikrowellen-Leistungsdichte nahezu proportional. Es ist nur noch eine Kalibrierung in einem Versuchsstand mit bekannter Leistungsdichte notwendig.

Die kalorimetrische Messung der Leistungsdichte in der nahen Umgebung von Mikrowellen-Geräten und -Anlagen ist relativ einfach. Die Vorschriften gelten dabei als eingehalten, wenn der Messwert plus der Messunsicherheit, resultierend aus Geräte- und Methoden-Unsicherheit, bei allen denkbaren Betriebszuständen unter den gesetzlichen Vorgaben liegt. Die Messung der Autoren an einem Mikrowellenkochgerät ergab bei der höchsten Leistungsstufe, ohne Kochgut und in 50 mm Abstand vom Türspalt des Gerätes eine Leistungsdichte von $5\,\mathrm{W/m^2}$. Bei Beladung des Gerätes mit ca. 0,5 l Wasser konnte mit dem verwendeten Messgerät keine Strahlung nachgewiesen werden. Nach [1, Infoblatt 1/91] wurden 100 privat genutzte Mikrowellenkochgeräte unter Standardbedingungen untersucht und festgestellt, dass die Emission von Mikrowellenstrahlungen weit unter dem vorgeschriebenen Grenzwert von $50\,\mathrm{W/m^2}$ in 50 mm Abstand von der Geräteoberfläche liegt. Bei sehr alten oder intensiv benutzten Geräten und bei sichtbaren Türbeschädigungen wird eine Überprüfung durch den Kundendienst oder ein Austausch des Gerätes empfohlen.

5 Direkte Widerstandserwärmung

Bei der direkten oder unmittelbaren Widerstandserwärmung wird der elektrische Strom mittels Kontakten oder Elektroden eingeprägt. Das zu erwärmende Gebiet muss elektrisch leitfähig sein und kann als Werkstück (z. B. Stange, Draht, Band), Schüttgut (Möller) oder Fluid (z. B. heiße Schlacke, Quecksilber) vorliegen. Bei ionischen Fluiden, wie Wasser und flüssigem Glas, kann es neben der Erwärmung zu einem Stofftransport durch Ionen kommen. Diese Erscheinung soll hier nur am Rande betrachtet werden. Für Prozesse mit gewünschtem Stofftransport bzw. gewünschter Stoffabscheidung ist das eigenständige Kapitel im Teil 2 des Buches vorgesehen. Die direkte Widerstandserwärmung wird weiter unterteilt nach dem Stromeintrag über Kontakte und über Elektroden. Dabei können die Elektroden entweder in einen leitfähigen Möller (z. B. gemahlenes Eisenerz und Koks) oder in ein leitfähiges Fluid (z. B. Glasschmelze oder Schlacke) eintauchen. Weil fälschlicherweise oftmals Kontaktbolzen ebenfalls als Elektroden (in Analogie zum Lichtbogen-Schweißen) bezeichnet werden, ist Sorgfalt notwendig. Neben der direkten Widerstandserwärmung hat die indirekte oder mittelbare Widerstandserwärmung eine sehr große Anwendungsbreite gefunden. Bei dieser wird zunächst ein Heizleiter mittels Stromdurchgang erhitzt, der seinerseits die entwickelte thermische Energie durch Wärmeleitung, Konvektion und Temperatur-Strahlung auf das Gut überträgt. Weil dies nach der obigen Definition ein indirektes Verfahren ist, wurde ihm ein separates Kapitel im Teil 2 des Buches zugewiesen.
In diesem Kapitel haben sich die Autoren weitgehend auf die Fachbücher [6], [31] und [39] bezogen.

5.1 Stromeintrag über Kontakte

Das Prinzip der direkten Widerstandserwärmung über Kontakte, das hier weiterhin als konduktive Erwärmung (engl. *conduction heating*) bezeichnet wird, ist in **Bild 5.1** dargestellt.

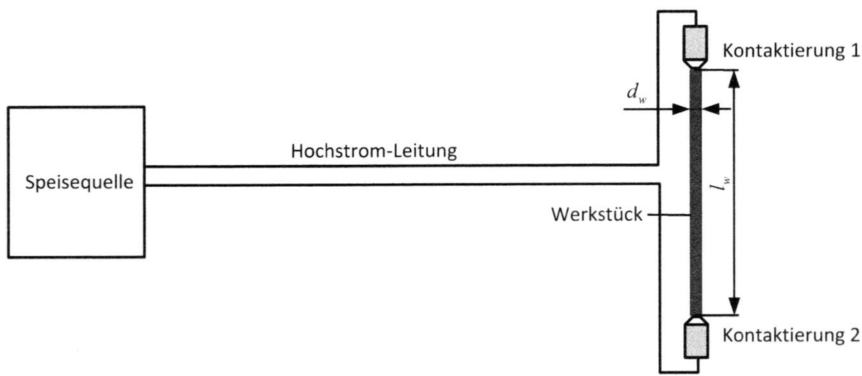

Bild 5.1: Komponenten bei der konduktiven Erwärmung

5.1.1 Kontakte

Da der Strom über zwei Kontakte fließt, ist für die energetische Effizienz das Verhältnis von Werkstück- und zweifachem Kontakt-Widerstand entscheidend.

Kontaktformen: Die Kontakte werden nach der Bauform unterschieden in:

- Kontaktbolzen nach Bild 5.1
- Rollenkontakte nach **Bild 5.7**
- Schleifkontakte
- Bad- oder Fließkontakte nach **Bild 5.2**
- Wirbelbettkontakte nach Bild 5.2 b.

Schleifkontakte, die direkt am Werkstück ansetzen, werden nur noch ganz selten eingesetzt, weil der Kontakt-Widerstand relativ hoch ist. Um hierbei das Verhältnis von Werkstück-Widerstand zum Kontakt-Widerstand zu vergrößern, könnte mit HF-Strom gearbeitet werden. Der dazu notwendige Einsatz einer HF-Quelle rechtfertigt jedoch eher die induktive Erwärmung. Schleifkontakte als Grafphitbürsten auf Schleifringen, wie sie von elektrischen Maschinen bekannt sind, werden dagegen zur Stromübertragung auf Kontaktrollen eingesetzt. Sie sind konstruktiv mit denen am Asynchronmotor mit Schleifringläufer vergleichbar.

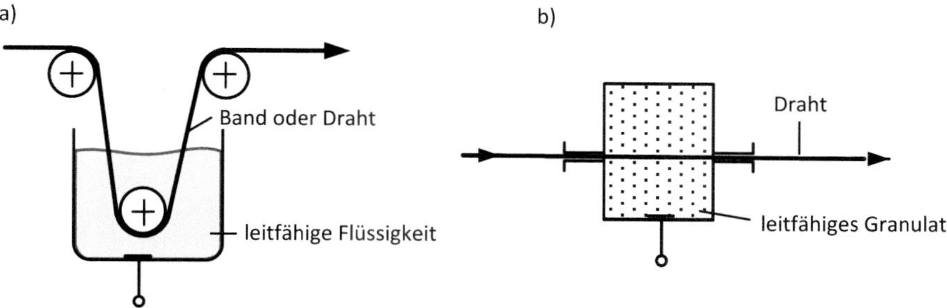

Bild 5.2: Kontaktierung: a) flüssiges Metall, b) Wirbelbett aus Metall-Granulat

Kontaktwiderstand

Der endliche Widerstand und die Stromtragfähigkeit der Kontakte sind die begrenzenden Elemente hinsichtlich der Leistungsfähigkeit einer konduktiven Erwärmungseinrichtung. Unter idealisierten Bedingungen kann der Kontakt-Widerstand mit dem Kugel-Kugel-Modell berechnet werden.
In der zu Grunde liegenden Modellvorstellung werden nach **Bild 5.3** zwei Kugeln mit den Radien r_1 und r_2 durch die Kontaktkraft F aufeinander gedrückt. Im Berührungspunkt verformen sich die Kugeln elastisch, wobei sich eine kreisförmige Berührungsfläche mit dem Radius a herausbildet. Der Kontaktwiderstand bestimmt sich aus dem Bild einer eingeschnürten stationären Strömung.

$$R_k = \frac{1}{4a}(\frac{1}{\kappa_1} + \frac{1}{\kappa_2}) \qquad (5.1)$$

Die Gleichung (5.1) gilt für reine Oberflächen ohne plastische Verformung an der Kontaktfläche. Der Übergangswiderstand an der Kontaktfläche wird vernachlässigt. Offensichtlich wären Gold oder Silber die besten Kontaktmaterialien, wobei Silber den Strom besser als Gold leitet, jedoch leichter oxidiert. Beide Materialien verwendet man nur in Sonderfällen für die konduktive Erwärmung, denn eine Materialart ist mit dem Werkstück ohnehin vorgegeben. Für die frei wählbare Materialart wird oftmals reines Kupfer (Elektrolytkupfer) oder eine Kupferlegierungen verwendet. Die sich ausbildende Kreisfläche mit dem Radius a ist von den elasto-mechanischen Eigenschaften der beiden Kontaktmaterialien abhängig.

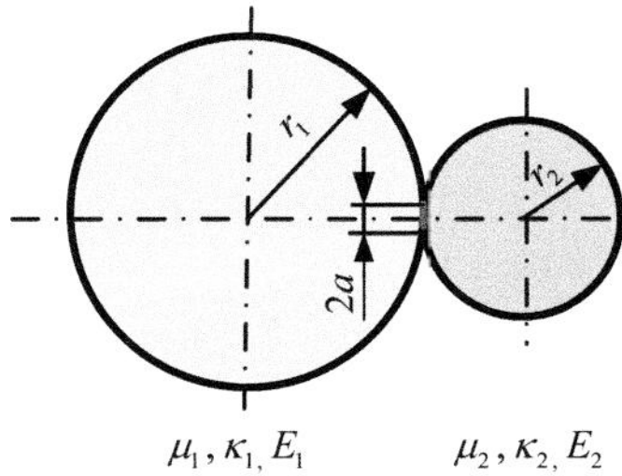

Bild 5.3: Zur Berechnung des Kontaktwiderstandes

$$a = \sqrt[3]{\frac{3}{4}F[\frac{1-\nu_1^2}{E_1}\frac{1-\nu_2^2}{E_2}]\frac{r_1 r_2}{r_1 + r_2}} \tag{5.2}$$

Darin ist E der Elastizitätsmodul (E-Modul) (engl. *coefficient of elasticity*) bei der sich einstellenden Kontakttemperatur und ν bedeutet die Poisson-oder Querdehn-Zahl. Einige Zahlenwerte hierzu sind in **Tabelle 5.1** aufgeführt.

Tabelle 5.1: Richtwerte zur Querdehnzahl und zum Elastizitätsmodul einiger Metalle

Material	Querdehnzahl	Elastizitätsmodul
Aluminium	0,34	70
Kupfer	0,35	120
Messing	0,37	100
Magnesium	0,35	45
Nickel	0,31	200
Titan	0,33	100
Stahl	0,28	200

Aus den Eigenschaften der Kontaktmaterialien sowie aus der Form und Größe der Kontakte ergibt sich die maximale Kraft F, bei der unter Berücksichtigung der auftretenden Temperaturen an der Berührungsfläche die plastische Verformung einsetzt. Diese Kraft darf keinesfalls überschritten werden.

Kennziffern

Über einen einzelnen Kontaktbolzen können Ströme bis zu 10 kA geleitet werden. Um den Strom durch das Werkstück zu vervielfachen, kann man mehrere Kontaktbolzen sowohl an den Stirnflächen des Werkstückes als auch seitlich davon ansetzen (s. **Bild 5.4**). Damit hier eine möglichst gleichmäßige Stromaufteilung auf die Einzelkontakte erfolgt, sollten sowohl die Kontaktkräfte als auch Induktivitäten der zugehörigen Leitungsstücke möglichst gleich sein. Praktiker berichten, dass mehr als drei Kontaktbolzen nur schwer zu beherrschen sind.

Über einen Rollenkontakt nach Bild 5.16 können wegen der besseren Wärmeabfuhr Ströme bis zu 25 kA geleitet werden.

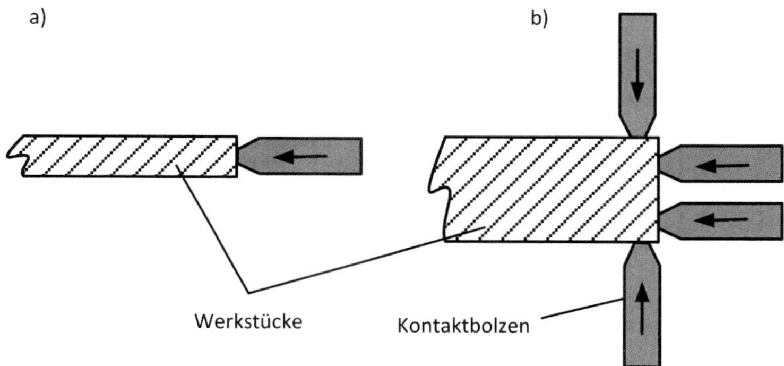

Bild 5.4: Kontaktbolzen: a) Einzelkontakt, b) Stromerhöhung durch mehrere Kontaktbolzen

5.1.2 Erwärmen langer Werkstücke

Für langgestreckte Werkstücke mit gleichbleibendem Querschnitt ist die konduktive Erwärmung prädestiniert. Als lange Werkstücke werden hier solche bezeichnet, deren Verhältnis von der Längs- zur Querabmessung mindestens größer als zehn ist. Unter diesen Voraussetzungen kann die konduktive Erwärmung sogar eine energetische Alternative zur Induktionserwärmung darstellen. Nach [5, S. 50] liegt der spezifische Energieverbrauch zwischen 230 bis 330 kWh/t bei Querabmessungen von 40 bis 100 mm und Längen von 0,6 bis 10 m. Er ist damit geringer als bei einer Induktionserwärmung. Ein weiterer Vorteil kommt zum Tragen, wenn lange Werkstücke wie Stangen und Rohre in ihrer gesamten Länge gleichzeitig die Umformtemperatur erreichen müssen, weil sie in einem raschen Arbeitsgang (z. B. Wickeln von Schraubenfedern) als Ganzes umgeformt werden sollen. Die konduktive Erwärmung im getakteten und im kontinuierlichen Betrieb findet hauptsächlich Anwendung bei folgenden Verfahren:

- Erwärmung von Bändern und Drähten zur Wärmebehandlung (Patentieren, Weichglühen) oder zum Beschichten
- Erwärmung von Stangen, Knüppeln und Rohren aus Stahl auf Schmiedetemperatur von 1200 °C zum nachfolgenden Umformen.

Inhomogenitäten: Wenn das Werkstück homogen erwärmt werden soll, so muss dies in seinen Querschnittsabmessungen und Materialeigenschaften homogen sein. Damit die durch die Kontakte hervorgerufenen Störungen des Temperaturfeldes sich nicht zu stark ausprägen, sollte das Werkstück etwa fünf mal länger als sein Durchmesser sein. Außerdem muss für eine gleichmäßige und möglichst geringe Wärmeabfuhr durch Konvektion und Abstrahlung gesorgt werden, weil es im Falle von Kaltleitern (die meisten Metalle) zu einer unerwünschten thermischen Mitkopplung kommen kann. Falls die Wärmeabfuhr an einer Stelle vermindert wird (z. B. durch Abdeckung), ergibt sich lokal ein höherer elektrischer Widerstand, der seinerseits (bei positiven Temperaturkoeffizienten des spezifischen Widerstandes) zu einer höheren Wärmeentwicklung führt. Das kann bei dünnen Werkstücken (Drähte) bis zu einer lokalen Aufschmelzung führen. Umgekehrt kann es bei lokaler Kühlung (kalter Luftstrom) zu einer wesentlich verminderten Aufheizung kommen. Es gibt Prozesse, bei denen diese Effekte genutzt werden: Abtrennen durch lokales Schmelzen, Verformen neben der Kaltstelle.

5.1.3 Erwärmen und Umformen

Die Kontakte können nach **Bild 5.5** so ausgebildet sein, dass sie sowohl einen guten Stromeintrag in das Werkstück ermöglichen als auch gleichzeitig hydraulisch getriebene Zug- oder Schub-Kräfte bzw. Drehmomente auf das Werkstück übertragen. Damit kann während und unmittelbar nach der Erwärmung eine Umformung erfolgen.

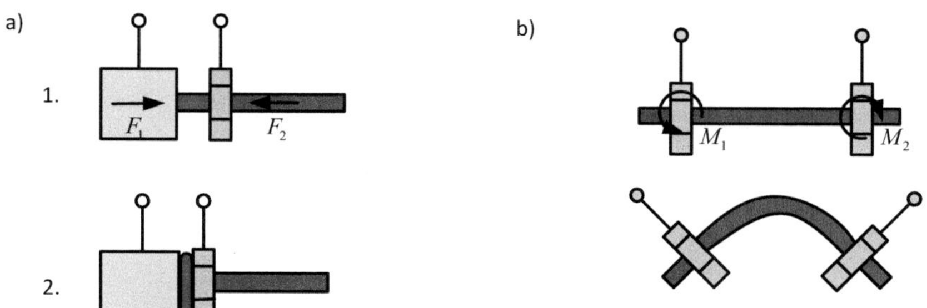

Bild 5.5: Erwärmen und gleichzeitiges Umformen durch die Kontakte: a) Stauchen, b) Biegen

5.1.4 Stromversorgung

Gleichstrom

Die Wärmeentwicklung und damit die Temperaturverteilung über dem Querschnitt des Werkstückes werden durch den Skin- und unter bestimmten Umständen auch durch den Proximity-Effekt bestimmt.

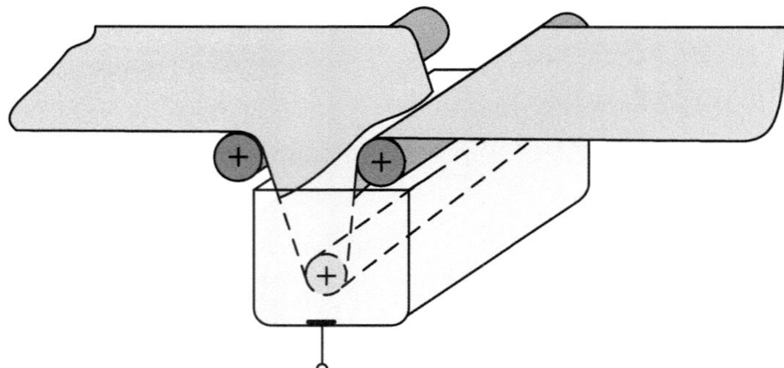

Bild 5.6: Erwärmung breiter Bänder mit Gleichstrom; die Kontaktierung an der unteren Rolle kann eine metallischen Flüssigkeit (z. B. Zinn) übernehmen

Beide Effekte lassen sich mit Gleichstrom unterbinden, denn hier ist eine nahezu homogene Stromdichte über dem Querschnitt zu erwarten. Die Temperaturverteilung über dem Querschnitt des Werkstücks wird nur durch die Wärmeverluste auf der Oberfläche inhomogen, d. h. sie fällt in Richtung der Oberfläche ab. Der Kern wird wärmer als die Oberfläche, was sich insbesondere bei dickeren Werkstücken und relativ geringen Leistungsdichten zeigt. Bei der Erwärmung breiter Bänder nach **Bild 5.6** können die genannten Effekte zu einer inhomogenen Temperatur über der Bandbreite führen. Wegen der unterschiedlichen Wärmedehnung kann dadurch das Band Wellen bilden, was zu erheblichen Störungen führen kann.

Als Speisequelle kommt beispielsweise ein stellbarer Drehstromtransformator mit einem 6-pulsigen Gleichrichter auf der Hochstromseite zum Einsatz. Eine besonders feine Stellbarkeit wird mit Schubtransformatoren oder gesteuerten Gleichrichtern erreicht. Bei den Schubtransformatoren wird die magnetische Kopplung durch Verschiebung von Schenkel und Joch und damit von Primär- und Sekundärwicklung erreicht. Diese Stellvariante ist aufwendiger. Sie verursacht dafür keine Oberwellen wie der gesteuerte Gleichrichter.

Netzfrequenz

Die Vorteile der direkten Widerstandserwärmung kommen besonders zum Tragen, wenn Netzfrequenz verwendet werden kann. Ein direkter Anschluss an das Versorgungsnetz ist in der Regel jedoch nicht möglich. Zur Anpassung der meist zu geringen Werkstückimpedanz ist mindestens ein Hochstromtransformator notwendig.

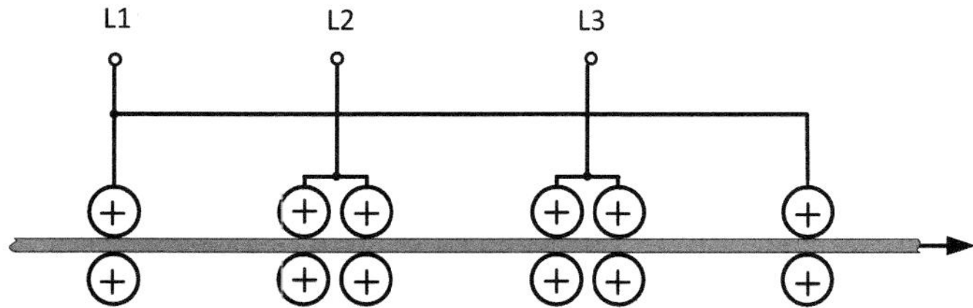

Bild 5.7: Erwärmung mit Drehstrom über Rollenkontakte; die Rollen sind über Schleifkontakte (Bürste aus Grafit, Schleifring aus Messing) mit dem Drehstromtransformator verbunden

Das Werkstück stellt zusammen mit der Hochstromleitung eine Last dar, die ohmsch-induktiv ist. Meistens ist es wirtschaftlicher, den Transformator zusätzlich mit dem Blindstrom zu belasten und die Kompensation auf die Primärseite zu verlegen, weil ansonsten wegen

$$Q = U^2 \omega C \tag{5.3}$$

auf der Sekundärseite eine viel zu hohe Kapazität C erforderlich wäre.
Um eine symmetrische Belastung des Versorgungsnetzes bei höheren Leistungen (> 10 kW) zu erreichen, ist eine symmetrische Belastung des Drehstromnetzes anzustreben. Das kann durch Parallel-Betrieb von drei Anlagen oder bei einer Erwärmung im Vorschub relativ leicht mit mindestens vier Kontaktrollen-Paaren erreicht werden (s. **Bild 5.7**).

Mittels der Steinmetz-Schaltung nach **Bild 5.8** kann in Verbindung mit einer Kompensation der ohmsch-induktiven Last eine rein ohmsche und symmetrische Netzbelastung erreicht werden. Da sich allerdings beim getaktetem Betrieb die Impedanz des Werkstücks mit seiner Temperatur verändert, ist eine Korrektur der Kompensationskapazität mit C_{c2} und der Symmetrier-Reaktanzen mittels Umschalter und C_{s2} erforderlich. Die variablen Kapazitäten werden durch parallel geschaltete und mittels Halbleitern (z. B. IGBT) angesteuerte Induktivitäten realisiert.

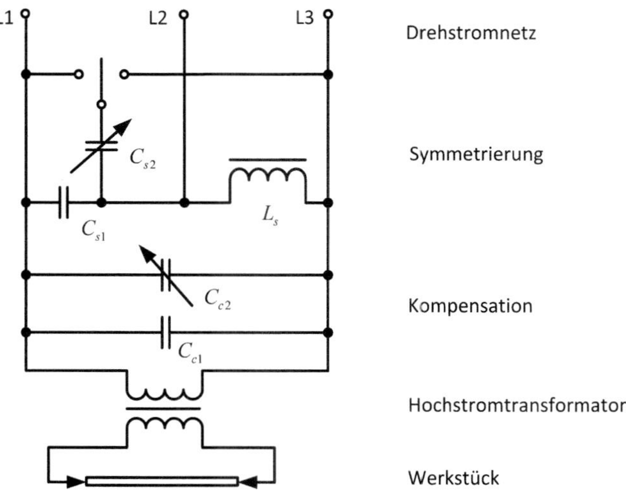

Bild 5.8: Kompensation und Symmetrierung; die ohmsch-induktive Last muss mittels $C_c = C_{c1} + C_{c2}$ vollständig kompensiert werden

Die Symmetriebedingung bei einer kompensierten Last R lautet:

$$\sqrt{3}R = \frac{1}{\omega C} = \omega L. \tag{5.4}$$

Darin bedeuten L und C die mittels C_{s2} korrigierten Blindelemente nach Bild 5.8. Das zugehörige Zeigerbild ist in **Bild 5.9** dargestellt.

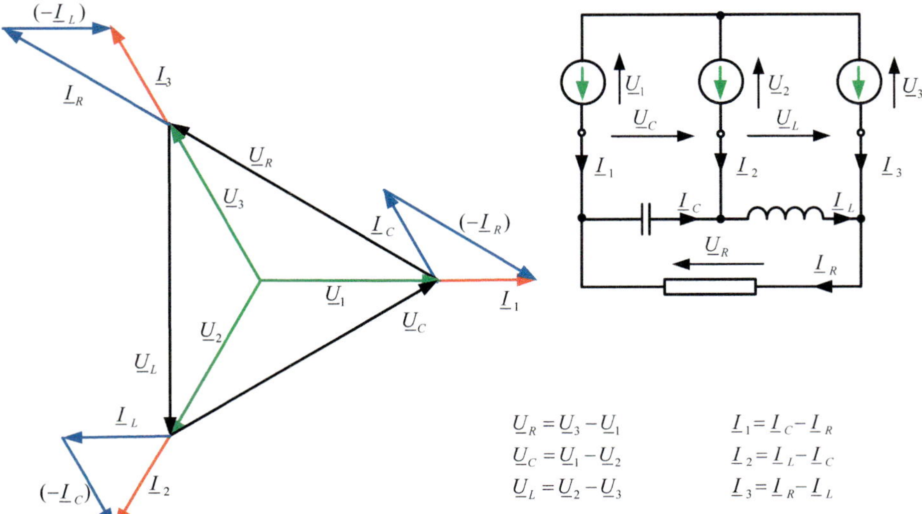

Bild 5.9: Zeigerbild zur Steinmetz-Schaltung; Phasenfolge und die Anordnung der Blindelemente sind nicht beliebig

Hochfrequenz

Manchmal ist eine inhomogene Erwärmung über dem Querschnitt mittels des Skin-Effektes erwünscht. Manchmal genügt es, z. B. für eine nachfolgende Beschichtung, nur die Oberfläche des Werkstücks zu erwärmen. Als Speisequellen kommen die in Kapitel 2 vorgestellten Quellen zur Anwendung. Auch bei der nur noch selten angewandten Kontaktierung über Schleifkontakte kann mit Hochfrequenz das Verhältnis von Werkstück- zu Kontaktwiderstand erhöht und damit energetisch günstiger gestaltet werden.

5.1.5 Leistungsberechnung

Für die Auslegung von Anlagen zur konduktiven Erwärmung ist es notwendig, für den i. d. R. vorgegebenen Leistungsumsatz die notwendigen Spannungen zu bestimmen. Dies soll beispielgebend für die mit Netzfrequenz arbeitenden

Einrichtungen zur Erwärmung langgestreckter Werkstücke skizziert werden. Hierzu ist es notwendig, die Impedanzen von Hochstromtransformator, Hochstromleitung und des Werkstückes sowie die beiden Kontaktwiderstände zu kennen.

Hochstromtransformator

Hochstromtransformatoren sind nahezu stromideal, weshalb angenommen werden darf, dass sich die Ströme von Primär- und Sekundärseite umgekehrt zu den Windungszahlen einstellen.

$$I_2/I_1 = N_1/N_2 = \text{ü} \tag{5.5}$$

Die Impedanz des Hochstromtransformators kann aus dem Typenschild oder dem Kurzschlussversuch bestimmt werden. Bezogen auf die Primärseite (Netz) gilt:

$$\underline{Z}_t = R_t + \mathrm{j}\,\omega L_t. \tag{5.6}$$

Werkstück

Die Impedanz des Werkstücks zwischen den Kontakten ist von der zeitlich-örtlichen Temperaturverteilung abhängig. Eine besonderes starke Veränderung erfährt die Werkstück-Impedanz, wenn es sich um ferromagnetisches Material mit $\mu(\vartheta(\vec{r}))$ handelt und die Curie-Temperatur überschritten wird.
Von den denkbaren Werkstückformen zwischen den beiden Kontakten sind nur der Voll- und der Hohlzylinder einer analytischen Lösung zugänglich. Und dies auch nur, wenn die Stoffwerte als konstant angenommen werden können. Bei großen Querabmessungen im Vergleich zur äquivalenten Eindringtiefe $\delta = \sqrt{2/(\omega\mu\kappa)}$ (s. Kapitel 2) kann eine Abschätzung erfolgen, bei der die Mantelfläche des Werkstücks als Halbraum aufgefasst wird. Genauere Lösungen sind nur durch numerische Berechnungen möglich. Hier wird sich auf die analytisch bestimmte Impedanz eines Vollzylinders mit dem Radius r_w und der Länge l_w mit konstanten Stoffwerten μ und κ nach [30, S. 590] beschränkt.

$$\underline{Z}_w = R_w + \mathrm{j}\,\omega L_w = R_0\sqrt{\mathrm{j}\,/2}\,\frac{r_w}{\delta}\,\frac{\mathrm{J}_0(\sqrt{\mathrm{j}\,/2}\,r_w/\delta)}{\mathrm{J}_1(\sqrt{\mathrm{j}\,/2}\,r_w/\delta)} \tag{5.7}$$

Darin ist R_0 der Gleichstromwiderstand des Werkstücks (hier Vollzylinder)

$$R_0 = \frac{l_w}{\kappa \pi r_w^2} \tag{5.8}$$

und J_0 sowie J_1 sind Bessel'sche Funktionen der 1. Gattung und 0. bzw. 1. Ordnung, deren Funktionswerte beispielsweise in [11] mit dem komplexen Argument $\sqrt{\mathrm{j}/2}\, r_w/\delta$ aufgeführt sind. Für große Argumente (große Durchmesser, kleine Eindringtiefen) mit $r_w/\delta > 2$ können Näherungen verwendet werden:

$$R_w = 0,5\, R_0 \frac{r_w}{\delta} \tag{5.9}$$

$$\omega L_w = 0,5\, R_0 \frac{r_w}{\delta}. \tag{5.10}$$

Für kleine Argumente mit $r_w/\delta < 0,75$ sind ebenfalls Näherungen verwendbar, die quasi dem Gleichstrom entsprechen.

$$R_w = R_0 (1 + \frac{1}{54} (\frac{r_w}{\delta})^4) \tag{5.11}$$

$$\omega L_w = R_0 \frac{1}{4} (\frac{r_w}{\delta})^2 (1 - \frac{1}{96} (\frac{r_w}{\delta})^4) \tag{5.12}$$

Die Verteilung der Stromdichte berechnet sich nach [30, S. 590] zu:

$$\underline{J}(r) = \frac{I}{r_w \delta} \sqrt{\mathrm{j}/2} \frac{\mathrm{J}_0(\sqrt{\mathrm{j}/2}\, r/\delta)}{\mathrm{J}_1(\sqrt{\mathrm{j}/2}\, r_w/\delta)}. \tag{5.13}$$

Auch hier können für bestimmte Bereiche des Arguments r_w/δ einfache Beziehungen für den Betrag der Stromdichte abgeleitet werden.
Für große Argumente mit $r_w/\delta > 2$ gilt die Näherung:

$$J(r) = \frac{I}{\pi r_w \delta} \sqrt{\frac{r_w}{2r}}\, \mathrm{e}^{-(r_w - r)/\delta}. \tag{5.14}$$

Für den Wertebereich $r_w/\delta < 0,75$ kommt die Stromdichteverteilung einer Gleichverteilung nahe.

$$J(r) = \frac{I}{\pi r_w^2} \tag{5.15}$$

Hochstromleitung

Bei Hochstromsystemen bildet die Reaktanz auch relativ kurzer Leitungen oftmals einen nicht zu vernachlässigenden Spannungsabfall, der die Leistungsbilanz entscheidend prägt. Zur Berechnung der Impedanz wird von **Bild 5.10** ausgegangen.

Es werden die beiden Leitungsabschnitte mit l_1 und l_2 betrachtet und wie in Kapitel 2, Abschnitt 2.4.1 mithilfe der magnetischen Ersatzschaltungen berechnet.

$$\underline{Z}_l = \underline{Z}_{l1} + \underline{Z}_{l2} \tag{5.16}$$

Die nachfolgenden Gleichungen beziehen sich auf einen der beiden Leitungsabschnitte, weshalb die Indizes 1 oder 2 weggelassen werden.

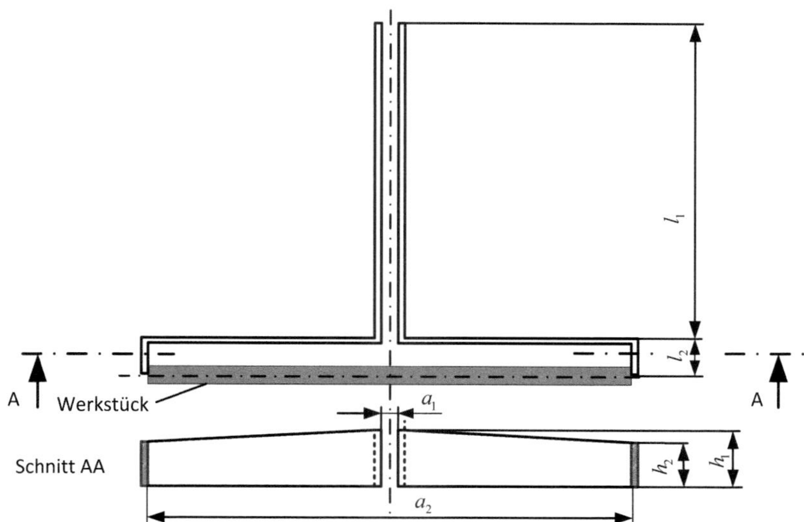

Bild 5.10: Anordnung der Anschlussleitung einer konduktiven Erwärmungsanlage

Im **Bild 5.11** ist die magnetische Ersatzschaltung in einem Schnitt der Hochstromleitung eingezeichnet. Sie besteht aus zwei reellen magnetischen Widerständen R_{mi} und R_{mo}, die den magnetischen Fluss im Innenraum und im Außenraum des Schienenpaares repräsentieren, sowie einem komplexen magnetischen Widerstand $\underline{Z}_{mk}$ des stromdurchflossenen Gebietes (Kupfer). Wenn man annimmt, dass im Außenraum der beiden Leiter das magnetische Feld verschwindet, so entspricht diese Konstellation einer einseitig erregten Platte mit den Flussfaktoren $\varphi_{pl1}(s/\delta)$ und $\psi_{pl1}(s/\delta)$. Die dazugehörige Ersatzimpedanz ist somit:

$$\underline{Z}_k = \frac{2l}{\kappa\delta h}(\varphi_{pl1}(s/\delta) + \mathrm{j}\,\psi_{pl1}(s/\delta)). \tag{5.17}$$

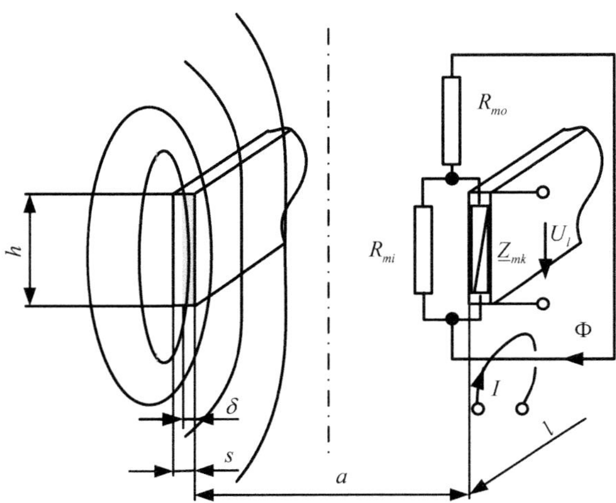

Bild 5.11: Zur Impedanzberechnung der Hochstromleitung mittels magnetischer Widerstände; die Ersatzschaltung (rechts von der Symmetrielinie) zeigt die räumliche Zuordnung der magnetischen Widerstände

Beim Vergleich mit einem Induktor ist zu beachten, dass hier für die Windungszahl $N = 1$ gilt und dass der Abstand a keinen Beitrag zur Strombahn liefert. Mit der allgemeinen Formel zur Umrechnung von elektrischen Impedanzen in magnetische Impedanzen

$$\underline{Z}_m = N^2\,\mathrm{j}\,\omega\frac{1}{\underline{Z}} \tag{5.18}$$

kann man $\underline{Z}_{mk}$ in Bild 5.11 bestimmen.
Der magnetische Widerstand des Innenraumes ist durch die Leitungsgeometrie gegeben.

$$R_{mi} = \frac{h}{\mu_0 a l} \tag{5.19}$$

Mit (5.18) folgt hieraus:

$$X_i = \mathrm{j}\,\omega \frac{\mu_0 a l}{h}. \tag{5.20}$$

Der magnetische Widerstand des Außenraumes kann aus der Induktivität rechteckiger Spulen bestimmt werden. In Anlehnung an die Ausführungen zur Berechnung einer Spule nach Kapitel 2 ergibt sich:

$$R_{mo} = \frac{h}{\mu_0 a l}(\frac{1}{k_N} - 1). \tag{5.21}$$

Nochmals (5.18) angewendet ergibt:

$$X_o = \mathrm{j}\,\omega \frac{\mu_0 a l}{h} \frac{1}{1/k_N - 1}. \tag{5.22}$$

Darin ist k_N der Nagaoka-Koeffizient für Spulen in Form eines Quaders nach Bild 2.34. Dieser Koeffizient wird hier mit den Parametern a/h und a/l bestimmt. Die zur magnetischen Ersatzschaltung gehörige elektrische Ersatzschaltung ergibt sich ebenfalls aus (5.18). Sie ist im **Bild 5.12** dargestellt. Darin gibt U_l den Spannungsabfall an, den der entsprechende Leitungsabschnitt verursacht. Man erkennt, dass für $k_N \to 1$, d. h. a ist im Vergleich zu h sehr klein, nur noch eine Reihenschaltung bestehend aus Z_k und X_i verbleibt.

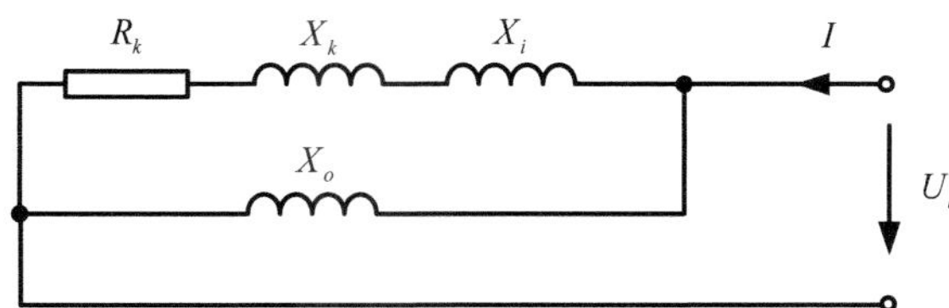

Bild 5.12: Elektrische Ersatzschaltung zu einem Abschnitt der Hochstromleitung

Die Auslegung und Berechnung von Hochstromleitungen in Form von verschachtelten Leiterpaketen unter Berücksichtigung der Skin- und Proximity-Effekte ist ausführlich in [39] dargestellt.

Wirk-und Blindleistung

Die resultierende Impedanz wird bestimmt, indem alle auf der Sekundärseite befindlichen Impedanzen mit $ü^2$ auf die Primärseite übertragen werden.

$$\underline{Z} = \underline{Z}_t + ü^2 \underline{Z}_l + ü^2 \underline{Z}_w + 2ü^2 R_k \tag{5.23}$$

Mit der vorgegebenen Netzspannung U_n kann der unkompensierte Strom, d. h. der Primärstrom des Hochstromtransformators I_p bestimmt werden.

$$I_p = U_n / |\underline{Z}| \tag{5.24}$$

Damit ergibt sich schließlich die im Werkstück umgesetzte Wirkleistung.

$$P_w = ü^2 I_p^2 R_w \tag{5.25}$$

Man erkennt leicht, dass diese im Werkstück umgesetzte Leistung wesentlich von der Reaktanz der Leitung beeinflusst werden kann.

5.1.6 Eigenschaften und Kennziffern

Mit der konduktiven Erwärmung können Aufheizgeschwindigkeiten bis zu 20 K/s erzielt werden. Besonders leistungsstarke Anlagen mit Anschlussleitungen bis zu 10 MV A werden in Stahlwerken für die Erwärmung von Walzknüppeln auf Walztemperatur (1200 °C) eingesetzt. Bei getakteter Erwärmung von Stangen und Knüppeln mit Querabmessungen von 40 bis 100 mm und Längen von 0,6 bis 10 m nach Bild 5.1 liegt der Heizstrom in Bereichen von 10 bis 50 kA. Die Spannung zwischen den Kontakten liegt zwischen und 10 und 50 V bei 50 Hz. Bei der kontinuierlichen Stahldrahterwärmung werden Anlagen mit bis zu 2 MV A eingesetzt. Über die Rollenkontakte fließen dabei Ströme von bis zu 25 kA.

5.1.7 Widerstandsschweißen

Man unterscheidet folgende Formen des Widerstandsschweißens:

- Punkt-Schweißen nach Bild 5.13
- Buckel-Schweißen nach Bild 5.15
- Rollen-Schweißen mit kontinuierlichem Vorschub nach Bild 5.16
- Abbrenn-Stumpf-Schweißen nach Bild 5.17 .

Punkt-Schweißen

Die häufigste Anwendung findet das Punktschweißen nach **Bild 5.13**. Zwei Kontaktbolzen pressen die miteinander zu verschweißenden Werkstücke, z. B. zwei Bleche, zusammen. Die Kontaktkraft F verteilt sich dabei auf eine etwas größere Fläche als die Kontaktfläche des Kontaktbolzens mit dem Durchmesser d zwischen den beiden Werkstücken. Dadurch und durch das elektrisch und thermisch gut leitende Material des Kontaktbolzens (Kupferlegierung) ist der Übergangswiderstand R_{ci} zwischen den zu verschweißenden Werkstücken höher als der Kontaktwiderstand zwischen Kontaktbolzen und Werkstück R_{co}.

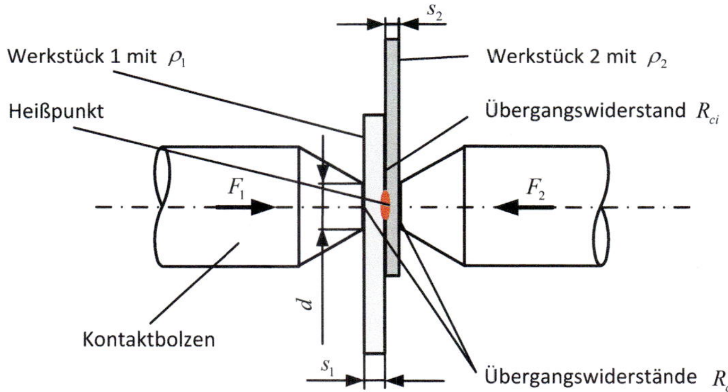

Bild 5.13: Widerstands-Punktschweißen

Nach [5, S. 53] sind ab einer Elektrodenkraft von $F > 2\,\text{kN}$ bei $s_1 = s_2 = 1\,\text{mm}$ die Kontaktwiderstände nahezu konstant und es gilt für $R_{ci} < 0{,}4\,\text{m}\Omega$ und für $R_{co} < 0{,}3\,\text{m}\Omega$. Nach dem Aufschmelzen einer dünnen Oberflächenschicht können oftmals die Übergangswiderstände R_{ci} und R_{co} gegenüber dem Stoffwiderstand R_{mat} vernachlässigt werden. Für eine zylindrische Kontaktfläche mit dem Durchmesser d und den spezifischen Widerständen ρ_1 und ρ_2 der zu verschweißenden Werkstücke lässt sich R_{mat} leicht abschätzen.

$$R_{mat} = \frac{(s_1\rho_1 + s_2\rho_2)}{\pi d^2/4} \tag{5.26}$$

Die notwendige Energie (fühlbare und latente Wärme) für einen Schweißpunkt kann entweder mit hohen Strömen und kurzen Zeiten oder umgekehrt mit geringeren Stromstärken und längeren Schweißzeiten eingebracht werden. Dabei ist die maximale Stromstärke durch die Kontaktkraft und Abmessungen des

Kontaktbolzens begrenzt. Es werden Schweißströme bis zu 100 kA bei Schweißspannungen bis zu 16 V erreicht. Zu lange Zeiten bei geringeren Strömen haben eine relativ hohe Wärmeableitung und damit energetische Verluste zur Folge. Außerdem kann dies zum Verzug der Werkstücke und zu Oxidation führen. Der geeignete Schweißstrom in den skizzierten Grenzen wird oft durch Experimente und/oder numerische Simulationen ermittelt. Der Schweißpunktabstand ist so zu wählen, dass Stromnebenschlüsse vernachlässigbar sind. Stromnebenschlüsse können auch durch ungünstige Konstruktionen (bereits vorhandene Verbindung beider Werkstücke) entstehen. Nicht alle Materialkombinationen lassen sich gleich gut verschweißen. In [5, S. 54] sind die Verschweißbarkeiten von über 25 Materialien zusammengestellt. Hier ist im Umkehrschluss auch zu erkennen, welche Kombinationen von Kontakt- und Werkstück-Materialien ein Anschweißen der Kontaktbolzen vermeiden können. z. B. ist Eisen (Werkstück) mit einer Kupfer/Beryllium-Legierung (Kontaktbolzen) schlecht oder nicht verschweißbar.

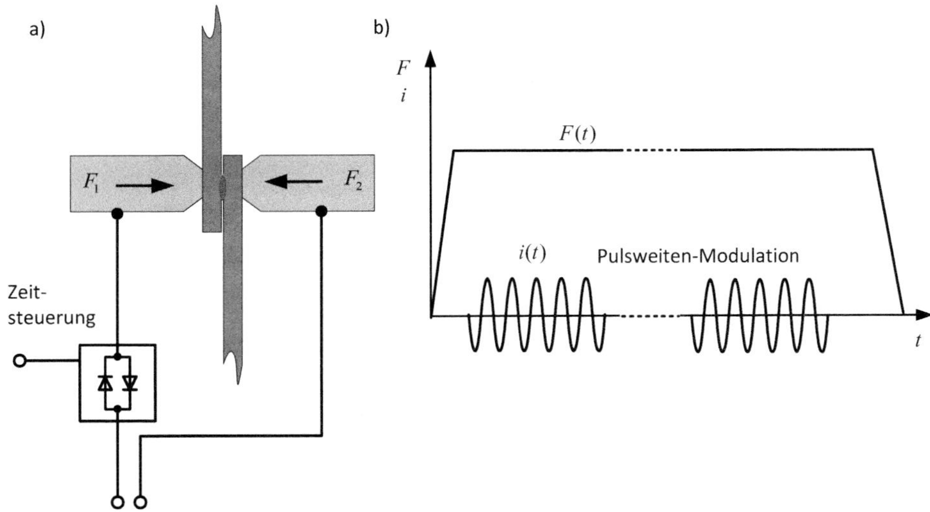

Bild 5.14: Zeitverlauf von Kontaktkraft und Schweißstrom

In **Bild 5.14** ist der prinzipielle zeitliche Ablauf einer Punktschweißung dargestellt. Der Schweißstrom darf erst nach Aufbau der vollen Kontaktkraft eingeschaltet werden, um die Ausbildung von Lichtbögen zu vermeiden. Wegen der thermischen Trägheit der Schweißstelle kann der Mittelwert des Schweißstromes kostengünstig und frei von Oberwellen mittels einer Pulsweiten-Modulation eingestellt werden. Die Kontaktkraft darf erst nachlassen, wenn nach dem Abschalten des Schweißstromes die Schweißstelle sich genügend abgekühlt bzw. verfestigt hat. Die Schweißdauer hängt vom Material der Werkstücke und der Dicke s ab und liegt im Bereich von 0,1-2 s.

Bei Arbeitsplätzen mit unmittelbarer Nähe zu den Schweißstrom-Leitungen (z. B. bei Handschweißungen mit einer Expositionsdauer von bis zu 8 h/d) sind wegen der hohen Ströme im kA-Bereich die zulässigen Grenzwerte zur magnetischen Feldstärke zu beachten. Falls der Schweißstrom mittels Phasenanschnitt gestellt wird, so müssen die höheren Harmonischen bestimmt werden, um eine unzulässige elektromagnetische Abstrahlung ausschließen zu können.

Buckelschweißen

Beim Buckelschweißen werden kleine Buckel oder Sicken auf eines der zu verschweißenden Werkstücke angebracht (s. **Bild 5.15**). Der Schweißstrom fließt nur an den Berührungsstellen der Buckel mit dem zweiten Werkstück. Dadurch können gleichzeitig 10 bis 20 Buckel verschweißt werden. Durch den positiven Temperaturkoeffizient des spezifischen Widerstandes gleichen sich die Schweißströme durch die einzelnen Buckel in gewissen Grenzen aus. Die Strompfade dürfen sich allerdings in ihren Längen nicht zu sehr unterscheiden (induktiver Widerstand).

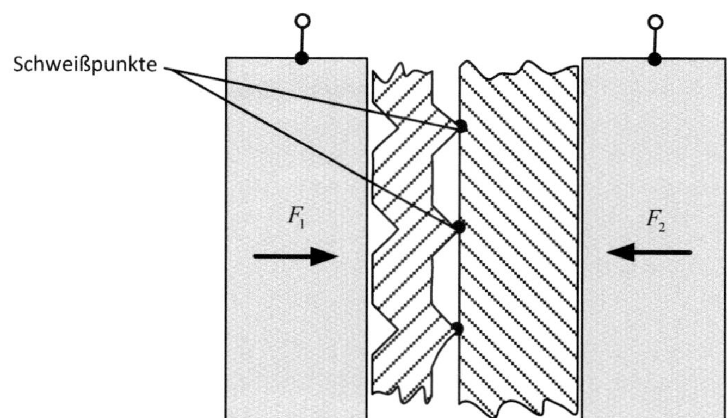

Bild 5.15: Prinzip der Buckelschweißung

Rollen-Schweißen

Die Kontaktbolzen des Punkt-Schweißens werden hier durch ein Schweiß-Rad (Durchmesser bis zu mehr als 1 m) und mehrere Stützrollen ersetzt (s. **Bild 5.16**). Je nach Ansteuerung des Schweißstromes können Steppnähte (großer Abstand der Schweißpunkte) oder dichte Nähte (Schweißpunkte überlappen sich) erzeugt werden. Die Schweißgeschwindigkeit hängt von der Dicke und Art des Materials ab und liegt im Bereich von 0,3 bis 5 m/min. Das induktive Rohrnahtschweißen (s. Kapitel 2) ist bei der Herstellung druckfester und dichter Schweißnähte vorteilhafter.

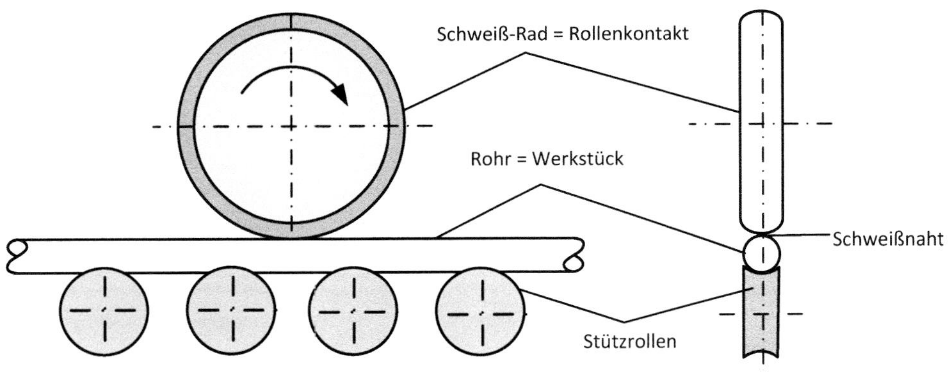

Bild 5.16: Rohrnahtschweißen; Stromzuführung zum Schweiß-Rad und zu den Stützrollen über Schleifringe

Stumpfschweißen

Beim Stumpfschweißen, das auch Abbrenn-Stumpfschweißen genannt wird, werden nach **Bild 5.17** die beiden Werkstücke mit hoher Kraft (meist hydraulisch) aufeinander gepresst. Da sich die beiden Werkstücke anfangs nicht vollflächig berühren, fließt der Schweißstrom zu Beginn nur durch eine Teilfläche, die jedoch sehr rasch erweicht und abschmilzt (abbrennt). Sobald sich eine vollflächige Auflage einstellt, wird der gesamte Querschnitt vom Schweißstrom durchflossen. Durch den Materialverbrauch verkürzen sich die beiden Werkstücke etwas. Es können große Querschnitte bis zu 200 cm^2 verschweißt werden, was eine Anwendung in Stahlwerken ermöglicht. Beispielsweise werden auf diese Weise Eisenbahnschienen verschweißt. Gegenüber dem klassischem Thermit-Schweiß-

Verfahren verkürzt sich die Prozesszeit von 40 min auf wenige Minuten. Die Schweißströme betragen hierbei 40-100 kA wobei die Schweißspannungen zwischen 6-15 V liegen.

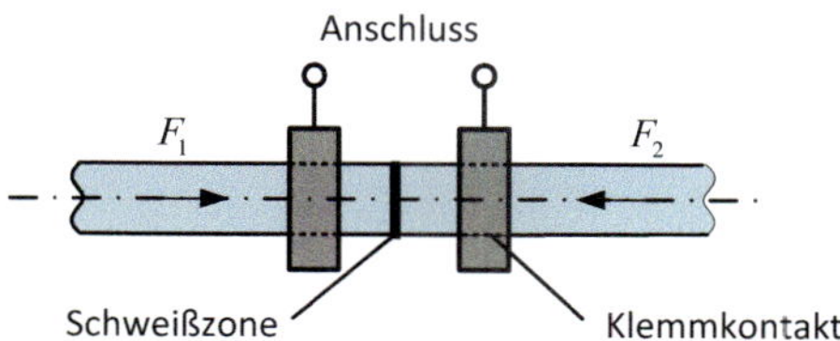

Bild 5.17: Prinzip des Abbrenn-Stumpfschweißens

5.1.8 Weitere Anwendungen

Erzeugung von Metalldampf

Zwischen den beiden Kontakten wird ein dünner Metalldraht gespannt. Bei einem genügend starken Stromimpuls, z. B. durch Entladung eines Kondensators, erhitzt sich der Draht bis zur Verdampfungstemperatur. Unter Vakuum oder Schutzgas kann somit metallisch reiner Metallstaub gewonnen werden. Das wiederholte Einspannen des Drahtes in die Kontakte erfolgt automatisch. Metallpulver wird zur Herstellung von Sinterwerkstoffen benötigt. Beispielsweise werden Sinterwerkstoffe mit einem Porenvolumen von etwa 27 % als Filter und solche mit einem Porenvolumen von 6-12 % als Lagerwerkstoffe verwendet.

Beheizung von Rohrleitungen

Lange metallische Rohrleitungen, durch die Flüssigkeiten gepumpt werden, dürfen eine Mindesttemperatur nicht unterschreiten, weil ansonsten die zu hohe Viskosität des Fluids die Förderung erschwert oder unmöglich macht. Es gibt hierfür unterschiedliche Konstruktionen. Eine oft angewandte besteht in einem von der Rohrleitung mitgeführten elektrisch isolierten Leiter (s. **Bild 5.18**), an dessen Ende (nach mehreren 100 m) die Kontaktierung mit dem Rohr erfolgt. Es sind geeignete Maßnahmen zum Schutz vor unzulässigen Berührungsspannungen zu treffen (Trenn-Transformator am Einspeisepunkt, Kleinspannungen < 50 V AC, elektrische Isolation des Rohres usw.).

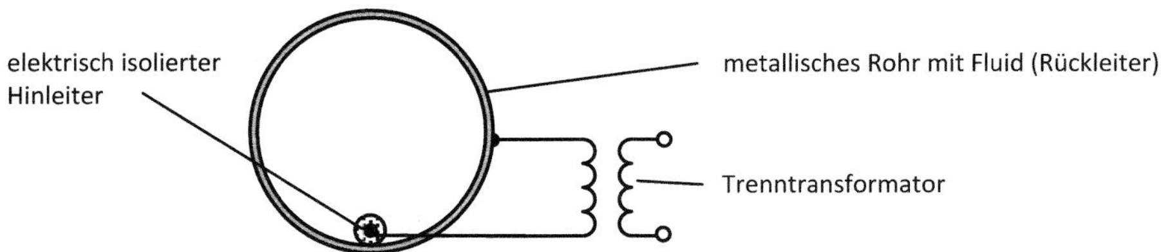

Bild 5.18: Rohrbegleitheizung

Aushärten von Beton

Durch direkte Widerstandserwärmung des frischen Betons (spezifischer Widerstand 5 bis 20 Ω m) oder der Bewehrung aus Stahl kann die Aushärtezeit auf 1/8 gesenkt werden. Bezüglich des Schutzes vor unzulässigen Berührungsspannungen gelten die gleichen Hinweise wie sie im obigen Abschnitt zur Beheizung von Rohrleitungen bereits erwähnt wurden.

5.2 Stromeintrag über Elektroden

In **Bild 5.19** ist das Prinzip der elektrischen Widerstandserwärmung mittels Elektroden gezeigt. I. d. R. wird der elektrische Strom von Elektrode zu Elektrode geleitet. Nur bei sehr niedrigen Temperaturen, z. B. bei der Wassererwärmung, wird das metallische Gefäß als eine Elektrode verwendet. Das die Elektroden umgebende Medium kann eine Flüssigkeit oder ein Schüttgut sein und muss elektrisch leitfähig sein oder durch entsprechende Temperaturerhöhung leitfähig werden. Das Elektrodenmaterial muss den auftretenden Temperaturen sowie den mechanischen und elektromagnetischen Kräften standhalten. Die mechanischen Kräfte sind hauptsächlich Druck- und Scher-Spannungen durch das fließende Schüttgut. Das Elektrodenmaterial sollte bei den auftretenden Temperaturen gegenüber dem umgebenden Medium chemisch beständig (inert) sein, weshalb oftmals Titan, Molybdän, Platin oder Grafit verwendet wird. Grafit oder Kohle können auch als Reduktionsmittel dienen, wodurch sich Elektroden aus diesen Materialien wie gewünscht verbrauchen. Sie werden deshalb als nachführbare Elektroden ausgelegt. Die metallischen Elektroden sind relativ dünn (einige cm). Dagegen können die Grafit- oder Kohleelektroden Durchmesser im m-Bereich annehmen. Da bei den hier betrachteten Prozessen möglichst keine Stofftransporte stattfinden sollen, werden Netzfrequenz oder sogar höhere Frequenzen verwendet, damit in einer Halbwelle nahezu keine elektrochemischen Zersetzungen erfolgen können. Um den Leistungsumsatz in Abhängigkeit

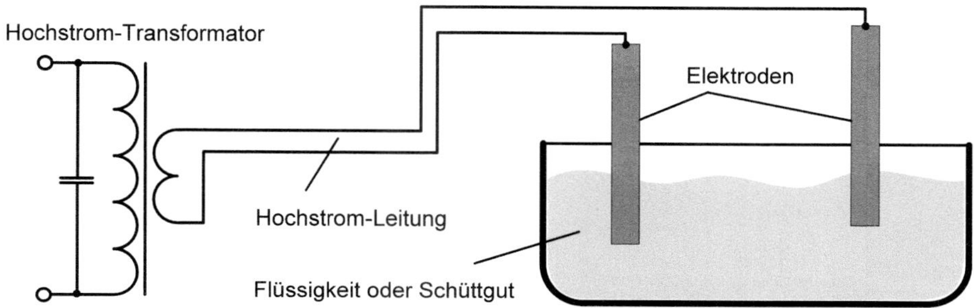

Bild 5.19: Prinzip der direkten Widerstandserwärmung über Elektroden

von der verfügbaren Spannung berechnen zu können, muss die Impedanz der Hochstromleitung und der ohmsche Widerstand zwischen den Elektroden bestimmt werden. Während die Impedanz der Hochstromleitung ganz ähnlich wie beim Stromeintrag über Kontakte nach Abschnitt 5.1.5 berechnet werden kann, gibt es bei der Berechnung des ohmsch induktiven Widerstandes zwischen den Elektroden erhebliche Schwierigkeiten. Es ist ein dreidimensionales elektrisches Strömungsfeld zu berechnen. Wenn hierbei die Temperaturabhängigkeit der elektrischen Leitfähigkeit des Mediums (Schüttgut oder Flüssigkeit) zu berücksichtigen ist, muss zusätzlich das dreidimensionale Temperaturfeld berechnet werden. Und falls Teile des Mediums ein Fluid sind, so kommt es i. d. R. durch thermische Auftriebskräfte, Lorentz-Kräfte usw. zu Strömungen, weshalb auch dieses fluidmechanische Strömungsfeld zu berechnen ist, um den konvektiven Wärmetransport bei der Berechnung des Temperaturfeldes berücksichtigen zu können. Mit der Finite-Elemente-Methode (s. Abschnitt 2.5) können das elektrische Strömungsfeld und das Temperaturfeld relativ einfach bestimmt werden. Die Schwierigkeiten liegen hier in der Ermittlung der temperaturabhängigen Stoffdaten. Für das fluidmechanische Feld ist dies nicht ganz so einfach, weshalb gern auf andere numerische Lösungsverfahren zurückgegriffen wird.

Für Abschätzungen des ohmschen Widerstandes kann vom Modell zweier zylindrischer paralleler Elektroden im Abstand a mit gleichem Radius r_e in einem homogenen Medium mit der elektrischen Leitfähigkeit κ ausgegangen werden

(s. **Bild 5.20**). Aus der Analogie zum elektrischen Potenzialfeld findet man beispielsweise dazu in [30] die Näherung:

$$R = \frac{2r_e \ln a/r_e}{\pi \kappa l}. \tag{5.27}$$

Darin bedeutet l die Eintauchtiefe der Elektroden in das Medium. Für die elektrische Leitfähigkeit des Mediums κ wäre ein geschätzter mittlerer Wert unter Beachtung der Temperaturverteilung einzusetzen.

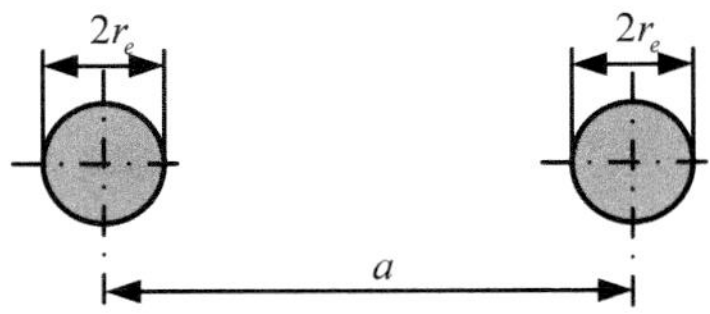

Bild 5.20: Anordnung zur Abschätzung des ohmschen Widerstandes zwischen zwei zylindrischen Elektroden der Länge l

5.2.1 Reduktionsöfen

Da in unmittelbarer Nähe der Elektroden durch den Möller verdeckte (meist nicht sichtbare) Lichtbögen auftreten, werden die Reduktionsöfen oftmals in die Verfahrensgruppe der Lichtbogenerwärmung eingeordnet. Hier wird davon ausgegangen, dass bei den meisten Anwendungen der größere Leistungsanteil von der Widerstandserwärmung (Joule´sche Wärme) stammt. Deshalb erfolgt die Einordnung der Reduktionsöfen in die direkte Widerstandserwärmung. Reduktionsöfen werden hauptsächlich (jedoch nicht nur) zur Gewinnung von Metallen oder Metalllegierungen aus deren Oxiden eingesetzt, wobei als Reduktionsmittel Steinkohle oder Koks (zukünftig Wasserstoff) verwendet wird. In **Tabelle 5.2** sind einige in der Grundstoffindustrie angesiedelte Prozesse aufgeführt. Die elektrischen Anschlussleistungen für Reduktionsöfen sind relativ hoch und liegen im Bereich von 0,5 bis 100 MV A. Die Spannung an den Elektroden beträgt einige 100 V und der Strom liegt im Bereich von mehreren 100 kA. Die Elektroden können Durchmesser von 1 bis 2 m annehmen. Reduktionsöfen werden über einen Stelltransformator an das Drehstromnetz angeschlossen. Nach Möglichkeit wird eine symmetrische Belastung angestrebt, was z. B. drei Elektroden in einem gleichschenkligen Dreieck erfordert.

Tabelle 5.2: Anwendung von Elektrodenöfen in der Grundstoffwirtschaft

Produkt	Ausgangsstoffe	Verwendung
Ferrosilicium Fe, Si	Eisenerz, Quarzsand	Desoxdationsmittel bei Stahlerzeugung
Ferrochrom Fe, Cr	Eisenerz, Chromerz, Koks	Edelstahlherstellung
Ferromangan Fe, Mn	Eisenerz, Manganerz, Koks	Desoxidationsmittel bei Stahlerzeugung
Ferrowolfram Fe, W	Eisenerz, Wolframerz, Koks	Wolframstahl
Ferromolybdän Fe, Mo	Eisenerz, Molybdänerz, Koks	Edelstahlherstellung
Silicochrom Fe, Si, Cr	Quarzsand, Koks, Eisen-, Chromerz	Vorlegierung für Stahlerzeugung
Silicium Si	Quarzsand, Koks	Vorprodukt für Rein-Silizium
Calciumcarbid CaC_2	Branntkalk, Koks	Vorprodukt $CaCN_2$ für Düngemittel
Phosphor P	Phosphorit, Apatit	Wasch-, Dünge- und Futtermittel
Siliciumcarbid SiC	Quarzsand, Koks	Heizleiter, Halbleiter, Schleifmittel
Roheisen Cu	Eisenerz, Koks	Metallurgie
Kupfer Cu	Kupfererz, Koks	Metallurgie
Nickel Ni	Nickelerz, Koks	Metallurgie
Korund Al_2O_3	Bauxit	Schleifmittel

Die baulichen Gegebenheiten lassen es jedoch nur ganz selten zu, dass die Hochstromleitung vollkommen symmetrisch ist, denn der Transformator wäre dann über dem Ofen anzuordnen. Bei schlackenreichen Prozessen werden manchmal sogar sechs Elektroden hintereinander angeordnet, wodurch die Symmetrie erheblich gestört ist. Hier muss ganz besonders auf eine induktivitätsarme Leitungsführung geachtet werden. In **Bild 5.21** ist beispielhaft gezeigt, wie die Hin- und Rück-Leitungen bifilar mit der sogenannten Knapsack-Schaltung angeordnet werden können. Der höhere Kupferaufwand ist durch die geringere Blindleistung und die bessere Symmetrie meist gerechtfertigt. Das magnetische Feld im Außenbereich der drei Phasen wird relativ klein, womit auch die zulässigen Grenzwerte magnetischer Felder leichter einzuhalten sind. Ausführliche Angaben zur Auslegung und Berechnung von Hochstromleitungen sind in [39] zu finden.

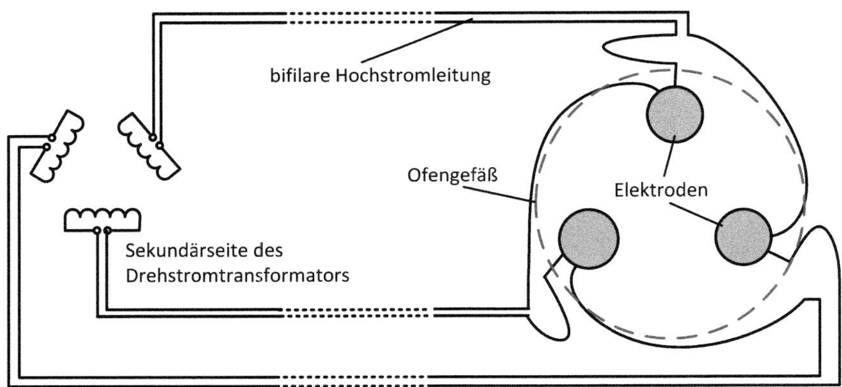

Bild 5.21: Elektrodenofen mit Drehstromanschluss

Die Elektroden bestehen aus Kohle oder Grafit. Grafitelektroden können an ihren Enden mit je einem Gewindebolzen (Außengewinde) und einem Nippel (Innengewinde) versehen werden, womit ein quasi kontinuierliches Nachsetzen möglich ist.

Eine Besonderheit sind die sogenannten selbstbackenden Soederberg-Elektroden, bei denen das Grafit der Elektrode kontinuierlich durch die hohen Temperaturen am Elektrodenkopf ausgebildet wird (s. **Bild 5.22**). In den Blechmantel aus Aluminium oder Stahl wird eine Mischung aus Anthrazit, Pech, Teer und Koks gegeben, die durch die hohen Temperaturen der Stromwärme bis zum Erreichen des Elektrodenkopfes zu Grafit gewandelt wird. Stahlblech schmilzt zwar erst bei Temperaturen um 1600 °C, kann jedoch nur bei solchen Prozessen verwendet werden, wo das Eisen ohnehin Bestandteil der Schmelze ist. Beispielsweise ist bei der Herstellung von Carbid zu beachten, dass im Branntkalk Anteile von Eisenoxid und Quarzsand enthalten sein können. Diese ergeben die unerwünschte Legierung Ferrosilicium $FeSi$, die wegen ihres hohen Wärmeinhaltes beim Abguss des Carbids die wassergekühlten Stahlrinnen aufschmelzen kann. Sobald die heiße Schmelze auf das Kühlwasser dieser Rinnen trifft, kommt es zu explosionsartigen Entladungen mit Knallgasbildung, die bereits zu schwersten Unfällen geführt haben.

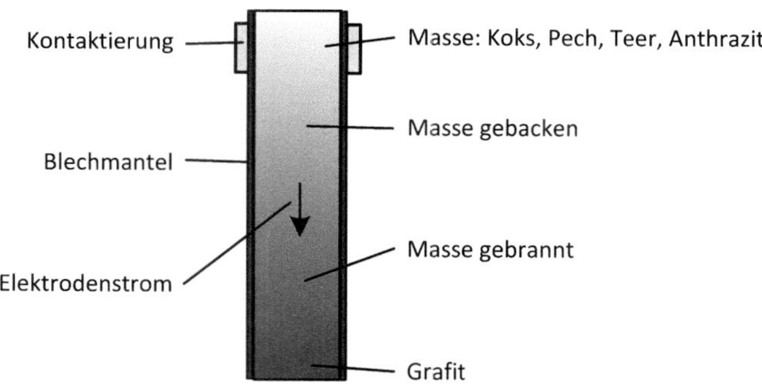

Bild 5.22: Soederberg-Elektrode

Bei den endothermen Prozessen entstehen durch vielfältige Verunreinigungen im Möller (gemahlene Erze und Koks) massenhafte Abgase, die mit hohem Aufwand gereinigt werden müssen. Die Investitionen für die Abgasreinigung liegen in der Größenordnung der Kosten für den elektrischen Teil des Reduktionsofens. Der spezifische Energieeinsatz bei Reduktionsöfen ist relativ hoch und liegt im Bereich von 2 bis 13 kWh/kg. Aus diesen Gründen werden Reduktionsöfen hauptsächlich in Regionen mit niedrigen Kosten für Elektroenergie und in Nähe der Fundorte der Ausgangsstoffe betrieben.

5.2.2 Glasschmelze

Glas wird aus Quarzsand SiO_2, Kalk CaO_3, Soda Na_2CO_3, Pottasche K_2CO_3, Feldspat $NaAlSi_3O_8$, Dolomit $CaO + MgO$ und einigen anderen Zusätzen sowie Altglas (Scherben) hergestellt. Die Vielfalt der Gläser resultiert aus der Vielfalt der Einsatzgebiete. Massenglas, das sogenannte Kalk-Natron-Glas, besteht im wesentlichen aus Quarzsand, Soda und Kalk. Dagegen besteht Quarzglas zu über 99 % aus SiO_2.

Oftmals können bessere Eigenschaften das Glases, wie bessere Homogenität und geringere Viskosität, mit der elektrischen Glasschmelze erzielt werden. Dies ist vor allem dadurch begründet, dass die Wärme nicht von der Oberfläche, wie bei mit Brennstoff (Erdgas) beheizten Öfen, sondern direkt im Volumen eingebracht wird. Es muss nicht unbedingt die gesamte Energie (vollelektrische Schmelze) als Elektroenergie zugeführt werden, sondern es genügt oftmals eine elektrische Zusatzheizung, mit der nur ein kleiner Anteil, beispielsweise 20 %, an elektrischer Energie zugeführt wird.

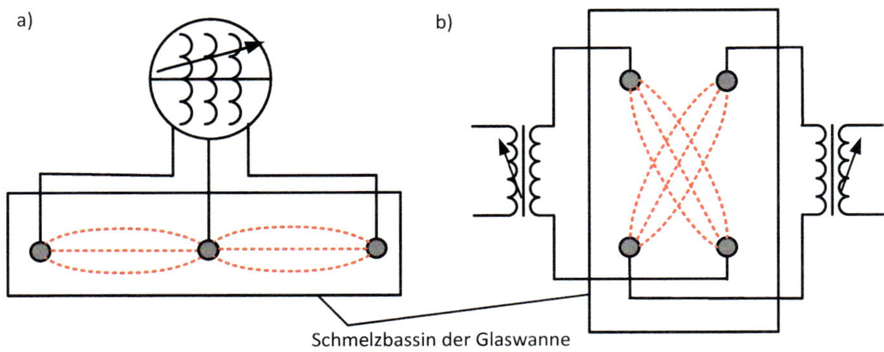

Bild 5.23: Elektrische Glasschmelze: a) Schaltung neigt zur thermischen Instabilität, b) stabiler Betrieb durch thermische Kopplung und elektrische Entkopplung

Glas ist bei Umgebungstemperatur ein Isolator mit einer elektrischen Leitfähigkeit von $\kappa = 10^{-8}$ bis 10^{-6} S/m. Bei Erwärmung wird Glas zum Ionenleiter und erreicht bei Temperaturen von 1300 bis 1500 °C eine elektrische Leitfähigkeit bis zu 10^2 S/m. Der Temperaturkoeffizient der elektrischen Leitfähigkeit ist im Gegensatz zu den meisten Metallen positiv. Bei der Schmelze von Gläsern kann diese Eigenschaft zu Instabilitäten führen, die sich als scharfe (viel Wärmeentwicklung) und schwache (wenig Wärmeentwicklung) Strombahnen zeigen. Wenn wie in **Bild 5.23 a** zwei Elektrodenpaare nur gleichzeitig geregelt werden können, so kann es bei einer etwas geringeren konvektiven Wärmeabfuhr durch die Glasströmung an einer Strombahn zu einer zunächst geringfügigen Temperaturerhöhung kommen. Dies bedeutet eine etwas höhere Leitfähigkeit oder einen etwas geringeren ohmschen Widerstand R. Bei konstanter Spannung ergibt sich damit eine höhere Leistung $P = U^2/R$, die aufs Neue zu einer höheren Temperatur und Leistung in der scharfen Strombahn führt. Damit der Strom nicht den zulässigen Wert übersteigt, muss eventuell die Spannung reduziert werden, was die schwache Strombahn noch schwächer macht. Diese Instabilität kann oftmals durch eine bessere thermische Kopplung der beiden Strombahnen, wie das beispielgebend mit Bild 5.23 b gezeigt wird, beseitigt werden. Die beiden Strombahnen sind dazu allerdings galvanisch zu trennen.

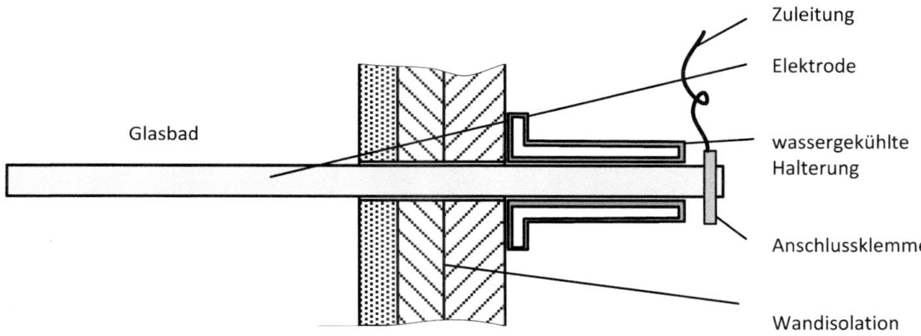

Bild 5.24: Wanddurchführung einer Elektrode für das elektrische Glasschmelzen

Die Elektroden werden als Platten oder Stäbe ausgeführt. Sie sollen bei den Schmelztemperaturen mechanisch stabil und chemisch beständig sein. Alle in **Tabelle 5.3** aufgelisteten Elektroden-Materialien lösen sich allerdings mehr oder weniger schnell auf. Da auch geringe Spuren von Metallen und deren Oxiden die Glasqualität beeinflussen können, ist eine sorgfältige Werkstoffauswahl für die Elektroden erforderlich. Die Elektrodenstäbe haben Durchmesser von 20 bis 200 mm. Sie werden an ihren Enden mit Innen- und Außengewinde versehen, wodurch sie bei Verschleiß zusammen geschraubt und nachgeführt werden können. Die Durchführungen von Boden- und Wandelektroden dichten sich durch erkaltete sehr zähflüssige Glasschmelze ab. Deshalb sind die Durchführungen nach **Bild 5.24** auf der Außenseite mit einer intensiven Wasserkühlung (selten Luft) versehen.
Bei hochwertigen Gläsern können elektrolytische Prozesse (siehe Teil 2 des Buches) innerhalb einer Halbwelle (bei Netzfrequenz 10 ms) zu Verunreinigungen führen, weshalb dann eine Stromversorgung mit einer Frequenz $> 50\,\text{Hz}$ notwendig wird.

Tabelle 5.3: Elektrodenwerkstoffe für die Glasschmelze

Elektroden-Werkstoff	Anwendung für	Bemerkungen
Molybdän Mo	für viele Glasarten, wie Borsilikat-, Rohr- und Thermometerglas	geringer Zusatz von ZrO_2 Antimon- und Arsenoxiden reduziert Elektrodenverbrauch
Zinnoxid SnO_2	Bleiglas	
Grafit C (modifiziert)	nur reduzierende Gläser	
Iridium Ir		
Wolfram W		
Platin Pt	optische Gläser	Pt geht auch in Lösung

5.2.3 Elektroschlacke-Umschmelzen

Metallblöcke von hauptsächlich höher legierten Stählen mit Verunreinigungen und Hohlräumen (Lunker) können durch Umschmelzen sauberer und dichter für den nachfolgenden Walzprozess aufbereitet werden.

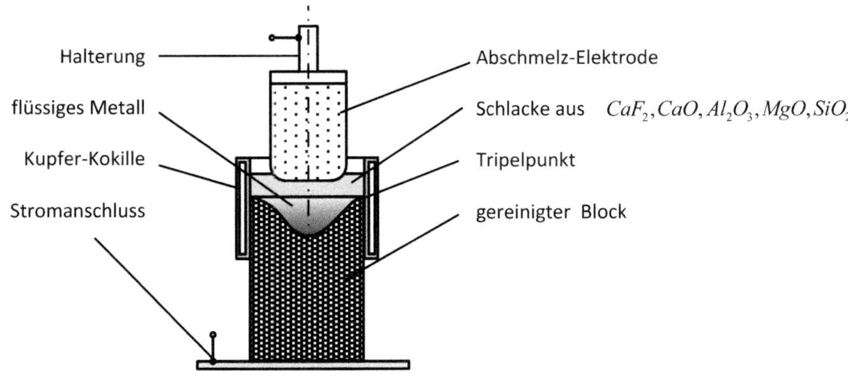

Bild 5.25: Elektroschlacke-Umschmelzen

In **Bild 5.25** ist eine derartige Anordnung skizziert. Die Leitfähigkeit der heißen Schlacke liegt um den Faktor 1000 unter dem der Metalle. Deshalb erfolgt der Energieumsatz hauptsächlich in der Schlacke. In der Schlacke kann sich auch an Stellen hoher Feldstärke partiell ein Lichtbogen ausbilden (s. Kapitel 6). Die obere Elektrode wird durch die hohe Temperatur der Schlacke tropfenweise abgeschmolzen. In der unteren Elektrode sind wegen der intensiven Wasserkühlung die Temperaturen geringer. Durch die vielen Einzeltropfen ergibt sich eine große Reaktionsfläche. Dadurch werden Verunreinigungen verdampft (Zink, Kupfer oder organische Substanzen) oder diese reagieren chemisch mit der Schlacke. Die Aufenthaltsdauer (Reaktionszeit) der Tropfen in der Schlacke ist ein entscheidendes Kriterium des Prozesses. Durch äußere Magnetfelder kann die Qualität des umgeschmolzenen Materials vielfältig verbessert werden:

- Abstützen bzw. Abdrücken der Schmelze zur kalten Kokille durch magnetisches Wechselfeld (Lorentzkraft)
- Abbremsen der thermisch getriebenen Strömung in Schlacke und Schmelze sowie Verschiebung des Tripelpunktes (Kokille, feste und flüssige Phase) durch magnetisches Gleichfeld
- Rühren und Mischen durch ein niederfrequentes magnetisches Drehfeld.

Die Stromversorgung erfolgt meist mit Niederfrequenz 1 bis 10 Hz, um die Reaktanz des Hochstromkreises niedrig zu halten und den Skineffekt bei großen Blockdurchmessern zu unterdrücken. Es werden Blöcke mit Durchmessern bis zu 2 m und Längen bis zu 5 m hergestellt. Der Hochstromtransformator muss bei diesen großen Durchmessern mindestens eine Nennleistung von 2 MV A aufweisen.

5.2.4 Weitere Anwendungen

Schmelzflusselektrolyse

Da bei dieser Erwärmungsart die ionische Stromleitung mit gleichzeitigem Stofftransport eine entscheidende Rolle spielt, wurde dieses Erwärmungsverfahren in den Teil 2 dieses Buches eingeordnet.

Dampf- und Heißwassererzeugung

Wenn große Mengen an heißem Wasser oder Wasserdampf erzeugt werden sollen und fossile Energieträger nicht verwendet werden sollen, kann der Energieeintrag durch die direkte Widerstandserwärmung erfolgen. Durch die im

Leitungswasser gebundenen Mineralien ist dieses ein Elektrolyt (Ionenleiter). Die elektrische Leitfähigkeit schwankt je nach Konzentration der Mineralien in einem weiten Bereich zwischen 0,004 und 0,5 S/m. Deshalb sind Stelleinrichtungen zur Kontrolle der Leistungsaufnahme unumgänglich. Oftmals kann der teure Transformator gespart werden und nur der ohmsche Widerstand durch einen variablen Elektrodenabstand oder eine variable Strombahngeometrie gestellt werden. Ein Beispiel der hierzu verfügbaren vielen Möglichkeiten zeigt **Bild 5.26**.

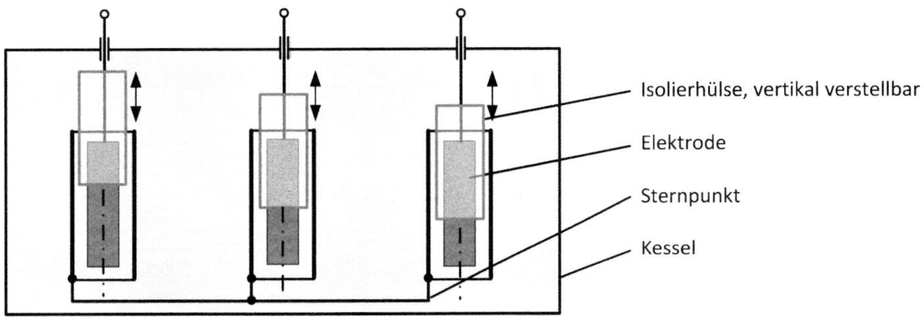

Bild 5.26: Elektrodenkessel für die Heißwassererzeugung

Hier wird durch die Isolierhülsen der Strombahnquerschnitt verändert. Für die Dampferzeugung wird zwischen den Elektroden ein Wasserstrahl eingespritzt, was für die Dampfbildung niedrige Drücke mit sich bringt. Dafür geeignete Konstruktionen und weitere sind in [37, S. 176-177] aufgeführt. Beim dreiphasigen Betrieb wird mit dem Kesselmantel ein freier Sternpunkt gebildet. Dieser liegt bei Niederspannungsnetzen nahezu auf Erdpotenzial. Wenn der Sternpunkt geerdet ist, was bei Niederspannungsnetzen üblich ist, liegt der Kesselmantel auf Erdpotenzial. Davon kann allerdings beim direkten Anschluss an das Mittelspannungsnetz nicht ausgegangen werden. In diesem Fall muss der Kessel isoliert aufgestellt und gegen Berührung gesichert werden.

Beim kontinuierlichen Betrieb einer elektrolytischen Wassererwärmung ist unbedingt zu beachten, dass sich Knallgas (H_2 und O_2) bilden kann. Bei exakt gleichen Halbwellen der Wechselspannung wird an jeder Elektrode genau so viel Wasserstoff und Sauerstoff gebildet, wie stöchiometrisch für Wasser benötigt wird. Wenn allerdings eine halbwellenweise Unsymmetrie der Wechselspannung z. B. durch leistungselektronische Stellglieder oder Lichtbogenöfen vorliegt, so kann sich an einer Elektrode mehr Wasserstoff und an der anderen mehr Sauerstoff anreichern. Größere Mengen können zu schweren Explosionen führen. Deshalb ist eine entsprechende Sensorik und Belüftung unumgänglich.

Salzbaderwärmung

Salze werden durch direkte Widerstandserwärmung geschmolzen und auf Arbeitstemperatur von maximal 1400 °C gehalten. In diesen Salzbädern können unter Luftabschluss Vergütungsstähle gehärtet, angelassen, aufgekohlt, nitriert oder carbonitriert werden. Leichtmetalle können bei etwa 500 °C vergütet werden. Die Badspannungen betragen 5 bis 30 V und die Badströme 1 bis 10 kA. Problematisch ist die umweltgerechte Entsorgung der verschmutzten Salze.

Auftauen gefrorener Böden

Es werden Elektroden im Abstand von etwa 1 m in den Boden geschlagen und mit Spannungen von bis zu 1000 V beaufschlagt. Problematisch ist neben dem notwendigen Schutz vor Schrittspannungen die Austrocknung des Bodens in der unmittelbaren Umgebung der Elektroden wegen der hier vorherrschenden relativ hohen Stromdichte. In Heizpausen müssen deshalb die Elektroden nachgeschlagen (vertieft) und der Boden in ihrer Umgebung befeuchtet werden. Gegenüber dem Auftauen mit Mikrowellen sind die Anlagenkosten wesentlich geringer.

Grafitierung

Die Herstellung von Grafitelektroden ist ein langwieriger Prozess. Die sogenannten grünen Formkörper werden aus einer Mischung aus gemahlenem Koks und Steinkohlenteer gepresst und bei 1000 °C unter Luftabschluss zwei bis zu fünf Wochen lang gebrannt. Der eigentliche strukturgebende Grafitierungsvorgang erfolgt in einem mittels direkter Widerstandserwärmung betriebenen Ofen bei 2600 bis 3000 °C für zwei bis drei Tage. Danach muss der Ofen noch ca. 14 Tage geschlossen bleiben, um eine Oxidation der Elektroden zu verhindern. Das Prinzip eines Grafitierungsofens zeigt **Bild 5.27**. Diese Öfen werden mit Längen von bis zu 20 m und Querabmessungen mit von bis zu 4 m ×4 m gebaut. Die Stromversorgung erfolgt mit Gleichstrom, um den Skineffekt zu unterbinden. Der Aufwand für die Gleichrichtung mit einem mindestens 6-pulsigem Gleichrichter (gesteuert oder ungesteuert mit Schubtrafo) ist durch den Wegfall der Blindleistungskompensation bei symmetrischer Netzbelastung trotz einphasiger Last gerechtfertigt.

Das zu grafitierende Material (hier zylindrische Stäbe) wird quer zur Stromrichtung in eine leitfähige Körnung aus Grafit und Koks eingebettet. Die thermische Isolation erfolgt durch eine Schüttung aus Siliciumcarbid. Die bauliche Hülle besteht aus feuerfester Keramik und feuerfesten Beton.

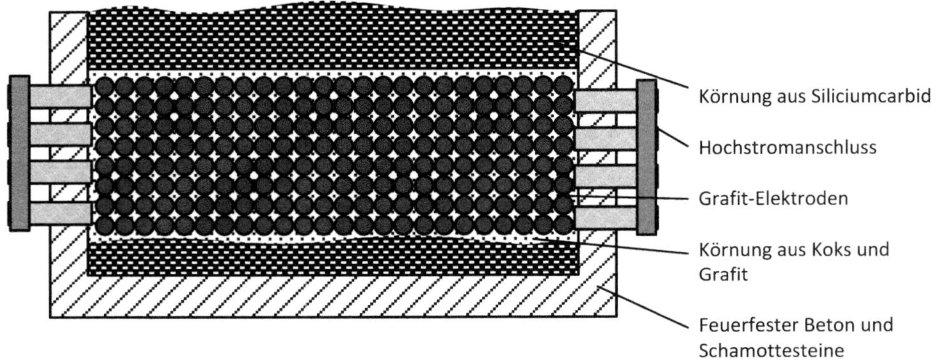

Bild 5.27: Grafitierungsofen

6 Lichtbogenschmelzen

Die technologische Anwendung des Lichtbogens ist wegen der erreichbaren hohen Temperatur bedeutsam. So können beispielsweise hochschmelzende Materialien, wie W und CaO, geschmolzen werden. In der Plasmachemie werden mit dem Lichtbogen chemische Reaktionen, die nur bei sehr hohen Temperaturen möglich sind, realisiert.
Die wirtschaftlich größte Bedeutung hat die Lichtbogenerwärmung beim Schmelzen von Schrott erlangt. Hier hat das Ziel, die Energiekosten zu senken, zu großen Anlagen mit Transformator-Leistungen bis zu 250 MV A geführt.
Der Strom eines Lichtbogens wird durch ein elektrisch leitfähiges Gas (Plasma) getragen. Wie bei der Glasschmelze ist die Stromleitung mit einer thermischen Mitkopplung verbunden. Falls die Temperatur in einem bestimmten Gebiet des Plasmas ansteigt, so steigt auch die elektrische Leitfähigkeit des Plasmas mindestens bis zur vollständigen Ionisation in diesem Gebiet. Das hat bei konstanter elektrischer Feldstärke eine Erhöhung der spezifischen Leistung $p_v = E^2\kappa(T)$ zur Folge und führt zu einer weiteren Temperaturerhöhung. Dadurch ist im Inneren eines Lichtbogens die Temperatur höher als am Rand.
Die weiteren technologischen Anwendungen des Lichtbogens leiten sich aus der hohen Leistungsdichte (Flächenleistungsdichte bis zu p_a =1 MW/cm^2) und den erreichbaren hohen Temperaturen bis zu 50 000 °C (Sonnenoberfläche 6000 °C) ab. Außerdem können relativ leicht inerte Schutzgase, wie Ar, He, N_2, oder gewünschte Reaktionsgase, wie H_2 und N_2, dem Lichtbogen bei der Konstruktionsvariante als Plasmatron zugeführt werden.
In diesem Kapitel haben sich die Autoren hauptsächlich auf die Fachbücher [3], [31] und [39] bezogen.

6.1 Physikalische Grundlagen

6.1.1 Einteilung von Plasmen

Der Lichtbogen ist eine durch ein leitfähiges Gas getriebene Stromleitung, die auch als Gasentladung bezeichnet wird. Das elektrisch leitfähige Gas wird Plasma genannt. Wenn ein Plasma aus neutralen und geladenen Teilchen (Elektronen und Ionen) besteht, wird es als teilweise ionisiert bezeichnet. Ein vollständig ionisiertes Plasma besitzt folglich keine neutralen Teilchen. In einem stationären Plasma werden stets so viele Ladungsträger erzeugt, wie gleichzeitig durch Rekombination (Gegenteil von Ionisation) und Diffusion (Abfluss aus leitfähigem Gebiet) verloren gehen. Beim Lichtbogen wird das elektrische Feld über Elektroden aufgeprägt. Ein Plasma kann jedoch auch im elektromagnetischen Feld (Induktor, Kondensator, Mikrowellen) erzeugt werden, worauf in den einschlägigen Kapiteln dieses Buches eingegangen wird.
Plasmen werden in Gleichgewichts- und Nichtgleichgewichtsplasmen unterteilt. Gleichgewicht bedeutet hier, dass alle Teilchen (Elektronen, Ionen und Atome) gleiche kinetische Energie und somit gleiche Temperatur haben. Außer der gleichen Temperatur fordert eine exakte Definition des Gleichgewichts auch noch ein chemisches, ein Anregungs- und ein Strahlungs- Gleichgewicht, worauf hier nicht näher eingegangen werden soll. Da die Temperatur ein Maß für die mittlere kinetische Energie der Teilchen ist, haben im Gleichgewicht alle Teilchen im Mittel auch die gleiche kinetische Energie. Es gilt:

$$W_k = \frac{m}{2}\bar{v}^2 = 3\frac{kT}{2} \tag{6.1}$$

Darin bedeutet

$$\bar{v}^2 = \bar{v}_x^2 + \bar{v}_y^2 + \bar{v}_z^2 \tag{6.2}$$

die mittlere quadratische Geschwindigkeit eines Teilchens (Elektron, Ion, Atom) mit der Masse m. Schwere Teilchen, wie Ionen, bewegen sich folglich viel langsamer als die sehr leichten Elektronen. Nach der kinetischen Gastheorie entfällt auf jeden Freiheitsgrad (hier die drei translatorischen Bewegungsrichtungen) im Mittel die Energie $kT/2$. Die Boltzmann´sche Konstante beträgt

$$k = 1{,}3806 \cdot 10^{-23}\,\mathrm{J/K} = 8{,}6174 \cdot 10^{-3}\,\mathrm{eV/K}. \tag{6.3}$$

In der Plasmatechnik wird allgemein im Druckbereich von 0,01 bis 0,1 MPa von einem Gleichgewichtsplasma und im Niederdruckbereich mit $< 0{,}01$ MPa

von einem Ungleichgewichtsplasma gesprochen. Die übliche technologische Anwendung des Lichtbogens bei normalen atmosphärischen Bedingungen von ca. 0,1 MPa entspricht i. d. R. einem Gleichgewichtsplasma. Dies bedeutet, dass im Plasma die Elektronen die gleiche Temperatur wie die Ionen oder neutralen Teilchen haben ($T_e = T_i = T_n$).
Der Lichtbogen kann stationär, quasistationär und instationär sein. Der Gleichstromlichtbogen ist stationär, wenn die Stromquelle die notwendige Bogenspannung dauerhaft aufrechterhalten kann. Der Wechselstromlichtbogen ist quasistationär, denn der Lichtbogen verlischt kurz vor dem Spannungsnulldurchgang und zündet nach dem Spannungsnulldurchgang erneut. Dagegen muss beim Schaltlichtbogen das erneute Wiederzünden durch Kühlung oder Bogenverlängerung vermieden werden. Das Wiederzünden ist vor allem durch die thermische Trägheit der heißen Kathode und der damit gegebenen thermischen Elektronenemission möglich. Bei einem Plasma, das ohne Elektroden im elektromagnetische Wechselfeld erzeugt wird (induktiv gekoppeltes Plasma), ist die thermische Trägheit sehr gering. Es sind deshalb Frequenzen im MHz-Bereich erforderlich, um die Zeitspanne bis zum erneuten Zünden des Plasmas möglichst klein zu halten.
Die Funkenentladung ist ein kurzzeitig wirkender Lichtbogen, dessen Plasma zwar im thermischen Gleichgewicht ($T_e = T_i = T_n$) ist, jedoch wegen der speziellen Stromquelle nur kurze Zeit (einige ms) existiert. Ein Gewitterblitz ist ein solcher instationärer Lichtbogen, der innerhalb von 1 s eine Stromstärke bis zu 40 000 A erreicht und dessen Plasma eine Temperatur von bis zu 35 000 °C annimmt.

6.1.2 Entladungsweg

Die elektrische Feldstärke zwischen den Elektroden eines Lichtbogens ist nicht konstant. Deshalb wird die Länge des Lichtbogens l_a grob in den Kathodenfall, die Bogensäule und den Anodenfall unterteilt.
Die Abschnitte des Kathoden- und Anodenfalls sind im Vergleich zur Bogensäule sehr kurz $< 1\,\text{mm}$. Die Bogensäule hat dagegen einen verhältnismäßig großen Querschnitt, weshalb ihr Leitwert trotz der relativ großen Länge im Vergleich zu den Fallgebieten hoch und die elektrische Feldstärke gering ist. Der Lichtbogen schnürt sich in den Fallgebieten stark ein (Kontraktion). Deshalb existiert in diesen Fallgebieten eine viel höhere elektrische Feldstärke als die mittlere Feldstärke, die sich aus dem Quotienten U_a/l_a ergibt. Bei Lichtbogenspannungen von einigen 100 V können auf diese Weise vor der Kathode

elektrische Feldstärken von mehr als 10^9 V/m auftreten. Diese Inhomogenität der elektrischen Feldstärke entlang des Lichtbogens muss bei den weiteren Betrachtungen stets berücksichtigt werden.

Anodenfall: Vor der Anode drängeln sich die Elektronen, weshalb die Anzahl der Elektronen pro Volumeneinheit überwiegt. Es bildet sich eine negative Raumladung aus, die einen Anstieg der elektrischen Feldstärke zur Folge hat. Dadurch werden die Elektronen zusätzlich beschleunigt. Trotz dieser und anderer Raumladungen im Lichtbogenplasma wird dieses als quasineutral bezeichnet, weil die Differenz von positiven und negativen Ladungsträgern im Vergleich zu ihrer Gesamtheit sehr gering ist.
Wegen der unterschiedlichen Geschwindigkeiten von Ionen und Elektronen wird die Anode wesentlich stärker mit der kinetischen Energie der Teilchen beaufschlagt als die Kathode. Deshalb wird beim Gleichstrombogen die Anode als Werkstück bzw. Schmelze geschaltet.

Bogensäule: Wegen der im Mittel gleichen kinetischen Energie der Ionen und Elektronen verhalten sich die Quadrate der Geschwindigkeiten umgekehrt wie ihre Massen.

$$\frac{v_e^2}{v_i^2} = \frac{m_i}{m_e} \tag{6.4}$$

Das Wasserstoffion ist 1 835-mal schwerer als ein Elektron. Deshalb sind in einem Gleichgewichtsplasma die Elektronen etwa 43-mal schneller als die Ionen unterwegs. Bei der Ionisation entstehen von jeder Sorte an positiven und negativen Ladungsträgern gleich viele. Durch die höhere Geschwindigkeit der Elektronen verlassen diese jedoch die Bogensäule schneller, weshalb sich eine positive Raumladung bzw. eine positive Säule ausbildet. Wegen der relativ großen räumlichen Ausdehnung der Bogensäule geht von ihr der größte Teil der durch Abbremsen, Rekombination (Gegenteil von Ionisation) und Relaxation (Gegenteil von Anregung) hervorgerufenen elektromagnetischen Strahlung (Infrarot-, Licht-, UV-Strahlung) aus. Die Bogensäule ist ein transparenter Strahler, der relativ schlecht Energie abstrahlen kann. Bei der Energieabgabe eines Volumenelementes der Bogensäule überwiegt der konvektive Anteil mit 50 %. Nur etwa 30 % werden durch Strahlung abgegeben. Das ist auch der Grund, weshalb man die Temperatur des Lichtbogens nicht mit einem klassischem Pyrometer messen kann. Nur einen relativ geringen Anteil von 20 % macht die kinetische

Energie der Teilchen aus, die hauptsächlich an die Anode abgegeben wird.

$$p_{con}/p + p_{rad}/p + p_{kin}/p = 0,5 + 0,3 + 0,2 = 1 \tag{6.5}$$

Die Bogensäule bestimmt die Spannung des Lichtbogens. Da die elektrische Feldstärke mit 10 V/cm relativ konstant ist, ergibt sich die Spannung direkt aus der Bogenlänge.

Kathodenfall: Vor der Kathode überwiegt die Anzahl der positiv geladenen Ionen, weshalb sich hier eine positive Raumladung ausbildet. Die positive Raumladung verursacht einen starken Gradienten des Potenzials, wodurch sich die Feldstärke erhöht. Die für die Ausbildung eines Lichtbogens entscheidenden Prozesse finden im Kathodenfall statt. Denn hier werden bei einer genügend hohen Temperatur der Kathode T_k Elektronen aufgrund ihrer kinetischen Energie aus dem Gitterverbund herausgeschleudert (Glühemission) oder durch eine hohe elektrische Feldstärke Elektronen herausgezogen (Feldemission). Durch diese Emission von Elektronen wird die positive Raumladung geschwächt bzw. verkürzt. Deshalb ist der Kathodenfall kürzer als der Anodenfall. Das ist ein wesentlicher Unterschied zur Glimmentladung, bei der der Kathodenfall wesentlich länger als der Anodenfall ist.

6.1.3 Elektronen Emission

Thermoemission: Das Richardson-Dushman´sche-Gesetz beschreibt die Elektronenstromdichte J_e auf der heißen Kathode mit der Temperatur T_k.

$$J_e = AT_k^2 \, \mathrm{e}^{-W_e/kT_k} \tag{6.6}$$

Darin ist $A \approx 0{,}6\,\mathrm{A/(mm^2K^2)}$ ein Koeffizient. W_e ist die vom Kathodenmaterial abhängige Austrittsarbeit. Die Austrittsarbeit W_e beträgt für Kupfer 4,48 eV, für Wolfram 4,53 eV und für Kohlenstoff 4,36 eV. Mit diesen Zahlenwerten erhält man z. B. für eine Grafitelektrode mit einer Temperatur von 3000 K eine Elektronenstromdichte von $0{,}26\,\mathrm{A/mm^2}$. Diese relativ geringe Stromdichte würde sich ohne äußeres elektrisches Feld einstellen. In der Realität bildet sich eine negative Raumladung und damit ein äußeres Feld aus, das die Stromdichte vermindert. Dagegen wird bei einem angelegten elektrischen Feld mit positiver Polarität an der gegenüberliegenden Elektrode die Stromdichte rasch anwachsen. Diese Ladungsträgererzeugung wird Thermoemission oder Glühemission genannt.

Feldemission: Von Feldemission spricht man, wenn die Feldstärke vor der Kathode so hoch ist, dass die Austrittsarbeit allein durch das äußere Feld überwunden werden kann. Glühemission und Feldemission können nebeneinander auftreten.

6.1.4 Ionisation

Stoßionisation: Die aus der Kathode austretenden Elektronen werden von der elektrischen Feldstärke beschleunigt, wodurch ihre kinetische Energie zunimmt. Ihr Beschleunigungsweg ist bis zu einem Zusammenprall mit einem anderen Teilchen relativ kurz. Der Mittelwert dieses Beschleunigungsweges wird als mittlere freie Weglänge $\bar{\lambda}$ bezeichnet. Im Hochdruckbereich bei 0,1 MPa beträgt die mittlere freie Weglänge einige µm. Es kann eine Elektronendichte von 10^{22}-10^{26} /m^3 erreicht werden. Diese sehr kurze Wegstrecke und die riesigen Teilchenzahlen kann man sich nur schwer vorstellen. Deshalb soll versucht werden, mittels eines anderen Maßstabes (Skalierung) die Ionisation in einem Hochdruckplasma darzustellen.
Es soll ein reines Wasserstoffplasma bei Normaldruck mit 0,1 MPa betrachtet werden. Mit der Avogadro-Zahl $N_A = 6{,}022 \cdot 10^{26}$ /kmol und dem Molvolumen beim angenommenen Druck $V_m = 22{,}4\,\text{m}^3/\text{kmol}$ wird die Anzahl der Wasserstoffatome pro Volumeneinheit zu $n = N_A/V_m = 2{,}688 \cdot 10^{25}$ /m^3 bestimmt. Nun stellt man sich ein kugelförmiges Wasserstoffatom vor, dessen realer Durchmesser von 10^{-10} m (äquivalenter Durchmesser bezüglich Wirkungsquerschnitt) auf den Durchmesser von 1 cm gedanklich vergrößert wird. D. h., das Wasserstoffatom wird gedanklich um den Faktor 10^8 vergrößert. Der im gleichen Maßstab vergrößerte Norm-Kubikmeter hat somit eine Kantenlänge von 10^8 m und ein Volumen von $V{=}10^{24}\,\text{m}^3$. Wenn man jetzt einen Kubikmeter aus diesem riesigen Würfels betrachtet, so werden die Verhältnisse überschaubarer. Denn in diesem Kubikmeter befinden sich nur $n/V \approx 27$ Wasserstoffatome mit dem oben angenommenen Durchmesser von 1 cm. Um diese 27 Kugeln herum ist folglich genügend Platz für einen Beschleunigungsweg der immer noch sehr kleinen Elektronen, die einen vergrößerten Durchmesser von ca. 1 µm besitzen.
Beim Zusammenstoß des im elektrischen Feld beschleunigten Elektrons mit einem Atom kann es zu einer Ionisation kommen, wodurch sich das Atom in ein Ion und ein Elektron aufspaltet. Die dafür notwendige kinetische Energie W_i ist von der Atomart abhängig. Sie beträgt beispielsweise für Stickstoff 14,55 eV

und für Sauerstoff 13,62 eV. Es muss folglich gelten:

$$\frac{m_e}{2}v_e^2 = eE\bar{\lambda} > W_i. \tag{6.7}$$

Für die notwendige Geschwindigkeit des Elektrons benötigt dieses zu seiner Beschleunigung eine bestimmte freie Weglänge $\bar{\lambda}$. Beispielsweise ist für die Ionisation von Stickstoff bei einer freien Weglänge von 1 µm eine elektrische Feldstärke von $14{,}55 \cdot 10^6$ V/m erforderlich. Dieser Wert ist ein Bruchteil der im Kathodenfall möglichen elektrischen Feldstärke.

Anregung: Falls die kinetische Energie des stoßenden Elektrons nicht für eine Ionisation ausreicht, kommt es zu einer Anregung. Dabei wird ein Elektron des gestoßenen Atoms auf eine höhere Umlaufbahnen befördert. Dieser gestufte Energiebetrag wird bei der anschließenden Relaxation des Atoms in Form eines charakteristischen Strahlungsquantums $h\nu$ abgegeben.

$$W_{e,m} - W_{e,n} = h\nu \tag{6.8}$$

Darin sind $W_{e,m}$ und $W_{e,n}$ zwei mögliche Anregungszustände des Atoms. Das Quantum $h\nu$ mit dem Planck´schen Wirkungsquantum $h = 6{,}626 \cdot 10^{-34}$ J s ist eine spontan emittierte Energie in Form einer Linienstrahlung mit der Frequenz ν, die für die im Plasma befindlichen Atome charakteristisch ist.

Thermoionisation: Bei sehr hohen Temperaturen können die im Plasma befindlichen Teilchen (Atome, Ionen, Elektronen) auch ohne ein elektrisches Feld eine solche kinetische Energie annehmen, die bei ihrem Zusammenstoß zu einer Ionisation führt.

$$\frac{m}{2}v^2 = \frac{3}{2}kT > W_i \tag{6.9}$$

Für Stickstoff wäre dies eine Temperatur von 1126 K. Wie bereits erwähnt, können im Lichtbogen Temperaturen bis zu 50 000 K auftreten.

Rekombination: Vor allem in der Bogensäule können Elektronen von Ionen eingefangen werden. Die bei der Ionisation aufgebrachte Energie wird dabei in Form einer kontinuierlichen Strahlung bis zu einer maximalen Wellenlänge λ_{max} freigesetzt. Diese sogenannte Kontinuum-Strahlung entsteht auch, wenn Elektronen im Feld lediglich durch Ionen abgebremst werden.

6.1.5 Bogenansatz

Das Elektrodenmaterial und dessen Aggregatzustand (fest oder flüssig) bestimmt die Kontraktion und die Ansatzfläche des Lichtbogens. Bei Materialien mit einer relativ schlechten Wärmeleitung, wie Kohle und Grafit, ist der Bogenansatz sehr ausgedehnt und bedeckt fast die gesamte Oberfläche der Kathode. Man spricht von einem brennflecklosen Bogen. Die Stromdichte ist daher relativ niedrig und beträgt etwa 10-40 A/mm^2. Durch die große Ansatzfläche wird viel Leistung aus der Bogensäule zur Kathode durch die Mechanismen der Wärmeübertragung (Strahlung, Leitung und Konvektion) übertragen.
Bei hochschmelzenden metallischen Materialien, wie Wolfram und Molybdän, entsteht dagegen ein stationärer Brennfleck mit einer relativ hohen Stromdichte von ca. 10 000 A/mm^2. Durch die hohe Kontraktion des Bogens findet vor dem Brennfleck eine ausgeprägte Thermoionisation im Kathodenfall statt.
Bei relativ niedrig schmelzenden Materialien, wie Eisen und Kupfer, treten ebenfalls hohe Kontraktionen auf. Durch die gute Wärmeabfuhr durch strömendes Flüssigmetall bleibt die Kathode im Brennfleck relativ kalt, weshalb fast keine Thermoemission erfolgt. Es finden deshalb nebeneinander Feldemission und Thermoionisation in der Kontraktionszone vor der Kathode statt. Der Bogen wandert auf der Kathodenoberfläche zu den Stellen, wo gerade die besten Bedingungen für eine Feldemission (Kuppen und Spitzen auf der Schmelze) zu finden sind. Dieser Bogenansatz wird instationärer Brennfleck genannt. Die Stromdichte ist sehr hoch und kann bis zu 100 000 A/mm^2 betragen.

6.1.6 UI-Kennlinie

In **Bild 6.1** ist die typische UI-Kennlinie einer Gasentladung dargestellt, wie sie mit einer einstellbaren Konstantstromquelle im Niederdruckbereich von ca. 70 Pa gemessen werden könnte[1]. Bis zur Zündung im µA- Bereich werden die Ladungsträger durch Einwirkung von außen, wie Röntgen- und UV- Strahlung, generiert. In diesem Bereich findet die unselbständige Entladung statt. Größere Stromstärken werden durch Stoßionisation und eventuell durch Feldemission erreicht. Das ist bereits die selbständige Entladung, weil die Generierung von Ladungsträgern von innen her erfolgt. Nach der anomalen Glimmentladung setzt der Lichtbogen ein, dessen überwiegender Teil an Ladungsträgern durch thermische Emission und thermische Ionisation entsteht. Wenn man annimmt,

[1]Durch den geringen Druck ist die Bestimmung der Kennlinie in einem weiten Strombereich relativ einfach.

dass sich der Durchmesser des Lichtbogens nicht ändert (z. B. baulich eingeschränkt), so ergibt sich aus einer Stromerhöhung eine Temperaturerhöhung und damit eine erhöhte Leitfähigkeit des Bogens. Umgekehrt wird unter der Annahme einer konstanten Temperatur der Durchmesser des Bogens größer, womit sich sein Leitwert erhöht. Beide Vorgänge haben ein Absinken der Lichtbogenspannung zur Folge. Bei Normaldruck von 0,1 MPa würde sich eine höhere Zündspannung als in Bild 6.1 einstellen. Die Durchschlagsfeldstärke von Luft im schwach inhomogenen Feld beträgt etwa 25 kV/cm).

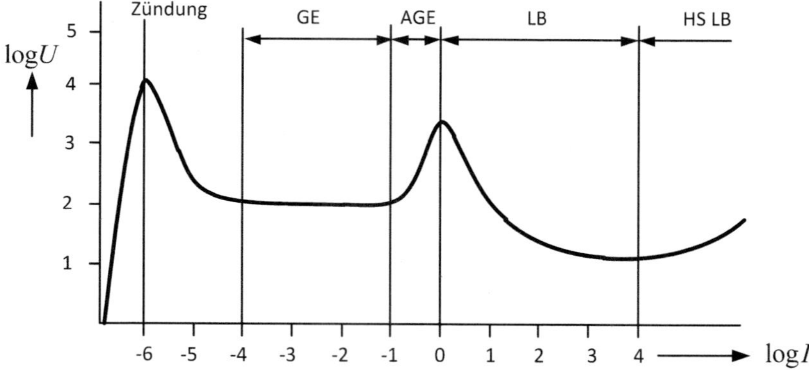

Bild 6.1: UI-Charakteristik einer Gasentladung bei einem Druck von 70 Pa und einem Elektrodenabstand von 50 mm; GE: Glimmentladung, AGE: Anomale Glimmentladung, LB: Lichtbogen, HS LB: Hochstrom-Lichtbogen

Eine höhere Temperatur hat zur Folge, dass mehr Ladungsträger (Elektronen und Ionen) erzeugt werden. Dies erfolgt zum einen auf der Kathode durch thermische Elektronenemission und zum anderen durch Ionisation im Plasma selbst. Die elektrische Leitfähigkeit nimmt ab etwa 20 000 K mit wachsender Temperatur nicht mehr so stark zu wie bei geringeren Temperaturen, weshalb eine weitere Erhöhung der Stromstärke nur noch durch eine Spannungserhöhung möglich wird. Das ist der Bereich des Hochstromlichtbogens ab etwa 10 000 A.

6.2 Gleichstrombogen

Um die kinetische Energie der vielen schnellen Elektronen zur Erwärmung des Werkstückes bzw. einer Schmelze zu nutzen, wird das zu erwärmende Material als Anode geschaltet. Die Kathode ist Emittent der Elektronen und sollte deshalb aus einem temperaturbeständigem Material, wie Grafit oder Wolfram, bestehen.

6.2.1 Bogenkennlinie

Die fallende UI-Kennlinie nach **Bild 6.2** wird mit einer empirischen Gleichung, der sogenannten Ayrton'schen Gleichung, beschrieben.

$$U_a = a + b \cdot l_a + \frac{c + d \cdot l_a}{I} \tag{6.10}$$

Die Koeffizienten a, b, c, d in dieser Gleichung sind vom Elektrodenmaterial, dem Gas zwischen den Elektroden, seinem Druck und der sich aufgrund der gegebenen Wärmeübertragungsbedingungen einstellenden Temperatur abhängig. Die Koeffizienten a und c entsprechen den Spannungsabfällen der beiden Fallgebiete. Die Koeffizienten b und d bestimmen mit der Bogenlänge l_a die Spannung der Bogensäule.

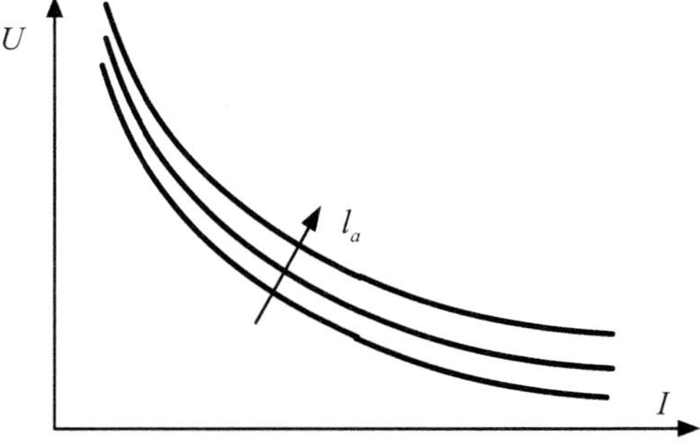

Bild 6.2: Kennlinien des Gleichstrombogens mit der Bogenlänge als Parameter

6.2.2 Arbeitspunkt

Für einen Lichtbogen, der von einer konstanten Gleichspannung U_s über einen ohmschen Widerstand R (Leitungswiderstand) und eine Induktivität L (Leitungsinduktivität) versorgt wird, können sich nach **Bild 6.3** theoretisch zwei Arbeitspunkte A und B einstellen. Es wird die Spannungsgleichung

$$U_s = IR + U_a \tag{6.11}$$

in jedem der beiden Arbeitspunkte erfüllt. Allerdings ist nur ein Arbeitspunkt stabil. In Zuständen außerhalb der Arbeitspunkte A und B gilt:

$$U_s = IR + L\frac{\mathrm{d}\,I}{\mathrm{d}\,t} + U_a. \tag{6.12}$$

Speziell muss zwischen den beiden Arbeitspunkten $\mathrm{d}\,I/\,\mathrm{d}\,t > 0$ gelten. Dies bedeutet, dass eine Bewegung in Richtung von B erfolgt. Bei einem Zustand rechts von B gilt nach (6.12) $\mathrm{d}\,I/\,\mathrm{d}\,t < 0$. Es erfolgt eine Bewegung nach links. D. h., jede Störung (z. B. eine kurzzeitige Verkürzung des Lichtbogens), die zu einer Abweichung vom Arbeitspunkt B führt, wird mit einer rückführenden Bewegung ausgeglichen, weshalb dies der stabile Arbeitspunkt ist. Anders ist es in der Umgebung des Arbeitspunktes A. Hier ergibt sich nach (6.12) bei einer Abweichung nach rechts eine Zunahme des Stromes und bei einer Abweichung nach links eine weitere Abnahme des Stromes. Beides führt vom Arbeitspunkt weg, weshalb dies der instabile Arbeitspunkt ist. Bei einer Vergrößerung der Länge des Lichtbogens l_a rücken die beiden Arbeitspunkte A und B zusammen. Der Grenzfall einer Berührung beider Punkte ist die größtmögliche Länge des Lichtbogens. Ohne Schnittpunkt mit der Widerstandsgeraden ist eine Bogenentladung nicht möglich.

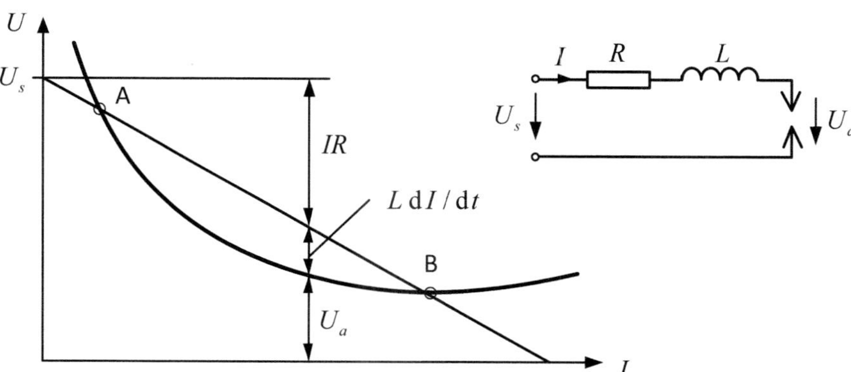

Bild 6.3: Stabiler und instabiler Arbeitspunkt

Eine Stabilitätsanalyse von Einrichtungen mit nichtlinearen Kennlinien ist auch an vielen anderen technischen Systemen oftmals notwendig. Als Beispiel sei das Gleichgewicht von Federkraft und Magnetkraft in Abhängigkeit des Weges genannt. Deshalb soll hier auf die mathematische Untersuchung der Stabilität nach dem Kaufmann´schen Stabilitätskriterium näher eingegangen

werden.
Spannung und Strom werden hierzu als Summe eines konstanten und eines zeitabhängigen Anteils dargestellt.

$$U_a = U_{a0} + u_a(t) \tag{6.13}$$

$$I = I_0 + i(t) \tag{6.14}$$

Die Bogenspannung hängt nach Bild 6.3 vom Strom I ab. Dieser Zusammenhang wird mit einer nach dem ersten Glied abgebrochenen Taylor´schen Reihe näherungsweise dargestellt.

$$U_a(I) = U_{a0} + \frac{\mathrm{d}\,U_a}{\mathrm{d}\,I}(I - I_0) = U_{a0} + \frac{\mathrm{d}\,U_a}{\mathrm{d}\,I}i \tag{6.15}$$

Darin bedeutet U_{a0} die Bogenspannung und $\mathrm{d}\,U_a/\,\mathrm{d}\,I$ die Ableitung der UI-Kennlinie im Arbeitspunkt. Diese Ableitung wird auch als differentieller Widerstand bezeichnet. Dies wird in (6.12) eingesetzt.

$$U_s = (I_0 + i)R + L\frac{\mathrm{d}\,i}{\mathrm{d}\,t} + U_{a0} + \frac{\mathrm{d}\,U_a}{\mathrm{d}\,I}i \tag{6.16}$$

Von dieser Gleichung wird der statische Teil abgezogen.

$$U_s = I_0 R + +U_{a0} \tag{6.17}$$

Es ergibt sich:

$$L\frac{\mathrm{d}\,i}{\mathrm{d}\,t} + (R + \frac{\mathrm{d}\,U_a}{\mathrm{d}\,I})i = 0 \quad . \tag{6.18}$$

Diese homogene Differentialgleichung kann man z. B. mit dem Ansatz

$$i = i_0\,\mathrm{e}^{\lambda t} \tag{6.19}$$

lösen, wobei $i_0 = i(t = 0)$ die Abweichung des Stromes zum Zeitpunkt $t = 0$ ist. Aus der charakteristischen Gleichung erhält man:

$$\lambda = -(R + \frac{\mathrm{d}\,U_a}{\mathrm{d}\,I})/L \tag{6.20}$$

Dies bedeutet: Solange $\lambda < 0$ gilt, ist ein stabiler Arbeitspunkt vorhanden. Wenn dagegen $(R + \mathrm{d}\,U_a/\,\mathrm{d}\,I) < 0$ wird, liegt ein instabiler Arbeitspunkt vor. Dies ist der Fall, wenn die Bogenkennlinie stärker fällt als die Widerstandsgerade. Die Induktivität L hat offensichtlich keinen Einfluss auf die Stabilität, sondern bestimmt lediglich die Geschwindigkeit der Stromänderung.

6.2.3 Elektroden

Das Kathodenmaterial soll möglichst eine kleine Austrittsarbeit W_e, gute Wärmeleitfähigkeit (Wärmeabfuhr) und eine hohe Schmelztemperatur aufweisen. Es wird beispielsweise W, W/Th, Ag, Grafit, Kohle oder ZrO_2 verwendet. Einfache Elektroden haben eine zylindrische Form mit einem Durchmesser von 1 bis 900 mm.
Um bestimmte Eigenschaften des Lichtbogens zu erreichen, werden die Elektroden mit Einrichtungen zur Kühlung und Gasführung versehen. Die Gesamtheit derartiger Konstruktionen wird Plasmatron genannt. Die größte Bedeutung hat dabei die Zuführung eines speziellen Arbeitsgases (z. B. N_2, H_2, Edelgase) nach **Bild 6.4**. Durch die Gasströmung und die Düsenwand wird Wärme abgeführt. Diese Kühlung vermindert die Leitfähigkeit, weshalb bei gleichem Strom die Spannung erhöht werden muss. Das führt zu höheren Leistungsdichten und höheren Temperaturen im Kern des Plasmas. Der auf diese Weise eingeschnürte Lichtbogen wird dadurch technologisch hoch interessant.

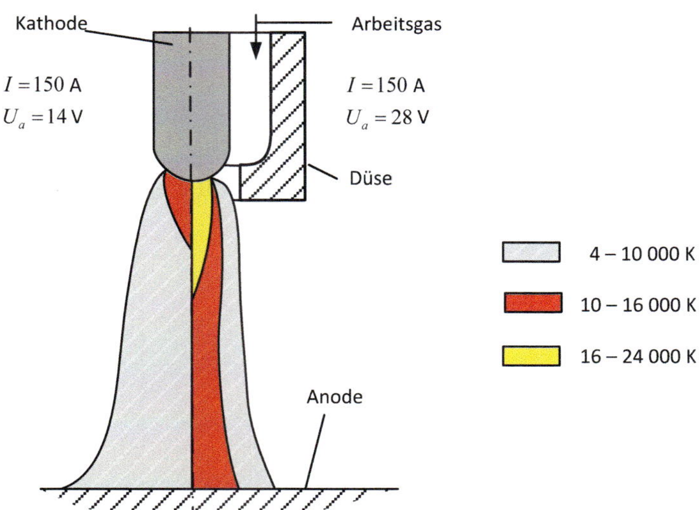

Bild 6.4: Unterschied zwischen freiem (links) und eingeschnürtem Bogen (rechts) bei gleichem Strom

Oftmals sollen elektrisch nicht leitende Materialien, wie z. B. Oxide, mit dem Lichtbogen geschmolzen werden. Diese Materialien können jedoch nicht als Anode dienen. Deshalb wird die Düse des Plasmatrons als Anode geschaltet.

Ein solches Plasmatron mit einem nicht auf das Schmelzgut übertragenen Bogen wird indirektes Plasmatron genannt, weil nur der heiße Gasstrom und kein Lichtbogen auf das zu erwärmende Material trifft (s. **Bild 6.5**).

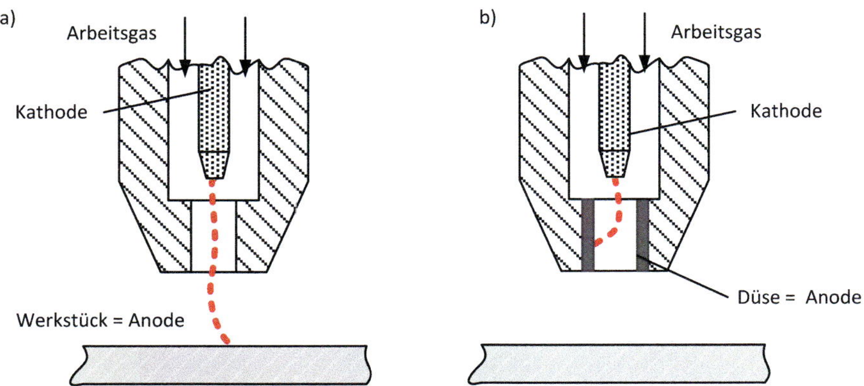

Bild 6.5: Plasmatron-Bauarten: a) direkter oder übertragener Bogen, b) indirekter oder nicht übertragener Bogen

Problematisch ist hier, dass der Lichtbogen sehr viel Energie auf die Düse überträgt (geringer Wirkungsgrad). Außerdem kann sich der Lichtbogen an einer bestimmten Stelle der Düse einbrennen und diese zerstören. Die Lebensdauer der Düse (Anode) kann wesentlich verlängert werden, wenn der Bogenansatz ständig seinen Platz wechseln muss. Zwei der hierfür entwickelten technischen Möglichkeiten sind in **Bild 6.6** angedeutet.

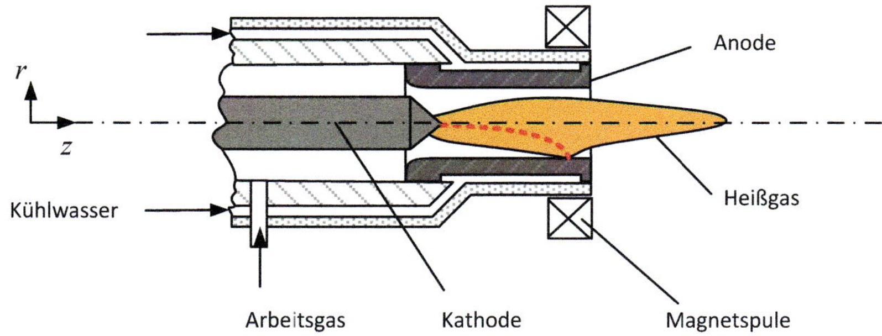

Bild 6.6: Plasmatron

Durch eine radiale Einströmung des Arbeitsgases bewegt sich der Gasstrom spiralförmig zur Düse. Durch die sich daraus ergebende azimutale Strömungskomponente wird der Bogenansatz in Rotation versetzt. Außerdem kann durch ein aufgeprägtes axiales Magnetfeld mit dessen z-Komponente der magnetischen Flussdichte und der r-Komponente des Lichtbogenstromes eine azimutale Komponente der Lorentzkraft erzeugt werden, welche diese Drehbewegung verstärkt. Schließlich kann durch eine Variation der Geschwindigkeit der Gasströmung (falls technologisch möglich) der Bogenansatz bis zum Düsenausgang zyklisch hin und her verschoben werden.

Bei sehr hohen Leistungen des Plasmatrons kann auch die Kathode als Hohlelektrode nach **Bild 6.7** ausgeführt werden. Auch hier kann durch die radiale Einströmung des Arbeitsgases und ein axiales Magnetfeld der Bogenansatz in der Kathode ständig in Bewegung gehalten werden. Mit der damit erreichten Vergrößerung der Elektrodenfläche wird die Kühlung verbessert und die Lebensdauer erhöht.

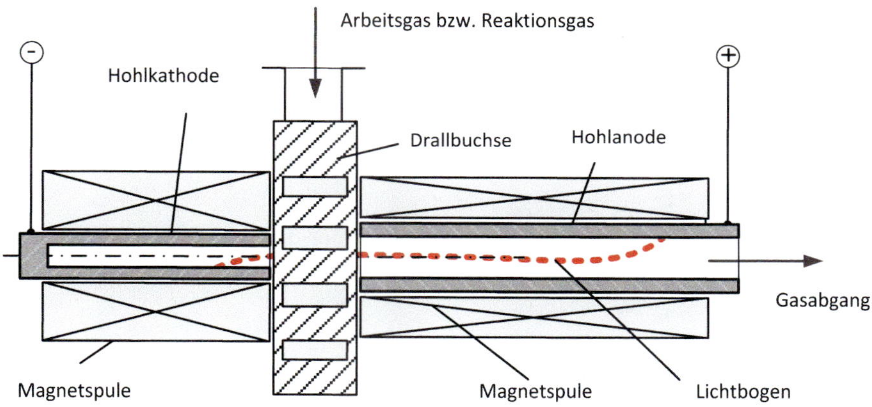

Bild 6.7: Plasmatron mit Hohlelektroden

6.2.4 Stromversorgung

Um einen stabilen Leistungsumsatz z. B. beim Handschweißen auch bei sich verändernden Parametern (l_a , Druck, Temperatur)

$$P_a = U_a I \tag{6.21}$$

zu erreichen, wird die Leerlaufspannung U_s mindestens doppelt so groß wie die zu erwartende Lichtbogenspannung gewählt. Wesentlich günstiger ist es allerdings, eine Stromquelle mit einer progressiv fallenden UI-Kennlinie nach **Bild 6.8** zu verwenden. Eine Verschiebung der Kennlinie von l_{a1} nach l_{a2} z. B. durch Verlängerung, Einschnürung oder verstärkte Kühlung des Lichtbogens verursacht damit einen geringeren Rückgang des Bogenstromes beim Übergang zum neuen Arbeitspunkt A_2. Bei der Stabilisierung mit der Widerstandsgeraden wäre dagegen die Stromänderung beim Übergang zum Arbeitspunkt A_3 wesentlich größer. Die Anwendung derartiger Stromquellen erfordert folglich auch keinen ohmschen Widerstand in der Zuleitung, welcher nur unnötige Verluste verursachen würde. Außerdem wird der Kurzschlussstrom vermindert. Dagegen kann zur Verminderung der Dynamik der Stromänderungen eine zusätzliche Reaktanz im Stromkreis hilfreich sein. Für nahezu alle Leistungsbereiche wurden leistungselektronische Speisequellen mit progressiv fallender Kennlinie entwickelt. Außerdem gibt es spezielle Transformatoren mit stellbaren Streu-Induktivitäten [39, S. 197 ff].

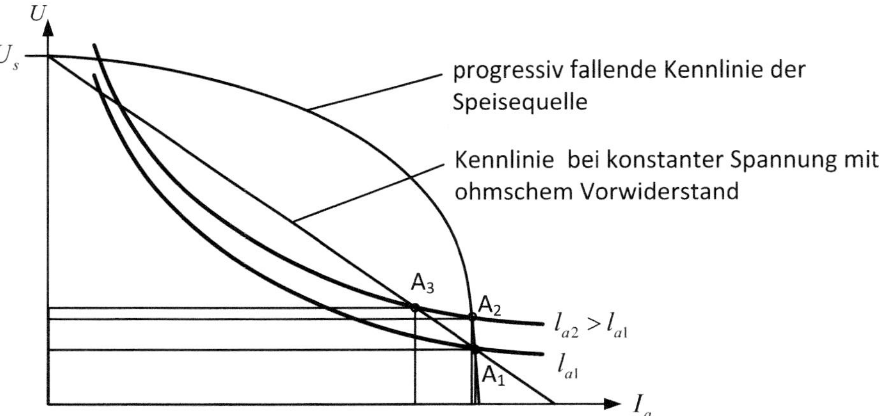

Bild 6.8: Arbeitspunkt mit einer progressiv fallenden Kennlinie der Spannungsquelle

Die Zündung des Lichtbogens kann durch Spannungserhöhung bis zur Durchschlagspannung eingeleitet werden. Allerdings sind hohe Spannungen bei leistungsstarken Anlagen nicht praktikabel. Deshalb werden die Elektroden durch eine kurze Berührung (Kurzschluss) erhitzt, wodurch die Zündung durch Thermoemission eingeleitet wird. In bestimmten Fällen kann auch ein dünner Draht zwischen die Elektroden gespannt werden, der bei seiner explosionsartigen Verdampfung ein leitfähiges Gas (Plasma) erzeugt und somit die Zündung einleitet. Andere Möglichkeiten sind energiereiche Strahlung (Laser- oder UV-Strahlung) oder Hilfsplasmen.

6.2.5 Gleichstrom-Lichtbogenofen

Wegen der großen Bedeutung des Gleichstrom-Lichtbogenofens für das Einschmelzen von Stahlschrott mit Leistungen im MW-Bereich wird dieser etwas eingehender betrachtet.

Eigenschaften

Um eine hohe Produktivität und Energieeffizienz zu erreichen, werden Öfen mit Einsatzmassen (Schmelze) von mehr als 100 t und Anschlussleistungen von mehr als 100 MW betrieben. Ein wesentlicher Vorteil gegenüber dem Drehstrom-Lichtbogenofen ist die geringere Belastung des Versorgungsnetzes durch Oberwellen, Unsymmetrie usw. (s. Abschnitt 6.3.4). Der wesentliche Nachteil besteht in der Notwendigkeit einer Bodenelektrode. Aufgrund der gegebenen Elektroden (Stahlschmelze und Grafitelektrode) können die in Abschnitt 6.1 genannten Eigenschaften weiter spezifiziert werden. Die Ionisation des Gases erfolgt hauptsächlich durch Glühemission der Grafitelektrode bei Temperaturen von etwa 4000 °C. Der Bogen bildet auf der relativ kalten Anode (max. 1600 °C bei Stahlschmelze) einen instationären (wandernden) Brennfleck mit einer starken Einschnürung und hoher Stromdichte. Der Entladungskanal hat bei 100 kA Bogenstrom einen Durchmesser von etwa 10 cm. Die Stromdichte besitzt wegen der starken Einschnürung vor der Schmelze eine ausgeprägte radiale Komponente. Dies ergibt mit der φ-Komponente der magnetischen Feldstärke eine Lorentzkraft, die einen Druck in Form einer Schubwirkung auf die Schmelze ausübt. Dadurch und durch die stete Wanderung des Bogenansatzes (instationärer Brennfleck) wird eine erwünschte Durchmischung der Schmelze hervorgerufen. Der Spannungsabfall an der Anode (Anodenfall) beträgt ca. 30 V und der an der Kathode ca. 10 V. Dies bedeutet, dass mindestens 40 V zur Aufrechterhaltung des Lichtbogens erforderlich sind. In der positiven Säule des Lichtbogens ist eine elektrische Feldstärke von 10 V/cm notwendig. Für jede Verlängerung des Bogens um 1 cm werden weitere 10 V benötigt (s. **Bild 6.9**). Die Lichtbogenleistung

$$P_a = U_a I \tag{6.22}$$

wird zu ca. 72 % auf die Schmelze, zu ca. 15 % auf die Grafitelektrode und zu ca. 13 % auf die Wände von Ofengefäß und Deckel übertragen. Die tatsächlichen Anteile hängen von der Länge des Lichtbogens l_a und der Dicke der Schlacke (mineralische Schicht auf der Schmelze wirkt als Strahlungsschirm) ab. Überraschend ist, dass von dem auf die Schmelze übertragenen Anteil ca. 70 % konvektiv und nur 20 % in Form von Strahlung übertragen werden. Der Rest von 10 % wird sogenannten Elektrodeneffekten, wie der kinetischen Energie der aufprallenden Elektronen, zugeschrieben.

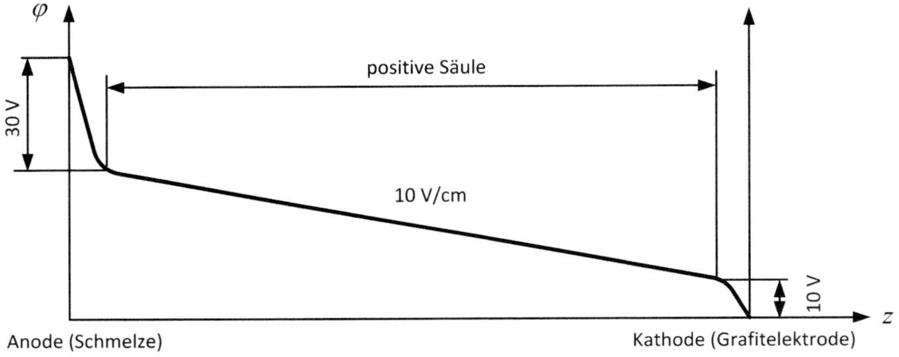

Bild 6.9: Potenzialverlauf entlang des Lichtbogens

Mechanischer Aufbau

Das **Bild 6.10** zeigt den prinzipiellen Aufbau nach [39, S. 251]. Das zylindrische Ofengefäß besitzt einen abhebbaren Deckel. Ofengefäß und Deckel sind mit feuerfesten Materialien (Dolomit, Magnesit, Silika) ausgekleidet. Die einzelne Grafitelektrode wird von einem Elektrodentragarm mit Klemmbacken gehalten. Ein senkrecht laufende Schlitten ermöglicht den raschen Hub des Elektrodentragarms und damit der Elektrode. Eine Mechanik ermöglicht das Kippen des Ofengefäßes nebst Deckel. Der Deckel hat neben dem Loch für die Elektrode noch ein zweites größeres Loch, durch das das sogenannte braune Rauchgas abgesaugt wird. Die Bewegung der Elektroden, das Anheben und Ausschwenken des Deckels sowie das Kippen des Ofens erfolgt durch elektromotorische oder hydraulische Antriebe. Die thermische Belastung vieler Baugruppen ist so hoch, dass eine intensive Wasserkühlung mit Kühlrohren notwendig wird. Die thermische Belastung der feuerfesten Auskleidung führt zu Verschleiß, der durch eine schäumende Schlacke auf der Schmelze (Strahlungsschirm) vermindert werden kann.

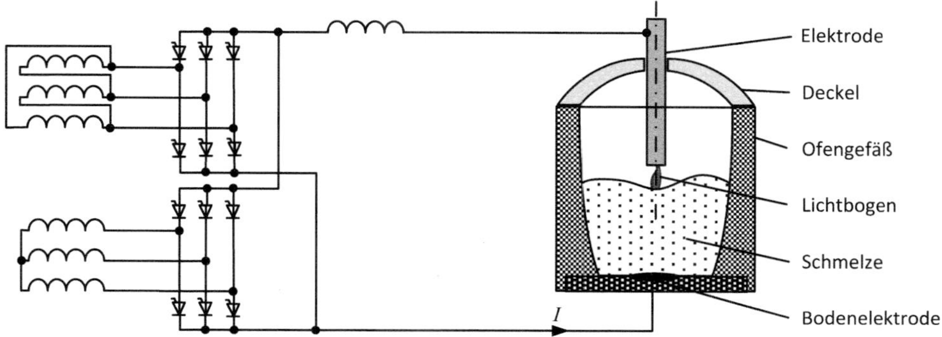

Bild 6.10: Gleichstrom-Lichtbogenofen

Elektrischer Aufbau

Der Ofentrafo nach Bild 6.10 hat auf einem Trafoschenkel zwei Sekundärwicklungen (engl. *double stack*), die für sich durch die Stern- und Dreieck-Schaltung um 30° phasenverschobene Spannungen ergeben. Wegen der Parallelschaltung muss die Windungszahl auf der Dreieckseite deshalb um den Faktor $\sqrt{3}$ höher sein. Mit dieser Trafoschaltung ergibt sich ein 12-pulsiger Gleichrichter, der bei einer Phasenanschnittsteuerung nur Harmonische erst ab der 11. Oberwelle aufweist. Ein gesteuerter Gleichrichter mit der Pulszahl p verursacht Oberwellen mit den Harmonischen

$$\nu = np \pm 1 \quad \text{mit} \quad n = 1, 2, 3, ... \tag{6.23}$$

Beispielsweise hat der gesteuerte Gleichrichter nach Bild 6.10 die relativ hohe Pulszahl $p = 12$. Wegen der bekannten Harmonischen, die sich hier zu

$$\nu = 11, 13, \qquad 23, 25, \qquad 35, 37...., \tag{6.24}$$

ergeben, kann deren Behandlung bezüglich einer Verminderung ihrer Netzrückwirkung durch Filter wesentlich einfacher bewerkstelligt werden.
Durch die Drossel (eisenlos, mehrere m^2 Querschnitt bei 100 MW-Öfen) erfolgt eine Glättung des Bogenstromes und eine Begrenzung des Stromanstieges

$\mathrm{d}\,i/\mathrm{d}\,t$ in den Halbleitern. Der Verzicht auf einen Eisenkreis in der Drossel ist dem Ziel geschuldet, magnetische Sättigungseffekte und damit Oberwellen zu vermeiden.

Die Grafitelektrode kann einen Durchmesser bis zu 700 mm annehmen. Der Bogenstrom kann bis zu 100 kA betragen. Die Grafitelektrode wird mit Stromdichten von 20-40 $\mathrm{A/cm^2}$ gleichmäßig über dem Querschnitt belastet, weil es keinen Skineffekt gibt. Durch die hohe Temperatur des Lichtbogens am Bogenansatz sublimiert das Grafit, wodurch die Elektrode erodiert wird und an Masse verliert. Die Verluste an Elektrodenmasse ist ein wesentlicher Kostenfaktor. Der Verbrauch wird mit 0,270 kg/kAh angegeben. Die Elektrode aus Grafit besteht aus zusammengeschraubten Elektrodenstücken. Jedes Elektrodenstück hat an den Enden je ein Außen- und Innengewinde. Damit ist es möglich, verbrauchtes Elektrodenmaterial zu ersetzen, in dem in Pausenzeiten über den Spannbacken (Einspannstelle) des Elektrodenarms ein neues Elektrodenstück nachgesetzt wird.

Ein wichtiges Bauteil ist die Bodenelektrode, die den hohen Bogenstrom tragen muss (siehe auch [39, S.252]). Die Bodenelektrode muss direkten Kontakt zur Stahlschmelze haben, darf aber selbst nicht abschmelzen. Letzteres wird durch intensive Luft- oder Wasserkühlung erreicht. Wegen der guten elektrischen und Wärme-Leitung wird eine Kupferlegierung für die Strom- und Wärmeableitung verwendet. Im Falle einer Wasserkühlung muss gesichert sein, dass in jeder Situation (also auch bei totalem Stromausfall) die Kühlung gewährleistet ist, weil eine heftige Explosion ausgelöst wird, falls Flüssigstahl von oben auf Wasser trifft (siehe Abschnitt 2.8.3). Den prinzipiellen Aufbau einer luftgekühlten Bodenelektrode zeigt **Bild 6.11**.

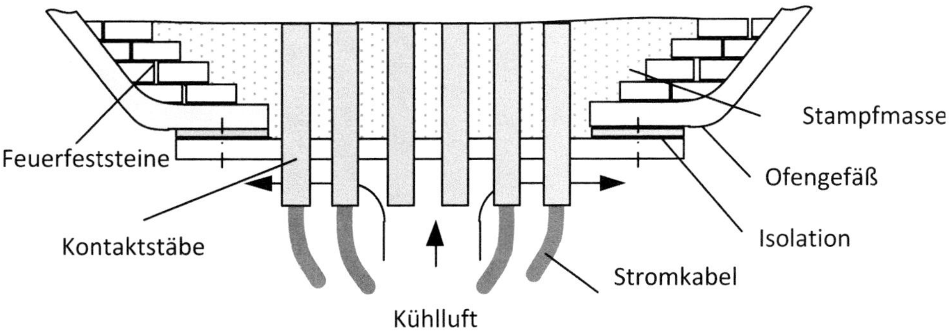

Bild 6.11: Luftgekühlte Bodenelektrode

Betrieb

Auf der Primärseite der Transformatoren wird die Arbeitsspannung voreingestellt, um unterschiedliche Betriebszustände zu realisieren. Das Einschmelzen erfordert eine hohe Leistung, während beispielsweise das Legieren (Zugabe von Legierungen nach vorheriger Analyse) eine wesentlich geringere Leistung bzw. Spannung erfordert.
Im Vergleich zum Drehstrom-Lichtbogenofen (siehe Abschnitt 6.3.4) ist die Bogenspannung U_a und damit die Bogenleistung P_a relativ einfach als

$$P_a = I(U_m - IR_{sc}) \tag{6.25}$$

bestimmbar. Darin bedeuten U_m die am Messpunkt der Leitung gemessene Spannung und I ist der Bogenstrom. R_{sc} ist der im Kurzschlussversuch (Elektrode taucht in Schmelze ein) gemessene ohmsche Widerstand vom Messpunkt bis zum Bogen. Die Regelung hat die Aufgabe, eine vorgegebenen Bogenleistung P_a trotz Störungen konstant zu halten. Kurzzeitige Störungen werden beispielsweise durch große und massive Schrottteile oder durch Dampferuptionen (im Schrott eingeschlossenes Wasser) ausgelöst.

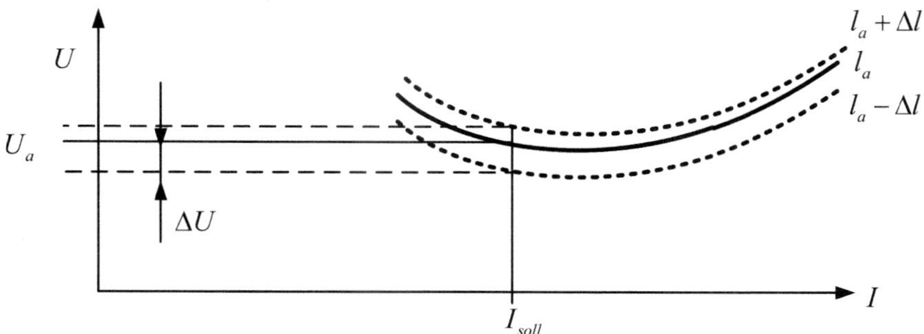

Bild 6.12: Arbeitspunkte bei veränderlicher Bogenlänge und rasch ausgeregeltem Bogenstrom

Es gibt verschiedene Regelkonzepte. Ein Konzept besteht darin, den Bogenstrom mithilfe der Ansteuerung des Gleichrichters ständig an den Sollwert anzupassen. Diese Regelung ist im Vergleich zur Elektrodenregelung mit kleinen Verzögerungen verknüpft und entspricht der in Abschnitt 6.2.4 angeführten progressiv fallenden Kennlinie einer Speisequelle. Diesem Regelkreis wird ein zweiter wesentlich trägerer mit der Spannung $U_m(l_a)$ als Sollwert überlagert. Das Stellglied ist hier die Bogenlänge l_a, die über den Hub der schweren Elektrode (kann mehrere Tonnen wiegen) einstellbar ist und auf die Spannung U_m

einwirkt. Dieser Regelkreis kann auf relativ langsame Störungen, wie Abbrand der Elektrode oder Pegel des Schmelzbades, reagieren. Wenn beide Regelgrößen Strom I und Spannung U_m ihrem jeweiligen Sollwert entsprechen, dann ist nach (6.25) die Bogenleistung ebenfalls im Soll. Das **Bild 6.12** zeigt eine mögliche kurzzeitige Abweichung der Bogenleistung bei rascher Stromregelung (I = const. angenommen) und verzögerter Spannungsregelung.

Effektivität

Die spezifischen Energiekosten des Gleichstrom-Lichtbogenofens sind wegen des Gleichrichters etwas höher als beim Drehstrom-Lichtbogenofen. Außerdem ist die Bodenelektrode eine problematische Einrichtung, die Wärmeverluste verursacht und eine spezifische Sicherheitstechnik erfordert. Deshalb wird Gleichstrom hauptsächlich dort eingesetzt, wo die Versorgungsnetze eine relativ geringe Netzkurzschlussleistung haben.
Durch Einblasen von Sauerstoff (Frischen) oder anderer reaktiver Gase erfolgt die Verbrennung unerwünschter Begleitstoffe, wodurch eine Reinigung bzw. Raffination der Schmelze erfolgt. Daran schließt sich das Legieren an. Beide Prozesse werden aus energetischen Gründen unmittelbar mit dem Einschmelzen verbunden und entweder im Schmelzofen selbst oder in separaten Pfannen (Pfannenmetallurgie) durchgeführt. Der Schrott kann auch mit Erdgas vorgeheizt werden, wodurch wertvolle Elektroenergie gespart und ein ruhigeres Einschmelzen (kein Wasser im Schrott) erreicht wird.
Weitergehende Ausführungen zu von Gleichstrom-Lichtbogenöfen findet man beispielsweise in [39, S. 251 ff].

6.2.6 Weitere Anwendungen des Gleichstrombogens

Einschmelzen von Stahlschrott: Mit Gleichstrom-Plasmatrons (übertragener Bogen, Schmelze bildet Anode) nach Bild 6.5 a, die ähnlich wie die Elektroden des Lichtbogenofens (meist jedoch schräg) über der Schmelze angeordnet sind, kann mit einem inerten Arbeitsgas (z. B. Ar) eine schützende Atmosphäre im Ofenraum erzeugt werden, wodurch der Abbrand von Legierungselementen vermindert wird. Damit werden hohe Qualitäten von nichtrostenden Stählen, wie z. B. V2A, V4A, NIROSTA, ohne den mehrfachen Schlackenwechsel, wie das beim Lichtbogenofen notwendig wäre, erzielt. Die Leistungen derartiger Plasmaöfen erreichen ca. 30 MW, wobei die Bogenströme eines Plasmatrons bis zu 10 000 A betragen. Nach [29, S.510] liegt der spezifische Energieverbrauch für das Einschmelzen zwischen 500 und 700 kWh/t. Wegen der höheren spezifischen Kosten, insbesondere für Elektroenergie und Edelgas, hat sich dieses Einschmelzverfahren für Stahlschrott nicht durchgesetzt. Weitere Informationen zu Gleichstrom-Plasmaofenanlagen sind beispielsweise in [39, S. 251 ff] zu finden.

Umschmelzen Ähnlich wie beim Elektroschlacke-Umschmelzen nach Kapitel 5 kann mit dem Lichtbogen Metall umgeschmolzen werden (s. **Bild 6.13**). Durch das Vakuum und die hohe Temperatur werden gebundene Gase gelöst und Verunreinigungen verdampft. Diese Technologie findet hauptsächlich zur Gewinnung reiner reaktiver Metalle , wie Ti, Ta, Mo, Zr und Nb, Anwendung.

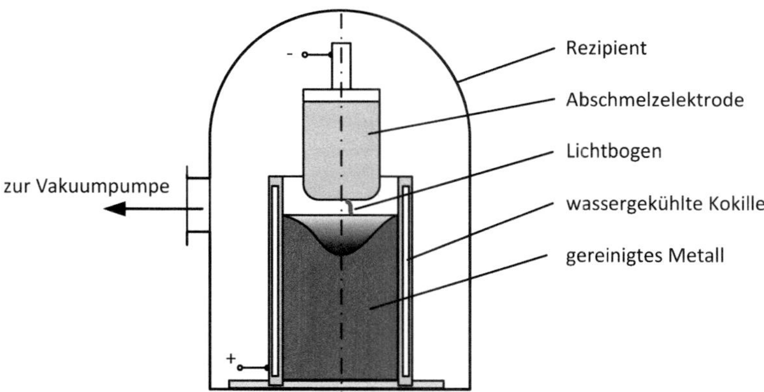

Bild 6.13: Umschmelzen mittels Lichtbogenerwärmung im Rezipienten bei Unterdruck bzw. einer inerten Umgebung

Die umzuschmelzenden Materialien liegen in gesinterter Form aus einer Vorstufe vor. Trotz des Vakuums bei Drücken von 1-0,01 Pa kann durch die „dampfende“ Schmelze ein Plasma entstehen, das allerdings relativ instabil ist. Um dieses Plasma zu stabilisieren, kann der Rezipient mit einem Inertgas, wie z. B. He oder N_2, gefüllt werden, wodurch allerdings die Verdampfung der unerwünschten Beimengungen erschwert wird. In [29, S. 507] werden folgende Parameterbereiche angegeben: kurze Lichtbogenlänge von 5-10 mm, kleine Bogenspannung 30-50 V und hohe Bogenströme von 25 - 40 kA. Diese Technologie wurde meist durch das Umschmelzen im Elektronenstrahl abgelöst. Weitere Informationen zum Vakuum-Lichtbogenofen sind beispielsweise in [31, S.120, 295] zu finden.

Schweißen und Schneiden: Die Anwendungen des Lichtbogens zum Trennschweißen und Verbindungsschweißen sind weit verbreitet. Mit leistungselektronischer Technik werden Gleichstromquellen mit einer progressiv fallenden UI-Kennlinie verwendet. Plasmatrone werden wegen der einstellbaren Atmosphäre sehr vorteilhaft zum Schweißen und Schneiden (Trennen) eingesetzt. Auch hier ist der übertragene Bogen günstiger. Das bekannteste Verfahren ist das Wolfram-Inert-Gas (WIG) Schweißen. Beim Trennen wird dem Arbeitsgas auch Sauerstoff zugesetzt, um das Material entlang der Schnittlinie zu entfernen. Es können Bleche mit Dicken bis zu 100 mm (beispielsweise im Schiffbau) geschnitten werden, wobei die Schnittbreite kleiner als 10 mm ist. Bei Blechen mit einer Dicke von 1 mm beträgt die Schnittbreite weniger als 1 mm. Der Plasmastrahl kann beispielsweise so präzise (Zeit- und Energiedosis) und reproduzierbar gesteuert werden, dass stets gleiche konische Löcher in einer dickeren Stahlplatte (> 5 mm) entstehen (s. **Bild 6.14**). Auf diese Weise können beispielsweise spezielle Siebplatten aus mechanisch schwer bearbeitbarem Edelstahl hergestellt werden.

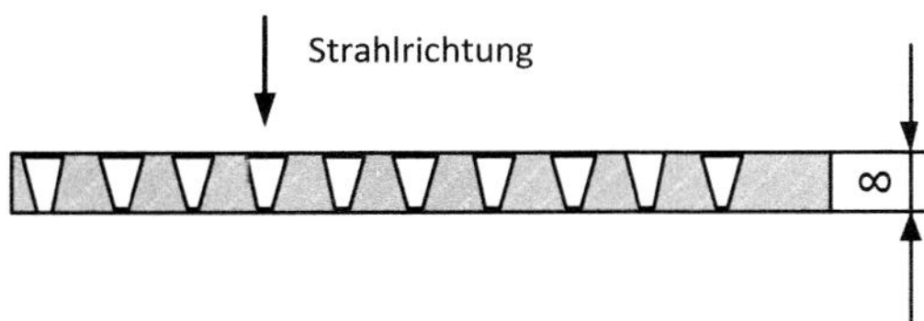

Bild 6.14: Lochplatte, mit einem Plasmastrahl „gebohrt“

Plasmaspritzen: Zusammen mit dem Trägergas kann dem Plasma zusätzlich ein Pulver, bestehend beispielsweise aus Al_2O_3, zugesetzt werden. Das Prinzip hierzu ist in **Bild 6.15** gezeigt. Die reale technische Ausgestaltung ist kompliziert. Sie muss beispielsweise ein Zusetzen der Kanäle mit teilweise geschmolzenem Pulver und ein ausreichend gutes Aufschmelzen dessen gewährleisten. In [26] ist eine Übersicht zu den vielen technischen Ausgestaltungen gezeigt. Mit dem Plasmaspritzen können Oberflächen einen Schutz vor Verschleiß und/oder Korrosion, eine Wärmeisolation oder sogar eine optische oder elektronische

Funktionsschicht erhalten. Es werden Metalle, wie W, Mo, Cu, Ni, Fe, Al, Metalloxide, wie Aluminium-, Silizium-, Titan-, Chrom-, Zink- Lanthan- und Yttriumoxid, Metallnitride, wie Titannitrid, und Metallcarbide, wie Titancarbid, aufgespritzt. Die mit dem Plasmaspritzen erzeugten Schichten können sich in ihren Eigenschaften wesentlich von denen der Ausgangsmaterialien unterscheiden. Beispielsweise hat das durch Plasmaspritzen gebildete Aluminiumoxid eine wesentlich größere Härte als das dem Arbeitsgas zugegebene amorphe Al_2O_3. Um hierbei ausreichend gute Qualitäten zu erzielen, bedarf es geeigneter Plasmatrone und einer sorgfältigen Abstimmung vieler Parameter, wie z. B. Bogenstrom, Gas- und Pulver-Ströme, Abstand und Vorbehandlung des Substrates sowie Vorschubgeschwindigkeit.

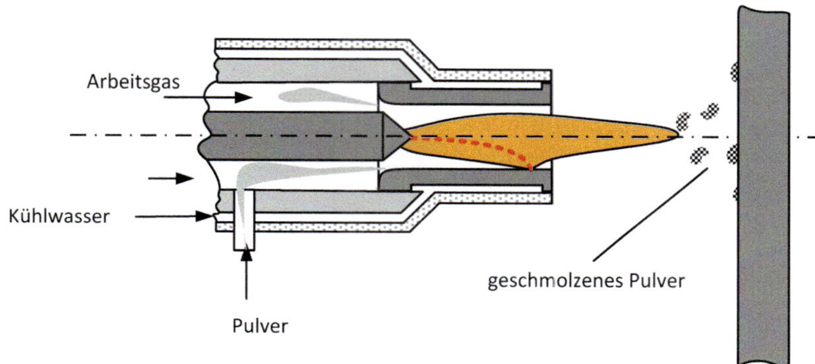

Bild 6.15: Plasmaspritzen

Der Zustand der auf einen Festkörper auftreffenden Partikel ist zähflüssig oder teigig. Eine gute Haftung der Partikel auf dem Grundmaterial und gegenseitige Verzahnung ist das Ziel einer guten Abstimmung der Parameter. Es werden Auftrags-Geschwindigkeiten von 10 bis 100 µm/min erzielt.

Ionnitrierung: Wenn als Arbeitsgas Stickstoff N_2 gewählt und der Lichtbogen rasch über eine metallische Oberfläche geführt wird ohne das diese dabei schmilzt, so können Stickstoffatome in die oberflächennahen Schichten diffundieren. Das führt zu einer Härtung und einer höheren Verschleißfestigkeit dieser Schichten. Die Ionnitrierung wird hauptsächlich mit Niederdruckplasmen durchgeführt, worauf im Teil 2 des Buches näher eingegangen wird. Der Vorteil im Vergleich zum Niederdruckplasma (Glimmentladung) besteht darin, dass kein Vakuum aufgebaut werden muss.

Sphärodisierung: Wenn das Plasmatron nach Bild 6.15 so um 90° gedreht wird, damit die geschmolzenen Pulverteilchen frei nach unten fallen, so erstarren diese während des freien Falls nahezu kugelförmig. Für diese Technologie ist allerdings das induktive Plasma (s. Kapitel 2) wesentlich besser geeignet, weil sich hier leichter ein genügend großer Querschnitt der Erwärmungszone realisieren lässt und die Teilchen nicht durch den Gasstrom zusätzlich beschleunigt werden (kürzere Strecke bis zur Erstarrung).

Hochtemperaturchemie: Wegen der geforderten hohen Umsätze in der Grundstoffindustrie werden Plasmatrone im Leistungsbereich von einigen MW benötigt. Um die Belastbarkeit und Lebensdauer der Elektroden zu erhöhen, werden deshalb Plasmatrone mit Hohlelektroden und hohen Spannungen (dadurch relativ kleine Bogenströme) nach Bild 6.7 eingesetzt. Durch die Einschnürung des Lichtbogens mittels eines axialen Magnetfeldes können Bogenlängen von mehreren Metern bei Bogenspannungen bis zu 20 kV erreicht werden. Die Gase werden tangential mittels einer Drallbuchse eingebracht und wirbeln im Reaktionsrohr längs des Lichtbogens zum Ausgang. Mit der Bogenlänge vergrößert sich folglich auch die verfügbare Reaktionszeit bei vergleichbarem Durchsatz. Beispielgebende Anwendungen sind das Aufspalten (engl. *cracken*) von Kohlenwasserstoffen zur Gewinnung von Acethylen (C_2H_2), Wasserstoff (H_2) oder Methan CH_4. Auch Eisenoxid-Pulver kann mit einem Arbeitsgas, das CO_2 und H_2 enthält, reduziert werden. Außerdem können auf diese Weise giftige Dioxine oder Furane sowie chemische Kampfstoffe aufgespalten werden. Bei diesen Technologien ist eine rasche Abkühlung der Austrittsgase sehr wichtig, um eine erneute Synthese zu unterbinden. Letzteres gelingt mit der vorgestellten Technik besonders gut, weil das Austrittsgas als Strahl mit hoher Geschwindigkeit vorliegt und damit ein guter konvektiver Wärmeübergang durch die meist vorhandene turbulente Strömung erreichbar ist.

Gewinnung von Metallverbindungen: Chemische Reaktionen von Metallen mit gasförmigen Stoffen, die hohe Temperaturen unter Ausschluss von Luftsauerstoff erfordern, können oftmals günstig mit dem Lichtbogenplasma realisiert werden. Dabei wird die gasförmige Komponente dem Arbeitsgas zugesetzt oder bildet allein das Arbeitsgas. Auch das Metall kann in Pulverform nach Bild 6.6 zugeführt werden. Auf diese Weise können beispielsweise Stoffe, wie Magnesiumnitrid Mg_3N_2 (für Ammoniaksynthese) oder Titannitrid TiN (für Hartstoff-Beschichtung, Implantate, Halbleitertechnik), sowie Bleitetraäthyl (heute verbotenes Additiv zum Kraftstoff als Antiklopfmittel) und Zinkdimethyl = Zinkjodid ZnI_2 (Kontrastmittel in der Röntgendiagnostik) hergestellt werden.

Schmelzen von Nichtmetallen: Mit indirekten Plasmatrons mit nicht übertragenem Bogen nach Bild 6.5 b werden auch elektrisch nichtleitende Materialien, wie zum Beispiel Quarzsand, geschmolzen.

6.3 Wechselstromlichtbogen

Trotz der vielfältigen Vorteile des Gleichstrombogens wird der Wechselstrombogen wegen seiner Robustheit (kein Gleichrichter, keine Bodenelektrode) in großen Schmelzöfen in Form des Drehstrom-Lichtbogenofens eingesetzt. Obwohl der einphasige Wechselstrombogen kaum angewendet wird, soll dieser zunächst diskutiert werden, weil damit die komplizierte elektromagnetische Kopplung im Drehstromsystem vorerst ausgeklammert werden kann.

6.3.1 Eigenschaften

In **Bild 6.16** ist der charakteristische zeitliche Verlauf von Bogenspannung $u_a(t)$ und des Bogenstromes $i(t)$ bei einer stabilen sinusförmigen Spannung u_s (eingeprägte Netzspannung) mit der Kreisfrequenz $\omega = 2\pi f$ dargestellt. Es wird vereinfachend angenommen, dass $\omega L << R$ gilt, was bei nicht zu großen Strömen und folglich relativ kleinen Leiterquerschnitten sowie kurzen Zuleitungen und eventuell einem zusätzlichen induktivitätsarmen ohmschen Widerstand R realisierbar ist. Der Lichtbogen verlischt bei jedem Nulldurchgang des Stromes und zündet in der nachfolgenden Halbwelle erneut. Nur wenn die Zündbedingungen, wie ausreichend hohe Spannung und Temperatur der Elektrode und des Gases (Plasmas), bei der nächsten Halbwelle erfüllt sind, erfolgt eine neuerliche Zündung (vergleiche Löschbedingungen beim Schalter). Strom und Bogenspannung gehen gemeinsam durch den Nullpunkt. Solange kein Strom fließt, also $i = 0$ gilt, ist die Spannung zwischen den Elektroden u_a gleich der treibenden Spannung. Nach dem Zünden stellen sich Spannung u_a und Strom i so ähnlich wie bei der UI-Kennlinie des Gleichstrombogens (s. Abschnitt 6.2) ein. Im Bereich der fallenden Kennlinie gilt, dass bei geringerem Strom eine höhere Lichtbogenspannung ansteht. Folglich bedeutet höherer Strom eine geringere Lichtbogenspannung. Nur wenn der Bereich des Hochstrombogens (ansteigende UI-Kennlinie) erreicht wird, fordert ein höherer Strom auch eine höhere Spannung (in Bild 6.16 nicht dargestellt). Bei unterschiedlichen Elektrodenmaterialien, beispielsweise bestehend aus Metallschmelze und Grafit, unterscheiden sich die Zustände an den Elektroden von Halbwelle zu Halbwelle. In einer Halbwelle kann die Schmelze die Anode bilden und die Grafitelektrode die Kathode. In der folgenden Halbwelle wechselt diese Zuordnung. Wegen der unterschiedlichen Temperaturen, Materialien und Aggregatzustände sind deshalb unterschiedliche Formen der positiven und negativen Halbwelle von Bogenstrom und Bogenspannung zu beobachten.

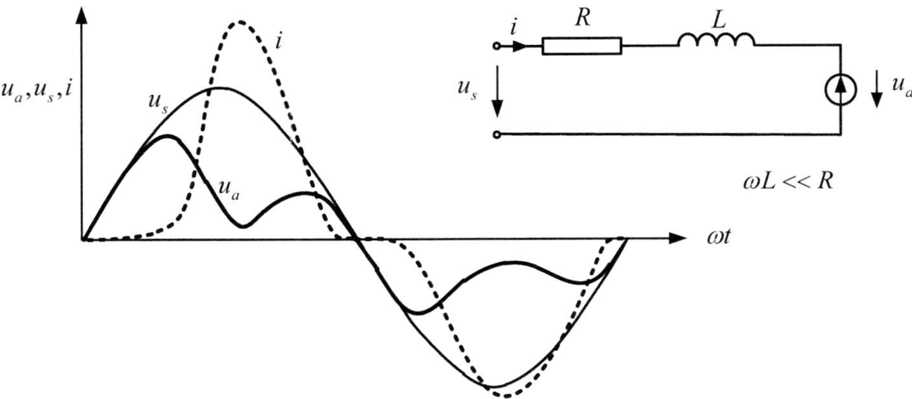

Bild 6.16: Zeitverlauf des Bogenstromes $i(t)$ und der Bogenspannung $u_a(t)$ bei unterschiedlichen Elektroden; Bogenstrom und Bogenspannung unterscheiden sich halbwellenweise von positiver und negativer Halbwelle

Wegen des nichtlinearen Zusammenhanges von Bogenspannung $u_a(t)$ und Bogenstrom $i(t)$ ergibt sich ein Oszillogramm, das stark von einer Geraden (konstante ohmsche Last) oder einer Ellipse (konstante ohmsch-induktive Last) abweicht. In **Bild 6.17** sind Oszillogramme unterschiedlicher Betriebszustände dargestellt. Bild 6.17 a zeigt einen relativ ruhig brennenden Lichtbogen, wie er sich über einer Schmelze ausbildet. Bis zum Zündpunkt A findet eine unselbständige Entladung durch Elektronenemission einer vorgeheizten Elektrode statt. Nach dem Zünden wächst der Bogenstrom stark an. Obwohl die Spannung u_s noch anwächst, sinkt durch den Spannungsabfall am Vorwiderstand die Bogenspannung bis zum Punkt B. Umgekehrt kann bei Abnahme des Bogenstromes die Bogenspannung bis zum Punkt C nochmals ansteigen.

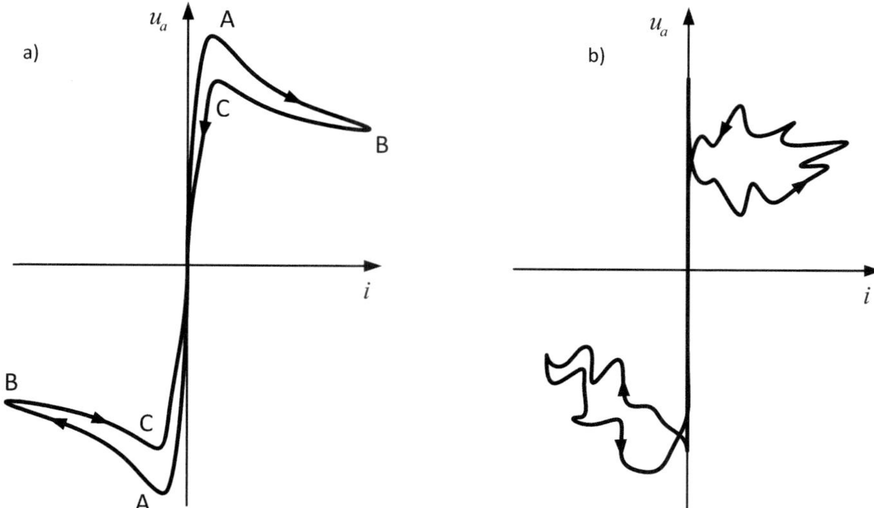

Bild 6.17: Oszillogramm von Bogenstrom und Bogenspannung bei verschiedenen Zuständen des Lichtbogens: a) Überhitzen der Schmelze, b) Einschmelzen z. B. von Schrott

Am Punkt C reicht schließlich die treibende Netzspannung u_s nicht mehr aus, um die Entladung aufrecht zu erhalten. Der Lichtbogen verlischt vor dem Nulldurchgang der Netzspannung. Die Löschspannung ist wegen der hohen Temperatur der Kathode niedriger als die Zündspannung. Durch die thermische Trägheit, insbesondere der Elektroden, entsteht der Abstand der Punkte A und C und damit die geteilte Hysterese. Würde der Ablauf bei einer höheren Frequenz, aber ansonsten gleichen Bedingungen ablaufen, zeigte sich wegen der skizzierten thermischen Trägheit eine andere Form des Oszillogramms.
Das Bild 6.17 b zeigt die Verhältnisse für einen unruhig brennenden Lichtbogen, wie er zu Beginn eines Einschmelzvorganges (noch kalte Elektroden) auftritt. Auch hier sind die Zündspannungen größer als die Löschspannungen. Dagegen ist die Bogenspannung bei sinkendem Strom höher als bei ansteigendem Strom, was durch die hohen Spannungen und Energien beim Zünden zu erklären ist. Weitere sorgfältige Messergebnisse zum zeitlichen Verlauf der Bogenspannung $u_a(t)$ und des Bogenstromes $i(t)$ sind beispielsweise in [31, S.88] zu finden.

6.3.2 Fourieranalyse

Die nicht sinusförmigen Größen $u_a(t)$ und $i(t)$ nach Bild 6.16 können mittels einer Fourieranalyse in eine Summe, bestehend aus von Grundschwingung ($\nu = 1$) und Oberschwingungen (Harmonische mit $\nu > 1$), zerlegt werden.

$$u_a(t) = \sum_{\nu=1}^{n} \sqrt{2} U_\nu \cos(\omega\nu t + \varphi_\nu) \tag{6.26}$$

$$i(t) = \sum_{\nu=1}^{n} \sqrt{2} I_\nu \cos(\omega\nu t + \psi_\nu) \tag{6.27}$$

Darin bedeuten φ_ν und ψ_ν die Phasenwinkel der Harmonischen von Bogenspannung und Bogenstrom. Die Wirkleistung des Lichtbogens ergibt sich aus dem Mittelwert der Momentanleistung $p(t)$ während einer Periodendauer der Grundwelle.

$$P = \frac{1}{T_1} \int_0^{T_1} p(t)\,\mathrm{d}\,t = \frac{1}{T_1} \int_0^{T_1} u_a(t) i(t)\,\mathrm{d}\,t \tag{6.28}$$

Es werden (6.26) und (6.27) in (6.28) eingesetzt. Da der Mittelwert zweier Harmonischer unterschiedlicher Ordnungszahl verschwindet, verbleiben bei der Multiplikation der beiden Summen nur die Produkte mit identischer Ordnungszahl.

$$\int_0^{T_1} U_\nu \cos(\omega\nu t + \varphi_\nu) I_\mu \cos(\omega\mu t + \psi_\mu)\,\mathrm{d}\,t = 0 \quad \text{falls} \quad \nu \neq \mu \tag{6.29}$$

Unter Berücksichtigung, dass allgemein $\cos\alpha \cos\beta = 1/2(\cos(\alpha - \beta) + \cos(\alpha + \beta))$ gilt, und dass die Integration über eine Periode einer Sinusfunktion verschwindet, ergibt sich für die Wirkleistung des Lichtbogens:

$$P = \sum_{\nu=1}^{n} U_\nu I_\nu \cos(\varphi_\nu - \psi_\nu). \tag{6.30}$$

Obwohl Strom und Spannung nach Bild 6.16 gemeinsam durch den Nullpunkt gehen, ist diese Leistung kleiner als die Scheinleistung des Lichtbogens, die sich aus dem Produkt der Effektivwerte von Strom und Spannung ergibt.

$$P < U_a I \tag{6.31}$$

Für die Effektivwerte der Lichtbogenspannung und des Stromes gilt definitionsgemäß:

$$U_a^2 = \frac{1}{T_1} \int_0^{T_1} u_a(t) \cdot u_a(t) \, \mathrm{d}\, t \tag{6.32}$$

$$I^2 = \frac{1}{T_1} \int_0^{T_1} i(t) \cdot i(t) \, \mathrm{d}\, t. \tag{6.33}$$

Ein Vergleich mit den Gleichungen (6.28) und (6.30) führt zu

$$U_a^2 = \sum_{\nu=1}^{n} U_\nu^2 \tag{6.34}$$

$$I^2 = \sum_{\nu=1}^{n} I_\nu^2. \tag{6.35}$$

Damit ist die Scheinleistung bestimmt.

$$S^2 = U_a^2 \cdot I^2 \tag{6.36}$$

Die sogenannte Verzerrungsblindleistung V des Lichtbogens ergibt sich nach Definition aus der Differenz der Quadrate von Schein- und Wirkleistung.

$$V^2 = S^2 - P^2 \tag{6.37}$$

6.3.3 Kreisdiagramm

Der Lichtbogen kann mit unterschiedlichen Längen l_a betrieben werden. Um zu verstehen, wie sich diese von außen einstellbare Variable l_a auf R_a und damit auf den Betrieb des Lichtbogens auswirkt, soll das Kreisdiagramm nach Heyland für den einphasigen Stromkreis behandelt werden.

Annahmen: Zuerst muss die einschränkende Annahme gelten, dass im gesamten Stromkreis nur lineare also von Strom und Spannung unabhängige Elemente (ohmsche Widerstände und Induktivitäten) vorhanden sind. Bei einer praktischen Verwendung der mit dem Heyland-Diagramm gewonnenen Aussagen ist diese angenommene Linearität unbedingt zu beachten.

Die als gegeben angenommene Spannung U soll an den Ausgangsklemmen (Sekundärseite) des Hochstromtransformators anliegen. Dies erleichtert das Verständnis, entspricht aber nicht den praktischen Gepflogenheiten, denn es ist

i. d. R. einfacher, auf der Hochspannungsseite des Transformators die Lichtbogenströme zu messen.

Alle als konstant angenommene Widerstände und Induktivitäten der Leitungen werden zu R bzw. zu X zusammengefasst, womit sich das Ersatzschaltbild **6.18** ergibt.

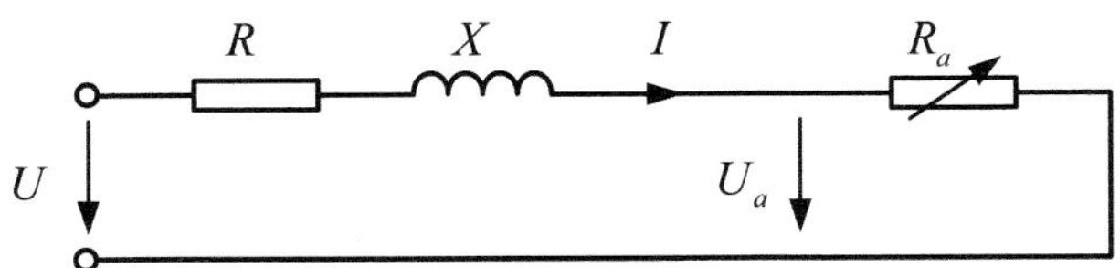

Bild 6.18: Ersatzschaltung für den einphasigen Wechselstrom-Lichtbogen

Kurzschlussversuch: Die Ersatzelemente des Ersatzschaltbildes können beispielsweise mit einem Kurzschlussversuch gewonnen werden. Im Kurzschluss stecken die Elektroden in der Schmelze oder anstelle des Lichtbogen tritt eine massive metallische Verbindung (Brücke). Wenn Strom und Spannung phasenrichtig gemessen werden, dann sind die Wirkleistung P_{sc} und die Scheinleistung S_{sc} ziemlich genau bestimmbar. Die Leitungselemente der Ersatzschaltung ergeben sich hieraus.

$$R = R_{sc} = P_{sc}/I_{sc}^2 \tag{6.38}$$

$$Q = \sqrt{S_{sc}^2 - P_{sc}^2} \tag{6.39}$$

$$X = X_{sc} = Q/I_{sc}^2 \tag{6.40}$$

Korrektur der Ersatzschaltung: Im Betrieb mit brennendem Lichtbogen treten Oberschwingungen (Harmonische) auf. Das bedeutet, dass es neben der Verschiebe-Blindleistung Q auch noch die Verzerrungs-Blindleistung V und die Modulations-Blindleistung M gibt. Im Abschnitt 6.3.4 werden diese Blindleistungen, die auch als dynamische Blindleistungen D bezeichnet werden, näher erläutert. Mit

$$D^2 = V^2 + M^2 \tag{6.41}$$

ergibt sich

$$Q^2 + D^2 = S^2 - P^2 \tag{6.42}$$

für eine Messung von Wirk- und Scheinleistung. Es ist folglich möglich, aus einer Messung im Kurzschluss Q und aus einer Messung mit brennenden Lichtbögen Q^2+D^2 zu bestimmen. Nach Umrechnung auf einen Strom kann daraus die Verschiebe-Reaktanz und die dynamische Reaktanz X_{dy} ermittelt werden.

$$X = X_{sc} + X_{dy} = \frac{\sqrt{Q^2 + D^2}}{I^2} = \frac{\sqrt{S^2 - P^2}}{I^2} \tag{6.43}$$

Die Deformationsblindleistung ist vom Betriebszustand des Lichtbogenofens (Einschmelzen, Frischen, Feinen) abhängig. In der Einschmelzphase mit unruhigem Lichtbogen wird sie größer als in einem Zustand sein, bei dem der Lichtbogen nur noch auf dem Schmelzbad (Feinen) seinen Ansatzpunkt hat. Im Kurzschluss ist der Strom sinusförmig und $D = 0$, weshalb eine zu kleine Reaktanz mit dem Kurzschlussversuch gemessen wird. Nach [31, S. 94] kann ein um 10 bis 15 % höherer Wert für die Reaktanz bei Lichtbogenöfen ($X = (1,1.....1,15)X_{sc}$) angesetzt werden.
Auch der ohmsche Widerstand R_{sc} wird bei einem Strom mit Oberschwingungen durch den Skineffekt größer. Auch hier gilt:

$$R = R_{sc} + R_{dy} \tag{6.44}$$

Mit den in den Kapiteln 2 und 5 vorgestellten Berechnungen zum Wechselstromwiderstand von Einsätzen und Leitungen kann R_{dy} bestimmt werden. Dabei muss man sich allerdings auf die relevanten Oberschwingungen, z. B. bis zur 7. Ordnung (mit Dominanz der 3. Oberschwingung), beschränken.

Heyland-Kreisdiagramm: Der von der Lichtbogenlänge l_a abhängige Bogenwiderstand hat den Wertebereich $R_a = 0$ (Kurzschluss) und $R_a = \infty$ (Bogenabriss). In einem um 90° gedrehten Gauß´schen Koordinatensystem nach **Bild 6.19** ist die Ortskurve des Bogenwiderstandes $R_a(l_a)$ eine Parallele zur reellen Achse. Der Kehrwert der Impedanz $1/\underline{Z}$ ergibt sich aus dem Kehrwert des Betrages und dem zur reellen Achse spiegelbildlichen Winkel φ. Aus der Parallelen zur reellen Achse wird ein Halbkreis im 1. Quadranten. Sein Durchmesser ist durch den Koordinatenursprung, der dem Kehrwert des im Unendlichen liegenden Punktes für $R_a \to \infty$ entspricht, und durch einen Punkt, der $1/X$ zugeordnet wird, bestimmt.

Der Kehrwert der Impedanz ergibt eine komplexe Größe, die mit der reellen Spannung U multipliziert einen komplexen Strom

$$\underline{I} = \mathsf{Re}\{\underline{I}\} + \mathrm{j}\,\mathsf{Im}\{\underline{I}\} = \frac{U}{\underline{Z}} \tag{6.45}$$

und mit dem Quadrat der reellen Spannung U^2 multipliziert ein komplexe Leistung ergibt.

$$\underline{S} = P + \mathrm{j}\,F = \frac{U^2}{\underline{Z}} \tag{6.46}$$

Darin ist mit $F = \sqrt{Q^2 + D^2}$ die mit der dynamischen Blindleistung D ergänzte Verschiebeblindleistung Q bezeichnet.
Statt der in Bild 6.19 eingetragenen komplexen Admittanzen kann folglich auch ein komplexer Strom oder eine komplexe Leistung stehen. Man bezeichnet die Länge des Admittanz-Zeigers mit $\underline{YL}$. Die physikalische Admittanz ergibt sich damit zu

$$\underline{Y} = m_Y\,\underline{YL}, \tag{6.47}$$

worin m_Y ein Koeffizient mit der Maßeinheit S/m ist, mit der eine Länge in einen Leitwert umgerechnet wird. Für die Ströme und die Leistungen gilt demnach:

$$\underline{I} = m_Y U\,\underline{YL} \tag{6.48}$$

$$\underline{S} = m_Y U^2\,\underline{YL}. \tag{6.49}$$

Die Wirkleistung wird durch den Stromzeiger für den Kurzschluss $\underline{I}_{sc}$ in die Lichtbogenleistung P_a und die Verlustleistung P_l unterteilt. Letzteres kann man sich aus der Gleichheit der Winkel φ und φ_{sc} verdeutlichen. Es gilt:

$$\frac{R_a}{R} = \frac{I^2 R_a}{I^2 R} = \frac{P_a}{P_l}. \tag{6.50}$$

Damit kann der elektrische Wirkungsgrad aus dem Kreisdiagramm abgelesen werden.

$$\eta_{el} = \frac{R_a}{R_a + R} = \frac{P_a}{P} \tag{6.51}$$

Er wird theoretisch für $R_a \to \infty$ zu $\eta_{el} = 1$, was bei der Bestimmung des Gesamtwirkungsgrades

$$\eta_{to} = \frac{P_a - P_{th}}{P} \qquad (6.52)$$

zu berücksichtigen ist. Darin sind mit P_{th} die Wärmeverluste des Lichtbogens bezeichnet.

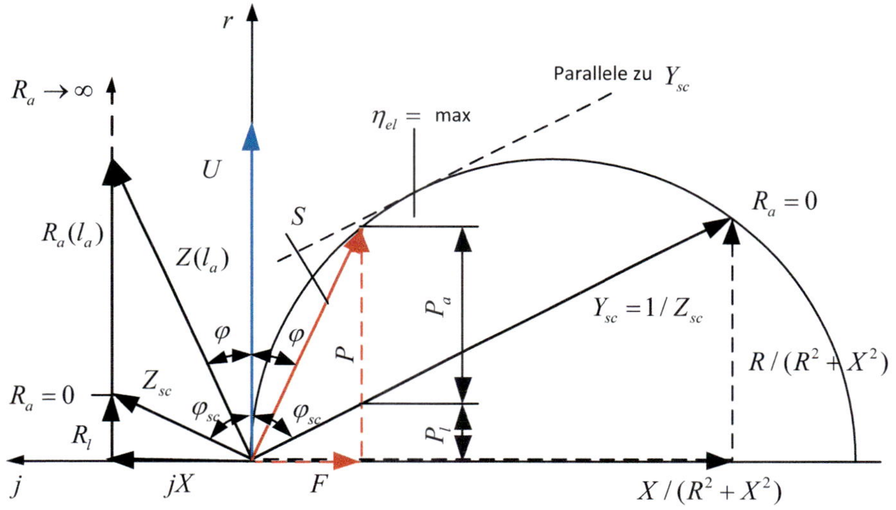

Bild 6.19: Kreisdiagramm nach Heyland

Dort, wo die Tangente (Parallele zu I_{sc}) den Halbkreis berührt, ist der elektrische Wirkungsgrad maximal. Es ist folglich zweckmäßig, den Lichtbogen mithilfe der stellbaren Bogenlänge l_a in der Nähe der maximalen elektrischen Leistung zu betreiben. Es bietet sich der Bereich zwischen dem maximalen Gesamtwirkungsgrad (geringste Stromkosten) und der maximalen Bogenleistung (maximale Produktivität) an. Da der Halbkreis eine Ortskurve für den gewünschten Arbeitspunkt ist, kann der Sollwert für eine Regelung zwischen maximalem Gesamtwirkungsgrad und maximaler Bogenleistung als Betrag der Impedanz $|\underline{Z}|$ abgelesen werden.

Diese Impedanz aus U/I zu bestimmen, ist bei einphasigen Systemen unproblematisch. Bei einem Drehstrom-Lichtbogenofen ist dazu die Strangspannung zu messen, was mit einer höheren Messunsicherheit verbunden sein kann.

6.3.4 Drehstrom-Lichtbogenofen

Der Drehstrom-Lichtbogenofen wird hauptsächlich zur Stahlschmelze in Stahl- und Walzenwerken sowie großen Gießereien eingesetzt. Er ist sehr robust und kann nahezu jede Schrottsorte schmelzen. Seine Anschlussleistungen reichen bis 200 MV A. In **Bild 6.20** ist der prinzipielle Aufbau des Drehstrom-Lichtbogen-Ofens dargestellt.

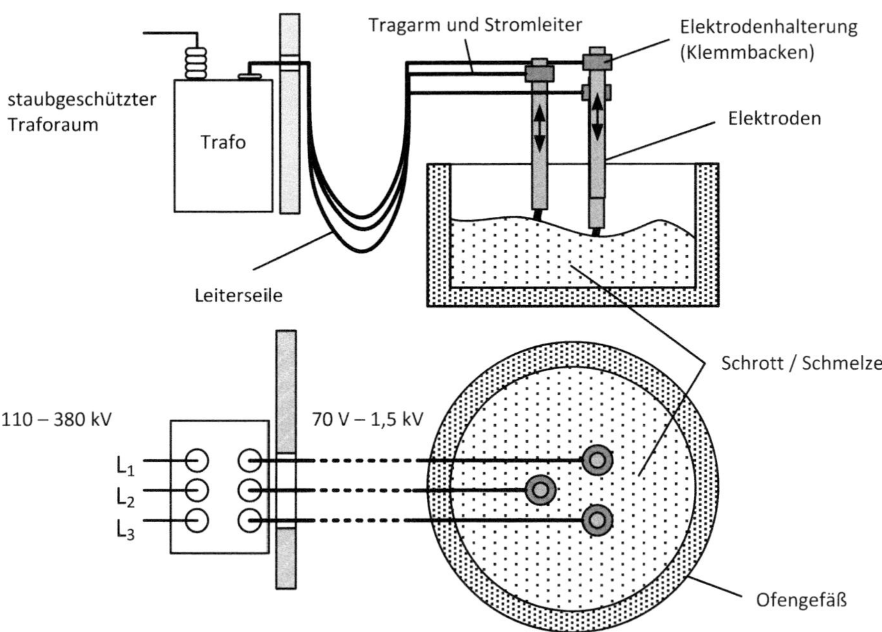

Bild 6.20: Stromzuführung beim Drehstrom-Lichtbogenofen

Mechanischer Aufbau

Der mechanische Aufbau ist mit dem Gleichstrom-Lichtbogenofen nach Abschnitt 6.2.5 zum größten Teil identisch. Statt einer Elektrode müssen drei Elektroden höhenverstellbar angeordnet werden. Dafür entfällt die aufwendig zu gestaltende Bodenelektrode. Neben den drei Löchern für die Elektroden ist im Deckel ein großes viertes Loch zur Absaugung der Rauchgase (z. B. beim Frischprozess mit Sauerstoff) vorgesehen. Diese Öffnung sowie andere Bauteile müssen intensiv mit wasserführenden Kühlrohren versehen werden, um eine ausreichende Lebensdauer der Konstruktionsteile zu erlangen. Bei größeren Öfen (Einsatzmasse > 20 t) werden am Gefäßboden sogenannte Rührspulen angeordnet. Sie sind wie die Ständerwicklungen einer aufgeklappten Asynchronmaschine aufgebaut und erzeugen ein fortschreitendes Magnetfeld, das die Schmelze in Bewegung setzt. Die Frequenz dieses Dreiphasensystems beträgt ca. 0,5 Hz. Voraussetzung zum Einbau solcher Rührspulen ist ein unmagnetischer Gefäßboden.

Elektrischer Aufbau

In **Bild 6.21** ist der prinzipielle Aufbau einer elektrischen Anlage für den Betrieb von Drehstrom-Lichtbogenöfen dargestellt. Die Energiezufuhr erfolgt direkt aus dem Hochspannungsnetz (z. B. 220 kV). Der Leistungsschalter auf der Hochspannungsseite muss für bis zu 100 Schaltspiele pro Tag ausgelegt werden. Beispiel: 220 kV, 1000 MV A, >30 000 Schaltzyklen pro Jahr.
Um die starken Belastungsschwankungen zwischen Bogenabriss (Leerlauf) und Kurzschluss zwischen Elektrode und Schmelzgut nicht zu hart auf das Versorgungsnetz zu leiten, wird eine dreiphasige Drosselspule während des Einschmelzprozesses eingeschaltet. Bei ruhigerem Betrieb (Frischen und Feinen) wird die Drossel überbrückt, um die Blindleistung zu reduzieren.
Der Ofentransformator ist mit einem Laststufenschalter ausgerüstet, der die Einstellung von 10-30 Spannungsstufen zwischen 70 bis 1500 V ermöglicht. Die Anschlussleistung des Ofentransformators wird so ausgelegt, dass das Einschmelzen des Schrotts in weniger als einer Stunde möglich ist.
Die Stromführung mit Strömen bis über 100 kA vom Transformator bis zu den Lichtbögen wird als Hochstromleitung bezeichnet. Sie wird in vier Abschnitte eingeteilt:

- Bündel von Kupferschienen oder Kupferrohre
- Bündel Wassergekühlter flexibler Kupferseile
- wassergekühlte Rohre auf den Tragarmen oder mit Kupfer platinierte Tragarme und die Klemmbacken
- Grafitelektroden.

Der erste starre Abschnitt kann zur Verminderung der Induktivität auch als Knapsack-Schaltung (s. Abschnitt 5.2.1) ausgeführt werden. Allerdings ist es günstiger, die bauliche Anordnung des Transformators in einem staubgeschützten Raum so zu gestalten, dass dieser erste Abschnitt sehr kurz gehalten werden kann.

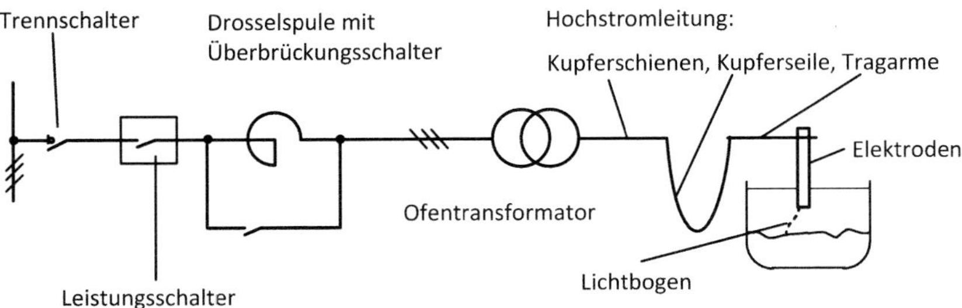

Bild 6.21: Prinzip einer Drehstrom-Lichtbogenofen-Anlage

Die Tragarme bestehen aus mit Kupfer platinierten Hohlprofilen. Das sind Stahlprofile mit einem rechteckigem Querschnitt, die mit einem dicken Kupfermantel der Stärke $s = \delta$ =10 mm bei 50 Hz versehen sind. Damit werden mit einer konstruktiven Einheit die zwei Aufgaben, als mechanischer Träger der Elektroden einerseits und als Stromleiter andererseits, erfüllt. Die Tragarme müssen vertikal über einen Schlitten schnell bewegt werden können, um die Lichtbogenlänge l_a einzustellen. Es sind dazu hohe hydraulische Antriebskräfte erforderlich, um die Elektrode mit einem Gewicht von mehreren Tonnen nebst Tragarm in kurzer Zeit auf Verstellgeschwindigkeiten bis zu 100 mm/s zu beschleunigen und bei kurzem Nachlaufweg abzubremsen. Die elektrische Verbindung von den Tragarmen zu den Elektroden erfolgt durch mehrgliedrige Klemmbacken-Fassungen aus Kupfer.
Die Elektroden sind zylindrische Stücke aus massiven Grafit mit hoher elektrischer Leitfähigkeit ($> 1{,}5 \cdot 10^5$ S/m) und Durchmessern von bis zu 800 mm, die zum Anstücken mit Gewindezapfen und Nippel an ihren Enden ausgestattet sind. Weitere technische Details zum mechanischen und elektrischen Aufbau von Drehstrom-Lichtbogenöfen findet man beispielsweise in [31, S. 86 ff] und [39, S. 244 ff].

Die dreiphasige Hochstromleitung sollte sowohl einen kleinen ohmschen Widerstand als auch eine kleine Reaktanz haben und möglichst symmetrisch (trianguliert) aufgebaut sein. Die Triangulierung nach **Bild 6.22** kann nur im ersten starren Leitungsabschnitt gelingen. Ab den Leiterseilen ist eine gegenseitige Bewegung der Stränge zur Elektrodenregelung notwendig, wodurch jede Triangulierung gestört wird. Neben den Leitungsmaterialien (Kupfer und Grafit) mit hoher elektrischer Leitfähigkeit ist bei der Auslegung an die Stromverdrängung und die unerwünschten Wirbelströme in Konstruktionselementen (z. B. in Tragarmen) durch Harmonische zu denken. Die möglichen Verminderungen der ohmschen Verluste durch Verdrillen in Form von Roebelstäben und der Leitungsinduktivitäten mithilfe der Knapsack-Schaltung werden bei Lichtbogenöfen selten angewandt.

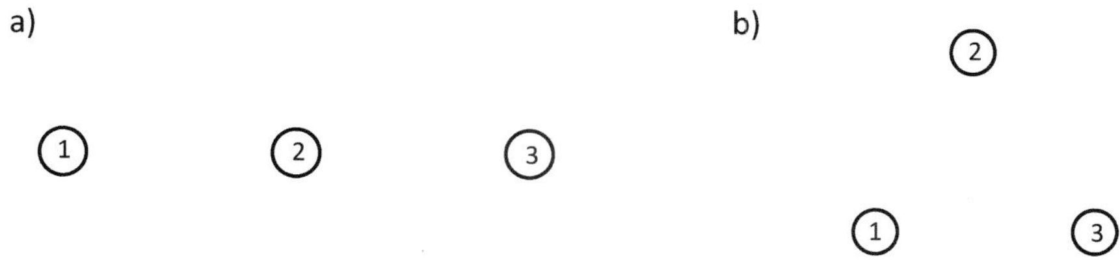

Bild 6.22: Unsymmetrie a) und Symmetrie bzw. Triangulation b) einer Drehstromleitung

Der Sternpunkt der Hochstromseite des Ofentransformators (bei Sternschaltung) wird prinzipiell nicht mit dem metallischen Ofengefäß verbunden. Damit wird gesichert, dass sich die drei Strangströme hinsichtlich des magnetischen Feldes aufheben und vor allem, dass sich kein unkontrollierter „Bodenstrom" von der Schmelze zum metallischen Gehäuse des Ofens ausbildet. Es gilt folglich:

$$i_1 + i_2 + i_3 = 0 \tag{6.53}$$

Betrieb

Der wirtschaftliche Betrieb eines Drehstrom-Lichtbogenofens verfolgt zwei Maxime. Es sind erstens die spezifischen Energiekosten in kWh/t geschmolzenem Stahl zu minimieren. Zweitens soll die Standzeit (Anzahl der Schmelzzyklen) der Anlage zwischen den Instandsetzungen möglichst hoch sein. Daneben sind natürlich die gesetzlichen Bestimmungen beispielsweise zur Staubemission, zur Störung des Versorgungsnetzes oder zum Arbeitsschutz einzuhalten. Es soll nunmehr die Umsetzung diskutiert werden.

Einfluss des dreiphasigen Systems: Aus der elektromagnetischen Kopplung der drei Stränge der Hochstromleitung ergeben sich einige Besonderheiten, die beim einphasigem Betrieb nicht zu beobachten sind.
Durch die nicht vollkommene Triangulierung der Hochstromleitung und durch unterschiedliches Brennverhalten der drei Lichtbögen bilden sich eine tote und

eine scharfe Phase heraus. An der scharfen Phase wird im Mittel mehr Leistung umgesetzt, wodurch die keramische Gefäß- und Deckel-Auskleidung in ihrer Nähe einem stärkeren Verschleiß ausgesetzt ist (s. **Bild 6.23**). Das ist unerwünscht, weil es zu kürzeren Standzeiten zwischen den Instandsetzungen und folglich zu höheren Kosten führt. Untersuchungen haben gezeigt, dass diesbezüglich weniger die unvollkommene Triangulierung, sondern vielmehr äußere Einflüsse auf das Brennverhalten der Lichtbögen ausschlaggebend sind. Als mögliche Ursachen sind die Schrottverteilung nach dem Chargieren, die unsymmetrische Staubabsaugung und die elektromagnetische Schmelzenrührung zu nennen.

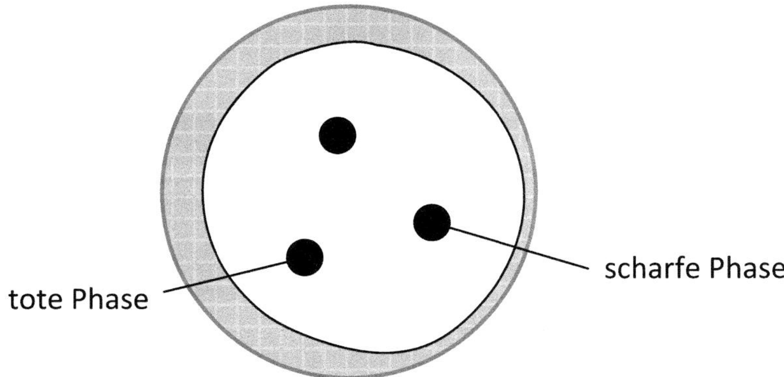

Bild 6.23: Ungleichmäßiger Verschleiß der keramischen Auskleidung des Ofengefäßes

Wegen der Unsymmetrie der drei Phasen entfernt sich der Sternpunkt „s“, den die Schmelze bildet, vom Sternpunkt der Sekundärseite des Transformators „0“ (s. **Bild 6.24**). Bei der üblichen Dreieckschaltung der Sekundärseite des Transformators kann man sich einen künstlichen Sternpunkt „0“ vorstellen, der aus drei hochohmigen Widerständen gebildet wird. Zwischen den beiden Sternpunkten bildet sich die Potenzialdifferenz U_0 aus. In Abschnitt 6.3.3 wurde gezeigt, dass die Regelung der Lichtbogenlänge über die Impedanz als Sollwert erfolgen kann. Bei Drehstrom ist dies die Impedanz eines jeden Stranges. Beispielsweise muss für den Strang 1 der Effektivwert des Stromes $\underline{I}_1$ und der Spannung $\underline{U}_{10}$ gemessen werden.

$$Z_{10} = U_{10}/I_1 \tag{6.54}$$

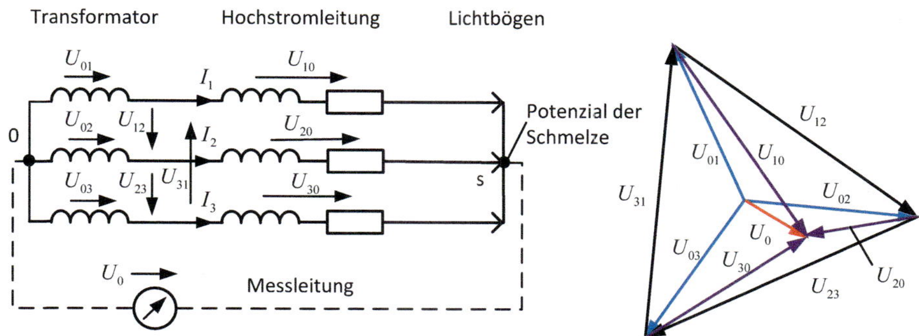

Bild 6.24: Kurzgeschlossenes Drehstromsystem des dreiphasigen Lichtbogenofens

Die Messung des Stromes ist unproblematisch und kann mit einem Stromwandler oder einer Rogowski-Spule erfolgen. Wegen der Unsymmetrie kann nicht $U_{10} = -U_{01}$ angenommen werden. Die Strangspannung muss gemessen werden. Hier ist Vorsicht geboten, denn es ist dazu eine Messleitung von der Schmelze oder dem metallischen Gehäuse des Ofengefäßes zum Ausgang des Hochstromtransformators zu führen (wegen zahlreicher Brücken hat das metallische Gehäuse das gleiche Potenzial wie die Schmelze). Die von der Messleitung gebildete Messschleife wird von einem starken magnetischen Wechselfeld, hervorgerufen durch die Hochstromleitung, durchsetzt, wodurch erhebliche Spannungen induziert werden können. Man kann folglich nicht davon ausgehen, dass nach Bild 6.24 die Strangspannung als

$$\underline{U}_{10} = \underline{U}_0 - \underline{U}_{01} \qquad (6.55)$$

sauber bestimmt werden kann. In Abschnitt 6.3.4 wird gezeigt, wie theoretisch U_0 und damit die Strangspannung relativ genau im Zeitbereich bestimmbar ist.

Auf den Lichtbogen eines Stranges wirken durch die magnetischen Felder der beiden benachbarten Stränge elektromagnetische Kräfte in radialer (horizontaler) Richtung. Hierdurch wird die Bogensäule in Richtung der Ofenwand abgedrängt. Die mechanische Trägheit der Lichtbögen ist sehr gering, weshalb die Auslenkung auf die zeitlichen Stromänderungen innerhalb einer Periode reagiert. Das hat zur Folge, dass der Bogenansatz auf der Schmelze in einer Periode zwei Kreise auf der Schmelze durchläuft [31, S. 88]. Durch diese Ablenkung wirkt außerdem ein mechanisches Moment auf die Elektrode, das bei hohen Strömen (Kurzschluss) sogar zu einem Bruch der Elektroden (meist an der Einspannstelle) führen kann. Die geschilderte kreisförmige Bewegung des Bogenansatzes bewirkt in Verbindung mit dem Druck auf die Schmelze (siehe Gleichstrombogen in Abschnitt 6.2) eine gewünschte Durchmischung der Schmelze. Das Drehfeld erzeugt außerdem ein Drehmoment auf die Elektroden. Ein rechtsläufiges Drehfeld kann deshalb zum Aufdrehen der Elektrodenverschraubung, bestehend aus Gewindezapfen und Nippel, bei Rechtsgewinde führen.

Arbeitsbereich: Zunächst sollen die Grenzen der Aussteuerung, also der mögliche Arbeitsbereich des Lichtbogenofens, abgeschätzt werden. Dazu genügt es, vom Kreisdiagramm nach Heyland, das einschränkend nur für lineare Verhältnisse gilt, auszugehen. Da das Heyland-Diagramm nur für einen Strang aufgestellt wurde, ergibt sich die Gesamtleistung durch Multiplikation mit dem Faktor 3. In **Bild 6.25** sind mithilfe des Kreisdiagramms die Wirk- und Blindleistungen dargestellt. Der Zusammenhang von Zeigerlängen, Admittanzen und Leistungen ist ausgehend von (6.49) in nachfolgender Beziehung beschrieben.

$$\underline{S} = 3 \cdot U^2 \cdot m_Y \underline{YL} \tag{6.56}$$

Die Spannungsstufen des Ofentransformators ergeben unterschiedliche Durchmesser der Halbkreise. Der größte Halbkreis entspricht der höchsten Spannungsstufe. Der mögliche Arbeitsbereich ist durch physikalische und hauptsächlich technische Parameter begrenzt. Nach dem Nulldurchgang der Lichtbogenspannung zündet der Lichtbogen nur bis zu einer maximalen Länge zuverlässig. Diese Länge entspricht einem maximalen

$$\cos\varphi = \frac{R + R_a}{\sqrt{(R + R_a)^2 + X^2}}, \tag{6.57}$$

der von $R_a(l_a)$ abhängt und im Bereich von 0,8-0,9 liegt. Bei der maximalen Spannungsstufe (U_5 in Bild 6.25) ist die maximale Scheinleistung mit dem Halbkreis als Ortskurve gegeben. Der Ofentransformator ist für eine maximale Scheinleistung S_{max} ausgelegt, die einen Kreis mit dem Mittelpunkt im Gauß´schen Koordinatensystem ergibt. Die Hochstromleitung und der Ofentransformator sind nur bis zu einem maximal zulässigen Strom I_{max} ausgelegt (Joule´sche Wärme, Kräfte). Dieser maximale Strom entspricht einer maximalen Blindleistung I^2X, die einer Parallelen zur reellen Achse entspricht. Die Kurzschlussimpedanz Z_{sc} begrenzt den Arbeitsbereich nach unten. Mit der kleinsten Spannungsstufe U_1 (s. Bild 6.25) des Ofentransformators wird der Arbeitsbereich abgeschlossen.

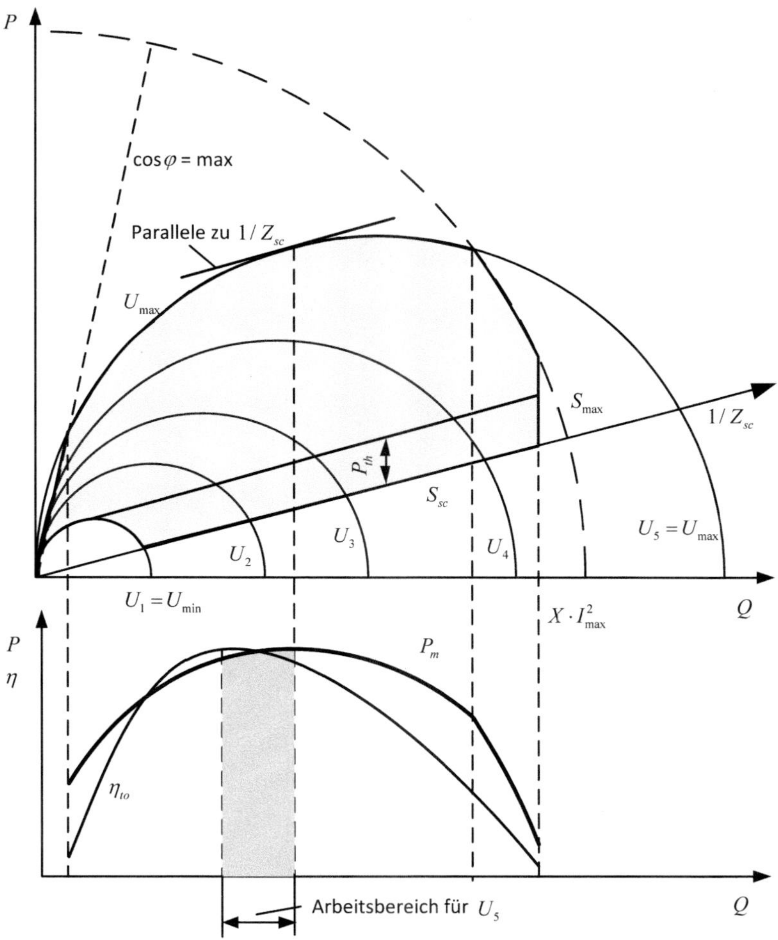

Bild 6.25: Arbeitsbereich des Wechselstrom-Lichtbogens

In den hier skizzierten äußeren Grenzen liegt der wirtschaftlich günstigste Arbeitsbereich. Eine maximale Produktivität in Form der Schmelzleistung P_m wird erzielt, wenn gilt

$$P_m = P_a - P_{th} \quad \rightarrow \quad \text{max}, \tag{6.58}$$

wobei P_{th} die Wärmeverluste der Schmelze darstellt. Dieser Punkt entspricht der Berührung der Kurzschluss-Admittanz als Tangente am Halbkreis. Die günstigsten Energiekosten ergeben sich dagegen, wenn der Gesamtwirkungsgrad η_{to} maximal wird.

$$\eta_{to} = \eta_{el}\eta_{th} = \frac{P_a - P_{th}}{P} \quad \rightarrow \quad \max \tag{6.59}$$

Die Funktion $\eta_{to}(Q)$ ist nur aufwendig darstellbar, weil sowohl P_a und P von R_a abhängen. Aus einer konkreten Datenlage ergibt sich jedoch, dass das Maximum von $\eta_{to}(Q)$ links von der maximalen Schmelzleistung liegt (s. Diagramm in Bild 6.25). Maximale Produktivität und minimaler spezifischer Energieverbrauch stimmen folglich nicht überein. Von der konkreten Situation des Schmelzbetriebes hängt es ab, ob mehr und teurer oder weniger und billiger produziert wird. Mit der Lichtbogenlänge l_a und damit $Z(l_a)$ kann theoretisch die optimale Prozessführung gesteuert werden. Es ist jedoch stets zu bedenken, dass das Kreisdiagramm nach Heyland nur für sinusförmige Größen gilt und die Harmonischen nur unvollkommen berücksichtigt werden. Außerdem ist die Bestimmung einer gegebenen Strangimpedanz wegen der unvermeidliche Unsymmetrie nur fehlerhaft möglich.

Betriebsführung: Das Produkt aus elektrischem und thermischem Wirkungsgrad des Lichtbogenofens spielt für eine günstige Betriebsführung offenbar eine entscheidende Rolle. Dabei ist der elektrische Wirkungsgrad eigentlich noch etwas kleiner als in (6.51) definiert, weil neben der Hochstromleitung und dem Transformator noch weitere Verluste auf dem Weg vom Energiezähler bis zum Lichtbogen (Mechanik, elektromagnetische Rührung usw.) anfallen. Dies soll hier vernachlässigt werden. Der thermische Wirkungsgrad ist definiert als Quotient der vom Schmelzmaterial (Schrott, Schmelze) aufgenommenen Enthalpie (fühlbare und latente Wärme) zu der vom Lichtbogen abgegebenen thermischen Energie, wobei mit W_{thl} die thermischen Verluste bezeichnet sind.

$$\eta_{th} = \frac{W_{th}}{W_a} = \frac{W_a - W_{thl}}{W_a} \tag{6.60}$$

Die thermischen Verluste können durch eine gute thermische Isolation des Ofengefäßes und durch Abdeckung der Schmelze mit einer Schicht aus schäumender Schlacke (Schaumschlacken-Technologie) vermindert werden. Ein wesentlicher Teil an thermischer Energie geht jedoch auch durch Stillstandszeiten verloren, weil in dieser Zeit Wärme kontinuierlich abfließt. Deshalb ist eine kontinuierliche Auslastung anzustreben und die Stillstandszeiten für Chargierung,

Probenentnahme, Legierung usw. sind so kurz wie möglich zu halten. Der elektrische Wirkungsgrad kann durch die Länge des Lichtbogens und damit den Bogenwiderstand beeinflusst werden. Bei einem sehr kurzen Lichtbogen wird an diesem wenig Leistung umgesetzt. Ein langer Lichtbogen kann die Gesamtimpedanz so hoch treiben, dass der Bogenstrom I absinkt und damit die Bogenleistung $P_a = I^2 R_a$ kleiner wird.
Der Drehstrom-Lichtbogenofen kann nicht einfach als der parallele Betrieb von drei einphasige Lichtbogenöfen betrachtet werden kann. Neben der Verschiebe- und der Deformations-Blindleistung ist die Unsymmetrie-Blindleistung des Dreiphasensystems zu berücksichtigen. Weiterhin kommt hinzu, dass die Strangspannung wegen der erwähnten Nullpunktverschiebung nicht exakt zu messen ist.
Die Regelung sollte die oben genannten Maxime (minimale spezifische Energiekosten, maximale Standzeit) verfolgen. Wegen der Schwierigkeiten mit der Messung der Strangimpedanzen wäre es denkbar, die drei Phasenströme auf gleiche für den jeweiligen Betriebszustand (z. B. Einschmelzen, Feinen) erprobte Werte über die Bogenlänge zu regeln. Das ergibt jedoch nicht zwangsläufig gleiche Bogenleistungen, weil die physikalischen Bedingungen in den drei Entladungszonen der Lichtbögen unterschiedlich sein können. Und unterschiedliche Bogenleistungen führen zu einer toten und scharfen Phase, die eine ungleichmäßige Abnutzung der Ofenauskleidung zu Folge haben. Selbst wenn es gelänge, die drei Bogenleistungen auf nahezu gleiche Werte zu regeln, kommt es durch den Rauchabzug (viertes Loch im Deckel) zu einer thermischen Unsymmetrie, die ebenfalls eine ungleichmäßige Abnutzung zu Folge hat.
Eine zweckmäßige Betriebsführung des Drehstrom-Lichtbogenofens besteht folglich in der weiteren Eingrenzung der Arbeitsbereiche, um die energetischen, metallurgischen und betriebswirtschaftlichen Forderungen abgestimmt zu erfüllen. In den Arbeiten [16] und [17] wird beispielgebend gezeigt, wie mithilfe von mess- und berechenbaren Kennziffern der Betrieb des Lichtbogenofens wirtschaftlich geführt werden kann.

Ersatzschaltbild

Nachfolgend soll ein Weg skizziert werden, wie messtechnisch die Ersatzelemente der Hochstromleitung einschließlich der Elektroden (Widerstände, Induktivitäten und Gegeninduktivitäten) bestimmt werden können.

Elemente: Im Ersatzschaltbild des Hochstromleitungssystems nach **Bild 6.26** sind in den Induktivitäten L_1 bis L_3 auch die Gegeninduktivitäten zwischen den Strängen enthalten. Zum besseren Verständnis wird der Transformator nicht in die Messungen einbezogen. Die Klemmen 1-3 im Bild 6.26 sind folglich die Sekundärklemmen des Transformators. Bei Bedarf können die messtechnisch ermittelten Ersatzelemente mit dem komplexen Übersetzungsverhältnis des Transformators auf die Primärseite umgerechnet werden.

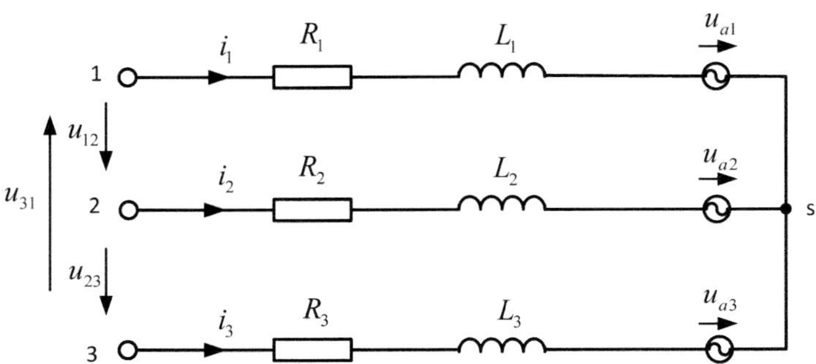

Bild 6.26: Ersatzschaltbild der Hochstromleitung und der Elektroden

An den Elektrodenenden soll ein dreipoliger Kurzschluss durch Eintauchen in die Schmelze oder durch eine massive elektrische Brücke gebildet werden. Es gilt: $u_{a1} = u_{a2} = u_{a3} = 0$. Damit gibt es im Hochstromsystem keine wesentlichen Nichtlinearitäten, was bei einer Bewertung der Ergebnisse zu beachten ist.

Das **Bild 6.27** zeigt schematisch die kurzgeschlossene Dreileiteranordnung, deren drei Stränge ohmsche Widerstände und Induktivitäten besitzen und durch Gegeninduktivitäten miteinander verkoppelt sind. In einem ersten Schritt wird nur der Strom i_{13}, der von der Klemme 1 zur Klemme 3 fließt, eingespeist. Der Strang 2 ist folglich stromlos. Zwischen den Klemmen 1 und 2 wird die Spannung u'_{12} gemessen.

$$u'_{12} = R_1 i_{13} + \mathrm{d}\,\psi_{13,12}/\,\mathrm{d}\,t \tag{6.61}$$

$$= R_1 i_{13} + M_{13,12}\,\mathrm{d}\,i_{13}/\,\mathrm{d}\,t \tag{6.62}$$

Darin bezeichnet $M_{13,12}$ die Gegeninduktivität, welche von der Stromschleife 1-3 (Ursache) und der Messschleife 1-2 (Wirkung) gebildet wird. Da lineare Verhältnisse vorliegen, kann man die Gleichung (6.62) mit komplexen Größen schreiben.

$$\underline{U}'_{12} = R_1 \underline{I}_{13} + \mathrm{j}\,\omega M_{13,12}\,\underline{I}_{13} \tag{6.63}$$

Aus den Messwerten zu Strom und Spannung können sofort R_1 und $M_{13,12}$ bestimmt werden.
Im zweitem Schritt wird nur der Strom i_{23}, der von der Klemme 2 zur Klemme 3 fließt, eingespeist. An den Klemmen 1-2 wird die Spannung u''_{12} gemessen. Es gilt:

$$u''_{12} = -R_2 i_{23} + \mathrm{d}\,\psi_{23,12}/\,\mathrm{d}\,t \tag{6.64}$$
$$= -R_2 i_{23} + M_{23,12}\,\mathrm{d}\,i_{23}/\,\mathrm{d}\,t \tag{6.65}$$

Darin bezeichnet $M_{23,12}$ die Gegeninduktivität, welche von der Stromschleife 2-3 und der Messschleife 1-2 gebildet wird. Es ist offensichtlich, dass $M_{23,12} < 0$ gilt, weil der induzierte magnetische Fluss mit dem definierten Umlauf der Messschleife kein Rechtssystem bildet. Um weiterhin nur mit positiven Induktivitäten arbeiten zu können, erfolgt eine Umordnung der Indizes zu $M_{23,12} = -M_{32,12}$. Mit komplexen Größen lautet die Spannungsgleichung:

$$\underline{U}''_{12} = -R_2 \underline{I}_{23} - \mathrm{j}\,\omega M_{32,12}\,\underline{I}_{23}. \tag{6.66}$$

Auch hier können aus den Messwerten $\underline{U}''_{12}$ und $\underline{I}_{23}$ die Ersatzelemente R_2 und $M_{32,12}$ bestimmt werden. Die beiden Ströme i_{13} und i_{23} wurden willkürlich

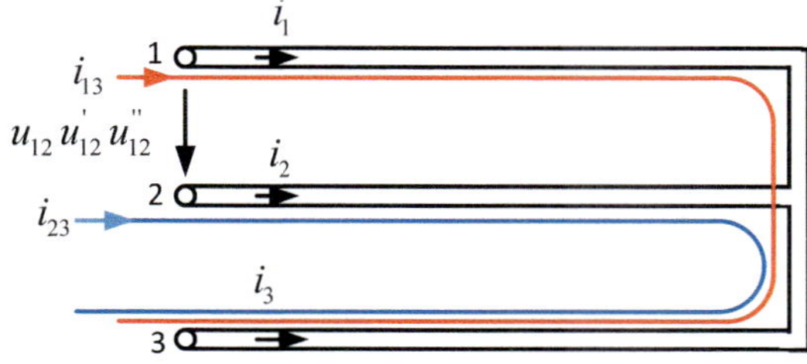

Bild 6.27: Schema zur Bestimmung der Ersatzelemente der an den Elektrodenenden kurzgeschlossenen Hochstromleitung

gewählt, weshalb sie auch die tatsächlichen Ströme mit $i_1 = i_{13}$ und $i_2 = i_{23}$ nach Bild 6.26 sein können. Für die drei Strangströme gilt mit $i_3 = -i_{13} - i_{23}$

$$i_1 + i_2 + i_3 = 0. \tag{6.67}$$

Mit Bezug auf Bild 6.26 werden die mit (6.63) und (6.66) durch Messungen gefundenen Induktivitäten als $L_1 = M_{13,12}$ und $L_2 = M_{32,12}$ bezeichnet.
Man kann mit den Messschleifen 2-3 und 3-1 die geschilderten Messungen wiederholen. Alle Ersatzelemente R_1 bis R_3 sowie L_1 bis L_3 werden damit doppelt bestimmt. Die dazugehörigen Gleichungen werden aus (6.63) und (6.66) durch Erhöhung aller Indizes um den Wert 1 bzw. 2 erhalten, wobei für den Index 4 der Index 1 und für den Index 5 der Index 2 zu schreiben ist. Bekanntlich kann bei Gegeninduktivitäten die Strom- mit der Messschleife getauscht werden.

$$M_{jk,lm} = M_{lm,jk} \tag{6.68}$$

Wenn dagegen der Umlaufsinn in einer Mess- oder einer Stromschleife umgedreht wird, dann ändert sich das Vorzeichen.

$$M_{jk,lm} = -M_{jk,ml} \tag{6.69}$$

Mit diesen Regeln folgt aus (6.63) und (6.66):

$$L_1 = M_{13,12} = -M_{12,31} \tag{6.70}$$
$$L_2 = M_{21,23} = -M_{23,12} \tag{6.71}$$
$$L_3 = M_{32,31} = -M_{31,23}. \tag{6.72}$$

Die Strangspannung u_{1s} setzt sich damit wie folgt zusammen.

$$u_{1s} = R_1 i_1 + L_1 \,\mathrm{d}\, i_1 / \,\mathrm{d}\, t + u_{a1} \tag{6.73}$$

Hier ist zu beachten, dass sowohl die ohmschen Widerstände R_1 bis R_3 als auch die Induktivitäten L_1 bis L_3 mit sinusförmigen Strömen bestimmt wurden. Die durch Messungen im Kurzschluss gefundenen Ersatzelemente sind folglich bei vorhandenen Lichtbögen und daraus resultierenden Harmonischen nicht exakt. Beispielweise werden die ohmschen Widerstände wegen der Harmonischen und des dadurch stärker ausgeprägten Skin-Effektes etwas größer sein.

Messschleife: Die Strangspannungen u_{1s} bis u_{3s} können an realen Drehstrom-Lichtbogenöfen nur dann relativ fehlerfrei gemessen werden, wenn die in die Messschleife induzierten Spannungen berücksichtigt wird. Es wird hier angenommen, dass die Messschleife ortsfest verlegt ist. Die Klemme „0“ ist in unmittelbarer Nähe der Klemmen 1-3 am Ausgang des Transformators angeordnet. Zur messtechnischen Bestimmung der Gegeninduktivitäten geht man so vor wie bei der Bestimmung der Ersatzelemente. Man betrachtet den Kurzschlussfall nach dem Schema in **Bild 6.28**. Es wird wiederum in zwei Schritten vorgegangen. Zunächst wird die Spannung, die bei einem Strom i_{21} in der Messschleife als u_{1s0} induziert wird, bestimmt. In komplexen Größen ergibt sich für die Spannungsgleichung:

$$\underline{U}'_{1s0} = -R_1\,\underline{I}_{21} - \mathrm{j}\,\omega M_{21,1s0}\,\underline{I}_{21}. \tag{6.74}$$

Aus nach Betrag und Phase messbaren Größen von Strom und Spannung kann $M_{21,1s0}$ bestimmt werden. Im zweitem Schritt wird der Strom i_{31} eingespeist und die Spannung an den Klemmen 1 und 0 gemessen.

$$\underline{U}''_{1s0} = -R_1\,\underline{I}_{31} - \mathrm{j}\,\omega M_{31,1s0}\,\underline{I}_{31} \tag{6.75}$$

Damit ist $M_{31,1s0}$ bestimmbar. Diese beiden Gleichungen (6.74) und (6.75)

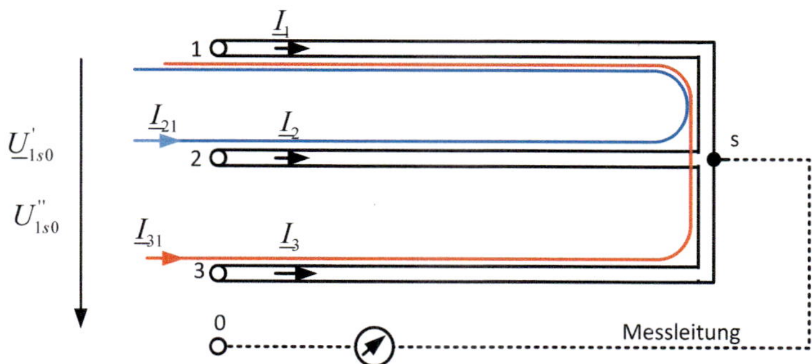

Bild 6.28: Schema zur Bestimmung der Strangspannung

werden im Zeitbereich unter Berücksichtigung der Lichtbogenspannungen nach **Bild 6.29** aufgeschrieben. Mit $i_2 = i_{21}$ ergibt sich:

$$u'_{1s0} = -R_1 i_2 - M_{21,1s0}\,\mathrm{d}\,i_2/\,\mathrm{d}\,t + u_{a1}(i_2). \tag{6.76}$$

Mit $i_3 = i_{31}$ ergibt sich:

$$u''_{1s0} = -R_1 i_3 - M_{31,1s0}\,\mathrm{d}\,i_3/\,\mathrm{d}\,t + u_{a1}(i_3). \tag{6.77}$$

Die Summation beider Gleichungen ergibt die Strangspannung $u_{1s0} = u'_{1s0} + u''_{1s0}$.

$$u_{1s0} = R_1 i_1 + M_{12,1s0}\,\mathrm{d}\,i_2/\,\mathrm{d}\,t + M_{13,1s0}\,\mathrm{d}\,i_3/\,\mathrm{d}\,t + u_{a1} \tag{6.78}$$

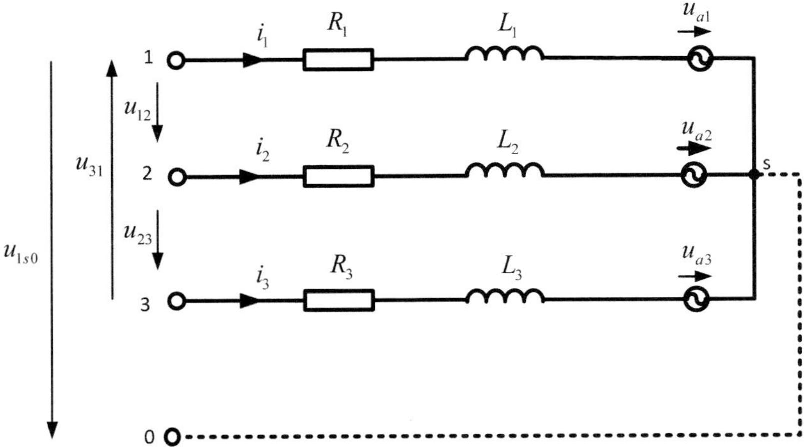

Bild 6.29: Ersatzschaltung zur Messung der Strangspannungen

Worin $i_1 = -i_2 - i_3$ eingesetzt und die Lichtbogenspannung formell durch $u_{a1} = u_{a1}(i_2) + u_{a1}(i_3)$ ersetzt wird. Da darin die Ströme und die Spannungen messbar sind und die ohmschen Widerstände und Gegeninduktivitäten vorher (siehe oben) bestimmt wurden, kann u_{a1} im Zeitbereich bestimmt werden. Damit wäre auch die für die Regelung wichtige Strangimpedanz als u_{1s}/i_1 bestimmbar.

$$u_{1s} = R_1 i_1 + L_1\, i_1/\,\mathrm{d}\,t + u_{a1} \tag{6.79}$$

In gleicher Weise bzw. durch Weiterzählen der Indizes können u_{2s} und u_{3s} bestimmt werden.
Abgesehen vom Rechenaufwand ist die skizzierte Ermittlung der Strangimpedanz wenig praktikabel, weil alle Ersatzelemente von der gegenseitigen Lage der Tragarme sowie der momentanen Länge der Elektroden (von Einspannstelle bis Schmelze) abhängen. Die Zeitfunktionen der Lichtbogenspannungen wurden dagegen für konkrete Tragarmstellungen und Elektrodenlängen mit der geschilderten Methode in [31] bestimmt. Schließlich ist der bereits erwähnte Fehler in allen Ersatzelementen durch die Harmonischen zu bedenken.

Kennwerte

Der spezifische Energieverbrauch eines Drehstrom-Lichtbogenofens in kWh/t hängt von der Ofengröße (1 bis 200 t), der Zustellung (saure oder basische keramische Auskleidung des Ofengefäßes), der Kontinuität der Betriebsführung (möglichst kein Auskühlen des Ofens) und der technischen Ausstattung (Elektroden, Elektroden-Arme und -Halterung, Hochstromleitung, Trafo usw.) ab. Die Verluste beim Einschmelzen betragen etwa 15 %, wovon die Wärmeverluste mit ca. 9 % den größten Anteil ausmachen. Weitere 5 % entfallen auf die Hochstromleitung und nur etwa 1 % werden dem Hochstromtransformator und der Drosselspule zugeschrieben. Für einen kleineren Ofen mit einer Einsatzmasse von bis zu 10 t und einer Leistung von 10 MW werden für das reine Einschmelzen mit einem betriebswarmen Ofen ca. 400 kWh/t und beim Einschmelzen mit einem anfänglich ausgekühlten Ofen ca. 600 kWh/t angegeben. Dies bedeutet, dass für die gesamte Flüssigstahlerzeugung mit den Stufen Einschmelzen, Frischen, Legieren und Abgießen ca. 600 bis 750 kWh/t mit kleineren Öfen benötigt werden. Bei größeren Öfen sind günstigere Werte erreichbar.
Die Notwendigkeit, den die Kosten bestimmenden Elektroenergieverbrauch zu reduzieren, führt zu einem Betrieb des Lichtbogenofens mit großen Einsatzmassen bis zu 250 t und hohen Einschmelzleistungen bis zu 200 t/h und möglichst geringen Haltezeiten (z. B. für Probenentnahme, Zugabe von Legierungselementen), die mit Wärmeverlusten verbunden sind. Hohe Einschmelzleistungen erfordern hohe Lichtbogenspannungen, die Sekundärspannungen des Ofentransformators über 1000 V zur Folge haben. Der Ofentransformator muss dann für eine Scheinleistung von mehr als 1000 kVA/t Einsatzmasse ausgelegt werden.
Neben den Energiekosten gilt es, den Verbrauch an teurem Grafit für die Elektroden gering zu halten. Als gute Werte gelten hier 1 bis 1,2 g pro Tonne erzeugten Flüssigstahls.
Der Betrieb einer Lichtbogenofenanlage ist mit einer erheblichen Emission von Staub und Lärm verbunden. Unmittelbar an der Ofenanlage werden beispielsweise Lautstärken von 115 dB durch die Lorentzkräfte auf Leitungen, Elektroden und die Schmelze erreicht. Die Staubemission wird mit bis zu 30 kg pro Tonne erzeugten Flüssigstahls angegeben. Um die gesetzlichen Grenzwerte einzuhalten, muss die Ofenanlage schalldicht umhüllt werden. Für die Entstaubung kommen elektrostatische Filter und Heißgewebefilter zum Einsatz. Etwa 25 % der Investitionskosten einer Anlage sind dafür zu kalkulieren.
Diese Schmelzverfahren stehen teilweise in Konkurrenz zum induktiven Schmel-

zen nach Kapitel 2. Bei der Verfahrenswahl muss beispielsweise an den spezifischen Energieverbrauch, die Umweltbelastung durch Staub und Lärm bzw. deren Abwehr, an die Netzbelastbarkeit, an die Verluste von Legierungselementen und nicht zuletzt an die Investitionskosten gedacht werden. Der spezifische Energieeinsatz des Drehstrom-Lichtbogenofens ist bei einem weitgehend kontinuierlichen Betrieb für das Schmelzen von Stahlschrott geringer als beim Induktions-Schmelzofen. Auch kann mit dem Drehstrom-Lichtbogenofen fast jede Schrottart eingeschmolzen werden. Allerdings ist im Vergleich zum induktiven Schmelzen der Verlust durch Abbrand von wertvollen Legierungselementen, wie $Mn, Cr, W, Si, V, Ni, Ti, Co$ oder Mo, relativ hoch.

Netzrückwirkungen

Der Drehstrom-Lichtbogenofen hat gegenüber anderen Abnehmern mit vergleichbaren Anschlussleistungen eine Reihe widriger Eigenschaften gegenüber dem Versorgungsnetz. Deshalb sind in der Planungsphase von Drehstrom-Lichtbogenöfen Berechnungen unumgänglich, um die zu erwartenden Störungen bewerten zu können.

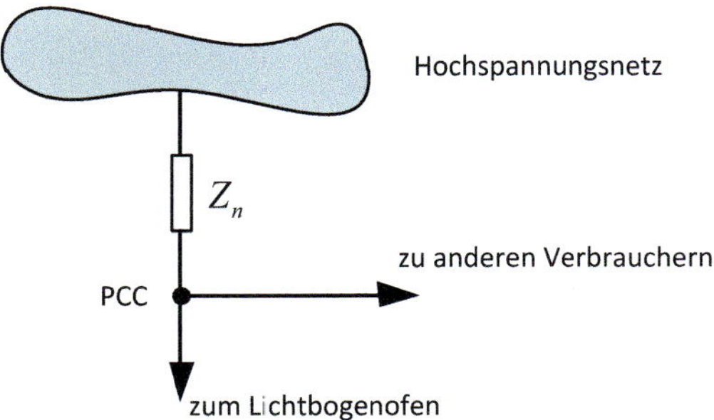

Bild 6.30: Netzanschluss des Lichtbogenofens

Je stärker das Hochspannungsnetz am Anschlusspunkt ist, desto geringer sind die Rückwirkungen auf andere Verbraucher. Als ein Richtwert gilt, dass die Kurzschlussleistung des Netzes S_{sc} zwei bis drei Größenordnungen über der Scheinleistung des Drehstrom-Lichtbogenofens S_f liegen soll.

$$S_{sc} = 200....1000 \cdot S_f \tag{6.80}$$

Das kann nicht an jedem Standort gewährleistet werden. I. d. R. wird zwischen dem Betreiber des Lichtbogenofens und dem Netzbetreiber ein Verknüpfungspunkt PCC (engl. *Point of Commom Coupling*) nach **Bild 6.30** vereinbart, an dem bestimmte Bedingungen eingehalten werden müssen. Dies sind Qualitätsmerkmale für die Spannung nach EN 50160, die vom Energieversorger anderen Verbrauchern gegenüber garantiert werden. Vom Drehstrom-Lichtbogenofen werden insbesondere folgende Eigenschaften der Versorgungsspannung beeinflusst:

- Spannungsverzerrung mit den Harmonischen bis 9 kHz
- Änderungen der Spannungsamplitude und Flicker
- Spannungsunsymmetrie.

Das **Bild 6.31** zeigt einige Perioden des Stromverlaufes aller drei Phasen. Durch die endliche Netzimpedanz Z_n wandeln sich am PCC die von den Strömen des Lichtbogenofens ausgehenden Störungen in Spannungsstörungen um. Nachfolgend werden einige Störungen sowie ihre Auswirkungen und Minderung diskutiert, wobei kein Anspruch auf Vollständigkeit erhoben wird.

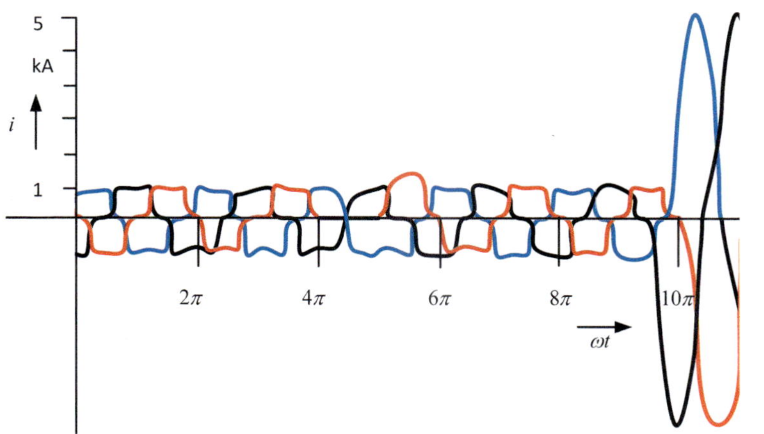

Bild 6.31: Strom-Zeit-Diagramm eines Drehstrom-Lichtbogenofens mit einphasigem Bogenabriss und dreiphasigem Kurzschluss

Verzerrte Ströme: Die Oberschwingungen bzw. Harmonischen des Stromes entstehen durch die Änderungen des Ionisierungszustandes und damit des Leitwertes des Lichtbogens während einer Halbwelle (siehe Abschnitt 6.3).
Am PCC führen die Harmonischen (engl. *harmonic distortions*) der Ströme zu den Harmonischen der Versorgungsspannung $U_2, U_3, \dots$ (s. **Bild 6.32**). Der

Anteil der Harmonischen an der Gesamtspannung wird mit dem Klirrfaktor bewertet.

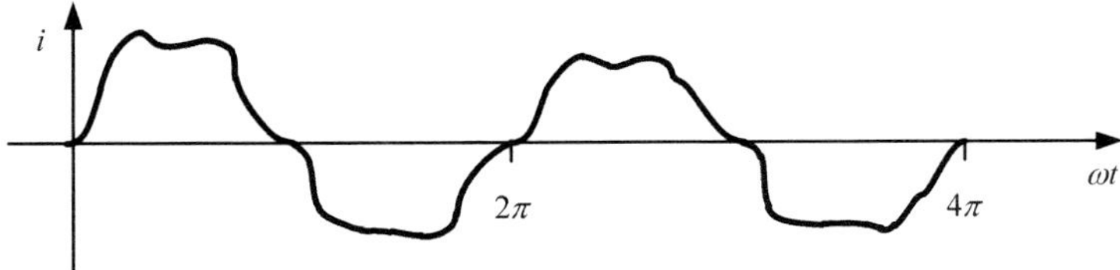

Bild 6.32: Zeitlicher Verlauf einer durch Harmonische gestörten Versorgungsspannung

$$k = \frac{\sqrt{U_2^2 + U_3^2 + U_4^2 + ...U_n^2}}{U} \quad \text{mit} \quad U = \sqrt{U_1^2 + U_2^2 + U_3^2 + ...U_n^2} \quad (6.81)$$

Diese Harmonischen führen beispielsweise zu einer zusätzlichen Belastung von Kondensatoren und Isolierungen durch dielektrische Verluste. Für jede Harmonische ergibt sich die zusätzliche Verlustleistung

$$P_\nu = U_\nu^2 \omega_\nu C \varepsilon_r \tan\delta \quad \text{mit} \quad \nu = 2....n. \qquad (6.82)$$

Außerdem erhöht sich durch den Skineffekt der ohmsche Widerstand von Leitungen. Die Harmonischen können über die Leitungen geführte Steuersignale und die Ansteuerungen leistungselektronischer Bauelemente stören. In Verbindung mit Saugkreisen, Kompensationsanlagen usw. kann es zu Resonanzen kommen. Außerdem können die Harmonischen ein Gegensystem mit $\nu = 2, 5, 8, 11, ...$ bilden, das sich beispielsweise nachteilig auf Drehstrommaschinen auswirkt.

Schließlich führen die Harmonischen zu einer Verzerrungs-Blindleistung V.

$$V = \sqrt{(UI)^2 - (\sum_{\nu=1}^{n} U_\nu I_\nu \cos\varphi_\nu)^2} \quad \text{mit} \quad U, I - \text{Effektivwerte} \qquad (6.83)$$

Der Einfluss der Oberwellen auf das Versorgungsnetz kann durch eine hohe Netzkurzschlussleistung und selektive und/oder breitbandige Saugkreise vermindert werden. Der Einsatz derartiger Baugruppen ist unbedingt von Spezialisten zu beurteilen, weil die Gefahr von unerwünschten Resonanzen besteht. Eine Drossel auf der Hochspannungsseite kann die hohen Harmonischen dämpfen. Um die Wirkung der Drossel im konkreten Fall richtig beurteilen zu können, bedarf es spezieller Kenntnisse, denn die Drossel kann auch eine unerwünschte Verstärkung der niedrigen Harmonischen ($\nu = 3, 5, 7$) verursachen.

Stromänderung in der Halbperiodenfolge: Wie bereits oben ausgeführt, ist es für die Ausbildung des Plasmas im Lichtbogen ein Unterschied, ob die Grafit-Elektrode positiv und die Schmelze negativ gepolt sind oder eine umgekehrte Polarität existiert (s. Abschnitt 6.3). Durch diese Konstellation bilden sich in der Halbperiodenfolge unterschiedliche Ströme (Amplituden) aus, die einen Gleichanteil beinhalten (s. **Bild 6.33**).

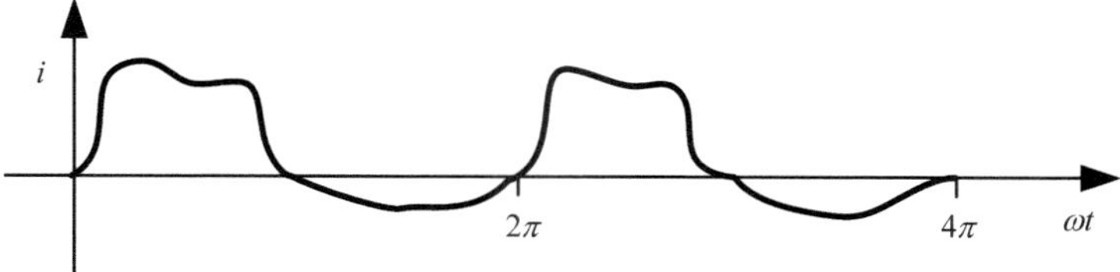

Bild 6.33: Stromänderung in der Halbperiodenfolge

Der Hochstromtransformator überträgt keinen Gleichstrom, sodass es keine Belastungen dieser Art am PCC gibt. Der Transformator selbst wird jedoch durch den Gleichstrom zusätzlich belastet, weil es zur Erregung durch Gleichstrom auf der Sekundärseite keine kompensierende Durchflutung gibt. Deshalb können bereits relativ kleine Gleichströme zu einer magnetischen Sättigung des Eisenkreises führen, was bei der Auslegung des Transformators zu beachten ist.

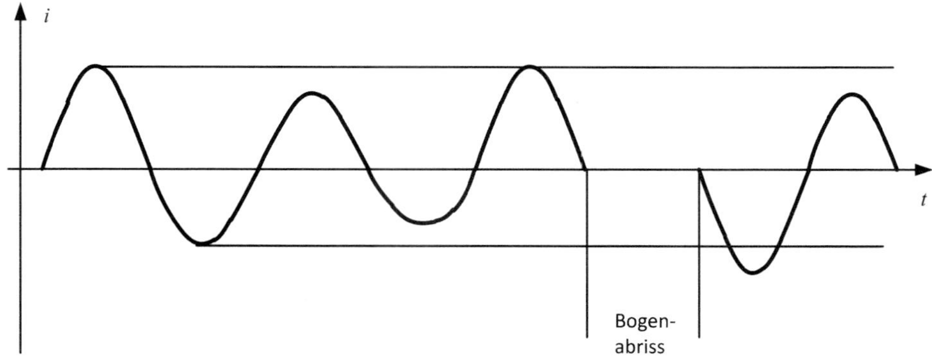

Bild 6.34: Modulation und Bogenabriss

Modulierte und lückende Ströme: Durch Bogenabrisse kommt es zu Stromunterbrechungen und bei Kurzschlüssen zu Kurzschlussströmen (s. **Bild 6.34**).

Zwischen diesen beiden Extremen schwankt der Lichtbogenstrom mit Frequenzen von 1 bis 10 Hz. Die Ursachen für diese Stromschwankungen können die Auf- und Abbewegungen der Elektroden und Resonanzen im System der sich vertikal bewegenden Tragarme mit den verbundenen Elektroden sein. Weiterhin können Wellenbewegungen der Schmelze, die durch das elektromagnetische Rühren der Schmelze verursacht werden, zu typischen Modulationen im Bereich von 7 Hz führen. Beim Einschmelzen werden dagegen Modulationen im Bereich von 1 Hz registriert. Auch durch die Verkettung der drei Stränge im Drehstromsystem kann es in Verbindung mit den Impedanzregelungen zu periodischen Stromschwankungen kommen (siehe auch Abschnitt 6.3.4).

Bogenabrisse führen zur Spannungserhöhungen (engl. *swells*) und Kurzschlüsse zum Spannungseinbrüchen (engl. *dips*) am PCC. Die dazwischenliegenden Spannungsänderungen (engl. *voltage fluctuations*) können zu unangenehmem Flimmern (engl. *flicker*) von Beleuchtungen anderer Verbraucher führen. Die Schwankungen der Beleuchtungsstärke werden vom Menschen subjektiv (Trägheit des Auges usw.) bewertet und hängen sowohl von der Höhe der Spannungsschwankungen als auch deren Häufigkeit ab. Es wurden deshalb spezielle Flickermeter nach EN 60868-0 entwickelt, um diese subjektiven Eindrücke bewertbar zu machen. Die Messgröße ist die Kurzzeitflickerstärke P_{st} (Index „st" steht für (engl. *short time*)), die dem subjektiven Empfinden des Menschen nahe kommt. Beispielsweise wird eine zweimalige Spannungsschwankung von 2,2 % innerhalb von 1 min ebenso mit $P_{st} = 1$ bewertet wie 32 Spannungsschwankungen von 0,95 % innerhalb der gleichen Zeitspanne von 1 min.
Eine hohe Netzkurzschlussleistung S_{sc} mindert die Auswirkungen der modulierten und lückenden Ströme. Außerdem kann mit der elektromagnetischen Schmelzenrührung (Frequenz, Spulenanordnung) und mit der Regelstrategie für die drei Strangimpedanzen Einfluss genommen werden. Schließlich sind bei der Konstruktion der schweren Tragarme, die rasche Auf- und Abwärtsbewegungen vollführen müssen, unerwünschte mechanische Resonanzen auszuschließen.

Unsymmetrische Ströme: Die Bedingungen (Temperatur, Elektrodenzustand usw.) und die Längen l_a der drei Lichtbögen sind stets unterschiedlich, weshalb sich unterschiedliche Ströme einstellen. Durch die Verkettung im Drehstromsystem wirken sich Änderungen in einem Strang auf die Strom- und Spannungsverhältnisse in den beiden anderen aus. Um dies zu verdeutlichen, soll an einem stark vereinfachten Beispiel die verkoppelte Wirkung einer rein ohmschen Belastung demonstriert werden.

Tabelle 6.1: Berechnung der ohmschen Schieflast nach **Bild 6.35**

ν	R_ν mΩ	$\underline{U}_\nu$ V	$\underline{I}_\nu$ kA	$\underline{U}_\nu \underline{I}_\nu^*$ kV A	$I_\nu^2 R_\nu$ kW
1	1	$10 + \mathrm{j}\,0$	$6,82 - \mathrm{j}\,0,79$	$68,2 + \mathrm{j}\,7,9$	47,1
2	2	$-5 + \mathrm{j}\,5\sqrt{3}$	$-4,10 + \mathrm{j}\,3,94$	$54,6 - \mathrm{j}\,15,8$	64,5
3	3	$-5 - \mathrm{j}\,5\sqrt{3}$	$-2,72 - \mathrm{j}\,3,15$	$41,0 + \mathrm{j}\,7,9$	52,2
Σ		$0 \pm \mathrm{j}\,0$	$0 \pm \mathrm{j}\,0$	$163,8 \pm \mathrm{j}\,0$	163,8

Es soll ein Drehstromsystem nach **Bild 6.35**, das aus rein ohmschen, aber ungleichen Widerständen $R_1 = 1\,\Omega$, $R_2 = 2\,\Omega$ und $R_3 = 3\,\Omega$ besteht, betrachtet werden. Die hier angenommene Schieflast ist für den Lichtbogenofen nicht ungewöhnlich. In **Tabelle 6.1** sind die Ergebnisse aufgelistet. Die umgesetzte Leistung ist nicht, wie zu vermuten wäre, in Strang 1 mit dem kleinsten Widerstand, sondern in Strang 2 zu finden. Zwischen den drei Phasen werden erhebliche Blindleistungen (Imaginärteile in der 5. Spalte) ausgetauscht. Daraus ergibt sich die sogenannte Unsymmetrie-Blindleistung U. An dem Beispiel wird auch deutlich, dass die drei Regelkreise zu den Impedanzen 1-3 durch das Drehstromsystem verkoppelt sind, wodurch sich die oben erwähnten Modulationen in den Strömen der drei Stränge ergeben können.

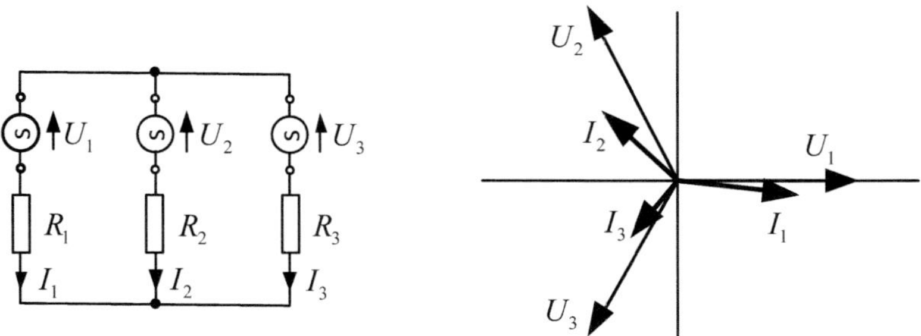

Bild 6.35: Drehstromsystem mit rein ohmscher Schieflast

Eine Unsymmetrie der Ströme führt am PCC zu einer Unsymmetrie der Spannungen für andere Verbraucher. Das hat beispielsweise für Drehstrommaschinen zur Folge, dass das durch die Unsymmetrie verursachte Gegensystem ein

Drehmoment entgegen dem Drehsinn des Motors zur Folge hat und zusätzliche Verluste verursacht.

Blindleistung: Die Reaktanzen von Transformator und Hochstromleitung haben eine Verschiebe-Blindleistung Q zu Folge. Die Unsymmetrie-Blindleistung U und die Verzerrungs-Blindleistung V wurden bereits erwähnt. Daneben gibt es noch die Modulations-Blindleistung M, die durch die bereits erwähnten modulierten Ströme hervorgerufen wird. Damit ergibt sich für die Scheinleistung:

$$S = \sqrt{P^2 + Q^2 + V^2 + M^2 + U^2} \tag{6.84}$$

Die Kompensationsmaßnahmen haben das Ziel, den Leistungsfaktor λ (engl. *power factor*)

$$\lambda = \frac{P}{S} \tag{6.85}$$

möglichst nahe an den Wert $\lambda = 1$ zu bringen, um die Verluste im Leitungsnetz durch Blindleistung zu reduzieren. Neben den genannten Verlusten verursacht

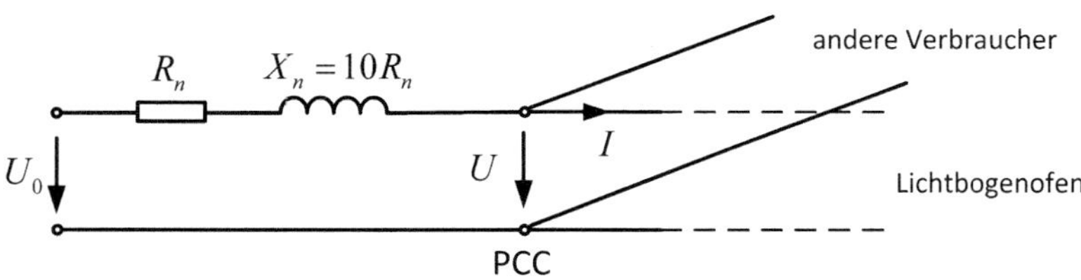

Bild 6.36: Ersatzschaltung zur Art der Lastschwankungen

die Blindleistung am PCC einen höheren Spannungsabstieg als eine zahlenmäßig gleiche Wirkleistung, weil bei den Hochspannungsnetzen die Leitungsimpedanz eine ca. zehnfach höhere Reaktanz X_n gegenüber dem ohmschen Widerstand R_n besitzt (s. **Bild 6.36**). Am Beispiel der Zeigerbilder nach **Bild 6.37** soll dies verdeutlicht werden. Während bei einer rein ohmschen Last der Zeiger des Spannungsabstieges $\mathrm{j}\,IX_n$ senkrecht zum Zeiger der Netzspannung U gerichtet ist, hat er bei einer rein induktiven Last die gleiche Phase, was eine erheblich größere Differenz zwischen der Leerlaufspannung U_0 des Hochspannungsnetzes und der Spannung U am PCC zur Folge hat.

Mit Hilfe des Kreisdiagramms nach Heyland in Bild 6.19 kann man sich durch den Vergleich von Kurzschluss und maximaler Bogenleistung überzeugen, dass eine Änderung des Bogenwiderstandes eine wesentlich höhere Änderung der Blindleistung als der Wirkleistung zur Folge hat.
Man kann folglich viele der genannten Netzrückwirkungen vermindern, wenn die auf das Netz rückwirkende Blindleistung reduziert oder zumindest gleichmäßiger auf die Phasen verteilt wird. Dazu werden verschiedene Beschaltungen vorgeschlagen [31, S.111]. Hier sollen nur zwei Möglichkeiten genannt werden.

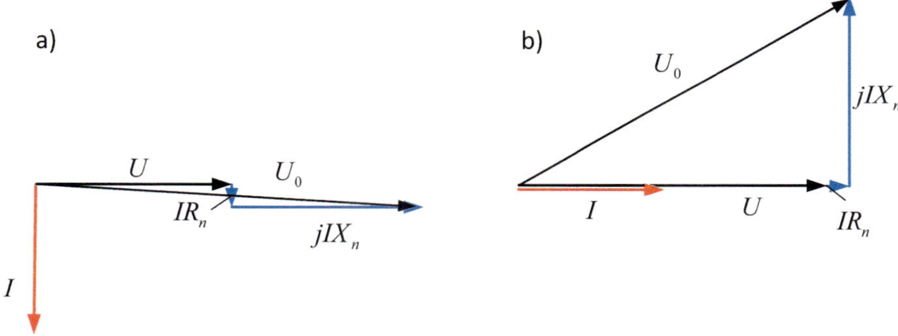

Bild 6.37: Vergleich von rein induktiver Last a) und rein ohmscher Last b); Spannung am PCC bei rein ohmscher Last ca. 1,6-fach höher

Mit einer thyristorgesteuerten Drossel, die parallel zum Lichtbogenofen geschaltet wird, können die Schwankungen der induktiven Blindleistung ausgeglichen werden. Mit relativ geringer Verzögerung von ca. 10 ms können Drosseln bei schwacher Blindlast zugeschaltet und bei hoher Blindlast abgeschaltet werden.
Naheliegend ist die Kompensation der induktiven Blindlast durch parallel zum Lichtbogenofen geschaltete Kondensatoren, die mittels antiparalleler Thyristoren dynamisch ebenfalls mit Verzögerungen von ca. 10 ms ansteuerbar sind. Das Zuschalten von Kondensatoren ist wegen der hohen Einschaltströme kritisch, weshalb beispielsweise die Kondensatoren vor dem Zuschalten vorgeladen werden müssen. Eine weitere Schwierigkeit besteht in der Gefahr von sich einstellenden Resonanzen. Ein mögliches Szenario für Resonanzen ist im Bild 6.38 dargestellt. Hier bilden die Kompensationskondensatoren mit der Induktivität des Netzes einen Parallelschwingkreis. Die Lichtbögen generieren die höheren Harmonischen. Dagegen stellen die Generatoren des Netzes quasi einen Kurz-

schluss für die höheren Harmonischen dar. Bei hoher Netzbelastung (R_l niedrig) wird der Schwingkreis gedämpft und es gibt keine Probleme. Bei geringer Last (R_l hoch) hat der Schwingkreis eine hohe Güte. Es kann zu Resonanzen und damit zu gefährlichen Überspannungen kommen.

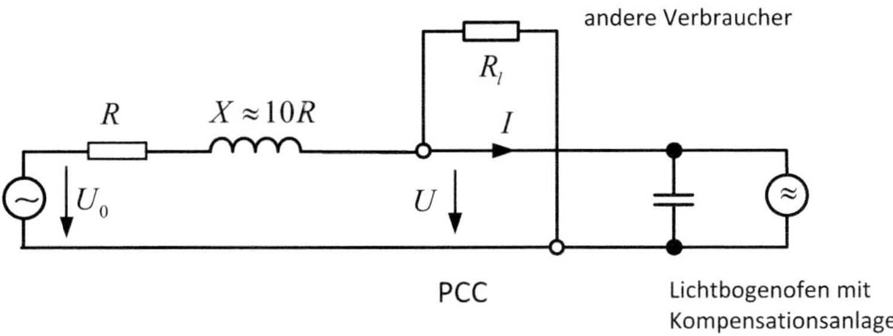

Bild 6.38: Ausbildung eines Parallelschwingkreises durch Kompensation mit Lichtbogenofen als Quelle höherer Harmonischer

6.3.5 Weitere Anwendungen des Wechselstrombogens

Einschmelzen im Drehstrom-Plasmaofen: Neben dem in Abschnitt 6.3.4 behandelten Drehstrom-Lichtbogenofen wurden auch Drehstrom-Plasmaofen mit einer Leistung von 20 MW gebaut [39, S. 263]. Die drei Plasmatrons mit übertragenen Bögen arbeiten auf einem gemeinsamen Sternpunkt, den die Schmelze bildet. Die Vorteile bestehen im Wegfall der problematischen Bodenelektrode und einer hohen Ausbringung von Legierungselementen durch die Schutzgasatmosphäre. Dem steht der Verbrauch von Edelgas, z. B. Argon, als Arbeitsgas für die Plasmatrons gegenüber. Der entscheidende Nachteile ist hier, dass die Elektroden der drei Plasmatrone relativ schnell verschleißen, weil diese in jeder Periode einmal als Anode (Elektronenbeschuss) und einmal als Kathode wirken.

Schmelzen von Metalloxiden: Die endotherme Reduktion von Metalloxiden und anderen Oxiden bei Temperaturen > 1000 °C ist auch im Lichtbogen möglich. Die Elektroden tauchen dabei in den Möller (zerkleinertes Gemenge aus Erz und Koks) ein, weshalb der Lichtbogen i. d. R. nicht sichtbar ist. Seine gesamte Wärmestrahlung wird vom Möller absorbiert. Durch die hohen Temperaturen wird der Möller elektrisch leitend, weshalb die Lichtbögen nur noch in der unmittelbaren Umgebung der Elektroden (hohe Feldstärke) auftreten. Der Energieumsatz setzt sich demzufolge sowohl aus dem Lichtbogen als auch der Stromleitung (Joule´sche Wärme) im Möller zusammen. Deshalb wurde diese Technik in das Kapitel 5, Abschnitt 5.2.1 eingeordnet.

6.3.6 Hochfrequenzplasma

Prinzip

Bei Normaldruck 0,1 MPa kann mit hohen Spannungen von 5 bis 20 kV und Frequenzen von 10 bis 100 kHz sowie relativ kleinen Elektrodenabständen im mm- Bereich ein Lichtbogen kleiner Leistung erzeugt werden. Das Prinzip zeigt **Bild 6.39**. Die Zündung erfolgt dabei durch Feldemission und die Ladungsträgererzeugung vorwiegend durch Stoßionisation. Die Leistung bzw. die Stromstärke wird mit der HF-Quelle und mittels Pulsung so beschränkt, dass es zu keiner Aufschmelzung an den Elektroden kommt. Mit hohen Strömungsgeschwindigkeiten des Arbeitsgases (meist ölfreie Druckluft) kann die Leistung gesteigert werden, weil durch eine radiale Strömung der Bogenansatz wandert (s. Bild 6.39). Der quasi potenzialfreie Plasmastrahl kann bis zu 50 mm lang werden und einen wirksamen Durchmesser bis zu 20 mm erreichen. Bei den meisten Anwendungen wird das Plasmatron relativ zum Werkstück im Abstand von 10 bis 50 mm zueinander mit einer Geschwindigkeit zwischen 1 bis 500 m/min bewegt.

Anwendungen

Die zu behandelnden Oberflächen können sowohl elektrische Leiter (Metalle) als auch Nichtleiter (Kunststoffe, Glas, Keramik) sein. Die Oberflächen können durch das stark reaktive Plasma aktiviert und gereinigt werden. Durch Einleitung von chemischen Reaktionsstoffen (engl. *precursors*) kann eine Beschichtung z. B. mit Polymeren und anderen Stoffen erfolgen. Es lassen sich auf diese Weise beispielsweise Antihaft- und Barriere-Beschichtungen erzeugen.

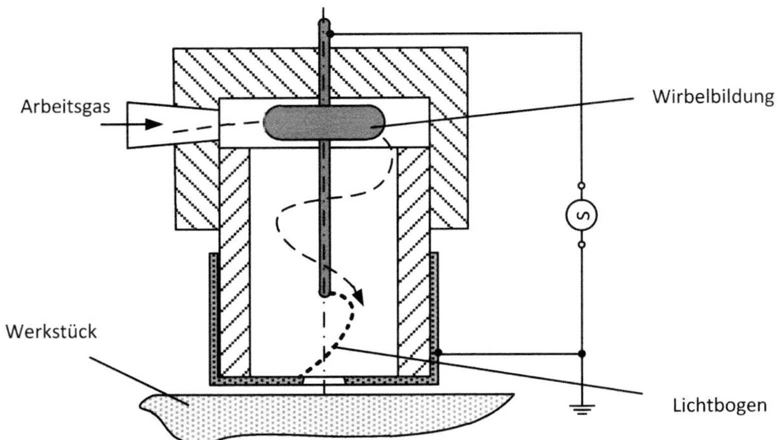

Bild 6.39: Plasmatron mit radialer Strömung des Arbeitsgases

6.4 Funkenentladung

6.4.1 Prinzip

Das Prinzip der Funkenentladung zeigt **Bild 6.40**. Wie beim Gewitterblitz kann sich auch bei der Funkenentladung kein stationärer Lichtbogen einstellen, weil die im Kondensator (Gewitterwolke) gespeicherte elektrische Energie W_c mit der Anfangsspannung U_b und der Endspannung U_e rasch verbraucht ist.

$$W_c = \frac{C}{2}(U_b^2 - U_e^2) \tag{6.86}$$

Man spricht daher von einem instationären Lichtbogen. Die im Bild 6.40 dargestellten Schalter stehen symbolisch für elektronische Schalter, wie z. B. Thyristoren. In der Praxis werden allerdings speicherlose Impulsgeneratoren eingesetzt. Diese sind effektiver und sorgen während der Entladung für einen nahezu konstanten Strom bei einer variablen Spannung. Als Dielektrikum dienen sowohl leichtflüssige Kohlenwasserstoffe, wie Petroleum, Kerosin oder Waschbenzin, als auch entionisiertes (destilliertes) Wasser. Die Anfangsspannungen liegen im Bereich von einigen 100 V. Der Spalt zwischen Werkzeug und Werkstück ist sehr gering und liegt zwischen 2 und 10 µm. Der Spalt wird mittels der Vorschubsteuerung verringert, sobald der Stromfluss eines Spannungsimpulses nachlässt oder ganz aussetzt. Der Spalt wird vergrößert, falls sich ein Kurzschluss (Bogenspannung nahezu null) einstellt. Wegen der geringen Spaltbreite erfolgt der Vorschub in kleinen Schritten im µm-Bereich. Für die Pulsfrequenz hat sich der Bereich von 200 Hz bis 200 kHz bewährt. Die umgesetzte Energie je Einzelentladung liegt zwischen 10^{-3} und 10^3 J.

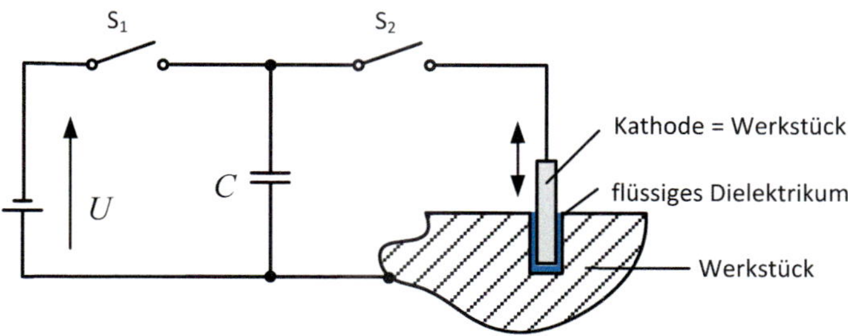

Bild 6.40: Prinzip der Funkenentladung; Arbeitsspalt zwischen Elektrode und zu bearbeitendem Material viel kleiner als dargestellt

Den prinzipiellen zeitlichen Strom- und Spannungsverlauf zur Anordnung nach Bild 6.40 zeigt **Bild 6.41**. Bei einer elektrischen Feldstärke von 10-15 kV/cm beginnt der Entladungsstrom zu fließen. Der Strom klingt ähnlich wie bei der Kondensatorentladung nach einer e-Funktion ab.

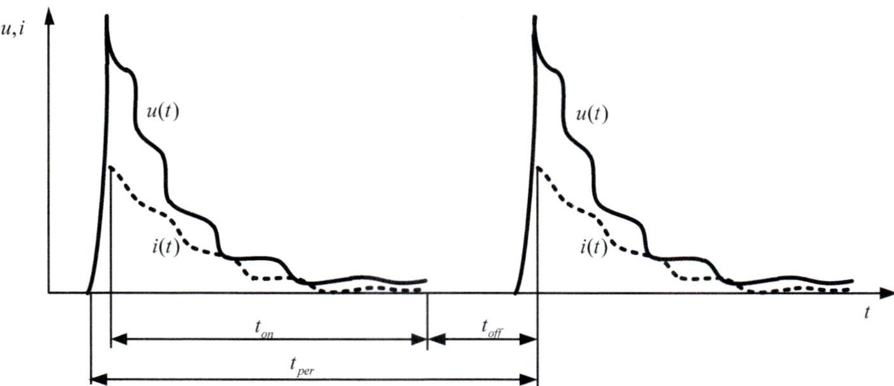

Bild 6.41: Prinzipieller Strom- und Spannungsverlauf bei einer Funkenentladung

Allerdings ist der Entladungswiderstand in Form der Funkenstrecke nicht konstant. Er ändert sich ständig aufgrund der zeitlichen Änderungen von Temperatur, Druck, Elektrodenabstand, Ionisationsgrad usw. Die angedeuteten überlagerten Schwingungen entstehen durch die Leitungsinduktivität, die Kapazität der Entladungsstrecke, woraus sich ein Reihenschwingkreis bildet.

Die zeitliche Abfolge der Funkenerosion zeigt **Bild 6.42**. Das Werkstück ist anodisch geschaltet, weil hier die Elektronen viel häufiger auftreffen als die positiven Ionen gleicher Energie auf die Kathode.
Zündung: Im Gebiet der höchsten Feldstärke (kürzeste Entfernung zwischen den Kuppen von Werkstück und Werkzeug) sammeln sich Teilchen mit höherer elektrischer Permittivität und richten sich aus (s. Bild 6.42 a). Dadurch erhöht sich die Feldstärke vor der Kathode. Es kommt zu einer Feldionisation, die eine lawinenartige Ionisation der Entladungsstrecke zur Folge hat.
Lichtbogen: Die hohe Temperatur hat eine Verdampfung von Dielektrikum und Elektrodenmaterial zu Folge. Es bildet sich eine Dampfblase (s. Bild 6.42 b).
Spülung: Der Stromfluss ist beendet. Die Dampfblase bricht zusammen. Durch die Implosion der Dampfblase und die von außen erzwungene Strömung des flüssigen Dielektrikums werden die kondensierten Materialteilchen aus dem Arbeitsspalt gespült (s. Bild 6.42 c).
Mit der zyklischen Fortsetzung von Abtrag und Vorschub bildet sich schließlich das Werkzeug im Werkstück ab.

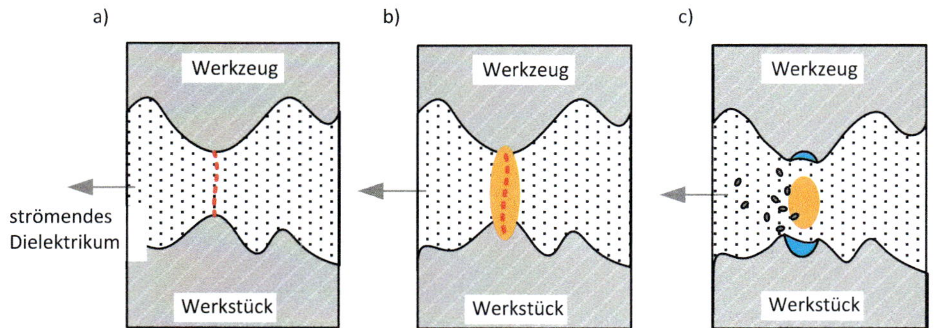

Bild 6.42: Zeitliche Abfolge der Funkenerosion: a) Formierung des Entladungskanals und Zündung, b) instationärer Lichtbogen mit Ausbildung des Kraters, c) Zusammenfall der Gasblase sowie Spülung und Abzug der Materialteilchen

6.4.2 Anwendungen

Der technologische Vorteil der Funkenerosion besteht darin, dass mit einem relativ weichen Werkzeug aus Kupfer, Messing oder Grafit gehärteter Stahl bearbeitet werden kann. Mit numerisch gesteuerten mehrachsigen Bewegungen zwischen Werkzeug und Werkstück können mit relativ einfachen Werkzeugen komplizierte Geometrien hergestellt werden. Der Arbeitsspalt muss dabei ständig mit einem dünnflüssigen Dielektrikum gespült werden, damit die abgetragenen Teilchen keinen Kurzschluss bilden. Die Rautiefen der bearbeiteten Oberflächen liegen im Bereich von 1 µm (entspricht Polieren oder Läppen bei mechanischer Bearbeitung) bis 500 µm (entspricht Schruppen bei mechanischer Bearbeitung). Die mittlere Rauhtiefe steigt mit dem Impulsstrom und nimmt mit der Pulsfrequenz ab. Auch die Abtragsleistung nimmt mit dem Impulsstrom zu und wird jedoch mit zunehmender Pulsfrequenz geringer. Der Werkzeugverschleiß steigt mit der Pulsfrequenz (keine ausreichende Abkühlung der Kathode in den Pausen) und ist nahezu unabhängig vom Impulsstrom. Er kann zwischen 1 % und 50 % der Abtragsleistung am Werkstück betragen.

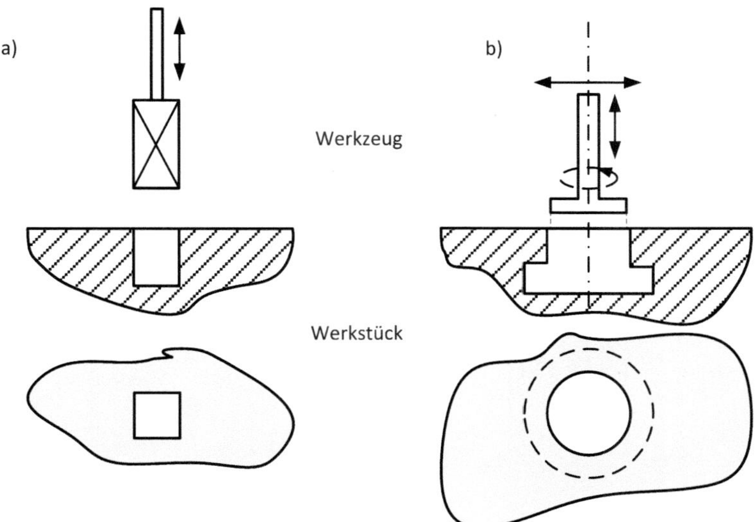

Bild 6.43: Erodierendes Senken: a) eindimensionale Bewegung des Werkzeugs, b) dreidimensionale relative Bewegung zwischen Werkstück und Werkzeug

Senken

Bild 6.43 zeigt zwei Varianten des erosiven Senkens. In [37, S.327-328] wird dazu eine Abtragsleistung bis zu mehreren cm^3/min bei Impulsströmen von 400 A und hoher Rauhtiefe (Schruppen) angegeben.

Drahterosion

Das Prinzip der Drahterosion ist in **Bild 6.44** dargestellt. Durch numerisch gesteuerte Relativbewegungen von Draht und Werkstück können wie beim handwerklichen Sägen mittels vielfacher Schnitte komplizierte Oberflächen und Formen hergestellt werden. Von [37, S. 327-328] werden dazu folgende Parameter angegeben: Drahtdurchmesser 0,02-0,2 mm, Drahtgeschwindigkeit 10-100 mm/s, maximale Schneidgeschwindigkeit bei Stahlblech mit 15 mm Stärke von 2 mm/min mit einer mittleren Rauhtiefe in der Schnittfuge von 10-20 µm, Schnittfugenbreite 0,05-0,5 mm .

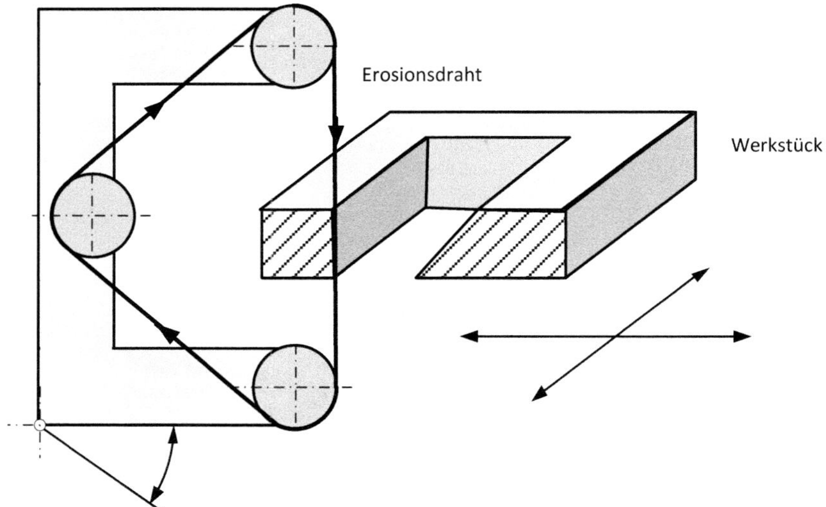

Bild 6.44: Drahterosion mit dreidimensionaler relativer Bewegung zwischen Werkstück und Erosionsdraht

Literaturverzeichnis

[1] *Infoblatt des BfS*, 1990 und folgende Jahre.

[2] Benkowsky, G.: *Induktionserwärmung.* VEB Verlag Technik Berlin, 1973.

[3] Bowman, B. und K. Krüger: *Arc Furnace Physics.* 2009.

[4] Buessing, W.: *Die induktive Erwärmung eines Hohlzylinders.* Elektrowärme, 17:423–426, 1959.

[5] Conrad, H. und R. Krampitz: *Elektrotechnologie.* VEB Verlag Technik Berlin, 1983.

[6] Davies, E.: *Conduction and induction heating.* Peter Peregrinus Ltd., London, 1990.

[7] Davies, J. und P. Simpson: *Induction Heating Handbook.* McGRAW-HILL Book Company (UK) Limited, 1979.

[8] d´Elektrothermie, U. I. (Hrsg.): *Elektrowärme Theorie und Praxis.* Verlag W. Girardet, Essen, 1974.

[9] Erickson, R. W.: *Fundamentels of Power Electronics.* Kluwer Academic Publishers, Boston, Dordrecht, London, 1997.

[10] Felderhoff, R. und U. Busch: *Leistungselektronik.* Carl Hanser Verlag München Wien, 2006.

[11] Janke, Emde und Lösch: *Tafeln höherer Funktionen.* B. G. Teubner Verlagsgesellschaft, Stuttgart, 1960.

[12] Kalantarow und Zeitlin: *Rastschet induktiwnoctei.* 1970.

[13] Kegel: *Elektrowärme Aufgaben aus der Praxis.* Vereinigte Elektrizitätswerke Westfalen AG, 1983.

[14] Klinger: *Einführung in die Mikrowellen und ihre wissenschaftlichen Anwendungen.* S. Hirzel Verlag Stuttgart, 1954.

[15] Kost, A.: *Numerische Methoden in der Berechnung elektromagnetischer Felder.* Springer-Verlag, Berlin, Heidelberg, 1994.

[16] Kuhlow, P.: *Ergebnisse aus Untersuchungen an DS-Lichtbogenofen, Schmelz- und Pfannenöfen.* elektrowärme international, 62:117–124, 2004.

[17] Kuhlow, P.: *Energieverluste und Möglichkeiten zur Verbrauchssenkung an Lichtbogenöfen in Eisen- und Stahlgießereien.* eletrowärme international, 63:24–29, 2005.

[18] Kummer, M.: *Grundlagen der Mikrowellentechnik.* VEB Verlag Technik, Berlin, 1986.

[19] Kuvaldin, A. B.: *Indukzionny nagrew ferromagnitnoi stali.* Energoatomisdat, 1988.

[20] Metaxas, A.: *Foundations of Electroheat: A unified approach.* John Wiley & Sons Ltd, Baffin Lane, Chister, 1996.

[21] Metaxas, A. C. und R. G. Meredith: *Industrial Microwave Heating.* Peter Peregrinus Ltd., London, 1983.

[22] Mühlbauer, A.: *History of Induction Heating and Melting.* Vulkan-Verlag GmbH, 2008.

[23] Nacke, B.: *Induktives Erwärmen.* Vulkan-Verlag GmbH, 2014.

[24] Nejman, L. R.: *Poverchnostny effekt v ferromagnitnych telach.* Gosenergoizdat, Leningrad, 1949.

[25] Nemkow, W. S. und W. B. Demidowitsch: *Teoria i rastschet ustroistw indukzionnowo nagrewa.* Energoatomisdat, Leningrad, 1988.

[26] Nutsch: *Die Anwendung des thermischen Plasmas in der Werkstofftechnik.* Dissertation, Technische Universität Ilmenau, 1995.

[27] Peter, H. J.: *Handbuch Induktives Löten.* Peter, 2014.

[28] Philippow (Hrsg.): *Taschenbuch Elektrotechnik Band1: Allgemeine Grundlagen.* VEB Verlag Technik, Berlin, 1976.

[29] Philippow (Hrsg.): *Taschenbuch Elektrotechnik Band 6: Systeme der Energietechnik.* VEB Verlag Technik, Berlin, 1982.

[30] Philippow, E.: *Grundlagen der Elektrotechnik.* VEB Verlag Technik, Berlin, 8. bearbeitete Aufl., 1988.

[31] Plöckinger und Etterich: *Elektrostahlerzeugung.* Verlag Stahleisen m.b.H., Düsseldorf, 1979.

[32] Polifke, W. und J. Kopitz: *Wärmeübertragung.* Pearson Studium, 2005.

[33] Pozar: *Microwave Engineering.* John Wiley & Sons Ltd, Baffin Lane, Chister, 3. Aufl., 2005.

[34] Reiß, W.: *Methoden zur Berechnung induktiver Arbeitkreise von Induktionserwärmungsanlagen.* Dissertation, Technische Hochschule Ilmenau, 1979.

[35] Reidenbach, H. D.: *Biologische Wirkungen elektromagnetischer Felder - aktueller Erkenntnisstand und Regelungen.* In: *Biologische Wirkungen elektromagnetischer felder und Strahlungen.* Verein der Ingenieure und Techniker in Thüringen e.V., Destron Verlagsgesellschaft Dr. Günter Hartmann & Partner GbR, 2003.

[36] Rudnev, V. *et al.*: *Handbook of Induction Heating.* Marcel Dekker Inc,, 2003.

[37] Rudolph, M. und H. Schaefer: *Elektrothermische Verfahren: Grundlagen, Technologien, Anwendungen.* Springer-Verlag Berlin Heidelberg, 1989.

[38] Sluchozki, Nemkow, Pawlow und Bamuner: *Ustanowki indukzionnovo nagrewa.* Sluchozki, 1981.

[39] Winkler *et al.*: *VEM-Handbuch Hochstromtechnik Grundlagen, Dimensionierung und Ausführungen von Hochstromleitungen.* Zentrum für Forschung und Technologie des VEB Elektroprojekt und Anlagenbau, Berlin, 1987.

[40] Wunsch, G. und H. G. Schulz: *Elektromagnetische Felder.* VEB Verlag Technik, Berlin, 1. Aufl., 1989.